Tutorium Algebra

Florian Modler · Martin Kreh

Tutorium Algebra

Mathematik von Studenten für
Studenten erklärt und kommentiert

3. Auflage

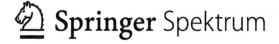 Springer Spektrum

Florian Modler
Hannover, Deutschland

Martin Kreh
Institut für Mathematik und Angewandte
Informatik, Universität Hildesheim
Hildesheim, Deutschland

ISBN 978-3-662-58689-1   ISBN 978-3-662-58690-7   (eBook)
https://doi.org/10.1007/978-3-662-58690-7

Die Deutsche Nationalbibliothek verzeichnet diese Publikation in der Deutschen Nationalbibliografie;
detaillierte bibliografische Daten sind im Internet über http://dnb.d-nb.de abrufbar.

Springer Spektrum

Planung/Lektorat: Andreas Rüdinger
Einbandabbildung: Carolyn Hall
Grafiken: Marco Daniel

Springer Spektrum ist ein Imprint der eingetragenen Gesellschaft Springer-Verlag GmbH, DE und ist
ein Teil von Springer Nature
Die Anschrift der Gesellschaft ist: Heidelberger Platz 3, 14197 Berlin, Germany

Vorwort zur 3. Auflage

Auch bei unserem dritten Band war es mal wieder Zeit für eine neue Auflage. Wie immer haben wir die bisher gefundenen Fehler behoben und auch diesmal wieder einiges neues Interessantes in das Buch mit aufgenommen.

So findet ihr jetzt im Kapitel über Ringe und Ideale einige neue Beispiele (wie zum Beispiel über den Ring der holomorphen Funktionen), und auch über die Lokalisierung von Ringen haben wir nun etwas geschrieben. Im Kapitel zu Polynomringen haben wir einige neue Kriterien zur Irreduzibilität von Polynomen ergänzt.

Wir hoffen, dass euch das weiterhilft, und wünschen wie immer viel Spaß!

Hannover   Florian Modler
Hildesheim   Martin Kreh
Dezember 2018

Vorwort zur 2. Auflage

Inzwischen ist es auch bei unserem dritten Band „Tutorium Algebra" soweit: Es gibt eine zweite Auflage. Es freut uns sehr, dass wir auch mit diesem Buch schon vielen Algebra-Interessierten helfen konnten.

Für die zweite Auflage haben wir einige Fehler ausgebessert (vielen Dank an dieser Stelle an diejenigen, die uns auf Fehler aufmerksam gemacht haben) und auch einiges Neues hinzugefügt.

So haben wir das alte Kapitel über den Einstieg in die Galoistheorie durch zwei Kapitel ersetzt, in denen wir uns nun intensiver mit normalen beziehungsweise separablen Körpererweiterungen beschäftigen. Wir hoffen, euch damit diese Konzepte noch besser näher bringen zu können.

Nun aber genug der großen Rede. Wir wünschen euch viel Spaß mit der 2. Auflage des Buches!

Hannover
Hildesheim
Mai 2015

Florian Modler
Martin Kreh

Vorwort

Glückwunsch, in euren Händen haltet ihr nun schon unseren dritten Band. Schnell vorweg: Nach diesem dritten Band wird auch noch ein vierter Band, „Tutorium höhere Analysis", in dem es (wie der Name schon sagt) im Wesentlichen um Analysis 3 und Funktionentheorie gehen wird, erscheinen; allerdings erst im Jahr 2013. Und hier wollen wir euch gleich dazu raten, neben Algebra auch Analysis 3 zu hören, da dies einfach zu der Mathematikausbildung gehört. Welches Buch ihr dafür nehmt, ist natürlich euch überlassen ;-)

In diesem Buch werden wir natürlich des Öfteren Sachen verwenden, die in den ersten beiden Semestern behandelt wurden. All diese Dinge könnt ihr in unseren ersten beiden Büchern [MK18a] bzw. [MK14] oder auch in jedem anderen Analysis- oder Lineare-Algebra-Buch nachlesen.

Um was soll es hier gehen?
Wie der Titel schon sagt: Um Algebra ;-) Genauer wird das sein:

- Erinnerung an Gruppen, Ringe, Körper,
- Ringe,
- Gruppen,
- Galoistheorie,
- transzendente Zahlen.

Dabei wird die Galoistheorie, eine Art „Standard" im dritten Semester, den weitaus größten Teil einnehmen. Da jedoch ab dem dritten Semester die Vorlesungen immer mehr voneinander abweichen, solltet ihr (vor allem, wenn euch eines der Themen hier interessiert) noch in den Büchern unserer Literaturliste blättern.

Da ihr nun auch schon etwas fortgeschrittener seid, werden wir euch ein paar Übungen mehr als sonst überlassen. Dies solltet ihr als Chance sehen, eure mathematischen Fähigkeiten noch weiter zu verbessern.

Das Konzept bleibt wieder das bewährte
Das Konzept wird wieder wie in unseren ersten Büchern sein (falls ihr diese schon kennt, alles wie gewohnt ;-)) Für diejenigen, die unsere Bücher nicht kennen sollten, eine kurze Erläuterung: Im ersten Teil jedes Kapitels werdet ihr jeweils die

Definitionen und Sätze inklusive Beweise finden. Im zweiten Teil stehen dann die Erklärungen zu den Definitionen und Sätzen, zusammen mit vielen schönen Beispielen und Abbildungen.

Der Inhalt

Nun etwas genauer zum Inhalt: Im ersten Kapitel werden wir einige Tatsachen, die aus früheren Semestern bekannt sein sollten, wiederholen. Hier sollte euch also möglichst viel oder sogar alles noch bekannt vorkommen.

Dann werden wir einige Tatsachen über Ringe behandeln. Dazu gehören spezielle Arten von Ringen genauso wie Ideale. Im Anschluss daran werden wir Polynomringe und den Zusammenhang zu den unterliegenden Ringen betrachten. Am Ende werden wir die wichtigen Irreduzibilitätskriterien kennenlernen. Ringe werden nicht nur in der Algebra, sondern auch in der Zahlentheorie sehr oft gebraucht. Wir haben versucht, eine gute Balance zu finden, verzichten dafür aber ab und an auf einige Resultate, die wir hier im Weiteren auch nicht brauchen.

Im Anschluss an Ringe werden wir uns etwas näher mit Gruppen beschäftigen. Auch wenn Gruppen für sich selbst genommen sehr interessant sind, so werden wir hier doch nur solche Themen ansprechen, die wir später für die Galoistheorie brauchen. Konkret sind das Gruppenoperationen, der Satz von Frobenius, die Sylow-Sätze und etwas über die Erzeuger von symmetrischen Gruppen.

Der dritte Teil ist der Hauptteil dieses Buches. Hier werden wir die Galoistheorie entwickeln. Angefangen von algebraischen Körpererweiterungen werden wir Galoisgruppen und -erweiterungen kennenlernen. Wir werden dann das Fortsetzungslemma und den Satz vom primitiven Element beweisen. Nach einem kurzen Einschub über endliche Körper werden wir dann auf den Hauptsatz der Galoistheorie hinarbeiten. Auch werden wir den wichtigen Fundamentalsatz der Algebra beweisen. Wir werden dann Gleichungen dritten und vierten Grades genauer mit Hilfe symmetrischer Polynome untersuchen. Das nächste Kapitel wird sich der Fragestellung widmen, wann man die Nullstellen eines Polynoms mit Wurzelausdrücken aufschreiben kann. Nach der Behandlung dieser sogenannten Auflösbarkeit werden wir auf eine weitere Anwendung der Galoistheorie hinarbeiten, der Konstruktion mit Zirkel und Lineal. Hierfür werden wir zunächst Kreisteilungskörper behandeln und zum Beispiel sehen, welche regulären n-Ecke man konstruieren kann.

In der Galoistheorie werden wir uns vor allem mit der Struktur hinter den Nullstellen von Polynomen beschäftigen. Auch wenn man bei vielen Polynomen die Nullstellen nicht so leicht sieht (oder sogar gar nicht durch Wurzelausdrücke aufschreiben kann), so kann man sehr einfach etwas über Rechenausdrücke dieser Nullstellen sagen. Zum Beispiel ist (bei einem normierten Polynom) das Produkt dieser Nullstellen genau der konstante Koeffizient des Polynoms, während die Summe (bis auf Vorzeichen) genau der Koeffizient vor dem x^{n-1} ist (wenn hier n den Grad des Poylnoms bezeichnet).

Auch kompliziertere Ausdrücke in den Nullstellen, die Summen und Produkte enthalten, spielen eine Rolle. Durch Untersuchen dieser Ausdrücke lassen sich dann auch Informationen über die Nullstellen selbst gewinnen. Dabei sind jedoch meistens nicht (nur) die Nullstellen selbst für uns interessant, sondern vielmehr die Struktur die dahintersteht.

Im vierten Teil werden wir uns dann kurz mit transzendenten, also nicht algebraischen Zahlen beschäftigen. Hierbei widmen wir uns im Wesentlichen solchen Sätzen, die uns sagen, dass es überhaupt transzendente Zahlen gibt. Das Highlight hier wird der Satz von Lindemann-Weierstraß sein.

Danksagungen

Wieder einmal gibt es viele Menschen, denen wir an dieser Stelle zu danken haben und ohne die dieses Buch nicht wäre, was es ist. Ein großer Dank gebührt natürlich all unseren Korrekturlesern, die uns auf Ungereimtheiten aufmerksam gemacht haben. Namentlich sind dies: Dr. Marco Soriano, Dr. Martin Stein, Dr. Florian Leydecker, Henry Wegener, Jelto Borgmann, Lisa Hegerhorst, Kim Weber, Susanne Hensel, Norbert Engbers und Maren Klingenhöfer.

Auch das beste Buch wäre nichts ohne ein schönes Cover. Wie schon bei den ersten beiden Bänden war hier wieder Carolyn Hall aktiv und hat uns dieses tolle Cover gestaltet. Danke :-) Ein kleines Detail des Covers wurde diesmal außerdem von Mark Hunter designt, auch hierfür möchten wir danken.

Bei den Grafiken und anderen LaTeX-Fragen hatten wir diesmal gar zwei kompetente Helfer. Vielen Dank hierfür an Marco Daniel und Matthias Linden.

Auch unseren beiden Lektoren von Springer Spektrum, Dr. Andreas Rüdinger und Anja Groth gebührt wieder ein großer Dank für die tolle Zusammenarbeit.

Zuletzt sei noch unseren Familien, Freunden und Freundinnen gedankt, die auch dieses Mal wieder einige Zeit auf uns verzichten mussten.

Nun aber genug der Reden, genießt das Buch, und für Fehlerhinweise sind wir, wie immer, sehr dankbar!

Hannover   Florian Modler
Göttingen   Martin Kreh
Juli 2012

Inhaltsverzeichnis

Erinnerung an Gruppen, Ringe und Körper

Inhaltsverzeichnis

Begriffe wie Gruppen, Ringe und Körper werden euch im Studium immer wieder begegnen. Ein sicherer Umgang mit diesen Objekten ist daher sehr wichtig. Wir werden diese also definieren und an einigen Beispielen erklären. Wir wollen in diesem Kapitel wichtige Grundlagen nochmals zusammenfassen. Dieses Kapitel stellt einfach eine Zusammenfassung der Kapitel aus [MK18a] und [MK14] dar, wobei es sich aber dennoch lohnt, dieses Kapitel zu lesen, da wir einige neue Beispiele etc. eingestreut haben.

1.1 Definitionen

Definition 1.1 (Gruppe)
Eine **Gruppe** $(G, \circ)$ ist eine Menge G mit einer Verknüpfung $\circ : G \times G \to G$, die folgende Bedingungen erfüllt:

(G1) $\circ : G \times G \to G$ ist assoziativ, das heißt $(a \circ b) \circ c = a \circ (b \circ c)$ $\forall$ $a, b, c \in G$.

(G2)   Es gibt ein neutrales Element $e \in G$ mit $e \circ a = a \circ e = a$ $\forall a \in G$.

© Springer-Verlag GmbH Deutschland, ein Teil von Springer Nature 2019
F. Modler und M. Kreh, *Tutorium Algebra,*
https://doi.org/10.1007/978-3-662-58690-7_1

(G3)   Jedes Element $a \in G$ besitzt ein inverses Element. Wir bezeichnen es mit a^{-1}, und es gilt dann $a \circ a^{-1} = a^{-1} \circ a = e \ \forall a \in G$.

Ist die Verknüpfung noch kommutativ (abelsch), das heißt, gilt $a \circ b = b \circ a \ \forall a, b \in G$, so nennt man die Gruppe $(G, \circ)$ **kommutativ** oder **abelsch**.

Anmerkung: Die Axiome (G1) bis (G3) sind nicht minimal. Es genügt zum Beispiel, nur ein linksneutrales bzw. linksinverses Element zu fordern. Die Begriffe „linksneutral" und „linksinvers" bedeuten dabei einfach nur, dass $e \circ a = a$ bzw. $a^{-1} \circ a = e$. So wird eine Gruppe zum Beispiel in [Bos09] definiert.

Definition 1.2 (Untergruppe)
Sei $(G, \circ)$ eine Gruppe mit neutralem Element e. Eine nichtleere Teilmenge $U \subset G$ heißt **Untergruppe** der Gruppe G, wenn Folgendes gilt:

(U1)   Es existiert ein neutrales Element $e \in U$.
(U2)   Ist $a \in U$, so existiert auch das Inverse in U, das heißt $a^{-1} \in U$.
(U3) $a, b \in U \Rightarrow a \circ b \in U$ (Abgeschlossenheit).

Anmerkung: Das neutrale Element $e \in U$ ist genau dasselbe neutrale Element $e \in G$ aus der Gruppe.

Definition 1.3 (Gruppenhomomorphismus)
Seien $(G, *)$ und $(H, \cdot)$ zwei Gruppen. Eine Abbildung $f : G \to H$ heißt **Gruppenhomomorphismus** genau dann, wenn für alle $a, b \in G$ gilt:

$$f(a * b) = f(a) \cdot f(b).$$

Definition 1.4 (Kern und Bild eines Gruppenhomomorphismus)
Seien $f : G \to H$ ein Gruppenhomomorphismus und e_G, e_H die neutralen Elemente von G bzw. H.

i) Der Kern von f ist definiert als

$$\ker(f) := \{g \in G : f(g) = e_H\}.$$

ii) Das Bild von f ist definiert als

$$\operatorname{im}(f) := f(G) = \{f(g) \in H : g \in G\}.$$

Definition 1.5 (Ring)
Sei R eine Menge mit zwei Verknüpfungen $+$ und $\cdot$. Das Tripel $(R, +, \cdot)$ heißt **Ring** genau dann, wenn die folgenden Axiome erfüllt sind:

(R1) $(R, +)$ bildet eine abelsche Gruppe.
(R2) Für alle $a, b, c \in R$ gilt die Assoziativität der Multiplikation: $(a \cdot b) \cdot c = a \cdot (b \cdot c)$.
(R3) Es gibt ein Einselement, das wir mit 1 bezeichnen, das heißt $a \cdot 1 = 1 \cdot a = a \ \forall a \in R$.
(R4) Es gelten die Distributivgesetze, das heißt, für alle $a, b, c \in R$ gilt:

$$(a + b) \cdot c = a \cdot c + b \cdot c, \ a \cdot (b + c) = a \cdot b + a \cdot c.$$

Der Ring heißt **kommutativ** oder **abelsch**, wenn $a \cdot b = b \cdot a \ \forall a, b \in R$.

Definition 1.6 (Ringhomomorphismus)
Seien $(R, +, \cdot)$ und $(R', +, \cdot)$ zwei Ringe. Eine Abbildung $f : R \to R'$ heißt ein **Ringhomomorphismus**, falls für alle $a, b \in R$ gilt:

$$f(a + b) = f(a) + f(b), f(a \cdot b) = f(a) \cdot f(b).$$

Anmerkung: Wir haben hier jetzt dieselben Verknüpfungen auf R und R', was im Allgemeinen nicht so sein muss.

Definition 1.7 (Körper)
Ein **Körper** ist ein kommutativer Ring $(K, +, \cdot)$ mit Einselement, für den zusätzlich gilt: Für jedes $a \in K, a \neq 0$, wobei 0 das neutrale Element der Addition in $(K, +)$ ist, gibt es ein $a^{-1} \in K$ mit $a \cdot a^{-1} = a^{-1} \cdot a = 1$, wobei $1 \neq 0$ das Einselement von K ist. Man sagt: Jedes Element außer der Null besitzt ein **Inverses.**

Anders formuliert: Ein Körper ist ein Tripel $(K, +, \cdot)$, für das gilt:

(K1) $(K, +)$ ist eine abelsche Gruppe.
(K2) Ist 0 das neutrale Element von $(K, +)$, so bildet $(K \setminus \{0\}, \cdot) =: K^*$ eine abelsche Gruppe.
(K3) Es gilt das Distributivgesetz: Für alle $a, b, c \in K$ gilt:

$$a \cdot (b + c) = a \cdot b + a \cdot c.$$

Anmerkung: Das andere Distributivgesetz $(a + b) \cdot c = a \cdot c + b \cdot c$ folgt sofort aus der Kommutativität.

Definition 1.8 (Körperhomomorphismus)
Seien $(K, +, \cdot)$ und $(K', +, \cdot)$ zwei Körper. Eine Abbildung $f : K \to K'$ heißt ein **Körperhomomorphismus**, falls für alle $a, b \in K$ gilt:

$$f(a + b) = f(a) + f(b), \quad f(a \cdot b) = f(a) \cdot f(b).$$

Anmerkung: Wir haben hier jetzt dieselben Verknüpfungen auf K und K' gewählt (bzw. so notiert), was im Allgemeinen nicht so sein muss.

Definition 1.9 (Konjugation)
Sei G eine Gruppe. Zwei Elemente $g, g_0 \in G$ heißen **konjugiert** in G, wenn es ein Element $h \in G$ gibt, sodass

$$g_0 = h^{-1} \circ g \circ h.$$

Wir schreiben dann $g_0 \sim_G g$.

Anmerkung: Häufig schreibt man dafür auch einfach $g_0 \sim g$ und nennt g und g_0 konjugiert, ohne zu erwähnen, in welcher Gruppe G. Dies macht man aber nur, wenn klar ist, welche Gruppe gemeint ist.

Definition 1.10 (Gruppenerzeugendensystem)
Sei G eine Gruppe. Für jede Teilmenge A einer Gruppe G ist der Durchschnitt aller Untergruppen von G, die A enthalten,

$$\langle A \rangle := \bigcap_{A \subset U \subset G} U,$$

eine Untergruppe von G. Es ist $A \subset \langle A \rangle$ und $\langle A \rangle \subset U$ für jede Untergruppe U von G, die A enthält. Damit ist $\langle A \rangle$ die kleinste Untergruppe von G, die A enthält. Man nennt $\langle A \rangle$ die von A **erzeugte Untergruppe** und A ein **Erzeugendensystem** von U.

Definition 1.11 (Ordnung)
Es seien G eine Gruppe und $a \in G$. Gibt es ein $n \in \mathbb{N}$ mit $a^n = e$, so heißt
das kleinste solche n die **Ordnung** von a, geschrieben ord a. Existiert kein
solches n, so schreibt man oft formal ord $a = \infty$.

Definition 1.12 (zyklische Gruppe)
Eine Gruppe G heißt **zyklisch**, wenn sie von einem Element erzeugt werden
kann, also wenn es ein $a \in G$ gibt mit

$$G = \langle a \rangle.$$

Definition 1.13 (Ideal)
Eine Teilmenge I eines Ringes R heißt ein **Ideal**, wenn gilt:

i) $0 \in I$,
ii) für alle $a, b \in I$ ist $a + b \in I$, (Abgeschlossenheit bezüglich Addition)
iii) für alle $a \in I$ und $x \in R$ ist $ax \in I$.

Ist I ein Ideal von R, so schreiben wir $I \lhd R$.

Anmerkung: Der mit dem Ideal zusammenhängende Begriff des Normalteilers wird
in Satz 1.15 gegeben.

Definition 1.14 (Erzeugendensystem eines Ideals)
Es sei M eine beliebige Teilmenge eines Ringes R. Wir setzen

$$\langle M \rangle_R := \bigcap_{I \lhd R, M \subset I} I,$$

das heißt, $\langle M \rangle_R$ ist der Durchschnitt aller Ideale von R, die M enthalten.
Ist $M = \{a_1, \ldots, a_n\}$ eine endliche Menge, so schreibt man statt $\langle M \rangle_R$ auch
$\langle a_1, \ldots, a_n \rangle_R$. Man nennt $\langle M \rangle_R$ dann das **erzeugte Ideal** und M ein **Erzeugendensystem**.

Definition 1.15 (Reduktion modulo n, Restklasse)
Sei $n \geq 2$ eine natürliche Zahl. Ganze Zahlen $a, b \in \mathbb{Z}$ mit gleichem Rest bei Division durch n fasst man zu **Restklassen modulo n** zusammen. Man schreibt hierfür

$$a \equiv b \mod n$$

und sagt, dass a zu b kongruent modulo n ist. Zu jedem $a \in \mathbb{Z}$ wird die **Restklasse** notiert als

$$\bar{a} = a + n\mathbb{Z}.$$

Anmerkung: Man betrachtet also die Abbildung

$$\mathbb{Z} \to \mathbb{Z}/n\mathbb{Z}, \ a \mapsto a + n\mathbb{Z} = \bar{a},$$

welche auf die Restklassen abbildet. In Satz 1.24 werden wir einige Eigenschaften dieser Abbildung zeigen.

1.2 Sätze und Beweise

Satz 1.1 (Eindeutigkeit des neutralen Elements einer Gruppe)
Das neutrale Element einer Gruppe G ist eindeutig bestimmt.

Anmerkung: Der Satz kann auch auf Ringe und Körper übertragen werden. Weiterhin bemerken wir, dass das Wort „eindeutig" sich sehr mächtig anhört. Wir meinen aber nur, dass es ein einziges neutrales Element gibt.

▶ **Beweis** Seien e und e' zwei neutrale Elemente der Gruppe G. Dann gilt:

$$e = e \circ e' = e' \circ e = e'.$$

q.e.d.

Satz 1.2 (Eindeutigkeit inverser Elemente)
Das inverse Element a^{-1} zu einem Element $a \in G$ der Gruppe G ist eindeutig bestimmt.

▶ **Beweis** Seien a^{-1} und a'^{-1} zwei inverse Elemente zum Element $a \in G$. Dann gilt:

$$a^{-1} = a^{-1} \circ e = a^{-1} \circ (a \circ a'^{-1}) = (a^{-1} \circ a) \circ a'^{-1} = e \circ a'^{-1} = a'^{-1}.$$

q.e.d.

Satz 1.3 (Untergruppenkriterium)
Eine nichtleere Teilmenge U einer Gruppe G ist eine Untergruppe genau dann, wenn $\forall a, b \in U \Rightarrow a \circ b^{-1} \in U$.

▶ **Beweis** Die Richtung „$\Rightarrow$" ist trivial und folgt sofort aus den Axiomen (U1)–(U3) aus der Definition 1.2 einer Untergruppe.

Für die Richtung „$\Leftarrow$" müssen wir nachweisen, dass die Bedingungen (U1) bis (U3) erfüllt sind.

Zu (U1): Sei $a := b$, dann gilt $a \circ b^{-1} = b \circ b^{-1} = e \in U$.
Zu (U2): Sei $a := e$, dann gilt $a \circ b^{-1} = e \circ b^{-1} = b^{-1} \in U$.
Zu (U3): Übungsaufgabe.   q.e.d.

Satz 1.4 (Eigenschaften eines Gruppenhomomorphismus)
Es sei $f : G \to H$ ein Gruppenhomomorphismus, dann gilt:

i) *$f(e_G) = e_H$, wobei e_G das neutrale Element der Gruppe G und e_H das der Gruppe H ist.*
ii) *$f(a^{-1}) = f(a)^{-1} \; \forall a \in G$.*

▶ **Beweis**
Zu i): Da f nach Voraussetzung ein Gruppenhomomorphismus ist, gilt

$$f(e_G) = f(e_G e_G) = f(e_G)f(e_G) \Rightarrow e_H = f(e_G).$$

Zu ii): Dies folgt aus 1. mit

$$f(a)f(a^{-1}) = f(aa^{-1}) = f(e_G) \overset{\text{i)}}{=} e_H \Rightarrow f(a)^{-1} = f(a^{-1}).$$

q.e.d.

Satz 1.5
Jede zyklische Gruppe $G = \langle a \rangle$ ist abelsch.

Anmerkung: Weiter kann man für eine Gruppe $(G, \cdot)$ zeigen: Sind die Elemente eines Erzeugendensystems von G paarweise vertauschbar, so ist G abelsch.

▶ **Beweis**   Sei a ein zyklischer Erzeuger der Gruppe, das heißt $G = \langle a \rangle$. Dann existiert für jedes $b \in G$ ein $k \in \mathbb{Z}$ mit $b = a^k$. Sei weiter $c \in G$ mit $c = a^l$ und $l \in \mathbb{Z}$. Dann gilt:

$$b \cdot c = a^k \cdot a^l = a^{k+l} = a^{l+k} = a^l \cdot a^k = c \cdot b.$$

q.e.d.

Satz 1.6
Eine Gruppe ist genau dann zyklisch, wenn es einen surjektiven Gruppenhomomorphismus $\phi : \mathbb{Z} \to G$ gibt.

Satz 1.7
Jede Untergruppe einer zyklischen Gruppe ist selbst wieder zyklisch.

▶ **Beweis**   Seien $(G, \cdot)$ zyklisch mit Erzeuger a, das heißt $G = \langle a \rangle$ und U eine Untergruppe von G. Sei weiter $b = a^k$ dasjenige Element aus U mit dem kleinsten positiven Exponenten k. U enthält wegen der Abgeschlossenheit alle Potenzen von b, aber keine anderen Potenzen von a. Dies sieht man mittels der Division mit Rest, denn mit Division durch n lässt sich jedes solche $k \in \mathbb{Z}$ schreiben als $k = pn + r$ mit $p \in \mathbb{Z}$ und $r \in \{0, \ldots, n - 1\}$. Also muss U wieder zyklisch sein.   q.e.d.

Satz 1.8
Eine endliche zyklische Gruppe $(G, \cdot)$ der Ordnung m besitzt zu jedem Teiler d von m genau eine Untergruppe der Ordnung d.

▶ **Beweis**   Sei $d \cdot k = m$ $(k \in \mathbb{Z})$, also d ein Teiler von m. Dann erzeugt das Element a^k nach Satz 1.7 eine zyklische Untergruppe der Ordnung d (da $a^{k \cdot d} = (a^k)^d = a^m = e$) und es gilt:

$$d \cdot k = m = \mathrm{kgV}(k, m).$$

Angenommen, es existiert eine weitere Untergruppe U' der Ordnung d. Diese enthalte a^j als Potenz mit kleinstem positiven Exponenten j. Dann besteht U' nach Satz 1.7 genau aus den d verschiedenen Potenzen $a^{j'}$ mit Exponent $j, 2j, 3j, \ldots, dj$, und es ist:

$$dj = m = \mathrm{kgV}(j, m).$$

Daraus folgt nun $k = j$ und damit die Eindeutigkeit der Untergruppe von Ordnung d. q.e.d.

Satz 1.9 (Untergruppen von $\mathbb{Z}$)
Die Untergruppen von $(\mathbb{Z}, +)$ sind genau die Mengen

$$\langle n \rangle = n\mathbb{Z}$$

mit $n \in \mathbb{N}$.

▶ **Beweis** Wir wissen bereits, dass $n\mathbb{Z} \subset \mathbb{Z}$ eine Untergruppe ist. Wir müssen also nur noch zeigen, dass es zu einer beliebigen Untergruppe $U \subset \mathbb{Z}$ ein $n \in \mathbb{N}$ gibt mit $U = n\mathbb{Z}$.

U muss die Zahl 0 enthalten, da U eine Untergruppe nach Voraussetzung ist. Ist $U = \{0\}$, so ist natürlich $U = 0\mathbb{Z}$, und wir sind fertig. Andernfalls gibt es ein Element $a \in U$ mit $a \neq 0$. Da mit a auch $-a$ in U liegen muss (Abgeschlossenheit wegen der Untergruppeneigenschaft), gibt es dann also sogar eine positive Zahl in U. Es sei n die kleinste positive Zahl in U. Wir behaupten, dass dann $U = n\mathbb{Z}$ gilt und zeigen diese Gleichheit, indem wir die beiden Inklusionen separat beweisen.

„$\supset$“: Nach Wahl von n ist U eine Untergruppe von $\mathbb{Z}$, die das Element n enthält. Also muss U auch die von n erzeugte Untergruppe $n\mathbb{Z}$ enthalten.

„$\subset$“: Es sei $a \in U$ beliebig. Indem wir die ganze Zahl a mit Rest durch n dividieren, können wir a schreiben als

$$a = kn + r,$$

wobei $k \in \mathbb{Z}$ und $r \in \{0, \ldots, n - 1\}$ gilt. Wir schreiben dies um als $r = a - kn$. Nun ist $a \in U$ nach Wahl von a und außerdem auch $-kn \in n\mathbb{Z} \subset U$. Wegen der Abgeschlossenheit von U liegt damit auch die Summe $r = a - kn$ dieser beiden Zahlen in U. Aber r war als Rest der obigen Division kleiner als n, und n war schon als die kleinste positive Zahl in U gewählt. Dies ist nur dann möglich, wenn $r = 0$ gilt. Setzen wir dies nun aber oben ein, so sehen wir, dass dann $a = kn + 0 \in n\mathbb{Z}$ folgt. Dies zeigt auch diese Inklusion.

q.e.d.

Satz 1.10 (Nebenklassen)
Es seien G eine Gruppe und U eine Untergruppe.

i) *Die Relation*

$$a \sim b :\Leftrightarrow a^{-1}b \in U$$

für $a, b \in G$ ist eine Äquivalenzrelation auf G.

ii) *Für die Äquivalenzklasse eines Elements $a \in G$ bezüglich dieser Relation gilt:*

$$\overline{a} = aU := \{au : u \in U\}.$$

*Man nennt diese Klassen die **Linksnebenklassen** von U, weil man das Element $a \in G$ links neben alle Elemente von U schreibt. Die Menge aller Äquivalenzklassen dieser Relation, also die Menge aller Linksnebenklassen, wird mit*

$$G/U := G/\sim = \{aU : a \in G\}$$

bezeichnet.

▶ **Beweis**   Wir zeigen i) und ii) getrennt.

Zu i): Wir müssen die drei Eigenschaften von Äquivalenzrelationen (reflexiv, symmetrisch, transitiv) zeigen. In der Tat entsprechen diese Eigenschaften in gewissem Sinne genau den drei Eigenschaften des Untergruppenkriteriums.

- Für alle $a \in G$ gilt $a^{-1}a = e \in U$ und damit $a \sim a$.
- Sind $a, b \in G$ mit $a \sim b$, also $a^{-1}b \in U$, so ist auch $b^{-1}a = (a^{-1}b)^{-1} \in U$ und damit $b \sim a$.
- Sind $a, b, c \in G$ mit $a \sim b$ und $b \sim c$, das heißt $a^{-1}b, b^{-1}c \in U$, so ist auch $a^{-1}c = (a^{-1}b)(b^{-1}c) \in U$ und damit $a \sim c$.

Zu ii): Für $a \in G$ gilt:

$$\overline{a} = \{b \in G : b \sim a\} = \{b \in G : a^{-1}b = u, u \in U\}$$
$$= \{b \in G : b = au, u \in U\} = aU.$$

q.e.d.

Satz 1.11
Es seien G eine endliche Gruppe und $U \subset G$ eine Untergruppe. Dann hat jede Links- und jede Rechtsnebenklasse von U genauso viele Elemente wie U.

▶ **Beweis** Für $a \in G$ betrachten wir die Abbildung

$$f : U \to aU, \ f(x) = ax.$$

Nach Definition von aU ist f surjektiv. Die Abbildung f ist aber auch injektiv, denn aus $f(x) = f(y)$, also $ax = ay$, folgt natürlich sofort $x = y$. Also ist f bijektiv, und damit müssen die Startmenge U und die Zielmenge aU gleich viele Elemente besitzen. Die Aussage für Ua ergibt sich analog. q.e.d.

Satz 1.12 (Satz von Lagrange)

Es seien G eine endliche Gruppe und $U \subset G$ eine Untergruppe. Dann gilt:

$$|G| = |U| \cdot |G/U|.$$

Insbesondere ist die Ordnung jeder Untergruppe von G also ein Teiler der Ordnung von G.

▶ **Beweis** G ist die disjunkte Vereinigung aller Linksnebenklassen. Die Behauptung des Satzes folgt nun sofort daraus, dass nach Satz 1.11 jede Linksnebenklasse $|U|$ Elemente hat und es insgesamt $|G/U|$ solcher Linksnebenklassen gibt. q.e.d.

Satz 1.13

Es seien G eine Gruppe und $a \in G$ mit ord $a =: n < \infty$. Dann ist $\langle a \rangle = \{a^0, \dots, a^{n-1}\}$ und $|\langle a \rangle| = n = \text{ord } a$.

▶ **Beweis** Zunächst ist $\langle a \rangle = \{a^k : k \in \mathbb{Z}\}$. Mit Division durch n mit Rest lässt sich aber jedes solche $k \in \mathbb{Z}$ schreiben als $k = pn + r$ mit $p \in \mathbb{Z}$ und $r \in \{0, \dots, n-1\}$. Wegen $a^n = e$ folgt daraus:

$$a^k = (a^n)^p a^r = e^p a^r = a^r.$$

Alle a^k mit $k \in \mathbb{Z}$ lassen sich also bereits als ein a^r mit $r \in \{0, \dots, n-1\}$ schreiben. Also ist

$$\langle a \rangle = \{a^0, \dots, a^{n-1}\}.$$

Weiterhin sind diese n Elemente alle verschieden, denn wäre $a^i = a^j$ für gewisse $0 \leq i < j \leq n-1$, so hätten wir $a^{j-i} = e$, was wegen $0 < j - i < n$ ein Widerspruch dazu ist, dass n die kleinste positive Zahl ist mit $a^n = e$. Also sind die Elemente $a^0, \dots, a^{n-1}$ alle verschieden, und es folgt $|\langle a \rangle| = n$. q.e.d.

Satz 1.14 (kleiner Satz von Fermat)
Es seien G eine endliche Gruppe und $a \in G$. Dann gelten:

i) $\operatorname{ord} a$ ist ein Teiler von $|G|$.
ii) $a^{|G|} = e$.

▶ **Beweis** Nach Satz 1.13 hat die von a erzeugte Untergruppe $\langle a \rangle$ die Ordnung $\operatorname{ord} a$. Da diese Ordnung nach dem Satz von Lagrange (Satz 1.12) ein Teiler von $|G|$ sein muss, ergibt sich sofort der erste Teil. Weiterhin ist, wiederum nach dem Satz von Lagrange

$$a^{|G|} = a^{|\langle a \rangle||G/\langle a \rangle|} = (a^{\operatorname{ord} a})^{|G/\langle a \rangle|} = e,$$

und damit folgt auch der zweite Teil.   q.e.d.

Satz 1.15 (Faktorstrukturen und Normalteiler)
Es seien G eine Gruppe und $U \subset G$ eine Untergruppe. Dann sind die folgenden Aussagen äquivalent:

i) Für alle $a, a', b, b' \in G$ mit $\overline{a} = \overline{a'}$ und $\overline{b} = \overline{b'}$ gilt auch $\overline{a \circ b} = \overline{a' \circ b'}$, das heißt, die Vorschrift $\overline{a} \circ \overline{b} := \overline{a \circ b}$ bestimmt eine wohldefinierte Verknüpfung auf G/U.
ii) Für alle $a \in G$ und $u \in U$ ist $a \circ u \circ a^{-1} \in U$.
iii) Für alle $a \in G$ ist $aU = Ua$, das heißt, die Links- und Rechtsnebenklassen von U stimmen überein.

*Eine Untergruppe, die eine dieser Eigenschaften erfüllt, wird **Normalteiler** genannt, die übliche Schreibweise hierfür ist $U \triangleleft G$.*

Anmerkung: Vergleiche auch die Schreibweise und Anmerkung bei der Definition 1.13 eines Ideals.

▶ **Beweis**
„$i) \Rightarrow ii)$"   Es seien $a \in G$ und $u \in U$. Dann gilt $\overline{a} = \overline{a \circ u}$, denn $a^{-1} \circ a \circ u = u \in U$. Mit $a' = a \circ u$ und $b = b' = a^{-1}$ folgt dann

$$\overline{e} = \overline{a \circ a^{-1}} = \overline{a \circ u \circ \overline{a}^{-1}}$$

und damit $a \circ u \circ a^{-1} \in U$.
„$ii) \Rightarrow iii)$"   Wir zeigen jede Inklusion getrennt.

„⊂" Ist $b \in aU$, also $b = a \circ u$ für ein $u \in U$, so können wir dies auch als $b = a \circ u \circ a^{-1} \circ a$ schreiben. Dann ist aber $a \circ u \circ a^{-1} \in U$ und damit $b \in Ua$.

„⊃" Ist $b = u \circ a$ für ein $u \in U$, so schreiben wir $b = a \circ a^{-1} \circ u \circ (a^{-1})^{-1}$. Dann ist $a^{-1} \circ u \circ (a^{-1})^{-1} \in U$ also $b \in aU$.

„$iii) \Rightarrow i)$" Seien $a, a', b, b' \in G$ mit $\overline{a} = \overline{a'}, \overline{b} = \overline{b'}$. Also ist $a^{-1} \circ a', b^{-1} \circ b' \in U$. Dann folgt zunächst:

$$(a \circ b)^{-1} \circ (a' \circ b') = b^{-1} \circ a^{-1} \circ a' \circ b'.$$

Wegen $a^{-1} \circ a' \in U$ liegt $a^{-1} \circ a' \circ b'$ in Ub' und damit auch in $b'U$. Also können wir $a^{-1} \circ a' \circ b' = b' \circ u$ für ein $u \in U$ schreiben. Dies liefert nun:

$$(a \circ b)^{-1} \circ (a' \circ b') = b^{-1} \circ b' \circ u.$$

Wegen $b^{-1} \circ b' \in U$ und $u \in U$ ist also $(a \circ b)^{-1} \circ (a' \circ b') \in U$. Damit ist also $\overline{a \circ b} = \overline{a' \circ b'}$.

q.e.d.

Satz 1.16 (Faktorgruppe)
Es sei G eine Gruppe und $U \lhd G$. Dann gelten:

i) *G/U ist mit der Verknüpfung $\overline{a} \circ \overline{b} = \overline{a \circ b}$ eine Gruppe. Das neutrale Element ist $\overline{e}$, das zu $\overline{a}$ inverse Element ist $\overline{a^{-1}}$.*

ii) *Ist G abelsch, so ist auch G/U abelsch.*

iii) *Die Abbildung $\pi : G \to G/U, \pi(a) = \overline{a}$ ist ein Epimorphismus mit Kern U.*

Die Gruppe G/U wird als eine Faktorgruppe von G bezeichnet.

Anmerkung: Man liest G/U oft als G modulo U und sagt, dass man G/U aus G erhält, indem man U herausteilt. Dementsprechend schreibt man für $a, b \in G$ statt $\overline{a} = \overline{b} \in G/U$ auch $a \equiv b \mod U$, gesprochen a kongruent b modulo U. Die Abbildung π aus Teil iii) heißt Restklassenabbildung.

▶ **Beweis**

i) Nachdem wir die Wohldefiniertheit der Verknüpfung auf G/U schon nachgeprüft haben, rechnet man die Gruppenaxiome nun ganz einfach nach:

- Für alle $a, b, c \in G$ gilt:

$$(\overline{a} \circ \overline{b}) \circ \overline{c} = \overline{\overline{a \circ b}} \circ \overline{c} = \overline{(a \circ b) \circ c} = \overline{a \circ (b \circ c)} = \overline{a} \circ \overline{\overline{b \circ c}} = \overline{a} \circ (\overline{b} \circ \overline{c}).$$

- Für alle $a \in G$ gilt $\overline{e} \circ \overline{a} = \overline{e \circ a} = \overline{a}$.
- Für alle $a \in G$ ist $\overline{a^{-1}} \circ \overline{a} = \overline{a^{-1} \circ a} = \overline{e}$.

ii) Genau wie die Assoziativität oben überträgt sich die Kommutativität sofort von G auf G/U, denn

$$\overline{a} \circ \overline{b} = \overline{a \circ b} = \overline{b \circ a} = \overline{b} \circ \overline{a}.$$

iii) Die Abbildung π ist nach Definition ein Morphismus, denn für alle $a, b \in G$ gilt:

$$\pi(a \circ b) = \overline{a \circ b} = \overline{a} \circ \overline{b} = \pi(a) \circ \pi(b).$$

Nach Definition von G/U ist π surjektiv und der Kern ist

$$\ker \pi = \{a \in G : \overline{a} = \overline{e}\} = \overline{e} = U.$$

q.e.d.

Satz 1.17 (Isomorphiesatz für Gruppen)
Es sei $f : G \to H$ ein Morphismus von Gruppen (auch Gruppenmorphimus genannt). Dann ist die Abbildung

$$g : G/\ker f \to \operatorname{im} f, \quad \overline{a} \mapsto f(a)$$

zwischen der Faktorgruppe $G/\ker f$ von G und der Untergruppe $\operatorname{im} f$ von H ein Isomorphismus.

▶ **Beweis** Zunächst einmal ist $\ker f$ ein Normalteiler von G, sodass $G/\ker f$ also wirklich eine Gruppe ist. Die im Satz angegebene Abbildung g ist außerdem wohldefiniert, denn für $a, b \in G$ mit $\overline{a} = \overline{b}$, also $a^{-1}b \in \ker f$, gilt:

$$e = f(a^{-1} \circ b) = f(a)^{-1} \circ f(b)$$

und damit $f(a) = f(b)$. Weiterhin ist g ein Morphismus, denn für $a, b \in G$ gilt:

$$g(\overline{a} \circ \overline{b}) = g(\overline{a \circ b}) = f(a \circ b) = f(a) \circ f(b) = g(\overline{a}) \circ g(\overline{b}).$$

Wir müssen also nur noch zeigen, dass g surjektiv und injektiv ist. Beides folgt im Prinzip unmittelbar aus der Konstruktion von g.

- g ist surjektiv, denn ist b ein Element in im f, so gibt es also ein $a \in G$ mit $f(a) = b$, das heißt mit $g(\overline{a}) = b$.
- g ist injektiv, denn ist $a \in G$ mit $g(\overline{a}) = f(a) = e$, so ist also $a \in \ker f$ und damit $\overline{a} = \overline{e}$. Also ist $\ker g = \{\overline{e}\}$.   q.e.d.

Satz 1.18 (Klassifikation zyklischer Gruppen und Primzahlordnung)
Es sei G eine Gruppe.

i) Ist G zyklisch, so ist G isomorph zu $\mathbb{Z}$ oder zu $\mathbb{Z}/n\mathbb{Z}$ für ein $n \in \mathbb{N}$.
ii) Ist G endlich und $p := |G|$ eine Primzahl (also die Gruppenordnung eine Primzahl), dann ist G isomorph zu $\mathbb{Z}/p\mathbb{Z}$.

▶ **Beweis**

i) Es sei $a \in G$ mit $G = \langle a \rangle$. Wir betrachten die Abbildung

$$f : \mathbb{Z} \to G, \qquad k \mapsto a^k,$$

die ein Morphismus ist. Dann ist

$$\operatorname{im} f = \left\{ a^k : k \in \mathbb{Z} \right\} = \langle a \rangle = G,$$

das heißt, f ist surjektiv. Der Kern von f muss als Untergruppe von $\mathbb{Z}$ die Form $n\mathbb{Z}$ für ein $n \in \mathbb{N}_0$ haben. Es ergeben sich also zwei Fälle:
- Ist $n = 0$, also $\ker f = \{0\}$, so folgt aus dem Isomorphiesatz 1.17 $\mathbb{Z}/\{0\} \cong G$, also $\mathbb{Z} \cong G$.
- Ist $n > 0$, so folgt aus dem Isomorphiesatz 1.17 $\mathbb{Z}/n\mathbb{Z} \cong G$.

ii) Es sei $a \in G$ ein beliebiges Element mit $a \neq e$. Nach dem Satz von Lagrange (Satz 1.12) muss die Ordnung der Untergruppe $\langle a \rangle$ von G ein Teiler der Gruppenordnung p sein. Da p eine Primzahl ist, kommt hier also nur $|\langle a \rangle| = 1$ oder $|\langle a \rangle| = p$ in Frage. Weil aber bereits die beiden Elemente e und a in $\langle a \rangle$ liegen, ist $|\langle a \rangle| = p$, das heißt, es ist bereits $\langle a \rangle = G$. Also ist G zyklisch. Die Behauptung folgt damit aus dem ersten Teil.

q.e.d.

Satz 1.19

Sei $(A_i)_{i \in I}$ eine Familie von Idealen A_i von einem Ring R. Dann ist auch

$$A := \bigcap_{i \in I} A_i$$

ein Ideal von R.

▶ **Beweis** A ist eine Untergruppe der Gruppe $(R, +)$. Seien also $a \in A$ und $r \in R$. Nun gilt $ra \in I_i$ und $ar \in A_i$ für alle $i \in I$, da A_i nach Voraussetzung Ideale sind und $a \in A_i$ für alle $i \in I$ gilt. Insgesamt erhalten wir damit $RA \subset A$ und $AR \subset A$ und folglich die Behauptung.   q.e.d.

Satz 1.20

Für jede endliche Teilmenge M eines Ringes R ist $\langle M \rangle_R$ ein Ideal, das M enthält, und es gilt:

$$\langle M \rangle_R = \{a_1 x_1 + \cdots + a_n x_n : n \in \mathbb{N}, a_1, \ldots, a_n \in M, x_1, \ldots, x_n \in R\}.$$

Anmerkung: Man sagt, dass $\langle M \rangle_R$ aus den endlichen Linearkombinationen von Elementen aus M mit Koeffizienten in R besteht und nennt $\langle M \rangle_R$ das von M erzeugte Ideal.

▶ **Beweis** Die rechte Seite

$$J = \{a_1 x_1 + \cdots + a_n x_n : n \in \mathbb{N}, a_1, \ldots, a_n \in M, x_1, \ldots, x_n \in R\}$$

der behaupteten Gleichung ist offensichtlich ein Ideal von R. Die ersten beiden Eigenschaften sind klar nach Konstruktion, die dritte ergibt sich daraus, dass wir für alle $a_1 x_1 + \cdots + a_n x_n \in J$ und $x \in R$ das Produkt dieser beiden Elemente als $a_1(x x_1) + \cdots + a_n(x x_n)$ schreiben können. Natürlich enthält J auch die Menge M, denn wir können ja jedes $a \in M$ als $a \cdot 1 \in J$ schreiben. Wir behaupten nun, dass $\langle M \rangle_R = J$ ist.

„$\subset$"   Wir haben gerade gesehen, dass J ein Ideal von R ist, das M enthält. Also ist J eines der Ideale I, über das der Durchschnitt gebildet wird. Damit folgt sofort $\langle M \rangle_R \subset J$.

„⊃" Ist I ein beliebiges Ideal von R, das M enthält, so muss I natürlich auch alle in J enthaltenen Linearkombinationen von Elementen aus M enthalten. Also ist in diesem Fall $I \supset J$. Bilden wir nun den Durchschnitt $\langle M \rangle_R$ aller dieser Ideale, muss dieser natürlich immer noch J enthalten.

q.e.d.

Satz 1.21 (Ideale und Faktorringe)
Es sei I ein Ideal in einem Ring R. Dann gelten:

i) Auf der Menge R/I sind die beiden Verknüpfungen

$$\overline{x} + \overline{y} := \overline{x+y} \quad \overline{x} \cdot \overline{y} := \overline{xy}$$

wohldefiniert.
ii) Mit diesen Verknüpfungen ist R/I ein Ring.
iii) Die Restklassenabbildung $\pi : R \to R/I, \pi(x) = \overline{x}$ ist ein surjektiver Ringhomomorphismus mit Kern I.

Analog zum Fall von Gruppen wird R/I als ein Faktorring von R bezeichnet.

Anmerkung: Man liest R/I meistens als R modulo I und sagt, dass man R/I aus R erhält, indem man I herausteilt. Dementsprechend schreibt man für $x, y \in R$ statt $\overline{x} = \overline{y} \in R/I$ oft auch $x \equiv y \mod I$.

▶ **Beweis**
i) Die Wohldefiniertheit der Addition folgt direkt, da I ein Normalteiler von R ist. Für die Wohldefiniertheit der Multiplikation seien $x, x', y, y' \in R$ mit $\overline{x} = \overline{x'}$ und $\overline{x} = \overline{y'}$, also $x' - x =: a \in I$ und $y' - y =: b \in I$. Dann gilt

$$x'y' - xy = (x+a)(y+b) - xy = ay + bx + ab.$$

Da jeder der drei Summanden dieses Ausdrucks mindestens einen Faktor aus I enthält, liegen alle diese Summanden in I. Also liegt auch deren Summe in I, das heißt, es ist $x'y' - xy \in I$ und damit wie behauptet $\overline{xy} = \overline{x'y'}$.

ii) Die Ringeigenschaften übertragen sich sofort von R auf R/I. Wir zeigen exemplarisch die Distributivität. Für alle $x, y, z \in R$ gilt:

$$(\overline{x} + \overline{y})\overline{z} = \overline{x+y}\,\overline{z} = \overline{(x+y)z} = \overline{xz + yz} = \overline{xz} + \overline{yz} = \overline{x} \cdot \overline{z} + \overline{y} \cdot \overline{z}.$$

iii) Wir wissen bereits, dass π ein surjektiver additiver Gruppenhomomorphismus
mit Kern I ist. Wir müssen also nur noch die Verträglichkeit von π mit der
Multiplikation nachprüfen. Für alle $x, y \in R$ ist

$$\pi(xy) = \overline{xy} = \overline{x} \cdot \overline{y} = \pi(x) \cdot \pi(y).$$

q.e.d.

Satz 1.22
*Es sei $n \in \mathbb{N}_{\geq 2}$. Der Ring $\mathbb{Z}/n\mathbb{Z}$ ist genau dann ein Körper, wenn n eine
Primzahl ist.*

▶ **Beweis**
„$\Rightarrow$"   Es sei $\mathbb{Z}/n\mathbb{Z}$ ein Körper. Angenommen, n wäre keine Primzahl. Dann gäbe
es eine Faktorisierung $n = pq$ für gewisse $1 \leq p, q < n$, und es wäre in
$\mathbb{Z}/n\mathbb{Z}$

$$\overline{0} = \overline{n} = \overline{pq} = \overline{p} \cdot \overline{q},$$

aber dies kann nicht sein, denn p und q müssen Einheiten sein und Nullteiler sind keine Einheiten.

„$\Leftarrow$"   Es seien n eine Primzahl und $a \in \{1, \ldots, n-1\}$. Die Ordnung der vom
Element $\overline{a} \in \mathbb{Z}/n\mathbb{Z} \setminus \{\overline{0}\}$ erzeugten additiven Untergruppe

$$\langle \overline{a} \rangle = \{k\overline{a} : k \in \mathbb{Z}\} = \{\overline{ka} : k \in \mathbb{Z}\}$$

muss dann nach dem Satz von Lagrange (Satz 1.12) als Teiler von n
gleich 1 oder n sein. Da aber bereits die beiden Elemente 0 und a in
dieser Untergruppe liegen, ist $|\langle a \rangle| = 1$ ausgeschlossen, das heißt, es ist
$|\langle a \rangle| = n$ und damit $\langle a \rangle = \mathbb{Z}/n\mathbb{Z}$ schon der gesamte Ring. Insbesondere
ist also $1 \in \langle a \rangle$, das heißt, es gibt ein $k \in \mathbb{Z}$ mit $\overline{ka} = 1$. Also ist a eine
Einheit in $\mathbb{Z}/n\mathbb{Z}$. Da $a \neq 0$ beliebig war, ist $\mathbb{Z}/n\mathbb{Z}$ damit ein Körper.

q.e.d.

Satz 1.23 (**Isomorphiesatz für Ringe**)
Es sei $f : R \rightarrow S$ ein Ringhomomorphismus. Dann ist die Abbildung

$$g : R/\ker f \rightarrow \operatorname{im} f, \quad \overline{x} \mapsto f(x)$$

ein Ringisomorphismus.

▶ **Beweis** Da ker f ein Ideal von R ist, können wir den Faktorring $R/\ker f$ bilden. Wenden wir weiterhin den Isomorphiesatz 1.17 für Gruppen auf den zugehörigen Gruppenhomomorphismus $f : (R, +) \to (S, +)$ an, so sehen wir, dass g wohldefiniert, mit der Addition verträglich und bijektiv ist. Außerdem ist g auch mit der Multiplikation verträglich, denn für alle $x, y \in R/\ker f$ ist

$$g(\overline{x} \cdot \overline{y}) = g(\overline{xy}) = f(xy) = f(x)f(y) = g(\overline{x})g(\overline{y}).$$

Wegen $f(1) = 1$ gilt schließlich auch $g(\overline{1}) = f(1) = 1$, und damit ist g ein Ringisomorphismus.   q.e.d.

Satz 1.24
Sei $n \in \mathbb{Z}$ mit $n > 0$. Dann ist die Menge

$$\mathbb{Z}/n\mathbb{Z} := \{\overline{0}, \overline{1}, \ldots, \overline{n-1}\}$$

der Restklassen modulo n eine abelsche Gruppe und die Abbildung

$$\mathbb{Z} \to \mathbb{Z}/n\mathbb{Z}, \ a \mapsto a + n\mathbb{Z}$$

ist ein surjektiver Homomorphismus.

▶ **Beweis** Es müssen die Gruppeneigenschaften nachgewiesen werden. Exemplarisch zeigen wir einige (alternativ kann über den Isomorphiesatz (Satz 1.17) argumentiert werden, den wir oben behandelt haben):
Beispielsweise ist $\overline{0}$ das neutrale Element, denn es gilt $\overline{0} + \overline{a} = \overline{0+a} = \overline{a}$. Weiter ist $\overline{-a}$ das Inverse zu $\overline{a}$. Kommutativität und Assoziativität folgen aus der Kommutativität und Assoziativität von $\mathbb{Z}$. Es gilt also

$$\overline{a} + \overline{b} = \overline{a+b} = \overline{b+a} = \overline{b} + \overline{a}$$

oder

$$\left(\overline{a} + \overline{b}\right) + \overline{c} = \overline{a+b} + \overline{c} = \overline{(a+b)+c}$$
$$= \overline{a+(b+c)} = \overline{a} + \overline{b+c} = \overline{a} + \left(\overline{b} + \overline{c}\right).$$

Dass $\mathbb{Z} \to \mathbb{Z}/n\mathbb{Z}, \ a \mapsto a + n\mathbb{Z}$ ein surjektiver Homomorphismus ist, sieht man direkt, wenn man sich überlegt, dass die Umkehrabbildung durch $\overline{a} = a - n\mathbb{Z}$ gegeben ist. Die Surjektivität ergibt sich aus der Tatsache, dass zu jedem $a \in \mathbb{Z}$ die Restklasse gegeben ist.   q.e.d.

Satz 1.25 (Klassifikation von Permutationen)
Sei $n \in \mathbb{N}$ und $\sigma, \tau \in S_n$. Dann sind σ und τ genau dann konjugiert, wenn sie den gleichen Zykeltyp haben.

Anmerkung: Es bezeichnet S_n die Menge der Permutationen.

▶ **Beweis** Übung. Einige Tipps halten wir für euch in den Erklärungen bereit.

q.e.d.

1.3　Erklärungen zu den Definitionen

Erklärung

Zur Definition 1.1 **einer Gruppe** Um zu zeigen, dass eine Menge mit einer Verknüpfung eine Gruppe bildet, müssen wir nur die Axiome (G1) bis (G3) aus Definition 1.1 nachweisen. Dabei ist auch wichtig zu beweisen, dass die Menge abgeschlossen ist, das heißt, dass die Verknüpfung nicht aus der „Menge herausführt". Dies sagt $\circ : G \times G \to G$ gerade aus. Schauen wir uns Beispiele an.

▶ **Beispiel 1**

- Sei K ein Körper (siehe Definition 1.7) mit der additiven Verknüpfung „+" und der multiplikativen Verknüpfung „·". Dann sind $(K, +)$ und $(K \setminus \{0\}, \cdot)$ Gruppen. Dies folgt sofort aus den Definitionen. Vergleicht dazu die Definition 1.7 eines Körpers mit der Definition 1.1 einer Gruppe. Bei $(K \setminus \{0\}, \cdot)$ müssen wir die Null ausschließen, da zur Null bezüglich „·" kein Inverses existiert.
- Es sei R ein Ring (siehe Definition 1.5) mit der Addition $+$ und der Multiplikation „·". Dann ist $(R, +)$ ebenfalls eine Gruppe. Auch dies folgt sofort aus den Definitionen. $(R, \cdot)$ dagegen ist keine Gruppe, da nicht jedes Element ein Inverses besitzen muss.
- Die Menge der ganzen Zahlen mit der Addition $+$ als Verknüpfung bildet eine abelsche Gruppe. Wir geben eine „Beweisskizze" (diese Beweisskizze müsste natürlich noch mathematisch viel strenger ausgeführt werden, wir belassen es an dieser Stelle aber dabei): Zunächst ist die Verknüpfung $+ : G \times G \to G$ abgeschlossen. Wenn wir zwei ganze Zahlen addieren, erhalten wir wieder eine ganze Zahl. Ebenfalls überzeugt man sich leicht, dass (G1) bis (G3) aus Definition 1.1 erfüllt sind, denn es gilt:

$$(G1) \qquad (a + b) + c = a + (b + c) \ \forall a, b, c \in \mathbb{Z},$$

$$(G2) \qquad a + 0 = 0 + a = a \ \forall a \in \mathbb{Z},$$

$$(G3) \qquad a + (-a) = -a + a = 0 \ \forall a \in \mathbb{Z}.$$

- $(\mathbb{Z}, \cdot)$ ist keine Gruppe, da nicht jedes Element ein inverses Element besitzt. Beispielsweise besitzt die 2 kein Inverses, da $\frac{1}{2} \notin \mathbb{Z}$.
- Weitere Gruppen sind $(\mathbb{Q}, +)$, $(\mathbb{Q} \setminus \{0\}, \cdot)$, $(\mathbb{R}, +)$, $(\mathbb{R} \setminus \{0\}, \cdot)$, $(\mathbb{C}, +)$, $(\mathbb{C} \setminus \{0\}, \cdot)$. Die Details mögt ihr euch selbst überlegen.
- $(\mathbb{N}, +)$ und $(\mathbb{N}, \cdot)$ bilden keine Gruppen (wieder wegen der Geschichte mit dem nicht vorhandenen Inversen).
- Es sei X eine Menge. Mit Abb(X, X) bezeichnen wir die Menge aller Abbildungen der Form $f : X \to X$. Sind $f, g \in$ Abb(X, X), so bezeichnet $f \circ g$ die Komposition von f und g, also die Abbildung

$$f \circ g : X \to X, \; x \mapsto f(g(x)).$$

Die Frage, die sich nun stellt, ist, ob Abb(X, X) mit der Komposition $\circ$ als Verknüpfung eine Gruppe bildet. Na, versuchen wir mal die Axiome nachzuweisen:

(G1)   Die Assoziativität ist erfüllt, wie man so einsieht:

$$(f \circ (g \circ h))(a) = (f \circ (g(h(a)))) = f(g(h(a)))$$
$$= (f \circ g)(h(a)) = ((f \circ g) \circ h)(a).$$

(G2)   ist ebenfalls erfüllt. Die Identität $x \mapsto x$ ist das neutrale Element.

(G3)   ist nicht immer erfüllt. Es muss ja eine Umkehrabbildung geben. Aber diese existiert nicht immer, sondern nur genau dann, wenn f bijektiv ist.

Im Allgemeinen ist (Abb$(X, X), \circ$) also keine Gruppe. Schränkt man sie jedoch auf

$$S(X) := \{ f \in \text{Abb}(X, X) : f \text{ bijektiv} \}$$

ein, so bildet $(S(X), \circ)$ eine Gruppe. Sie heißt die *symmetrische Gruppe*.

- Die Menge aller invertierbaren $(n \times n)$-Matrizen über einem Körper K mit Matrizenmultiplikation bildet eine Gruppe. Wir schreiben $(\text{GL}_n(K), \cdot)$ und nennen diese die *allgemeine lineare Gruppe (general linear group)*. Wir wissen bereits, dass die Matrizenmultiplikation assoziativ ist. Das neutrale Element ist die n-dimensionale Einheitsmatrix und das Inverse zu einer Matrix $A \in (\text{GL}_n(K), \cdot)$ ist die inverse Matrix A^{-1}, denn es gilt dann $A \cdot A^{-1} = A^{-1} \cdot A = E_n$, wobei E_n die Einheitsmatrix bezeichnen soll.
- Wir geben noch ein Beispiel, und zwar die *spezielle lineare Gruppe (special linear group)* $(\text{SL}_n(K), \cdot)$. Das ist die Menge aller Matrizen, die die Determinante 1 besitzen. Die Abgeschlossenheit folgt aus dem Multiplikationssatz für Matrizen,

$$\det(A \cdot B) = \det(A) \cdot \det(B) = 1 \cdot 1 = 1.$$

- Es sei $G = \mathbb{R}$ mit folgender Verknüpfung gegeben:

$$* : \begin{cases} G \times G \to G \\ (a, b) \mapsto a * b := \frac{a+b}{2}. \end{cases}$$

$(G, *)$ bildet keine Gruppe, da die Verknüpfung nicht assoziativ ist, wie folgende Rechnungen zeigen:

$$(a * b) * c = \left(\frac{a+b}{2}\right) * c = \left(\frac{a}{2} + \frac{b}{2}\right) * c = \frac{1}{2}\left(\frac{a}{2} + \frac{b}{2}\right) + \frac{c}{2} = \frac{a}{4} + \frac{b}{4} + \frac{c}{2}.$$

$$a * (b * c) = a * \left(\frac{b+c}{2}\right) = \frac{a}{2} + \frac{1}{2}\left(\frac{b}{2} + \frac{c}{2}\right) = \frac{a}{2} + \frac{b}{4} + \frac{c}{4}.$$

Schon für $a = 1$, $b = c = 0$ ist die Assoziativität nicht erfüllt.
- $(M := \{1, -1\}, +)$ ist keine Gruppe, denn sie ist nicht abgeschlossen, weil $-1 + 1 = 0 \notin M$.

■

Zur Definition 1.2 **einer Untergruppe** Um zu zeigen, dass eine nichtleere Teilmenge einer Gruppe eine Untergruppe ist, können wir entweder die Axiome (U1) bis (U3) aus Definition 1.1 nachweisen oder das Untergruppenkriterium (Satz 1.3) anwenden. Man sollte von Fall zu Fall unterscheiden, was am einfachsten ist.

▶ **Beispiel 2**
- Es sei $(G, \circ)$ eine Gruppe und seien $H_1, H_2 \subset G$ zwei Untergruppen. Wir zeigen, dass dann $H_1 \cap H_2$ eine Untergruppe ist. Wir verwenden das Untergruppenkriterium (Satz 1.3). Zunächst zeigen wir aber, dass $H_1 \cap H_2$ nichtleer ist. Es ist $e \in H_1 \cap H_2$, da $e \in H_1$ und $e \in H_2$, also liegt es auch im Schnitt. Nun wenden wir das Untergruppenkriterium an. Es seien $a, b \in H_1 \cap H_2$. Da H_1 und H_2 nach Voraussetzung Untergruppen sind, ist $a \circ b^{-1} \in H_1$ und $a \circ b^{-1} \in H_2$. Es gilt nun $a \circ b^{-1} \in H_1 \cap H_2$. Wir sind fertig.
- Es sei G eine Gruppe und es seien $H_1, H_2 \subset G$ zwei Untergruppen von $(G, \circ)$. Ist $H_1 \cup H_2$ wieder eine Untergruppe? Dies ist im Allgemeinen nicht der Fall. Um zu zeigen, dass dies im Allgemeinen nicht sein kann, führen wir ein Gegenbeispiel an:
  $(G, \circ) = (\mathbb{Z}, +)$ ist eine Gruppe, und seien $H_1 = 2\mathbb{Z} = \{..., -4, -2, 0, 2, 4, ...\}$ und $H_2 = 3\mathbb{Z} = \{..., -6, -3, 0, 3, 6, ...\}$ zwei Untergruppen von G. Dann ist $H_1 \cup H_2 = \{..., -6, -4, -3, -2, 0, 2, 3, 4, 6, ...\}$. Diese Menge ist nicht abgeschlossen, denn $2 + 3 = 5 \notin H_1 \cup H_2$ und damit noch nicht einmal eine Gruppe, geschweige denn eine Untergruppe.

- Es sei T die Menge der invertierbaren oberen (2×2)-Dreiecksmatrizen der Form

$$\begin{pmatrix} a & b \\ 0 & d \end{pmatrix}, \quad (a, d \neq 0).$$

$(T, \cdot)$, wobei „$\cdot$" die Matrizenmultiplikation darstellen soll, bildet eine Untergruppe der allgemeinen linearen Gruppe $\mathrm{GL}_2(\mathbb{R})$. Um dies zu zeigen, verwenden wir das Untergruppenkriterium. Es seien

$$A = \begin{pmatrix} a & b \\ 0 & d \end{pmatrix}, \quad B = \begin{pmatrix} e & f \\ 0 & h \end{pmatrix}.$$

Dann sind zunächst $e, h \neq 0$, da sonst die Matrix nicht invertierbar ist. Dann ist

$$B^{-1} = \frac{1}{eh} \begin{pmatrix} h & -f \\ 0 & e \end{pmatrix} = \begin{pmatrix} 1/e & -f/eh \\ 0 & 1/h \end{pmatrix}.$$

Gilt jetzt $A \cdot B^{-1} \in T$? Es muss also wieder von der Form

$$\begin{pmatrix} x & y \\ 0 & z \end{pmatrix}, \quad (x, z \neq 0)$$

sein. Rechnen wir es aus:

$$A \cdot B^{-1} = \begin{pmatrix} a & b \\ 0 & d \end{pmatrix} \begin{pmatrix} 1/e & -f/eh \\ 0 & 1/h \end{pmatrix} = \begin{pmatrix} a/e & -fa/eh + b/h \\ 0 & d/h \end{pmatrix} \in T.$$

Es hat also wieder die gewünschte Form und liegt damit in T. ∎

Erklärung

Zur Definition 1.3 **eines Gruppenhomomorphismus** Die Definition 1.3 eines Gruppenhomomorphismus sagt also aus, dass es egal ist, ob wir erst die Elemente $a, b \in G$ verknüpfen und dann abbilden oder ob wir erst jedes Element $a, b \in G$ einzeln abbilden und dann verknüpfen. Schauen wir uns ein Beispiel an.

▶ **Beispiel 3** Die Abbildung $f : \mathbb{Z} \to \mathbb{Z}$ mit $a \mapsto 4a$ ist ein Gruppenhomomorphismus, denn es gilt:

$$f(a + b) = 4(a + b) = 4a + 4b = f(a) + f(b).$$ ∎

Erklärung

Zur Definition 1.4 **des Kerns und Bildes eines Gruppenhomomorphismus** Betrachten wir ein Beispiel.

▶ **Beispiel 4** Wir betrachten die Abbildung $\phi : \mathbb{R} \to GL_2(\mathbb{R})$ mit

$$\alpha \mapsto A_\alpha := \begin{pmatrix} \cos(\alpha) & -\sin(\alpha) \\ \sin(\alpha) & \cos(\alpha) \end{pmatrix},$$

die einer reellen Zahl α die Matrix der Drehung der Ebene um den Winkel α zuordnet. Es gilt:

$$\phi(\alpha + \beta) = A_{\alpha+\beta} = A_\alpha \cdot A_\beta = \phi(\alpha) \cdot \phi(\beta).$$

Also ist ϕ ein Gruppenhomomorphismus von $(\mathbb{R}, +)$ nach $GL_2(\mathbb{R})$. Weiterhin bestimmen wir Kern und Bild von ϕ:

- Das Bild von ϕ ist die Gruppe der orthogonalen (2×2)-Matrizen mit Determinante 1 (siehe auch Beispiel 1).
- Es ist $\ker(\phi) = 2\pi\mathbb{Z} := \{2\pi k : k \in \mathbb{Z}\}$, da der Sinus genau für alle Vielfachen von π gleich 0 ist und der Kosinus genau für alle Vielfachen von 2π gleich 1 ist. Diese werden also durch ϕ auf die 1 geschickt. ∎

Erklärung

Zur Definition 1.5 **eines Rings** Beim Ring gibt es nun also zwei Verknüpfungen und nicht nur eine, wie das bei der Gruppe (siehe Definition 1.1) der Fall ist.

▶ **Beispiel 5**
- $(\mathbb{Z}, +, \cdot)$, $(\mathbb{Q}, +, \cdot)$, $(\mathbb{C}, +, \cdot)$ sind kommutative Ringe.
- Die Menge aller Matrizen mit Matrixaddition und Matrixmultiplikation bildet einen Ring, der jedoch bezüglich der Multiplikation nicht kommutativ ist. Das Einselement ist die Einheitsmatrix. ∎

Erklärung

Zur Definition 1.6 **eines Ringhomomorphismus** Wir merken nur an, dass wir nun die Addition und die Multiplikation in der Ursprungs- und Zielstruktur mit demselben Symbol „+" und „·" bezeichnen, wobei aber klargestellt werden muss, dass dies nicht zwingend dieselben Verknüpfungen sein müssen. So ersparen wir uns aber Schreibarbeit :-).

Erklärung

Zur Definition 1.7 **eines Körpers** Der Unterschied eines Körpers zu der Definition eines Ringes (siehe Definition 1.5) besteht darin, dass es im Körper auch zu jedem Element (außer der Null) ein multiplikatives Inverses gibt und dass die multiplikative Verknüpfung kommutativ sein muss. Damit ist natürlich jeder Körper ein Ring, aber nicht jeder Ring ein Körper.

Tab. 1.1 Darstellung der Addition und Multiplikation in $\mathbb{F}_2$ (v.l.n.r.)

+	0	1
0	0	1
1	1	0

·	0	1
0	0	0
1	0	1

▶ **Beispiel 6**

- $(\mathbb{Q}, +, \cdot)$ und $(\mathbb{R}, +, \cdot)$ sind Körper.
- $(\mathbb{Z}, +, \cdot)$ ist kein Körper.
- Es gibt einen Körper mit zwei Elementen, 0 und 1. Man bezeichnet ihn mit $(\mathbb{F}_2, +, \cdot)$. Das $\mathbb{F}$ kommt aus dem Englischen von „field", was „Körper" bedeutet. Addition und Multiplikation sind wie in Tab. 1.1 erklärt.
  Aus diesen Tabellen können wir nun leicht beweisen, dass dies tatsächlich ein Körper ist, wir prüfen einfach die Regeln für jede mögliche Zahl nach (so viele sind es ja nicht ;-)). Dies solltet ihr zur Übung mal durchführen.
  Um sich die Rechenregeln merken zu können, kann man sich diesen Körper auch noch anders vorstellen. Fast alle Einträge sollten ja klar sein. Nur über $1 + 1 = 0$ könnte man stolpern. Hat man nicht gelernt, dass $1 + 1 = 2$ ist? Ja, das stimmt schon, aber in dem Körper reduzieren wir modulo 2, betrachten also nur die Reste, und wenn wir $1 + 1 = 2$ durch 2 teilen, erhalten wir den Rest 0. Daher steht dort keine 2, sondern eine 0. Um die Sache relativ leicht zu gestalten, kann man sich die 0 zunächst als eine „gerade Zahl" und die 1 als eine „ungerade Zahl" vorstellen. Geht die Tabellen nochmals durch und überlegt euch, dass dies Sinn ergibt, da „ungerade + ungerade = gerade". Allgemeiner steckt dort das Prinzip der Reduktion modulo p dahinter. Dort betrachten wir nur die Reste. Stellt euch einen Bierkasten vor mit zum Beispiel sieben Flaschen Bier (man muss ja auch mal Alternativen zum Sixpack haben :-)). Wenn ein Freund nun aber zwölf Flaschen mitbringt, dann können wir den Kasten füllen, aber es bleiben fünf Flaschen übrig. Es ist also 12 mod 7 = 5. Wir sind sicher: Wenn ihr euch die Reduktion modulo einer Zahl immer so vorstellt, werdet ihr keine Probleme haben ;-).
- Der Körper der komplexen Zahlen ist ein weiteres Beispiel. ∎

Erklärung

Zur Definition 1.8 des Körperhomomorphismus Beispielsweise bildet das komplex Konjugieren, also die Abbildung $a + i \cdot b \mapsto a - i \cdot b$, einen Körperautomorphismus, wie ihr euch einmal überlegen solltet.

Erklärung

Zur Definition 1.9 der Konjugation Ist G eine Gruppe, so interessiert uns oftmals nicht ein einzelnes Element $g \in G$, sondern es interessieren uns die

Konjugationsklassen, das heißt alle Elemente, die zu g konjugiert sind. Dies werden wir vor allem bei der Klassifikation der Symmetrien sehen.

▶ **Beispiel 7**

• Wir betrachten die symmetrische Gruppe S_3. Das neutrale Element ist natürlich nur zu sich selbst konjugiert, denn ist $g = e$ das neutrale Element, so gilt:

$$g_0 = h^{-1} \circ e \circ h = h^{-1} \circ h = e.$$

Ist $g \in S_3$ eine Transposition, das heißt vertauscht die Elemente i und j für $i, j \in \{1, 2, 3\}$, so hat diese genau einen Fixpunkt l, nämlich das Element, das nicht permutiert wird. Außerdem gibt es eine Permutation h mit $h(k) = l$ für $k \in \{1, 2, 3\}$. Dann gilt aber:

$$g_0(k) = h^{-1}(g(h(k))) = h^{-1}(g(l)) = h^{-1}(l) = k,$$

also hat g_0 einen Fixpunkt, kann also nur eine Transposition oder die Identität sein. Da die Identität aber nur zu sich selbst konjugiert ist, ist g_0 eine Transposition. Wählen wir nun h_1, h_2, h_3 so, dass $h_m(m) = l$ für $m \in \{1, 2, 3\}$, so erhalten wir als g_0 die Transposition, die m festhält. Also sind alle Transpositionen konjugiert. Als Übung solltet ihr euch nun klarmachen, dass die verbleibenden zwei Permutationen konjugiert sind, wir also drei Konjugationsklassen haben.

• Ist G eine abelsche Gruppe, so ist

$$h^{-1} \circ g \circ h = g \circ h^{-1} \circ h = g,$$

das heißt, jedes Element ist nur zu sich selbst konjugiert.   ∎

Ihr solltet euch als Übung klarmachen, dass Konjugation eine Äquivalenzrelation darstellt.

Erklärung

Zur Definition 1.10 **des Erzeugendensystems** Um den Begriff einzuüben, betrachten wir ein einfaches Beispiel, und zwar die sogenannte Kleinsche Vierergruppe.

▶ **Beispiel 8** Durch die Verknüpfungstabelle (Tab. 1.2) wird eine kommutative Gruppe $V = \{e, a, b, c\}$ gegeben, die sogenannte *Kleinsche Vierergruppe,* wobei e das neutrale Element bezeichnet.

Für jedes $x \in V$ gilt offensichtlich $x \cdot x = e$, also ist jedes Element sein eigenes Inverses, das heißt, $x = x^{-1}$. Prüft einmal nach, dass dies wirklich eine Gruppe bildet. Okay, wir geben zu: Der Nachweis der Assoziativität ist etwas lästig, aber sollte einmal im Leben gemacht werden :-) .

Tab. 1.2 Die Verknüpfungstabelle der Kleinschen Vierergruppe

·	e	a	b	c
e	e	a	b	c
a	a	e	c	b
b	b	c	e	a
c	c	b	a	e

Man prüft nun leicht nach, dass die Kleinsche Vierergruppe erzeugt wird durch

$$V = \langle a, b \rangle = \langle b, c \rangle = \langle a, c \rangle \, .$$

∎

Erklärung

Zur Definition 1.11 der Ordnung einer Gruppe Ist a ein Element der Gruppe G, so sind in $\langle a \rangle$ entweder alle Potenzen a^n verschieden und damit die Ordnung der Gruppe unendlich, oder es existieren $i, j \in \mathbb{Z}$ mit $i < j$ und $a^i = a^j$, das heißt, $a^{j-i} = e$.

▶ **Beispiel 9**
- Für $G = S_3$ und $\sigma = \begin{pmatrix} 1 & 2 & 3 \\ 1 & 3 & 2 \end{pmatrix}$ ist ord $\sigma = 2$, denn $\sigma \neq$ Id aber $\sigma^2 =$ Id.
- In $G = \mathbb{Z}$ ist ord $1 = \infty$, denn $n \cdot 1 \neq 0$ für alle $n \in \mathbb{N}$. ∎

Erklärung

Zur Definition 1.12 einer zyklischen Gruppe Zyklische Gruppen sind nach Definition endlich oder abzählbar unendlich. Betrachten wir gleich ein paar einfache Beispiele:

▶ **Beispiel 10**
- Die Kleinsche Vierergruppe aus Beispiel 8 ist endlich erzeugt (zwei Elemente reichen aus, wobei auf keines verzichtet werden kann), aber damit nicht zyklisch.
- Die Gruppe $(\mathbb{Z}, +)$ ist zyklisch, denn das Element 1 erzeugt die gesamte Gruppe. Durch mehrfache endliche Verknüpfung (hier Addition) der 1 kann man jede ganze Zahl erzeugen. Natürlich ist aber auch -1 ein Erzeuger, es gilt also:

$$(\mathbb{Z}, +) = \langle 1 \rangle = \langle -1 \rangle \, .$$

- Trivialerweise ist

$$\langle \emptyset \rangle = \{e\} = \langle e \rangle \,.$$

Und es ist auch $\langle U \rangle = U$ für jede Untergruppe U einer Gruppe mit neutralem Element $e \in G$.

- Die n-ten Einheitswurzeln sind für jedes $n \in \mathbb{N}$ eine zyklische Gruppe der Ordnung n. Sie wird durch die Einheitswurzel $e^{\frac{2\pi i}{n}}$ erzeugt. Beachtet, dass es auch hier mehrere Erzeuger gibt. Für $n = 3$ ist sowohl $e^{\frac{2\pi i}{3}}$ als auch $e^{\frac{4\pi i}{3}}$ ein zyklischer Erzeuger.

- Eine Darstellung einer zyklischen Gruppe liefert die Addition modulo einer Zahl, die sogenannte Restklassenarithmetik. In der additiven Gruppe $(\mathbb{Z}/n\mathbb{Z}, +)$ ist die Restklasse der 1 ein Erzeuger. Zum Beispiel ist

$$\mathbb{Z}/4\mathbb{Z} = \{\overline{0}, \overline{1}, \overline{2}, \overline{3}\}.$$

Dies soll an Beispielen genügen.   ∎

Erklärung

Zur Definition 1.13 **von Idealen**

- Jedes Ideal I eines Ringes R ist eine additive Untergruppe von R, die ersten beiden Eigenschaften des Untergruppenkriteriums sind genau die ersten beiden Bedingungen für Ideale und die dritte Eigenschaft folgt mit $x = -1$. Da $(R, +)$ außerdem nach Definition eines Ringes abelsch ist, ist jedes Ideal von R sogar ein Normalteiler bezüglich der Addition in R.

- Ist I ein Ideal in einem Ring R mit $1 \in I$, so folgt aus der dritten Eigenschaft mit $a = 1$ sofort $x \in I$ für alle $x \in R$, das heißt, es ist dann bereits $I = R$.

▶ **Beispiel 11**

- Im Ring $R = \mathbb{Z}$ ist $I = n\mathbb{Z}$ für $n \in \mathbb{N}$ ein Ideal. $0 \in I$ ist offensichtlich. Für zwei Zahlen $kn, ln \in n\mathbb{Z}$ mit $k, l \in \mathbb{Z}$ ist auch $kn + ln = (k + l)n \in n\mathbb{Z}$ und für $kn \in n\mathbb{Z}$ und $x \in \mathbb{Z}$ mit $k \in \mathbb{Z}$ gilt auch $knx = (kx)n \in n\mathbb{Z}$.
  Da jedes Ideal eines Ringes auch eine additive Untergruppe sein muss und diese im Ring $\mathbb{Z}$ alle von der Form $n\mathbb{Z}$ für ein $n \in \mathbb{N}$ sind, sind dies auch bereits alle Ideale von $\mathbb{Z}$. Insbesondere stimmen Untergruppen und Ideale im Ring $\mathbb{Z}$ also überein. Dies ist aber nicht in jedem Ring so, so ist zum Beispiel $\mathbb{Z}$ eine additive Untergruppe von $\mathbb{Q}$, aber kein Ideal, denn es ist ja $1 \in \mathbb{Z}$, aber $\mathbb{Z} \neq \mathbb{Q}$.

- In einem Ring R sind $\{0\}$ und R offensichtlich stets Ideale von R. Sie werden die trivialen Ideale von R genannt.

- Ist K ein Körper, so sind die trivialen Ideale $\{0\}$ und K bereits die einzigen Ideale von K. Enthält ein Ideal $I \triangleleft K$ nämlich ein beliebiges Element $a \neq 0$, so enthält es dann auch $1 = aa^{-1}$ und ist damit gleich K.

- Ist $f : R \to S$ ein Ringhomomorphismus, so ist $\ker f$ stets ein Ideal von f. Es ist $f(0) = 0$ und damit $0 \in \ker f$, für $a, b \in \ker f$ ist $f(a + b) = f(a) + f(b) = 0 + 0 = 0$ und damit $a + b \in \ker f$ und für $a \in \ker f$ und $x \in R$ ist außerdem $f(ax) = f(a)f(x) = 0 \cdot f(x) = 0$ und damit $ax \in \ker f$. ■

Erklärung

Zur Definition 1.14 **eines Erzeugendensystems von Idealen**

▶ **Beispiel 12**
- Besteht die Menge M nur aus einem Element a, so ist offensichtlich $\langle a \rangle_R = \{ax : x \in R\}$ die Menge aller Vielfachen von a. Insbesondere gilt in $R = \mathbb{Z}$ also für $n \in \mathbb{N}$

$$\langle n \rangle_{\mathbb{Z}} = \{nx : x \in \mathbb{Z}\} = n\mathbb{Z} = \langle n \rangle.$$

- Im Ring $R = \mathbb{Z} \times \mathbb{Z}$ ist das vom Element $(2, 2)$ erzeugte Ideal

$$\langle (2, 2) \rangle_{\mathbb{Z} \times \mathbb{Z}} = \{(2, 2)(m, n) : m, n \in \mathbb{Z}\} = \{(2m, 2n) : m, n \in \mathbb{Z}\},$$

während die von diesem Element erzeugte additive Untergruppe gleich

$$\langle (2, 2) \rangle = \{n(2, 2) : n \in \mathbb{Z}\} = \{(2n, 2n) : n \in \mathbb{Z}\}$$

ist. ■

Sind M eine Teilmenge eines Ringes R und I ein Ideal mit $M \subset I$, so gilt bereits $\langle M \rangle_R \subset I$, denn I ist ja dann eines der Ideale, über die der Durchschnitt gebildet wird. Diese triviale Bemerkung verwendet man oft, um Teilmengenbeziehungen für Ideale nachzuweisen. Wenn man zeigen möchte, dass das von einer Menge M erzeugte Ideal $\langle M \rangle_R$ in einem anderen Ideal I enthalten ist, so genügt es dafür zu zeigen, dass die Erzeuger M in I liegen. Diese Eigenschaft ist völlig analog zu der für Untergruppen.

▶ **Beispiel 13** Wir geben zwei Beispiele, bei denen ihr euch die Beweise einmal überlegen sollt.

- Besitzt der Ring ein Einselement, so ist das Ideal schon der ganze Ring. Das heißt, es gilt $\langle 1 \rangle = R$.
- Es sei I ein Ideal. Gilt $a \in I$, so auch $\langle a \rangle \in I$. ■

Erklärung

Zur Definition 1.15 **der Reduktion modulo** n Was man bei der Reduktion modulo einer Zahl n macht, ist die Zusammenfassung von ganzen Zahlen, die bei Division durch n denselben Rest erhalten. Diese fassen wir in der Restklasse zusammen. Man kann zeigen, dass die Reduktion modulo n eine Äquivalenzrelation ist. Demnach bilden die Restklassen gerade die Äquivalenzklassen. Zwei ganze Zahlen sind also in derselben Restklasse, wenn ihre Differenz durch n teilbar ist. Wir schreiben diese dann als $[a]$.

Definieren wir nun eine Addition und Multiplikation von Restklassen zweier ganzer Zahlen $a, b \in \mathbb{Z}$ durch

$$[a] + [b] := [a + b] \quad \text{und} \quad [a] \cdot [b] := [a \cdot b],$$

so bilden die Restklassen zusammen mit dieser Addition und Multiplikation einen *Restklassenring*, den man mit $\mathbb{Z}/n\mathbb{Z}$ oder auch $\mathbb{Z}_n$ bezeichnet.

Damit wir die Restklassen nicht immer so hinschreiben müssen, wie wir es eben getan haben, lassen wir die eckigen Klammern einfach weg. Der Restklassenring $(\mathbb{Z}_n, +, \cdot)$ besteht also dann aus den Zahlen $0, 1, \ldots, n - 1$. Durch die Kongruenzen

$$(a + b) \bmod n \quad \text{und} \quad (a \cdot b) \bmod n$$

im Ring $\mathbb{Z}$ ergeben sich Ergebnisse, die wir nun als Ergebnisse im Restklassenring $\mathbb{Z}_n$ interpretieren können.

Die Reduktion modulo n kann man sich ganz gut (zum Beispiel) an einem Bierkasten verdeutlichen, in den 12 Flaschen passen. Bringt ein Freund 14 Flaschen mit, so bleiben $14 - 12$, also 2 Flaschen übrig. Das heißt 14 modulo 12 ist gerade 2. Aber auch 26 modulo 12 ist 2. Denn zunächst können wir 24 Flaschen in 2 Bierkästen unterbringen und danach bleiben noch 2 Flaschen übrig.

Da wir, vor allem in Kap. 3, noch häufig modulo n rechnen müssen (vor allem wenn n eine Primzahl ist), folgen hier noch einige Beispiele zum warm Werden.

▶ **Beispiel 14** Wenn man Rechnungen modulo n ausärt, so möchte man als Ergebnis meist eine Zahl zwischen 0 und $n - 1$ erhalten. Das Ergebnis $3 \cdot 3 \equiv 9 \bmod 4$ ist zwar richtig, um Ergebnisse aber besser vergleichen zu können, bietet es sich an, wegen $9 \equiv 1 \bmod 4$ stattdessen $3 \cdot 3 \equiv 1 \bmod 4$ zu schreiben. In einer Rechnung ist es dagegen manchmal sinnvoll, auch negative Zwischenergebnisse zuzulassen. So gilt ja $3 \equiv -1 \bmod 4$, und deswegen ist $3 \cdot 3 \equiv (-1) \cdot (-1) \equiv 1 \bmod 4$. Dadurch kann man sich Rechenarbeit sparen.

- Wollen wir zum Beispiel feststellen, ob $235 \equiv 65 \bmod 14$ gilt, so kann man für 235 und 65 die Zahl zwischen 0 und 13 in der jeweiligen Äquivalenzklasse bestimmen. Dafür zieht man einfach von beiden Zahlen sukzessive Vielfache von 14 ab. Dann gilt $235 \equiv 95 \equiv 11 \bmod 14$ und $65 \equiv 9 \bmod 14$, also gilt $235 \not\equiv 65 \bmod 14$. Dagegen gilt aber $-355 \equiv -215 \equiv -75 \equiv 9 \bmod 14$, also ist $-355 \equiv 65 \bmod 14$.
- Wir wollen $17 \cdot 38$, $234567 + 456737$ und $19483 \cdot 28373$ jeweils modulo 9 berechnen. Dafür bestimmen wir zuerst für jede der auftretenden Zahlen den jeweiligen Vertreter zwischen 0 und 8. Sollte der Vertreter relativ groß sein (zum Beispiel 7 oder 8), dann rechnen wir stattdessen mit dem negativen Vertreter (also zum Beispiel -2 oder -1) weiter. Dann gilt

$$17 \cdot 38 \equiv (-1) \cdot 2 \equiv -2 \equiv 7 \mod 9,$$
$$234567 + 456737 \equiv 0 + 5 \equiv 5 \mod 9,$$
$$19483 \cdot 28373 \equiv (-2) \cdot 5 \equiv -10 \equiv 8 \mod 9.$$

- Das Quadrat einer Zahl modulo n lässt sich ebenso einfach bestimmen, zum Beispiel ist

$$13^2 \equiv 3^2 \equiv 9 \equiv 4 \mod 5,$$
$$26^2 \equiv (-4)^2 \equiv 16 \mod 30,$$
$$70^2 \equiv 4^2 \equiv 16 \equiv 5 \mod 11.$$

- Es gilt

$$33^3 \cdot 44^4 + 11^1 \cdot 22^2 \equiv (33 \cdot 1089) \cdot 1936^2 + 11 \cdot 484 \mod 70$$
$$\equiv 33 \cdot 39 \cdot (-24)^2 + 11 \cdot (-6) \mod 70$$
$$\equiv 1287 \cdot 576 - 66 \equiv 27 \cdot 16 + 4 \mod 70$$
$$\equiv 436 \equiv 16 \mod 70.$$

- Modulo einer Zahl lassen sich auch relativ leicht hohe Potenzen durch sukzessives Quadrieren bestimmen. So gilt

$$12^{17} \equiv 12 \cdot 12^{16} \equiv 12 \cdot (12^2)^8 \equiv 12 \cdot 144^8 \equiv 12 \cdot 4^8 \mod 70$$
$$\equiv 12 \cdot (4^2)^4 \equiv 12 \cdot 16^4 \equiv 12 \cdot 256^2 \equiv 12 \cdot 12 \cdot (-24)^2 \mod 70$$
$$\equiv 12 \cdot 576 \equiv 12 \cdot 16 \equiv 192 \equiv 52 \mod 70.$$

- Mit Kongruenzen kann man auch die letzten Ziffern einer Zahl bestimmen, ohne diese Zahl konkret kennen zu müssen. Will man zum Beispiel die letzten beiden Ziffern von $123987 \cdot 456654$ bestimmen, so muss man nur das Produkt der beiden Zahlen modulo $100 = 10^2$ bestimmen. Es gilt

$$123987 \cdot 456654 \equiv (-13) \cdot (-46) \equiv 598 \equiv 98 \mod 100,$$

also sind die letzten beiden Ziffern von $123987 \cdot 456654$ die Ziffern 98. ∎

Zuletzt bemerken wir noch, dass für eine ganze Zahl a genau dann $a \equiv 0 \mod n$ gilt, wenn a durch n teilbar ist, denn dann lässt a bei Division durch n den Rest 0.

1.4 Erklärungen zu den Sätzen und Beweisen

Zum Satz 1.1 **der Eindeutigkeit des neutralen Elements einer Gruppe** Der Beweis kann sehr leicht erbracht werden. Wir gehen davon aus, dass zwei neutrale Elemente e und e' der Gruppe G existieren und zeigen, dass diese gleich sind. Einerseits gilt natürlich $e \circ e' = e$, da e' ein neutrales Element ist, andererseits gilt aber auch $e \circ e' = e'$, da e ein neutrales Element ist. Ingesamt folgt also $e' = e$. Das war zu zeigen.

Zum Satz 1.2 **der Eindeutigkeit inverser Elemente** Wir wollen uns nochmal anschauen, was wir in jedem Schritt des Beweises dieses Satzes angewendet haben. Die Grundidee ist wieder anzunehmen, dass zu einem Element $a \in G$ zwei inverse Elemente a^{-1} und a'^{-1} existieren, und zu zeigen, dass dann aber schon $a^{-1} = a'^{-1}$ gilt.

e ist das neutrale Element der Gruppe G. Wir können es daher, ohne etwas zu verändern, mit a^{-1} verknüpfen:

$$a^{-1} = a^{-1} \circ e.$$

a'^{-1} ist ebenfalls ein inverses Element zu a, daher ist $a \circ a'^{-1} = e$:

$$a^{-1} = a^{-1} \circ (a \circ a'^{-1}).$$

Die Gruppe G ist assoziativ, wir können daher umklammern:

$$a^{-1} = (a^{-1} \circ a) \circ a'^{-1}.$$

Auch a^{-1} ist ein inverses Element von a, also ist $a^{-1} \circ a = e$:

$$a^{-1} = e \circ a'^{-1}.$$

Insgesamt ergibt sich daher die Behauptung $a^{-1} = a'^{-1}$.

Zum Satz 1.8 Dieser Satz besagt etwas ganz Interessantes, nämlich dass zyklische Gruppen für jeden Teiler der Gruppenordnung genau eine Untergruppe besitzen. Bei nichtzyklischen Gruppen ist dies natürlich im Allgemeinen falsch. Betrachtet beispielsweise S_4.

Wir wollen nun noch einen etwas anderen Beweis vorführen, der etwas übersichtlicher ist und andere Methoden benutzt.

Wir zeigen: Es sei G eine zyklische Gruppe der Form $G = \langle a \rangle$ mit Ordnung n. Dann besitzt diese zu jedem Teiler $d \in \mathbb{N}$ von n genau eine Untergruppe der Ordnung n und zwar $\left\langle a^{\frac{n}{d}} \right\rangle$.

Wir teilen den Beweis in zwei Schritt auf:

1. Schritt: Es sei d ein Teiler von n. Da die Ordnung von G gerade n ist, ist n der kleinste Exponent mit $a^n = e$. Betrachten wir $\left(a^{\frac{n}{d}}\right)^l$ für $l = 1, 2, \ldots, d$, so gilt $\frac{n}{d}l < n$ mit $l \neq d$. Folglich gilt $a^{\frac{n}{d}l} \neq e$. Gilt allerdings $l = d$, so ist $e = a^n = a^{\frac{n}{d} \cdot d}$ und damit ist d der kleinste Exponent mit $a^{\frac{n}{d} \cdot d} = e$. Folglich besitzt die Untergruppe $\left\langle a^{\frac{n}{d}} \right\rangle$ wirklich die Ordnung d.

2. Schritt: Wir zeigen jetzt, dass $\left\langle a^{\frac{n}{d}} \right\rangle$ die einzige Untergruppe mit d Elementen ist. Dazu sei U eine Untergruppe von G mit Ordnung d. Für ein $s \in \mathbb{N}$ gilt daher nach dem kleinen Satz von Fermat $(a^s)^d = e$. Also teilt n entsprechend sd. Es folgt $\frac{n}{d} | t$ und damit muss a^s ein Element in $\left\langle a^{\frac{n}{d}} \right\rangle$ sein. Also gilt $U \subset \left\langle a^{\frac{n}{d}} \right\rangle$ und damit muss $U = \left\langle a^{\frac{n}{d}} \right\rangle$ gelten.

Erklärung

Zum Satz 1.10 über Nebenklassen Es seien G eine Gruppe und $U \subset G$ eine Untergruppe.

- Für die oben betrachtete Äquivalenzrelation gilt also:

$$\bar{a} = \bar{b} \Leftrightarrow a^{-1}b \in U.$$

Wenn wir im Folgenden mit dieser Äquivalenzrelation arbeiten, ist dies das Einzige, was wir dafür benötigen werden. Insbesondere ist also $\bar{b} = \bar{e}$ genau dann, wenn $b \in U$.

- Es war in der Definition etwas willkürlich, dass wir $a \sim b$ durch $a^{-1}b \in U$ und nicht umgekehrt durch $ba^{-1} \in U$ definiert haben. In der Tat könnten wir auch für diese umgekehrte Relation eine zu dem Satz analoge Aussage beweisen, indem wir dort die Reihenfolge aller Verknüpfungen umdrehen. Wir würden dann demzufolge als Äquivalenzklassen also auch nicht die Linksnebenklassen, sondern die sogenannten *Rechtsnebenklassen*

$$Ua = \{ua : u \in U\}$$

erhalten. Ist G abelsch, so sind Links- und Rechtsnebenklassen natürlich dasselbe. Im nichtabelschen Fall werden sie im Allgemeinen verschieden sein, wie wir im folgenden Beispiel sehen werden, allerdings wird auch hier später der Fall, in dem Links- und Rechtsnebenklassen übereinstimmen, eine besonders große Rolle spielen. Wir vereinbaren im Folgenden, dass wie in der Definition die Notationen $\bar{a}$ beziehungsweise G/U stets für die Linksnebenklasse aU beziehungsweise die Menge dieser Linksnebenklassen stehen. Wollen wir zwischen Links- und Rechtsnebenklassen unterscheiden, müssen wir sie explizit als aU beziehungsweise Ua schreiben.

- Für jede Untergruppe U einer Gruppe G ist natürlich $U = eU = Ue$ stets sowohl eine Links- als auch eine Rechtsnebenklasse. In der Tat ist dies die einzige Nebenklasse, die eine Untergruppe von G ist, denn die anderen Nebenklassen enthalten ja nicht einmal das neutrale Element e.

▶ **Beispiel 15**

- Sind $G = \mathbb{Z}$, $n \in \mathbb{N}$ und $U = n\mathbb{Z}$, so erhalten wir für $k, l \in \mathbb{Z}$, dass genau dann $k \sim l$ gilt, wenn $l - k \in n\mathbb{Z}$ ist, und die Äquivalenzklassen, also die Linksnebenklassen, sind

$$\overline{k} = k + n\mathbb{Z} = \{\ldots, k - 2n, k - n, k, k + n, k + 2n, \ldots\},$$

also für $k \in \{0, \ldots, n - 1\}$ alle ganzen Zahlen, die bei Division durch n den Rest k lassen. Demzufolge ist die Menge aller Linksnebenklassen gleich

$$\mathbb{Z}/n\mathbb{Z} = \{\overline{0}, \overline{1}, \ldots, \overline{n-1}\},$$

also die Menge aller möglichen Reste bei Division durch n. Beachtet, dass wir hier mit $\mathbb{Z}$ statt mit $\mathbb{N}$ begonnen haben, was nötig war, da $\mathbb{N}$ im Gegensatz zu $\mathbb{Z}$ keine Gruppe ist, dass dies aber an den erhaltenen Äquivalenzklassen nichts ändert. Da dieses Beispiel besonders wichtig ist, hat die Menge $\mathbb{Z}/n\mathbb{Z}$ öfter eine besondere Bezeichnung. Man schreibt sie oft als $\mathbb{Z}_n$. Dies kann jedoch später Verwechslung mit den p-adischen Zahlen, die ihr vielleicht irgendwann kennenlernt, hervorrufen. Man schreibt auch manchmal $\mathbb{F}_n$. Die Bezeichnung ist allerdings meist nur dann üblich, wenn n eine Primzahl p ist, dann schreibt man $\mathbb{F}_p$, da dies dann ein Körper ist. Wir werden hier allerdings keine dieser Schreibweisen nutzen. Den sogenannten endlichen Körpern haben wir ein ganzes Kapitel gewidmet, und zwar Kap. 6.

- Wir betrachten die Gruppe $G = A_3$ und darin die Teilmenge

$$U = \left\{ \begin{pmatrix} 1\,2\,3 \\ 1\,2\,3 \end{pmatrix}, \begin{pmatrix} 1\,2\,3 \\ 1\,3\,2 \end{pmatrix} \right\},$$

die eine Untergruppe ist. Ist nun $\sigma = \begin{pmatrix} 1\,2\,3 \\ 2\,3\,1 \end{pmatrix}$, so gilt:

$$\sigma \circ U = \left\{ \begin{pmatrix} 1\,2\,3 \\ 2\,3\,1 \end{pmatrix} \circ \begin{pmatrix} 1\,2\,3 \\ 1\,2\,3 \end{pmatrix}, \begin{pmatrix} 1\,2\,3 \\ 2\,3\,1 \end{pmatrix} \circ \begin{pmatrix} 1\,2\,3 \\ 1\,3\,2 \end{pmatrix} \right\}$$

$$= \left\{ \begin{pmatrix} 1\,2\,3 \\ 2\,3\,1 \end{pmatrix}, \begin{pmatrix} 1\,2\,3 \\ 2\,1\,3 \end{pmatrix} \right\},$$

$$U \circ \sigma = \left\{ \begin{pmatrix} 1\,2\,3 \\ 1\,2\,3 \end{pmatrix} \circ \begin{pmatrix} 1\,2\,3 \\ 2\,3\,1 \end{pmatrix}, \begin{pmatrix} 1\,2\,3 \\ 1\,3\,2 \end{pmatrix} \circ \begin{pmatrix} 1\,2\,3 \\ 2\,3\,1 \end{pmatrix} \right\}$$

$$= \left\{ \begin{pmatrix} 1\,2\,3 \\ 2\,3\,1 \end{pmatrix}, \begin{pmatrix} 1\,2\,3 \\ 3\,2\,1 \end{pmatrix} \right\}.$$

Es gilt also $\sigma \circ U \neq U \circ \sigma$, das heißt, Links- und Rechtsnebenklassen sind verschieden. Neben $\sigma \circ U$ ist natürlich auch U selbst eine Linksnebenklasse. Die noch fehlende Linksnebenklasse lautet:

$$\begin{pmatrix} 1 & 2 & 3 \\ 3 & 1 & 2 \end{pmatrix} \circ U$$

$$= \left\{ \begin{pmatrix} 1 & 2 & 3 \\ 3 & 1 & 2 \end{pmatrix} \circ \begin{pmatrix} 1 & 2 & 3 \\ 1 & 2 & 3 \end{pmatrix}, \begin{pmatrix} 1 & 2 & 3 \\ 3 & 1 & 2 \end{pmatrix} \circ \begin{pmatrix} 1 & 2 & 3 \\ 1 & 3 & 2 \end{pmatrix} \right\}$$

$$= \left\{ \begin{pmatrix} 1 & 2 & 3 \\ 3 & 1 & 2 \end{pmatrix}, \begin{pmatrix} 1 & 2 & 3 \\ 3 & 2 & 1 \end{pmatrix} \right\}.$$

Wir hoffen, ihr habt alles verstanden.   ■

Erklärung

Zum Satz 1.15 **über Faktorstrukturen** Wir haben zu einer Untergruppe U einer gegebenen Gruppe G die Menge der Linksnebenklassen G/U untersucht und damit bereits einige interessante Resultate erhalten. Eine Menge ist für sich genommen allerdings noch keine besonders interessante Struktur. Wünschenswert wäre es natürlich, wenn wir G/U nicht nur als Menge, sondern ebenfalls wieder als Gruppe auffassen könnten, also wenn wir aus der gegebenen Verknüpfung in G auch eine Verknüpfung in G/U konstruieren könnten. Dafür legt dieser Satz den Grundstein. Bei der Definition von Faktorstrukturen müssen wir uns jedoch Gedanken um die Wohldefiniertheit von Abbildungen machen.

▶ **Beispiel 16 (Wohldefiniertheit)** Es sei $\sim$ eine Äquivalenzrelation auf einer Menge M. Will man eine Abbildung $f : M/\!\sim \to N$ von der Menge der zugehörigen Äquivalenzklassen in eine weitere Menge N definieren, so ist die Idee hierfür in der Regel, dass man eine Abbildung $g : M \to N$ wählt und dann

$$f : M/\!\sim \to N, f(\overline{a}) := g(a)$$

setzt. Man möchte das Bild einer Äquivalenzklasse unter f also dadurch definieren, dass man einen Repräsentanten dieser Klasse wählt und diesen Repräsentanten dann mit g abbildet. Als einfaches konkretes Beispiel können wir einmal die Abbildung

$$f : \mathbb{Z}/10\mathbb{Z} \to \{0, 1\}, f(\overline{n}) := \begin{cases} 1, & n \text{ gerade} \\ 0, & n \text{ ungerade} \end{cases}$$

betrachten, das heißt, wir wollen die Elemente $\overline{0}, \overline{2}, \overline{4}, \overline{6}$ und $\overline{8}$ auf 1 und die anderen (also $\overline{1}, \overline{3}, \overline{5}, \overline{7}, \overline{9}$) auf 0 abbilden. Beachtet, dass wir in dieser Funktionsvorschrift genau die oben beschriebene Situation haben. Um eine Äquivalenzklasse in $\mathbb{Z}/10\mathbb{Z}$ abzubilden, wählen wir einen Repräsentanten n dieser Klasse und bilden diesen mit der Funktion

$$g : \mathbb{Z} \to \{0, 1\}, g(n) := \begin{cases} 1, & n \text{ gerade} \\ 0, & n \text{ ungerade} \end{cases}$$

ab. Offensichtlich ist diese Festlegung so nur dann widerspruchsfrei möglich, wenn der Wert dieser Funktion g nicht von der Wahl des Repräsentanten abhängt. Mit anderen Worten muss

$$g(a) = g(b) \text{ für alle } a, b \in M \text{ mit } \overline{a} = \overline{b}$$

gelten, damit die Definition widerspruchsfrei ist. Statt widerspruchsfrei sagen Mathematiker in diesem Fall in der Regel, dass f durch die Vorschrift dann wohldefiniert ist. Die Wohldefiniertheit einer Funktion muss man also immer dann nachprüfen, wenn der Startbereich der Funktion eine Menge von Äquivalenzklassen ist und die Funktionsvorschrift Repräsentanten dieser Klassen benutzt. In unserem konkreten Beispiel sieht das so aus: Sind $m, n \in \mathbb{Z}$ mit $\overline{n} = \overline{m} \in \mathbb{Z}/10\mathbb{Z}$, so ist ja $n - m = 10k$ für ein $k \in \mathbb{Z}$. Damit sind n und m also entweder beide gerade oder beide ungerade, und es gilt in jedem Fall $g(n) = g(m)$. Die Funktion f ist also wohldefiniert. Im Gegensatz dazu ist die Vorschrift

$$h : \mathbb{Z}/10\mathbb{Z} \to \{0, 1\}, h(\overline{n}) := \begin{cases} 1, & \text{falls } n \text{ durch 3 teilbar ist} \\ 0, & \text{falls } n \text{ nicht durch 3 teilbar ist} \end{cases} \quad (1.1)$$

nicht wohldefiniert, sie definiert also keine Funktion auf $\mathbb{Z}/10\mathbb{Z}$, denn es ist zum Beispiel $\overline{6} = \overline{16}$, aber 6 ist durch 3 teilbar und 16 nicht. Der Funktionswert von h auf dieser Äquivalenzklasse ist durch die obige Vorschrift also nicht widerspruchsfrei festgelegt. ∎

Erklärung

Zum Satz 1.16 **über Faktorgruppen** Ist U eine Untergruppe von G, so ist es natürlich sehr naheliegend, auf G/U eine Verknüpfung durch

$$\overline{a}\overline{b} := \overline{ab}$$

definieren zu wollen. Um zwei Äquivalenzklassen in G/U miteinander zu verknüpfen, verknüpfen wir einfach zwei zugehörige Repräsentanten in G und nehmen dann vom Ergebnis wieder die Äquivalenzklasse.

▶ **Beispiel 17** Betrachten wir als konkretes Beispiel hierfür wieder die Menge $\mathbb{Z}/10\mathbb{Z}$, so würden wir also die Addition gerne von $\mathbb{Z}$ auf $\mathbb{Z}/10\mathbb{Z}$ übertragen wollen, indem wir zum Beispiel

$$\overline{6} + \overline{8} = \overline{6+8} = \overline{14} = \overline{4}$$

rechnen, also genau wie bei einer Addition ohne übertrag. Nach der Bemerkung müssen wir allerdings noch überprüfen, ob diese neue Verknüpfung auf G/U wirklich wohldefiniert ist. Im Beispiel hätten wir statt der Repräsentanten 6 und 8 ja zum Beispiel auch 26 beziehungsweise 48 wählen können. In der Tat hätten wir dann allerdings ebenfalls wieder dasselbe Endergebnis

$$\overline{6} + \overline{8} = \overline{36 + 48} = \overline{84} = \overline{4}$$

erhalten. In diesem Beispiel scheint die Situation also erst einmal in Ordnung zu sein.   ∎

In der Tat ist die Verknüpfung in diesem Fall wohldefiniert, wie wir noch sehen werden. Leider ist dies jedoch nicht immer der Fall, wie das folgende Beispiel zeigt.

▶ **Beispiel 18** Wir betrachten noch einmal die Untergruppe

$$U = \left\{ \begin{pmatrix} 1\ 2\ 3 \\ 1\ 2\ 3 \end{pmatrix}, \begin{pmatrix} 1\ 2\ 3 \\ 1\ 3\ 2 \end{pmatrix} \right\}$$

von S_3 mit der Menge der Linksnebenklassen

$$S_3/U = \left\{ \left\{ \begin{pmatrix} 1\ 2\ 3 \\ 1\ 2\ 3 \end{pmatrix}, \begin{pmatrix} 1\ 2\ 3 \\ 1\ 3\ 2 \end{pmatrix} \right\}, \left\{ \begin{pmatrix} 1\ 2\ 3 \\ 2\ 3\ 1 \end{pmatrix}, \begin{pmatrix} 1\ 2\ 3 \\ 2\ 1\ 3 \end{pmatrix} \right\}, \right. $$
$$\left. \left\{ \begin{pmatrix} 1\ 2\ 3 \\ 3\ 1\ 2 \end{pmatrix}, \begin{pmatrix} 1\ 2\ 3 \\ 3\ 2\ 1 \end{pmatrix} \right\} \right\}.$$

Angenommen, wir könnten auch hier die Nebenklassen dadurch miteinander verknüpfen, dass wir einfach Repräsentanten der beiden Klassen miteinander verknüpfen und vom Ergebnis wieder die Nebenklasse nehmen. Um die ersten beiden Klassen miteinander zu verknüpfen, könnten wir also zum Beispiel jeweils den ersten Repräsentanten wählen und

$$\overline{\begin{pmatrix} 1\ 2\ 3 \\ 1\ 2\ 3 \end{pmatrix}} \circ \overline{\begin{pmatrix} 1\ 2\ 3 \\ 2\ 3\ 1 \end{pmatrix}} = \overline{\begin{pmatrix} 1\ 2\ 3 \\ 1\ 2\ 3 \end{pmatrix} \circ \begin{pmatrix} 1\ 2\ 3 \\ 2\ 3\ 1 \end{pmatrix}} = \overline{\begin{pmatrix} 1\ 2\ 3 \\ 2\ 3\ 1 \end{pmatrix}}$$

rechnen, das heißt, das Ergebnis wäre wieder die zweite Nebenklasse. Hätten wir für die erste Nebenklasse statt $\begin{pmatrix} 1\ 2\ 3 \\ 3\ 2\ 1 \end{pmatrix}$ jedoch den anderen Repräsentanten $\begin{pmatrix} 1\ 2\ 3 \\ 3\ 2\ 1 \end{pmatrix}$ gewählt, so hätten wir als Ergebnis

$$\overline{\begin{pmatrix} 1\ 2\ 3 \\ 1\ 2\ 3 \end{pmatrix}} \circ \overline{\begin{pmatrix} 1\ 2\ 3 \\ 2\ 3\ 1 \end{pmatrix}} = \overline{\begin{pmatrix} 1\ 2\ 3 \\ 1\ 3\ 2 \end{pmatrix} \circ \begin{pmatrix} 1\ 2\ 3 \\ 2\ 3\ 1 \end{pmatrix}} = \overline{\begin{pmatrix} 1\ 2\ 3 \\ 3\ 2\ 1 \end{pmatrix}}$$

erhalten, also die dritte Nebenklasse. Die Verknüpfung auf der Menge der Nebenklassen ist hier also nicht wohldefiniert.   ∎

Im Satz ist die erste Eigenschaft eines Normalteilers in der Regel diejenige, die
man benötigt; unser Ziel war es ja gerade, die Menge G/U zu einer Gruppe zu
machen und somit dort insbesondere erst einmal eine Verknüpfung zu definieren.
Um nachzuprüfen, ob eine gegebene Untergruppe ein Normalteiler ist, sind die
anderen Eigenschaften in der Regel jedoch besser geeignet. Hier sind ein paar
einfache Beispiele.

▶ **Beispiel 19**
- Ist G abelsch, so ist jede Untergruppe von G ein Normalteiler, denn die dritte
  Eigenschaft aus dem Satz ist hier natürlich stets erfüllt.
- Die trivialen Untergruppen $\{e\}$ und G sind immer Normalteiler von G, in beiden
  Fällen ist die zweite Eigenschaft aus dem Satz offensichtlich.
- Die Untergruppe $U = \left\{\begin{pmatrix} 1 & 2 & 3 \\ 1 & 2 & 3 \end{pmatrix}, \begin{pmatrix} 1 & 2 & 3 \\ 1 & 3 & 2 \end{pmatrix}\right\}$ von S_3 ist kein Normalteiler. In
  der Tat haben wir bereits nachgeprüft, dass die erste und dritte Eigenschaft
  verletzt ist.
- Ist $f : G \to H$ eine Morphismus, so gilt stets ker $f \lhd G$. Sind nämlich $a \in G$
  und $u \in$ ker f, so gilt:

$$f(a \circ u \circ a^{-1}) = f(a) \circ f(u) \circ f(a^{-1}) = f(a) \circ f(a^{-1}) = f(e) = e,$$

  also $a \circ u \circ a^{-1} \in$ ker f. Damit ist die zweite Bedingung erfüllt.
- Als spezielles Beispiel hierzu ist zu nennen, dass für $n \in \mathbb{N}$ die alternierende
  Gruppe $A_n =$ ker(sign) ein Normalteiler von S_n ist.   ∎

▶ **Beispiel 20** Es sei $n \in \mathbb{N}$. Die Untergruppe $n\mathbb{Z}$ von $\mathbb{Z}$ ist natürlich ein Normalteiler, da $\mathbb{Z}$ abelsch ist. Also ist $(\mathbb{Z}/n\mathbb{Z}, +)$ mit der bekannten Verknüpfung
eine abelsche Gruppe. Wir können uns die Verknüpfung dort vorstellen als die
gewöhnliche Addition in $\mathbb{Z}$, wobei wir uns bei der Summe aber immer nur den
Rest bei Division durch n merken. Die Gruppen $(\mathbb{Z}/n\mathbb{Z}, +)$ sind am Anfang sicher die wichtigsten Beispiele von Faktorgruppen. Für $k, l \in \mathbb{Z}$ schreibt man statt
$k = l \mod n\mathbb{Z}$, also $k \equiv l \in \mathbb{Z}/n\mathbb{Z}$, oft auch $k = l \mod n$.   ∎

Wir hatten gesehen, dass jeder Kern eines Morphismus ein Normalteiler ist. Nach
dem dritten Teil des Satzes gilt hier auch die Umkehrung: Jeder Normalteiler
kann als Kern eines Morphismus geschrieben werden, nämlich als Kern der
Restklassenabbildung.

Zum Isomorphiesatz für Gruppen (Satz 1.17)

▶ **Beispiel 21**

- Wir betrachten für $n \in \mathbb{N}_{\geq 2}$ den Morphismus sign : $S_n \to \{1, -1\}$. Der Kern dieser Abbildung ist die alternierende Gruppe A_n. Andererseits ist sign natürlich surjektiv, da die Identität das Vorzeichen 1 und jede Transposition das Vorzeichen -1 hat. Also folgt aus dem Isomorphiesatz, dass die Gruppen S_n/A_n und $\{1, -1\}$ isomorph sind. Insbesondere haben diese beiden Gruppen also gleich viele Elemente, und wir erhalten mit dem Satz von Lagrange

$$\frac{|S_n|}{|A_n|} = |S_n/A_n| = 2.$$

  Da S_n genau $n!$ Elemente besitzt, gilt also $|A_n| = \frac{n!}{2}$.
- Sind G eine beliebige Gruppe und $f = \text{Id} : G \to G$ die Identität, so ist natürlich ker $f = \{e\}$ und im $f = G$. Nach dem Isomorphiesatz ist also $G/\{e\} \cong G$ mit der Abbildung $\overline{a} \mapsto a$. Dies ist auch anschaulich klar, wenn man aus G nichts herausteilt, also keine nicht trivialen Identifizierungen von Elementen aus G vornimmt, so ist die resultierende Gruppe immer noch G.
- Im anderen Extremfall, dem konstanten Morphismus $f : G \to G, a \mapsto e$, ist umgekehrt ker $f = G$ und im $f = \{e\}$. Hier besagt der Isomorphiesatz also $G/G \cong \{e\}$ mit Isomorphismus $a \mapsto e$. Wenn man aus G alles herausteilt, so bleibt nur noch die triviale Gruppe $\{e\}$ übrig.   ■

Zum Satz 1.19 Dieser Satz sagt einfach, dass der Durchschnitt von beliebig vielen Idealen wieder ein Ideal ist. Schauen wir uns dies an einem Beispiel an:

▶ **Beispiel 22** Es gilt

$$\langle 2\mathbb{Z} \rangle_{\mathbb{Z}} \cap \langle 3\mathbb{Z} \rangle_{\mathbb{Z}} \cap \langle 4\mathbb{Z} \rangle_{\mathbb{Z}} = 12\mathbb{Z}.$$

                                                                              ■

Im Allgemeinen ist die Vereinigung von zwei Idealen kein Ideal mehr.

Zum Satz 1.21 **über Ideale und Faktorringe** Die naheliegendste Idee zur Konstruktion von Faktorstrukturen für Ringe ist sicher, einen Ring R und darin einen Unterring $S \subset R$ zu betrachten. Beachte, dass $(S, +)$ dann eine Untergruppe von $(R, +)$ ist. Da $(R, +)$ außerdem eine abelsche Gruppe ist, ist $(S, +)$ sogar ein Normalteiler von $(R, +)$. Wir können also in jedem Fall schon einmal die Faktorgruppe $(R/S, +)$ bilden, das heißt, wir haben auf R/S bereits eine wohldefinierte und kommutative Addition. Wir müssen nun also untersuchen, ob sich auch die

Multiplikation auf diesen Raum übertragen lässt. Wir müssen also zunächst einmal überprüfen, ob die Vorschrift

$$\overline{a}\overline{b} := \overline{ab}$$

eine wohldefinierte Verknüpfung auf R/S definiert, das heißt, ob für alle a, a', b, $b' \in R$ mit $\overline{a} = \overline{a'}$ und $\overline{b} = \overline{b'}$ auch $\overline{ab} = \overline{a'b'}$ gilt. Leider ist dies nicht der Fall, wie das folgende einfache Beispiel zeigt. Es seien $a = a' \in R$ beliebig, $b \in S$ und $b' = 0$. Wegen $b - b' = b \in S$ ist dann also $\overline{b} = \overline{b'}$. Damit müsste auch gelten, dass $\overline{ab} = \overline{a \cdot 0} = \overline{0}$ ist, also $ab \in S$. Wir brauchen für die Wohldefiniertheit der Multiplikation auf R/S also sicher die Eigenschaft, dass für alle $a \in R$ und $b \in S$ auch $ab \in S$ gilt. Dies ist eine gegenüber der Abgeschlossenheit der Multiplikation eines Unterrings stark verschärfte Bedingung, die Multiplikation eines Elements von S mit einem beliebigen Element von R und nicht nur einem von S muss wieder in S liegen. Für einen Unterring ist das aber praktisch nicht erfüllbar, es muss ja auch $1 \in S$ sein, also können wir $b = 1$ einsetzen und erhalten, dass jedes Element $a \in R$ bereits in S liegen muss, das heißt, S müsste der ganze Ring R sein. Dieser Fall ist aber natürlich ziemlich langweilig.

Um nicht triviale Faktorstrukturen für Ringe konstruieren zu können, sehen wir also:

- Wir müssen für die herauszuteilende Teilmenge S statt der normalen multiplikativen Abgeschlossenheit die obige stärkere Version fordern, damit sich die Multiplikation wohldefiniert auf R/S überträgt, und
- die 1 sollte nicht notwendigerweise in S liegen müssen, da wir sonst nur den trivialen Fall $S = R$ erhalten.

In der Tat werden wir sehen, dass dies die einzig notwendigen Abänderungen in der Definition eines Unterrings sind, um sicherzustellen, dass der daraus gebildete Faktorraum wieder zu einem Ring wird, und dies ist gerade, wie wir Ideale eingeführt haben.

▶ **Beispiel 23** Da $n\mathbb{Z}$ ein Ideal in $\mathbb{Z}$ ist, ist $\mathbb{Z}/n\mathbb{Z}$ ein Ring mit der Multiplikation $\overline{k} \cdot \overline{l} = \overline{kl}$. In $\mathbb{Z}/10\mathbb{Z}$ ist also zum Beispiel $\overline{4} \cdot \overline{6} = \overline{24} = \overline{4}$, das heißt, wir haben in $\mathbb{Z}/n\mathbb{Z}$ auch eine Multiplikation, die wir uns als die gewöhnliche Multiplikation in $\mathbb{Z}$ vorstellen können, bei der wir schließlich aber nur den Rest bei Division durch n behalten. Diese Ringe $\mathbb{Z}/n\mathbb{Z}$ sind sicher die am Anfang mit Abstand wichtigsten Beispiele von Faktorringen. Wir wollen sie daher noch etwas genauer studieren und herausfinden, in welchen Fällen diese Ringe sogar Körper sind. Siehe dazu auch Satz 1.22. ∎

Erklärung

Zum Satz 1.24 Dazu muss gesagt werden, dass die Addition aus Satz 1.24 erklärt ist als

$$\overline{a} + \overline{b} := \overline{a + b}.$$

Man muss sich dazu natürlich noch überlegen, dass diese Definition unabhängig von der Wahl der Repräsentanten ist, also wohldefiniert. Dazu seien $\overline{a} = \overline{a'}$ und $\overline{b} = \overline{b'}$, also gilt

$$a - a' = nk \quad \text{und} \quad b - b' = nl, \ k, l \in \mathbb{Z}.$$

Insgesamt erhalten wir somit

$$a + b = a' + b' + (k + l)n,$$

das heißt $\overline{a + b} = \overline{a' + b'}$. Dies zeigt die Wohldefiniertheit.

Erklärung

Zur Klassifikation von Permutationen (Satz 1.25) Zur Erinnerung sei zuerst nochmal kurz erwähnt, was der Zykeltyp einer Permutation ist. Wir können ja jede Permutation in Zykelschreibweise schreiben, indem wir mehrere Zykel hintereinanderschreiben. Dann zählen wir einfach wir einfach die Längen dieser Zykel.

▶ **Beispiel 24** Es sei $n = 9$. Die Permutation $(123)(75)(89)$ hat Zykeltyp 1-2-2-3.

∎

Es ist häufig üblich, die Einsen im Zykeltyp wegzulassen. Dies ist dann unproblematisch, wenn man weiß, in welcher Permutationsgruppe man sich befindet. Denn man kann obige Permutation natürlich auch als Element von S_{10} auffassen. Der Satz sagt nun, dass zwei Permutationen σ, τ genau dann konjugiert sind (das heißt, es gibt genau dann eine Permutation η mit $\eta^{-1}\sigma\eta = \tau$), wenn σ und τ den gleichen Zykeltyp haben. Diese Tatsache ist sehr nützlich, weil wir im Kap. 4 noch sehen werden, dass man Gruppen in Konjugationsklassen unterteilen kann. Der Beweis ist eine Übung für euch. Nehmt zuerst an, dass σ und τ konjugiert sind. Dann folgt die Aussage daraus, dass Konjugation eines einzelnen Zykels die Länge dieses Zykels nicht ändert (dies solltet ihr zeigen).

Für die andere Richtung, das heißt, wenn σ und τ den gleichen Zykeltyp haben, kann man direkt eine gesuchte Permutation angeben. Dies illustrieren wir an einem Beispiel. Die Ambitionierten unter euch sollten hieraus dann den Beweis im allgemeinen Fall führen.

▶ **Beispiel 25** Es sei $n = 7$, $\sigma = (13)(475)$, $\tau = (135)(67)$. Mit $\eta = (164)(37)$ gilt dann $\eta^{-1}\sigma\eta = \tau$. Wie sind wir auf dieses η gekommen? Ganz einfach: Wir schreiben σ und τ untereinander so, dass Zykel gleicher Länge untereinanderstehen (dabei schreiben wir auch die 1-Zykel mit auf. Die Reihenfolge ist dabei egal.

Durch eine andere Reihenfolge kommt zwar eine andere Permutation heraus, aber
alle solche Möglichkeiten ergeben das Gewünschte):

$$\sigma = (13)(475)(2)(6),$$
$$\tau = (67)(135)(2)(4).$$

Nun können wir η leicht ablesen, es muss immer die obige Zahl auf die Zahl, die
darunter steht, abgebildet werden, das heißt zum Beispiel, die 1 geht auf die 6, die
7 geht auf die 3, die 2 geht auf die 2 und so weiter. Dann kommt genau unser η
heraus.   ∎

Ringe und Ideale

2

Inhaltsverzeichnis

In den ersten Kapiteln haben wir ja schon Ringe und Ideale kennengelernt. Allerdings ist es meistens ungünstig, mit ganz allgemeinen Ringen zu hantieren. Wir wollen uns deshalb in diesem Kapitel mit speziellen Arten von Ringen, ihren Zusammenhängen und Idealen beschäftigen. Dabei wollen wir untersuchen, wie man Konzepte, die für die ganzen Zahlen gelten, verallgemeinern kann.

Beispiele zu den konkreten Ringen werden wir teilweise direkt in den Erklärungen zu den Definitionen bringen und teilweise ganz am Ende der Erklärungen, um die Zusammenhänge besser deutlich machen zu können.

Dabei sei R immer ein kommutativer Ring mit 1. Um uninteressante Fälle gleich auszuschließen, sei außerdem R nicht der Nullring.

2.1 Definitionen

Definition 2.1 (Einheiten und Nullteiler)
Sei R ein Ring und $a \in R$.

- Gibt es ein $b \in R$ mit $ab = 1$, so nennen wir a eine **Einheit** in R.
- Wir schreiben $R^* := \{a \in R : a \text{ ist Einheit}\}$ für die **Einheitengruppe** von R.
- Gibt es ein $b \in R$ mit $ab = 0$, so heißt a **Nullteiler.**
- Gibt es außer 0 keinen Nullteiler in R, so heißt R **Integritätsring.**

© Springer-Verlag GmbH Deutschland, ein Teil von Springer Nature 2019
F. Modler und M. Kreh, *Tutorium Algebra,*
https://doi.org/10.1007/978-3-662-58690-7_2

Definition 2.2 (irreduzibel, prim)
Sei R ein Integritätsring, $a, b, p \in R$.

- Wir sagen, dass a ein **Teiler** von b ist (oder auch „a **teilt** b"), geschrieben $a|b$, wenn es ein $c \in R$ mit $ac = b$ gibt.
- Wir nennen a und b **assoziiert** und schreiben dafür $a \sim b$, wenn $a|b$ und $b|a$ gilt.
- Wir nennen p **Primelement,** wenn $p \neq 0$, $p \notin R^*$ und für alle $a, b \in R$ gilt

$$p|ab \Rightarrow p|a \text{ oder } p|b.$$

- Wir nennen p **irreduzibel,** wenn $p \neq 0$, $p \notin R^*$ gilt und aus $p = ab$ folgt, dass entweder a oder b eine Einheit ist.

Definition 2.3 (größter gemeinsamer Teiler)
Sei R ein Integritätsring und $a, b \in R$.

- Ein Element $g \in R$ heißt **größter gemeinsamer Teiler** von a und b, wenn gilt

  – $g|a$ und $g|b$
  – ist $c \in R$ mit $c|a$ und $c|b$, so gilt auch $c|g$.

  Wir bezeichnen die Menge aller größten gemeinsamen Teiler von a und b mit gcd (a, b).
- Ein Element $k \in R$ heißt **kleinstes gemeinsames Vielfaches** von a und b, wenn gilt

  – $a|k$ und $b|k$
  – ist $c \in R$ mit $a|c$ und $b|c$, so gilt auch $k|c$.

  Wir bezeichnen die Menge aller kleinsten gemeinsamen Vielfachen von a und b mit lcm (a, b).

Definition 2.4 (Hauptideale, Primideale, maximale Ideale)
Sei R ein Ring.

- Ein Ideal $\mathfrak{a} \lhd R$ heißt **Hauptideal,** wenn es ein $a \in R$ mit $\mathfrak{a} = (a)$ gibt.
- Ist jedes Ideal von R ein Hauptideal, so heißt R **Hauptidealring.**
- Ein Ideal $\mathfrak{p} \lhd R$ heißt **Primideal,** wenn $\mathfrak{p} \subsetneq R$ gilt und aus $ab \in \mathfrak{p}$ auch $a \in \mathfrak{p}$ oder $b \in \mathfrak{p}$ folgt.
- Ein Ideal $\mathfrak{m} \lhd R$ heißt **maximales Ideal,** wenn $\mathfrak{m} \subsetneq R$ gilt und es kein Ideal $\mathfrak{a}$ von R mit $\mathfrak{m} \subsetneq \mathfrak{a} \subsetneq R$ gibt.

Definition 2.5 (faktorieller Ring)
Ein Integritätsring R heißt **faktorieller** Ring, wenn es für jedes $a \in R \setminus \{0\}$, $a \notin R^*$ eine Darstellung

$$a = \prod_{i=1}^{n} p_i$$

mit irreduziblen p_i gibt und diese Darstellung bis auf Reihenfolge und Assoziiertheit eindeutig ist.

Definition 2.6 (euklidischer Ring)
Sei R ein Integritätsring. Dann heißt R **euklidisch,** wenn es eine Abbildung

$$\delta : R \setminus \{0\} \to \mathbb{N}_0$$

gibt, sodass es zu je zwei Elementen $a, b \in R$ mit $b \neq 0$ Elemente $q, r \in R$ gibt, sodass

$$a = qb + r \quad \text{und } r = 0 \text{ oder } \delta(r) < \delta(b)$$

gilt. Eine solche Abbildung nennt man **euklidische Funktion.**

Definition 2.7 (Quotientenkörper)
Sei R ein Integritätsring. Wir definieren auf $R \times (R \setminus \{0\})$ eine Äquivalenzrelation durch

$$(r_1, s_1) \sim (r_2, s_2) :\Leftrightarrow r_1 \cdot s_2 = r_2 \cdot s_1.$$

Wir setzen $\mathrm{Quot}(R) := R/\sim$ und nennen dies den **Quotientenkörper** von R. Für die Äquivalenzklasse (r, s) schreiben wir $\frac{r}{s}$.

Definition 2.8 (Lokalisierung)
Sei R ein Integritätsring.

- Eine Teilmenge $S \subset R$ heißt **multiplikativ abgeschlossen,** wenn $1 \in S$ und das Produkt von je zwei Elementen aus S wieder in S liegt.
- Sei S eine multiplikativ abgeschlossene Menge mit $0 \notin S$. Wir betrachten die Äquivalenzrelation (siehe Satz 2.19)

$$(r, s) \sim (r', s') \text{ wenn } rs' - r's = 0$$

auf $R \times S$. Die Äquivalenzklasse von (r, s) schreiben wir als $\frac{r}{s}$. Für die Menge aller Äquivalenzklassen schreiben wir

$$S^{-1}R := \left\{ \frac{r}{s} : r \in R, s \in S \right\}$$

und nennen dies die **Lokalisierung von R nach S.**

2.2 Sätze und Beweise

Satz 2.1 (Kürzungsregel)
Sei R ein Integritätsring und $a, b, c \in R$ mit $c \neq 0$. Dann gilt $ac = bc$ genau dann, wenn $a = b$.

▶ **Beweis** Ist $ac = bc$, so folgt $(a - b)c = 0$. Da R ein Integritätsring ist und nach Voraussetzung $c \neq 0$ gilt, muss $a - b = 0$ und damit $a = b$ sein. Die umgekehrte Richtung gilt sowieso.   q.e.d.

Satz 2.2
- *Ist K ein Körper, dann sind (0) und K die einzigen Ideale.*
- *Hat R genau zwei Ideale, so ist R ein Körper.*

▶ **Beweis**

- Sei $\mathfrak{a} \neq (0)$ ein Ideal von K. Dann gibt es also ein $a \in \mathfrak{a}$ mit $a \neq 0$. Da K ein Körper ist, hat a ein Inverses $a^{-1} \in K$. Aus der Idealbedingung folgt nun aber $1 = a \cdot a^{-1} \in \mathfrak{a}$ und damit ist schon $\mathfrak{a} = K$.

- Angenommen, R hat genau zwei Ideale. $1 = 0$ kann nur im Nullring gelten, dieser hat aber nur ein Ideal. Also gilt $1 \neq 0$ in R. Sei nun $0 \neq a \in R$. Wir betrachten das Hauptideal (a). Wegen $a \in (a)$ ist $(a) \neq (0)$, also $(a) = (1)$. Also gilt $1 = ra$, das heißt, a hat ein Inverses. Deshalb ist R ein Körper.   q.e.d.

Satz 2.3 (Äquivalenzen)
Sei R ein Integritätsring, $a, b \in R$.

1. Es gilt genau dann $(a) \subset (b)$, wenn $b|a$.
2. Zwei Elemente a und b sind genau dann assoziiert, wenn $a = cb$ mit einem $c \in R^*$ gilt.
3. a ist genau dann eine Einheit, wenn $(a) = R$.
4. Es gilt genau dann $(a) = (b)$, wenn $a \sim b$.
5. Es gilt genau dann $(a) = (0)$, wenn $a = 0$ gilt.
6. (a) ist genau dann ein von (0) verschiedenes Primideal, wenn a ein Primelement ist.
7. Ist $a \neq 0$ und (a) ein maximales Ideal, so ist a irreduzibel.
8. Ist R ein Hauptidealring und $a \neq 0$, so ist (a) genau dann maximal, wenn a irreduzibel ist.

▶ **Beweis**

1. Sei $(a) \subset (b)$. Dann ist $a = a \cdot 1 \in (a) \subset (b)$, also $a = bc$ für ein $c \in R$. Damit gilt $b|a$.
   Ist $b|a$, so gibt es ein $c \in R$ mit $a = bc$. Damit ist $a \in (b)$, also ist $ra \in (b)$ für jedes $r \in R$ und damit

$$(a) = \{ra : r \in R\} \subset (b).$$

2. Aus $a|b$ folgt $b = ad$ mit $d \in R$ und aus $b|a$ folgt $a = cb$ für $c \in R$. Zusammen gilt dann

$$a = cb = cda,$$

also $a(cd - 1) = 0$. Es folgt also entweder $a = 0$ oder $cd = 1$. Ist $a = 0$ so muss aber $b = 0$ gelten und die Aussage ist dann klar. Auch im anderen Fall ist c wegen $cd = 1$ eine Einheit.

Gilt andererseits $a = cb$ mit $c \in R^*$, so gilt zunächst $b|a$. Wählen wir nun $d \in R$ mit $cd = 1$, so gilt $b = cdb = da$, also auch $a|b$.

3. Ist $(a) = R$, so enthält (a) insbesondere auch die 1, es gilt also $ab = 1$ für ein $b \in R$ und damit ist $a \in R^*$.
   Ist $a \in R^*$, so existiert ein $b \in R$ mit $ab = 1$. Wegen $ab \in (a)$ ist dann $1 \in (a)$, also $(a) = R$.

4. Ist $(a) = (b)$, so gibt es nach 1. ein $c \in R$ mit $a = bc$ und ein $d \in R$ mit $b = ad$, also gilt $a|b$ und $b|a$, das heißt $a \sim b$.
   Gilt $a \sim b$, so gibt es nach 2. ein $c \in R^*$ mit $a = bc$. Dann gilt aber mit 3.:

$$(a) = aR = b \underbrace{cR}_{=R} = bR = (b).$$

5. Das ist eine leichte Übung. Hier müsst ihr nur die Definition von (0) hinschreiben dann seid ihr schon fast fertig ;-)

6. Sei (a) ein Primideal. Da $(a) \neq R$ ist, ist a keine Einheit. Wegen $(a) \neq 0$ ist auch $a \neq 0$. Seien nun $b, c \in R$ mit $a|bc$. Dann ist also $bc \in (a)$ und da (a) Primideal ist, folgt $b \in (a)$ oder $c \in (a)$ und damit $a|b$ oder $a|c$.
   Ist a ein Primelement, so ist insbesondere $a \neq 0$ und a keine Einheit. Damit ist also auch $(a) \neq (0), R$. Ist nun $bc \in (a)$ für $b, c \in R$, so ist $a|bc$. Da a Primelement ist, folgt $a|b$ oder $a|c$ und damit $b \in (a)$ oder $c \in (a)$.

7. Angenommen, es gilt $a = bc$ mit $b, c \in R$. Wegen $a \neq 0$ ist auch $b, c \neq 0$. Es gilt dann $(a) \subset (b)$. Da (a) maximal ist, folgt $(a) = (b)$ oder $(b) = R$. Ist $(b) = R$, so ist $b \in R^*$. Gilt $(a) = (b)$, so ist $a \sim b$, also c eine Einheit.

8. Die eine Richtung folgt direkt aus der letzten Aussage.
   Sei nun a irreduzibel und $\mathfrak{a}$ ein Ideal mit $(a) \subset \mathfrak{a} \subset R$. Da R ein Hauptidealring ist, gibt es ein $b \in R$ mit $\mathfrak{a} = (b)$. Da dann $(a) \subset (b)$ gilt, muss es ein $c \in R$ geben mit $a = bc$. Da a irreduzibel ist, folgt $b \in R^*$ oder $c \in R^*$. Im ersten Fall ist $(b) = R$, im zweiten $(a) = (b)$, also ist (a) maximal.   q.e.d.

Satz 2.4 (Faktorsätze)
Sei R ein Integritätsring, $\mathfrak{a} \lhd R$.

- *Ist $\mathfrak{b} \lhd R$ mit $\mathfrak{a} \subset \mathfrak{b}$, so ist $\mathfrak{b}/\mathfrak{a}$ ein Ideal von $R/\mathfrak{a}$. Ist umgekehrt I ein Ideal von $R/\mathfrak{a}$, so gibt es ein Ideal $\mathfrak{b} \lhd R$ mit $\mathfrak{a} \subset \mathfrak{b}$ und $I = \mathfrak{b}/\mathfrak{a}$.*
- *$\mathfrak{a}$ ist genau dann ein Primideal, wenn $R/\mathfrak{a}$ Integritätsring ist.*
- *$\mathfrak{a}$ ist genau dann ein maximales Ideal, wenn $R/\mathfrak{a}$ ein Körper ist.*
- *Jedes maximale Ideal ist Primideal.*

▶ Beweis

- Um zu zeigen, dass $\mathfrak{b}/\mathfrak{a}$ ein Ideal ist, müssen wir die Abgeschlossenheit nachweisen. Seien also $b + \mathfrak{a}, c + \mathfrak{a} \in \mathfrak{b}/\mathfrak{a}, r + \mathfrak{a} \in R/\mathfrak{a}$. Dann gilt $b + \mathfrak{a} + c + \mathfrak{a} = b + c + \mathfrak{a} \in \mathfrak{b}/\mathfrak{a}$, da $b + c \in \mathfrak{b}$ und $(b + \mathfrak{a})(r + \mathfrak{a}) = br + \mathfrak{a} \in \mathfrak{b}/\mathfrak{a}$, da $rb \in \mathfrak{b}$. Ist umgekehrt $I \lhd R/\mathfrak{a}$, so setzen wir

$$\mathfrak{b} := \{r \in R : \mathfrak{a} + r \in I\}.$$

  Dann ist $\mathfrak{b}$ das gesuchte Ideal, was ihr euch selbst klarmachen solltet.
- Dies folgt aus:

$$\begin{aligned} R/\mathfrak{a} \text{ ist Integritätsring} \; &\Leftrightarrow \; \text{Aus } \overline{a}, \overline{b} \neq 0 \text{ folgt } \overline{ab} \neq 0. \\ &\Leftrightarrow \; \text{Aus } a, b \notin \mathfrak{a} \text{ folgt } ab \notin \mathfrak{a}. \\ &\Leftrightarrow \; \text{Ist } ab \in \mathfrak{a}, \text{ so ist } a \in \mathfrak{a} \text{ oder } b \in \mathfrak{a}. \\ &\Leftrightarrow \; \mathfrak{a} \text{ ist Primideal.} \end{aligned}$$

- Sei $\mathfrak{a}$ ein maximales Ideal und $I \subset R/\mathfrak{a}$ ein Ideal mit $I \neq (0)$. Dann gibt es nach dem ersten Teil ein Ideal $\mathfrak{b}$ von R mit $\mathfrak{a} \subset \mathfrak{b}$ und $\mathfrak{b}/\mathfrak{a} = I$. Da $I \neq (0)$ gilt, ist $\mathfrak{a} \neq \mathfrak{b}$. Da $\mathfrak{a}$ maximal ist, muss $\mathfrak{b} = R$ gelten. Damit ist schon $I = R/\mathfrak{a}$. Damit enthält $R/\mathfrak{a}$ nur zwei Ideale, ist also ein Körper.
  Sei $R/\mathfrak{a}$ ein Körper und $\mathfrak{b} \lhd R$ ein Ideal mit $\mathfrak{a} \subsetneq \mathfrak{b}$. Dann ist nach dem ersten Teil $\mathfrak{b}/\mathfrak{a}$ ein Ideal von $R/\mathfrak{a}$ mit $\mathfrak{b}/\mathfrak{a} \neq (0)$. Da $R/\mathfrak{a}$ ein Körper ist, muss $\mathfrak{b}/\mathfrak{a} = R/\mathfrak{a}$ gelten. Es gilt also $\mathfrak{b} = R$ und damit ist $\mathfrak{a}$ maximal.
- Dies gilt, da jeder Körper ein Integritätsring ist.   q.e.d.

Satz 2.5
Sei R ein Integritätsring und g ein größter gemeinsamer Teiler zweier Elemente $a, b \in R$. Dann gilt für alle $g' \in R$:

$$g' \in \gcd(a, b) \Leftrightarrow g' = cg, \, c \in R^*.$$

▶ Beweis

„$\Rightarrow$": Nach Voraussetzung sind g und g' größte gemeinsame Teiler von a und b. Es gilt also $g'|a$ und $g'|b$, also muss g' ein Teiler von g sein, das heißt, es ist $g = dg'$ für ein $d \in R$. Analog folgt $g' = cg$ für ein $c \in R$. Einsetzen der

Gleichungen ergibt dann $g = dg' = dcg$ und $g' = cg = cdg'$. Ist g oder g' ungleich null, so ergibt sich daraus $1 = dc$ aufgrund der Kürzungsregel (Satz 2.1), das heißt, es ist $g' = cg$ für ein $c \in R^*$. Ist $g = g' = 0$, so ist die zu zeigende Aussage sofort klar, da wir dann $c = 1$ wählen können.

„$\Leftarrow$": Wir müssen zeigen, dass für $c \in R^*$ auch cg ein größter gemeinsamer Teiler von a und b ist, wenn schon g einer ist.

- Nach Voraussetzung gilt $g|a$, also $a = dg$ für ein $d \in R$. Damit folgt auch $a = dc^{-1}cg$, das heißt $cg|a$. Analog ergibt sich auch $cg|b$.
- Es sei $d \in R$ mit $d|a$ und $d|b$. Da g ein größter gemeinsamer Teiler von a und b ist, gilt dann auch $d|g$, also $g = ed$ für ein $e \in R$. Daraus folgt aber sofort $cg = ced$ und damit $d|cg$.

q.e.d.

Satz 2.6
Sei R ein Integritätsring und $a, b, q \in R$. Dann gilt:

1. $a \in \gcd(a, 0)$.
2. $\gcd(a, b) = \gcd(a, b + qa)$.

▶ **Beweis**
- Da jedes Element von R ein Teiler von 0 ist, sind beide Eigenschaften eines größten gemeinsamen Teilers für a erfüllt.
- Es reicht zu zeigen, dass die gemeinsamen Teiler von a und b dieselben sind wie von a und $b + qa$. Hierfür reicht es zu zeigen, dass jeder gemeinsame Teiler von a und b auch einer von a und $b + qa$ ist. Wenden wir diese Aussage dann nämlich statt auf a, b, q auf $a, b + qa, -q$ an, so erhalten wir daraus auch die umgekehrte Richtung.
  Sei c ein gemeinsamer Teiler von a und b, das heißt $a = ca'$ und $b = cb'$ für $a', b' \in R$. Dann ist auch $b + qa = c(b' + qa')$, das heißt, c ist auch ein Teiler von $b + qa$ und damit ein gemeinsamer Teiler von a und $b + qa$.

q.e.d.

Satz 2.7 (erweiterter Euklidischer Algorithmus)

Sei R ein euklidischer Ring und $a_0, a_1 \in R$ zwei Elemente von R. Wir konstruieren rekursiv drei Folgen $a_n, d_n, e_n \in R$ für $n = 0, \ldots, N$ durch:

$n = 0$: a_0 ist gegeben, wir setzen $d_0 = 1, e_0 = 0$.

$n = 1$: a_1 ist gegeben, wir setzen $d_1 = 0, e_1 = 1$.

$n \geq 2$: Ist $a_{n-1} = 0$, so brechen wir ab und setzen $N := n - 1$.

Andernfalls teilen wir a_{n-2} mit Rest durch a_{n-1} und erhalten so eine Darstellung $a_{n-2} = q_n a_{n-1} + r_n$ mit $q_n, r_n \in R$

Wir setzen dann

$$a_n := r_n, d_n := d_{n-2} - q_n d_{n-1}, e_n := e_{n-2} - q_n e_{n-1}.$$

Dann gilt:

1. *Das Verfahren bricht nach endlich vielen Schritten mit einem Wert $a_N = 0$ ab.*
2. *Für alle $n = 2, \ldots, N$ ist $\gcd(a_{n-1}, a_n) = \gcd(a_{n-2}, a_{n-1})$, das heißt, der größte gemeinsame Teiler zweier aufeinander folgender a_n ist immer gleich. Es ist also auch $\gcd(a_0, a_1) = \gcd(a_{N-1}, a_N) = \gcd(a_{N-1}, 0) \ni a_{N-1}$.*
3. *Für alle $n = 0, \ldots, N$ gilt $a_n = d_n a_0 + e_n a_1$, das heißt, jedes a_n ist eine Linearkombination der Ursprungselemente a_0 und a_1. Insbesondere gilt dies also auch für den oben bestimmten größten gemeinsamen Teiler a_{N-1} von a_0 und a_1.*

▶ **Beweis**

1. Sei δ die euklidische Funktion von R. Dann gilt $\delta(a_n) = \delta(r_n) < \delta(a_{n-1})$ für $n \geq 2$. Die Zahlen $\delta(a_n)$ bilden für $n \geq 2$ also eine streng monoton fallende Folge natürlicher Zahlen (inklusive 0), die irgendwann abbrechen muss.
2. Für $n \geq 2$ gilt wegen Satz 2.6:

$$\gcd(a_{n-1}, a_n) = \gcd(a_{n-1}, r_n) = \gcd(a_{n-1}, a_{n-2} - q_n a_{n-1})$$
$$= \gcd(a_{n-1}, a_{n-2}).$$

3. Wir zeigen die Aussage mit vollständiger Induktion. Für $n = 1$ ist sie nach Definition der Startwerte wahr. Ist nun $n \geq 2$ und gilt die Aussage für alle vorherigen Werte, so folgt

$$d_n a_0 + e_n a_1 = (d_{n-2} - q_n d_{n-1}) a_0 + (e_{n-2} - q_n e_{n-1}) a_1$$
$$= (d_{n-2} a_0 + e_{n-2} a_1) - q_n (d_{n-1} a_0 + e_{n-1} a_1)$$
$$= a_{n-2} - q_n a_{n-1} = a_n.$$

q.e.d.

Satz 2.8
Sei $n \in \mathbb{N}_{\geq 2}$ und $k \in \mathbb{Z}$. Dann gilt

$$\bar{k} \in (\mathbb{Z}/n\mathbb{Z})^* \Leftrightarrow \gcd(k, n) = \pm 1.$$

Ist dies der Fall und schreiben wir $1 = dk + en$, so ist $\bar{k}^{-1} = \bar{d}$.

▶ **Beweis**

„$\Rightarrow$": Ist $\bar{k}$ eine Einheit in $\mathbb{Z}/n\mathbb{Z}$, so gibt es ein $d \in \mathbb{Z}$ mit $\overline{dk} = \bar{d} \cdot \bar{k} = \bar{1}$. Also gilt $1 - dk \in n\mathbb{Z}$, und damit $dk + en = 1$ für ein $e \in \mathbb{Z}$. Ist c ein gemeinsamer Teiler von k und n, so teilt c dann auch $dk + en = 1$, also muss c gleich 1 oder -1 sein.

„$\Leftarrow$": Ist $\gcd(k, n) = 1$, so können wir nach dem erweiterten Euklidischen Algorithmus (Satz 2.7) $dk + en = 1$ für $d, e \in \mathbb{Z}$ schreiben. Durch Reduktion modulo n erhalten wir daraus $\bar{1} = \overline{dk} + \overline{en} = \overline{dk}$ also $\bar{k}^{-1} = \bar{d}$.

q.e.d.

Satz 2.9
Sei R ein euklidischer Ring, $a, b \in R$ und g ein größter gemeinsamer Teiler von a und b. Dann ist

$$(a, b) = (g).$$

▶ **Beweis**

„$\subset$": Wegen $g | a$ gilt nach Satz 2.3 $(a) \subset (g)$, also auch $a \in (g)$. Genauso folgt $b \in (g)$. Da beide Erzeuger des Ideals (a, b) also in (g) liegen, folgt $(a, b) \subset (g)$.

„$\supset$": Wir schreiben $g = da + eb$ mit $d, e \in R$. Dann ist $g \in (a, b)$ und damit auch $(g) \subset (a, b)$.   q.e.d.

Satz 2.10

Sei R ein faktorieller Ring und $a, b \in R$. Schreiben wir $a = c_1 \prod p_i^{e_i}, b = c_2 \prod p_i^{f_i}$ mit Einheiten c_i, irreduziblen Elementen p_i und $e_i, f_i \in \mathbb{N}_0$, so ist

$$g = \prod p_i^{\min\{e_i, f_i\}}$$

ein größter gemeinsamer Teiler von a und b und

$$k = \prod p_i^{\max\{e_i, f_i\}}$$

ein kleinster gemeinsamer Teiler von a und b.

▶ **Beweis** Dies ist eine kleine Übung für euch. Zeigt zuerst, dass g tatsächlich ein Teiler von a und b ist, und dann, dass jeder andere gemeinsame Teiler auch ein Teiler von g ist. Der zweite Teil geht dann analog. q.e.d.

Satz 2.11

Sei R ein faktorieller Ring, $a, b \in R$, $g \in \gcd(a, b)$ und $k \in \operatorname{lcm}(a, b)$. Dann gilt

$$g \cdot k \sim a \cdot b.$$

▶ **Beweis** Dies folgt direkt aus den Sätzen 2.5 und 2.10. q.e.d.

Satz 2.12 (Chinesischer Restsatz)

Seien $n_1, \ldots, n_k \in \mathbb{N}$ mit $\gcd(n_i, n_j) = 1$ für alle $i, j = 1, \ldots, k$ mit $i \neq j$. Dann ist die Abbildung

$$f : (\mathbb{Z}/N\mathbb{Z}) \rightarrow (\mathbb{Z}/n_1\mathbb{Z}) \times \cdots \times (\mathbb{Z}/n_k\mathbb{Z})$$
$$\overline{a} \mapsto (\overline{a}, \ldots, \overline{a})$$

mit $N := n_1 \cdots n_k$ ein Ringisomorphismus.

▶ **Beweis** Als erstes zeigen wir, dass f wohldefiniert ist.

Sind $a, b \in \mathbb{Z}$ mit $\overline{a} = \overline{b} \in (\mathbb{Z}/N\mathbb{Z})$, also $b - a \in N\mathbb{Z}$, so gilt wegen $n_i | N$ auch $N\mathbb{Z} \subset n_i\mathbb{Z}$ für alle $i = 1, \ldots, k$, also $b - a \in n_i\mathbb{Z}$, das heißt $\overline{a} = \overline{b} \in (\mathbb{Z}/n_i\mathbb{Z})$. Also ist $(\overline{a}, \ldots, \overline{a}) = (\overline{b}, \ldots, \overline{b}) \in (\mathbb{Z}/n_1\mathbb{Z}) \times \cdots \times (\mathbb{Z}/n_k\mathbb{Z})$, und damit ist f wohldefiniert.

Es ist außerdem $f\left(\overline{1}\right) = \left(\overline{1}, \ldots, \overline{1}\right)$ und für alle $a, b \in \mathbb{Z}$ gilt:

$$f\left(\overline{a + b}\right) = \left(\overline{a + b}, \ldots, \overline{a + b}\right) = \left(\overline{a}, \ldots, \overline{a}\right) + \left(\overline{b}, \ldots, \overline{b}\right) = f\left(\overline{a}\right) + f\left(\overline{b}\right).$$

Für die Multiplikation gilt die Aussage analog, also ist f ein Ringhomomorphismus.

Wir müssen noch zeigen, dass f bijektiv ist. Da der Definitions- und Wertebereich von f die gleiche Anzahl $N < \infty$ von Elementen haben, reicht es, die Surjektivität zu zeigen.

Seien $a_1, \ldots, a_k \in \mathbb{Z}$ beliebig. Wir müssen zeigen, dass es ein $a \in \mathbb{Z}$ mit $f\left(\overline{a}\right) = (\overline{a}_1, \ldots, \overline{a}_k)$ gibt. Für $i = 1, \ldots, k$ sei

$$N_i := \frac{N}{n_i} = n_1 \cdots n_{i-1} n_{i+1} \cdots n_k.$$

Wegen $\gcd\left(n_i, n_j\right) = 1$ für $i \neq j$ tritt jede Primzahl in der Primfaktorzerlegung von höchstens einer der Zahlen $n_1, \ldots, n_k$ auf. Also ist $\gcd\left(n_i, N_i\right) = 1$ für alle $i = 1, \ldots, k$. Damit ist nach Satz 2.8 N_i also eine Einheit in $(\mathbb{Z}/n_i\mathbb{Z})$ und wir können mit dem Euklidischen Algorithmus ihr multiplikatives Inverses $\overline{M_i}$, also ein $M_i \in \mathbb{Z}$ mit $\overline{M_i N_i} = \overline{1} \in (\mathbb{Z}/n_i\mathbb{Z})$ berechnen. Sei nun

$$a := \sum_{i=1}^{k} a_i M_i N_i \in \mathbb{Z}.$$

Für $i = 1, \ldots, k$ gilt dann in $(\mathbb{Z}/n_i\mathbb{Z})$

$$\overline{a} = \sum_{j=1}^{k} \overline{a_j} \overline{M_j N_j} = \overline{a_i} \overline{M_i N_i} = \overline{a_i},$$

denn N_j enthält für $j \neq i$ den Faktor n_i, also ist dann $\overline{N_j} = \overline{0} \in (\mathbb{Z}/n_i\mathbb{Z})$. Damit ist also $f\left(\overline{a}\right) = (\overline{a}, \ldots, \overline{a}) = (\overline{a_1}, \ldots, \overline{a_k}) \in (\mathbb{Z}/n_1\mathbb{Z}) \times \cdots \times (\mathbb{Z}/n_k\mathbb{Z})$. Also ist f surjektiv und der Satz damit bewiesen.   q.e.d.

Satz 2.13 (euklidische Ringe sind Hauptidealringe)
Sei R ein euklidischer Ring. Dann ist R auch Hauptidealring.

▶ **Beweis**   Sei $\mathfrak{a}$ ein Ideal in R. Wir betrachten die Menge

$$\{\delta\left(a\right) : a \in \mathfrak{a}, a \neq 0\}.$$

Da dies eine Teilmenge von $\mathbb{N}_0$ ist, besitzt es eine kleinste Zahl. Sei $a_0 \in \mathfrak{a}$ so gewählt, dass $\delta(a_0)$ eine solche Zahl ist. Ist $a \in \mathfrak{a}$ beliebig, so gibt es $q, r \in R$ mit $a = qa_0 + r$ und $r = 0$ oder $\delta(r) < \delta(a_0)$. Da aber $\delta(a_0)$ minimal gewählt war, muss $r = 0$ gelten. Es gilt also $a = qa_0 \in (a_0)$ und damit $\mathfrak{a} \subset (a_0)$. Die umgekehrte Inklusion folgt sofort aus $a_0 \in \mathfrak{a}$, insgesamt folgt also Gleichheit. Da $\mathfrak{a}$ beliebig war, folgt, dass R ein Hauptidealring ist. q.e.d.

Satz 2.14 (irreduzibel und prim)
Sei R ein Integritätsring.

- *Jedes Primelement $p \in R$ ist irreduzibel.*
- *Ist R ein faktorieller Ring oder Hauptidealring, so ist auch jedes irreduzible Element ein Primelement.*
- *Ist R Hauptidealring und $\mathfrak{p} \neq 0$ ein Primideal in R, dann ist $\mathfrak{p}$ sogar ein maximales Ideal.*

▶ **Beweis**

- Sei p ein Primelement und gelte $p = ab$. Dann gilt also $a|p$ und $b|p$. Nach Definition muss aber auch $p|a$ oder $p|b$ gelten. Im ersten Fall ist dann $p \sim a$ und $b \in R^*$, im zweiten ist $p \sim b$ und $a \in R^*$.
- Sei zuerst R faktoriell. Seien $a, b \in R$ und $p \in R$ irreduzibel und gelte $p|ab$. Wir müssen zeigen, dass dann $p|a$ oder $p|b$ gilt. Zunächst muss ein assoziiertes Element p' von p in der Zerlegung von ab auftauchen. Ist $a = \prod q_i$ und $b = \prod r_j$, so ist also p' eines der q_i oder der r_j, also taucht p' in der Zerlegung von a oder von b auf. Wir nehmen o.B.d.A. an, dass p' bei a auftaucht. Dann ist also $p'|a$, das heißt $a = p'd$ für ein $d \in R$. Da p' zu p assoziiert ist, gilt nach Satz 2.3 $p' = pc$ mit einem $c \in R^*$. Es gilt damit $a = p'd = pcd$, also gilt $p|a$ und damit ist p prim.

  Sei nun R ein Hauptidealring. Dann gelten wegen den Sätzen 2.3 und 2.4 die Implikationen:

$$p \text{ ist irreduzibel } \Rightarrow (p) \text{ ist ein maximales Ideal.}$$
$$\Rightarrow (p) \text{ ist ein Primideal.}$$
$$\Rightarrow p \text{ ist prim.}$$

- Ist $\mathfrak{p} \neq 0$ ein Primideal, so gibt es nach Satz 2.3 ein Primelement $p \in R$ mit $\mathfrak{p} = (p)$. Da p auch irreduzibel ist, ist $\mathfrak{p}$ maximal.

q.e.d.

Satz 2.15
Ist R ein faktorieller Ring, so gibt es für jedes $a \in R \setminus \{0\}$ nur endlich viele verschiedene Hauptideale $(b) \triangleleft R$ mit $(a) \subset (b)$.

▶ **Beweis** Ist $a \in R^*$, so gilt $(a) = R$ und damit ist die Aussage sofort klar. Ansonsten gilt $a = \prod_{i=1}^{n} p_i$ mit irreduziblen p_i. Gilt nun $(a) \subset (b)$ für ein $b \in R$, so ist $b \mid a$. Dann können aber in der Darstellung von b nur die irreduziblen Elemente p_i von a auftauchen. Dafür gibt es nur endliche viele Möglichkeiten.　　　q.e.d.

Satz 2.16
Ein Integritätsring R ist genau dann ein faktorieller Ring, wenn jedes irreduzible Element ein Primelement ist und jede aufsteigende Kette von Hauptidealen

$$(a_0) \subset (a_1) \subset \cdots$$

stationär wird.

▶ **Beweis**

„$\Leftarrow$": Sei zunächst R faktoriell. Dann folgt die Implikation wegen der Sätze 2.14 und 2.15.

„$\Rightarrow$": Gilt die Bedingung im Satz, so betrachten wir die Menge H aller Hauptideale $(a) \triangleleft R$ mit $a \neq 0$, $a \notin R^*$ und so, dass a keine Darstellung als Produkt irreduzibler Elemente hat. Wir wollen $H = \emptyset$ zeigen. Angenommen, dies gilt nicht. Dann gilt zunächst, dass es ein maximales Element $(a) \in H$ gibt, denn wäre das nicht der Fall, so würde man zu jedem Hauptideal (a_0) in H ein Hauptideal (a_1) finden mit $(a_0) \subsetneq (a_1)$. Das Ganze führen wir mit (a_1) fort und erhalten so eine aufsteigende Kette von Hauptidealen, die nicht stationär wird. Da dies nach Voraussetzung nicht geht, muss es ein maximales Element (a) geben. Da es für a nach Annahme keine Darstellung als Produkt irreduzibler Elemente gibt, kann a insbesondere nicht irreduzibel sein. Das heißt aber, dass es $b, c \in R \setminus R^*$ gibt mit $a = bc$. Dann gilt aber $(a) \subsetneq (b)$ und $(a) \subsetneq (c)$. Da (a) ein maximales Element von H ist, gilt $(b), (c) \notin H$, also gibt es für b und c Produktdarstellungen. Dann gilt dies aber auch für $a = bc$, indem man die beiden Darstellungen multipliziert. Es kann also kein solches a geben und daraus folgt $H = \emptyset$.

　　　q.e.d.

Satz 2.17 (noethersch)
Sei R ein Ring. Dann sind äquivalent:

1. *Jede aufsteigende Kette von Idealen $\mathfrak{a}_0 \subset \mathfrak{a}_1 \subset \cdots$ in R wird stationär.*
2. *In jeder nichtleeren Menge A von Idealen gibt es ein maximales Element.*
3. *Jedes Ideal in R ist endlich erzeugt.*

*Ein solcher Ring heißt **noethersch.***

▶ **Beweis**
„1. $\Rightarrow$ 2.": Sei A eine nichtleere Menge von Idealen, in der es kein maximales Element gibt. Dann gibt es aber zu jedem $\mathfrak{a}_1 \in A$ ein $\mathfrak{a}_2 \in A$ mit $\mathfrak{a}_1 \subsetneq \mathfrak{a}_2$. Führen wir dies immer weiter, so erhalten wir eine aufsteigende Kette von Idealen, die nicht stationär wird.

„2. $\Rightarrow$ 3.": Sei $\mathfrak{a}$ ein Ideal und

$$A := \{\mathfrak{b} \lhd R : \mathfrak{b} \subset \mathfrak{a}, \mathfrak{b} \text{ ist endlich erzeugbar}\}.$$

Dann ist $A \neq \emptyset$ (denn das Nullideal ist in A enthalten), also gibt es ein maximales Element $\mathfrak{m} \in A$. Sei $a \in \mathfrak{a}$. Dann gilt $(a) + \mathfrak{m} \in M$ und wegen $\mathfrak{m} \subset (a) + \mathfrak{m}$ und der Maximalität von $\mathfrak{m}$ folgt $(a) + \mathfrak{m} = \mathfrak{m}$, das heißt, es gilt $a \in \mathfrak{m}$. Da das für jedes $a \in \mathfrak{a}$ gilt, folgt $\mathfrak{m} = \mathfrak{a}$ und damit ist $\mathfrak{a}$ endlich erzeugbar.

„3. $\Rightarrow$ 1.": Sei $\mathfrak{a}_1 \subset \mathfrak{a}_2 \subset \cdots$ eine aufsteigende Kette von Idealen. Dann ist $\mathfrak{a} := \bigcup_{i=1}^{\infty} \mathfrak{a}_i$ wieder ein Ideal. Da $\mathfrak{a}$ endlich erzeugt ist, gilt $\mathfrak{a} = (a_1, \ldots, a_n)$. Nach Konstruktion von $\mathfrak{a}$ gibt es dann für jedes $j \in \{1, \ldots, n\}$ ein n_j mit $a_j \in \mathfrak{a}_{n_j}$. Wir wählen nun das Maximum N dieser Zahlen n_j. Dann sind schon alle a_j in $\mathfrak{a}_N$ enthalten, deshalb gilt $\mathfrak{a} = \mathfrak{a}_N$. Alle weiteren Ideale haben also keinen neuen Elemente, das heißt, die Kette wird stationär.

q.e.d.

Satz 2.18
Ist R ein Hauptidealring, so ist R faktoriell und noethersch.

▶ **Beweis** Da jedes Ideal ein Hauptideal ist, ist insbesondere jedes Ideal endlich erzeugt, das heißt, R ist noethersch. Also wird jede aufsteigende Folge von Idealen stationär. Dann gilt dies natürlich auch für jede aufsteigende Folge von Hauptidealen.

Nach Satz 2.14 ist in R jedes irreduzible Element auch prim, damit ist R wegen Satz 2.16 faktoriell.   q.e.d.

Satz 2.19
Sei R ein Integritätsring und $S \subset R$ eine multiplikativ abgeschlossene Menge mit $0 \notin S$. Dann definiert

$$(r, s) \sim (r', s') \text{ wenn } rs' - r's = 0$$

eine Äquivalenzrelation auf $R \times S$.

▶ **Beweis** Übung.   q.e.d.

Satz 2.20 (Eigenschaften der Lokalisierung)
Sei R ein Integritätsring und $S \subset R$ eine multiplikativ abgeschlossene Menge mit $0 \notin S$.

1. *Die Lokalisierung $S^{-1}R$ ist zusammen mit den Verknüpfungen*

$$\frac{r}{s} + \frac{r'}{s'} := \frac{rs' + r's}{rs}, \quad \frac{r}{s} \cdot \frac{r'}{s'} = \frac{rr'}{ss'}$$

   wieder ein Integritätsring.
2. *Ist R faktoriell, so ist auch $S^{-1}R$ faktoriell.*
3. *Ist R ein Hauptidealring, so ist auch $S^{-1}R$ ein Hauptidealring.*
4. *Ist R faktoriell und $S = R \backslash (p)$ für ein irreduzibles $p \in R$, dann ist $S^{-1}R$ ein Hauptidealring.*
5. *Ist R euklidisch, so ist auch $S^{-1}R$ euklidisch.*

▶ **Beweis**
1. Die Überprüfung, dass die Lokalisierung ein Ring ist, überlassen wir euch. Wir zeigen hier, dass es sich um einen Integritätsring handelt. Angenommen, es gibt $a, a' \in S^{-1}R$ mit $a, a' \neq 0$, aber $aa' = 0$. Schreiben wir $a = \frac{r}{s}$ und $b = \frac{r'}{s'}$, so folgt also $\frac{rr'}{ss'} = 0$. Nach Multiplikation mit ss' erhalten wir $rr' = 0$. Nun gilt aber $r \neq 0$ und $r' \neq 0$ (denn sonst wäre $a = 0$ oder $a' = 0$, siehe auch die Erklärungen zu Satz 2.19). Damit sind also r und r' Nullteiler in R, und das ist ein Widerspruch, also ist $S^{-1}R$ nullteilerfrei. Damit ist $S^{-1}R$ also ein Integritätsring.

2. Sei P_1 die Menge der irreduziblen Elemente von R, die ein Element $s \in S$ teilen, und sei P_2 die Menge der irreduziblen Elemente, die kein Element von S teilen. Sei $a \in S^{-1}R$. Dann gilt also $a = \frac{r}{s}$ für ein $r \in R$ und ein $s \in S$. Da R faktoriell ist, gibt es irreduzible Elemente $p_1, \ldots, p_k \in P_1$ und $q_1, \ldots, q_m \in P_2$ und eine Einheit u mit $r = u p_1^{e_1} \cdots p_k^{e_k} q_1^{f_1} \cdots q_m^{f_m}$. Dann gilt also

$$a = \frac{u}{s} p_1^{e_1} \cdots p_k^{e_k} q_1^{f_1} \cdots q_m^{f_m}. \tag{2.1}$$

Das Element $\frac{u}{s}$ ist eine Einheit in $S^{-1}R$, denn es gilt $\frac{u}{s} \cdot s \cdot u^{-1} = 1$. Wir zeigen nun zunächst, dass ein in R irreduzibles Element p genau dann eine Einheit in $S^{-1}R$ ist, wenn $p \in P_1$. Sei zunächst $p \in P_1$. Dann gibt es ein $s' \in S$ mit $p|s'$. Sei $r \in R$ so gewählt, dass $pr = s'$. Dann gilt $p \cdot \frac{r}{s'} = \frac{pr}{s'} = \frac{s'}{s'} = 1$, also ist p Einheit in $S^{-1}R$. Ist umgekehrt p Einheit in $S^{-1}R$, dann gibt es ein $x = \frac{r}{s'} \in S^{-1}R$, sodass $p\frac{r}{s'} = \frac{pr}{s'} = 1$. Dann gilt also $pr = s'$, also gilt $p|s'$ und damit $p \in P_1$.

Als Nächstes zeigen wir, dass die q_j in $S^{-1}R$ irreduzible Elemente sind. Angenommen, es gibt Elemente $\frac{a_1}{s_1}, \frac{a_2}{s_2}$ mit $q_j = \frac{a_1}{s_1}\frac{a_2}{s_2}$. Dann gilt also $q_j s_1 s_2 = a_1 a_2$. Wegen $q_j \in P_2$ teilt q_j keines der Elemente von S, also auch nicht die Elemente s_1 und s_2. Da R faktoriell ist, taucht also in jeder Zerlegung von $q_j s_1 s_2$, also auch in jeder Zerlegung von $a_1 a_2$ genau ein irreduzibles Element auf, das zu q_j assoziiert ist. Dieses muss dann ein Teiler von a_1 oder a_2 sein, aber nicht von beiden. Alle anderen irreduziblen Teiler von $q_j s_1 s_2$ müssen dann Teiler von s_1 oder s_2 sein, liegen also in P_1. Also liegen auch alle anderen irreduziblen Faktoren von $a_1 a_2$ in P_1. Damit besteht also entweder a_1 oder a_2 aus irreduziblen Faktoren, die alle in P_1 liegen. Nach dem oben Gezeigten sind alle diese Faktoren Einheiten in $S^{-1}R$. Also ist auch a_1 (oder a_2) und damit auch $\frac{a_1}{s_1}$ (oder $\frac{a_2}{s_2}$) eine Einheit in $S^{-1}R$, also ist q_j entweder irreduzibel oder eine Einheit (nämlich dann, wenn der zweite Faktor ebenfalls eine Einheit ist). Der zweite Fall kann aber nicht auftreten, da wir oben gezeigt haben, dass die irreduziblen Elemente, die zu Einheiten werden, genau die Elemente in P_1 sind. Also ist q_j irreduzibel. Damit ist also die Zerlegung in Gl. (2.1) eine Zerlegung in irreduzible Elemente (nämlich den Elementen q_j), multipliziert mit Einheiten. Wir müssen nun noch zeigen, dass diese Zerlegung bis auf Einheiten und Reihenfolge eindeutig ist. Angenommen, $a = \frac{r}{s}$ hat die zwei Zerlegungen

$$a = u \frac{p_1}{s_1} \cdots \frac{p_k}{s_k} = u' \frac{p_1'}{s_1'} \cdots \frac{p_l'}{s_l'}$$

mit irreduziblen Faktoren $\frac{p_i}{s_i}$ bzw. $\frac{p_j'}{s_j'}$. Dann gilt in R

$$p_1 \cdots p_k \cdot s_1' \cdots s_l' \sim p_1' \cdots p_l' \cdot s_1 \cdots s_k.$$

Es gilt also, da R faktoriell ist, $p_1 | p_i'$ oder $p_1 | s_j$. Wenn $p_1 | s_j$ gelten würde, dann wäre (wie oben gezeigt) $\frac{p_1}{s_j} = p_1 \frac{1}{s_j}$ eine Einheit, im Widerspruch zur Annahme

dass dies irreduzibel ist. Also gilt $p_1 | p_i'$, und da die p_i' irreduzibel sind, folgt
$p_1 \sim p_i'$. Induktiv folgt $p_i \sim p_j'$ und $k = l$. Außerdem gilt $\frac{p_i}{s_i} = \frac{p_i}{s_i}\frac{s_i'}{s_i} \sim \frac{p_i}{s_i}$, da
der zweite Faktor eine Einheit ist. Also ist die Zerlegung eindeutig.

3. Sei $\mathfrak{a}$ ein Ideal in $S^{-1}R$. Wir zeigen zuerst, dass es dann ein Ideal $\mathfrak{b}$ in R gibt
   mit $\mathfrak{a} = \mathfrak{b}S^{-1}R$. Sei $\mathfrak{b} = \{r \in R : \frac{r}{1} \in \mathfrak{a}\}$. Dann ist $\mathfrak{b}$ ein Ideal, denn sind
   $b, b' \in \mathfrak{b}$ und $r \in R$, so gilt $b + b' \in \mathfrak{b}$, denn weil $\mathfrak{a}$ ein Ideal ist, ist mit $\frac{b}{1}$ und
   $\frac{b'}{1}$ auch $\frac{b+b'}{1} = \frac{b}{1} + \frac{b'}{1}$ in $\mathfrak{a}$. Analog folgt auch $br \in \mathfrak{b}$. Sei nun $x = \frac{r}{s} \in \mathfrak{a}$.
   Wegen $\frac{s}{1} \in S^{-1}R$ und weil $\mathfrak{a}$ ein Ideal ist, gilt dann auch $\frac{s}{1}\frac{r}{s} = \frac{rs}{s} = \frac{r}{1} \in \mathfrak{a}$,
   also ist $r \in \mathfrak{b}$. Wegen $\frac{1}{s} \in S^{-1}R$ gilt dann $\frac{r}{s} \in \mathfrak{b}S^{-1}R$, also $\mathfrak{a} \subset \mathfrak{b}S^{-1}R$. Gilt
   $x = b \cdot \frac{r}{s} \in \mathfrak{b}S^{-1}R$, dann gilt $\frac{b}{1} \in \mathfrak{a}$, und wegen $\frac{r}{s} \in S^{-1}R$ und da $\mathfrak{a}$ ein Ideal
   ist, gilt dann auch $\frac{br}{s} \in \mathfrak{a}$, also gilt $\mathfrak{b}S^1R \subset \mathfrak{a}$, insgesamt gilt also $\mathfrak{a} = \mathfrak{b}S^{-1}R$.
   Sei nun also $\mathfrak{a}$ ein Ideal in $S^{-1}R$ und $\mathfrak{b}$ ein Ideal in R mit $\mathfrak{a} = \mathfrak{b}S^{-1}R$. Da R ein
   Hauptidealring ist, gibt es ein $r \in R$ mit $\mathfrak{b} = (r)$ (in R). Wir zeigen, dass in $S^{-1}R$
   dann $\mathfrak{a} = (r)$ gilt. Sei zunächst $x \in \mathfrak{a}$, also $x \in \mathfrak{b}S^{-1}R$. Dann gibt es also $s \in S$
   und $a, b \in R$ mit $x = ar\frac{b}{s} = r\frac{ab}{s} \in (r)$. Also gilt $\mathfrak{a} \subset (r)$. Sei nun $x \in (r)$, also
   $x = r\frac{a}{s}$ mit $a \in R, s \in S$. Dann gilt auch $x = 1 \cdot r \cdot \frac{a}{s} \in (r)S^{-1}R = \mathfrak{b}S^{-1}R = \mathfrak{a}$,
   also gilt $(r) \subset \mathfrak{a}$. Insgesamt folgt $\mathfrak{a} = (r)$, also ist $\mathfrak{a}$ ein Hauptideal und $S^{-1}R$
   ein Hauptidealring.

4. Wir zeigen zuerst, dass jedes Element in $S^{-1}R$ von der Form up^n mit einer
   Einheit u und $n \in \mathbb{N}_0$ ist. Dafür beachten wir, dass die Elemente von $S^{-1}R$ von
   der Form $x = \frac{a}{b}$ mit $p \nmid b$ sind (vergleiche die Erklärung zur Definition 2.8).
   Sei nun $a = cp^n$ mit $p \nmid c$. Dann gilt $x = \frac{c}{b}p^n$. Wegen $p \nmid c$ gilt aber auch
   $\frac{b}{c} \in S^{-1}R$, also ist $\frac{c}{b} = u$ eine Einheit, und es gilt $x = up^n$.
   Sei nun $\mathfrak{a}$ ein Ideal in $S^{-1}R$. Sei

   $$m := \min\{n \in \mathbb{N}_0 : up^n \in \mathfrak{a} \text{ für eine Einheit } u\}.$$

   Wir wollen zeigen, dass $\mathfrak{a} = (p^m)$ gilt. Zunächst ist nach Definition $up^m \in \mathfrak{a}$,
   also ist auch $(p^m) \subset \mathfrak{a}$. Sei nun $x \in \mathfrak{a}$. Dann gilt $x = up^n$ mit $n \geq m$. Dann ist
   also $x = p^m \cdot up^{n-m} \in (p^m)$. Also gilt $\mathfrak{a} \subset (p^m)$ und damit $\mathfrak{a} = (p^m)$.

5. Auf diesen Beweis verzichten wir hier, ihr könnt ihn zum Beispiel in [Hüt]
   nachlesen.

q.e.d.

2.3 Erklärungen zu den Definitionen

Erklärung

Zur Definition 2.1 **von Einheiten und Nullteilern** Beachtet, dass bei einem
Ring $(R, +, \cdot)$ die Menge $(R, \cdot)$ im Allgemeinen keine Gruppe ist, deshalb ist es

sinnvoll, Einheiten zu definieren, da nicht jedes Element multiplikativ invertierbar ist.

▶ **Beispiel 26**

- Jeder Körper ist ein Integritätsring. Zum Beispiel sind also $\mathbb{Q}$, $\mathbb{R}$, $\mathbb{C}$ und $\mathbb{Z}/p\mathbb{Z}$ für Primzahlen p Integritätsringe. Da in einem Körper K jedes Element außer 0 invertierbar ist, gilt $K^* = K \setminus \{0\}$.

- Jeder Teilring eines Integritätsringes ist ein Integritätsring. Zum Beispiel ist also $\mathbb{Z}$ ein Integritätsring. Die Einheiten von $\mathbb{Z}$ sind ± 1, denn das Inverse jeder anderen Zahl ist keine ganze Zahl, sondern ein Bruch.

- Der Ring der Matrizen $\mathcal{M}_{n,n}(\mathbb{R})$ ist genau dann ein Integritätsring, wenn $n = 1$. Für $n = 1$ ist dies klar, denn dann ist $\mathcal{M}_{1,1}(\mathbb{R}) = \mathbb{R}$. Für $n \geq 2$ wollen wir zeigen, dass es Nullteiler gibt. Dafür betrachten wir die beiden Matrizen A, B mit

$$A_{i,j} = \begin{cases} 1 & i = j = 1 \\ 0 & \text{sonst} \end{cases}, \quad B_{i,j} = \begin{cases} 1 & i = j = n \\ 0 & \text{sonst} \end{cases}.$$

Dann gilt

$$(A \cdot B)_{i,j} = \sum_{l=1}^{n} A_{i,l} B_{l,j} = 0.$$

Allgemeiner gilt, dass eine Matrix A genau dann ein Nullteiler ist, wenn $\det(A) = 0$ gilt.

- Ist $n \in \mathbb{N}$, $n \geq 2$ keine Primzahl, so ist $\mathbb{Z}/n\mathbb{Z}$ kein Integritätsring, denn wenn wir $n = pq$ mit $1 \leq p, q < n$ schreiben können, so ist zwar $\overline{p}, \overline{q} \neq \overline{0}$ aber $\overline{pq} = \overline{n} = \overline{0}$.

- Mit den obigen Beispielen haben wir nun die wichtigsten Ringe betrachtet, die wir bisher kennen. Außer $\mathbb{Z}$ sind alle diese Ringe entweder Körper oder nicht nullteilerfrei und damit recht uninteressant. Auch der Ring $\mathbb{Z}$ hat keine großen Besonderheiten. Deshalb wollen wir einmal eine neue Familie von Ringen definieren. Für $n \in \mathbb{Z}$ setzen wir

$$\mathbb{Z}\left[\sqrt{n}\right] := \left\{a + b\sqrt{n} : a, b \in \mathbb{Z}\right\}$$

und sagen dafür „$\mathbb{Z}$ adjungiert Wurzel aus n". Diese Menge ist eine Teilmenge von $\mathbb{C}$. Mit der induzierten Addition und Multiplikation von $\mathbb{C}$ ist diese Menge dann ein Ring. Dies folgt aus der Tatsache, dass $\mathbb{Z}\left[\sqrt{n}\right]$ abgeschlossen unter Addition und Multiplikation ist. Als Teilring des Körpers $\mathbb{C}$ ist dies dann also ein Integritätsring. Für $n = -1$ nennen wir die Menge $\mathbb{Z}\left[\sqrt{-1}\right] = \mathbb{Z}[i]$ die **Gaußschen Zahlen.** Graphisch kann man sich diese wie in Abb. 2.1 in der komplexen Ebene vorstellen.

Die Gaußschen Zahlen spielen vor allem in der Zahlentheorie eine große Rolle. Wir werden hier die Ergebnisse über diesen Ring immer nur ohne Beweis erwähnen.   ■

Abb. 2.1 Die Gaußschen
Zahlen

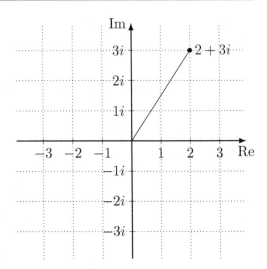

Integritätsringe werden für uns sehr wichtig sein, denn dort kann man Teilbarkeit definieren. Ist R kein Integritätsring, so macht es keinen Sinn, Teilbarkeit zu definieren. Ist nämlich $ab = 0$ und $a, b \neq 0$, so kommt bei der Rechnung

$$\frac{c}{a} \cdot \frac{c}{b} = \frac{c^2}{ab} = \frac{c^2}{0}$$

Unsinn heraus, denn durch 0 kann man nicht teilen. Wir brauchen also die Nullteilerfreiheit. Dies werden wir auch in den Erklärungen zur Definition 2.7 noch einmal sehen.

Wir sagen hier zu der Menge der Einheiten Einheitengruppe. Ihr solltet also einfach mal zeigen, dass diese wirklich eine Gruppe bilden.

Erklärung

Zur Definition 2.2 Hier definieren wir unter anderem, was wir unter Teilbarkeit in einem Ring verstehen. Besonders die Assoziiertheit ist hier neu, da wir so was in $\mathbb{Z}$ (fast) nicht brauchen.

▶ **Beispiel 27**
- Die Teiler von 6 im Ring $\mathbb{Z}$ sind $-3, -2, -1, 1, 2$ und 3.
- In jedem Integritätsring R ist jedes $a \in R$ ein Teiler von 0, denn es gilt $0 = a \cdot 0$. Die Teiler von 1 dagegen sind nach Definition genau die Einheiten von R.
- In $\mathbb{Z}$ sind die Zahlen a und $-a$ assoziiert, denn es gilt $a = (-1) \cdot (-a)$ und $(-a) = (-1) \cdot a$.
- Die Primelemente von $\mathbb{Z}$ sind genau die Primzahlen. Dies sind auch genau die irreduziblen Elemente.

- Im Ring $\mathbb{Z}[i]$ gilt $(1 + i)(1 - i) = 2$, also sind $1 + i$ und $1 - i$ Teiler von 2. Wegen $\frac{1+i}{1-i} \notin \mathbb{Z}[i]$ können diese Zahlen keine Einheiten sein. Damit kann 2 also in $\mathbb{Z}[i]$ nicht irreduzibel sein.

Im Allgemeinen ist es nicht einfach, für die Ringe $\mathbb{Z}[\sqrt{n}]$ Primelemente zu bestimmen. Im Ring $\mathbb{Z}[i]$ ist dies noch relativ einfach. Wen dies interessiert, dem sei eine Vorlesung über Zahlentheorie ans Herz gelegt. ∎

Außerdem ist zu bemerken, dass es hier Unterschiede zur Definition von Primzahlen gibt. Eine Primzahl (in $\mathbb{N}$) wird ja im Allgemeinen definiert als eine Zahl p, die außer 1 und p keine anderen Teiler hat. Dies ist hier gerade die Definition von irreduzibel. Dies lässt schon vermuten, dass es Gemeinsamkeiten zwischen den Definition von prim und irreduzibel gibt. Diese werden wir im Satz 2.14 sehen. Es ist allerdings so, dass die Eigenschaft der Irreduzibilität die wichtigere für uns ist.

Erklärung

Zur Definition 2.3 des größten gemeinsamen Teilers Nachdem wir in Definition 2.2 geklärt haben, was wir unter Teilbarkeit in Integritätsringen verstehen, können wir nun (ähnlich wie bei natürlichen Zahlen) einen größten gemeinsamen Teiler und ein kleinstes gemeinsames Vielfaches definieren. Dabei erklären schon die Benennungen selbst, was ein solches Element für Eigenschaften hat. Die Abkürzungen stehen für „greatest common divisor" und „least common multiple". Auch üblich sind die Bezeichnungen ggT und kgV für „größter gemeinsamer Teiler" und „kleinstes gemeinsames Vielfaches".

Im Falle von natürlichen beziehungsweise ganzen Zahlen benutzt man die Tatsache, dass man Zahlen der Größe nach ordnen kann, um so etwas wie einen größten gemeinsamen Teiler zu definieren. In allgemeinen Ringen haben wir so etwas wie Größe jedoch nicht. Wir können dieses Problem dadurch lösen, dass wir auch die Größe eines Teilers mit Hilfe der Teilbarkeit messen. Im Falle zweier ganzer Zahlen $a, b \in \mathbb{Z}$ können wir ja

$$a = p_1^{a_1} \cdots p_n^{a_n}, \quad b = p_1^{b_1} \cdots p_n^{b_n}$$

mit verschiedenen Primzahlen $p_1, \ldots, p_n$ und $a_1, \ldots, a_n, b_1, \ldots, b_n$ schreiben. Dann sind die gemeinsamen positiven Teiler von a und b gerade die Zahlen $p_1^{k_1} \cdots p_n^{k_n}$ mit $k_i \leq \min\{a_i, b_i\}$, also die Zahlen, die jeden Primfaktor höchstens so oft enthalten, wie er sowohl in a als auch in b vorkommt. Der größte gemeinsame Teiler g ist dann gerade derjenige, für den überall die Gleichheit $k_i = \min\{a_i, b_i\}$ gilt. Anders formuliert ist g der Teiler mit der Eigenschaft, dass jeder gemeinsame Teiler von a und b auch ein Teiler von g ist. Das ist genau die Definition, die wir hier benutzen.

Auch wenn wir noch sehen werden, dass es in allgemeinen Integritätsringen keine Primfaktorzerlegung gibt, können wir diese Idee verwenden, um den größten gemeinsamen Teiler und analog das kleinste gemeinsame Vielfache zu definieren.

Hier ist besonders zu merken, dass der größte gemeinsame Teiler nicht ein Ring-element ist, sondern eine Menge von Elementen, es kann also sein, dass es mehrere größte gemeinsame Teiler gibt (dasselbe gilt natürlich auch für kleinste gemein-same Vielfache). In Satz 2.5 werden wir klären, wie diese Elemente in der Menge zusammenhängen.

▶ **Beispiel 28** Wir betrachten die beiden Zahlen 12 und 32 im Ring $R = \mathbb{Z}$. Die größten gemeinsamen Teiler sind hier 4 und -4, die kleinsten gemeinsamen Vielfachen sind 96 und -96. Dies werden wir in Beispiel 39 begründen. ■

Wie man größte gemeinsame Teiler berechnen kann, werden wir im Satz 2.7 noch sehen.

In weiteren werden wir Sätze und Erklärungen fast ausschließlich zum größten gemeinsamen Teiler machen, da dieser wichtiger für uns ist. Für den kleinsten gemeinsamen Teiler gelten dann ähnliche Aussagen, die ihr euch dann immer selbst überlegen solltet.

Erklärung

Zur Definition 2.4 Hier definieren wir spezielle Arten von Idealen. Ein Hauptideal ist von der einfachsten Form, die es gibt, es sind alle Vielfachen eines Elementes a. Kann man alle Ideale eines Ringes so schreiben, nennt man ihn Hauptidealring. Ein maximales Ideal ist in gewissem Sinne einfach ein „größtes" Ideal in einem Ring.

Die komische Schreibweise, die wir hier verwenden, sind Frakturbuchstaben. Diese werden üblicherweise für Ideale verwendet.

▶ **Beispiel 29** Im Ring $\mathbb{Z}$ sind die Ideale alle von der Form $n\mathbb{Z}$, also ist $\mathbb{Z}$ ein Hauptidealring. Da $\mathbb{Z}/p\mathbb{Z}$ ein Körper ist, sind die Ideale $p\mathbb{Z}$ wegen Satz 2.4 ma-ximal. Das Ideal $0\mathbb{Z}$ ist ein Primideal, aber nicht maximal, währden $1\mathbb{Z}$ weder Primideal noch maximales Ideal ist. Ist n keine Primzahl, so ist $\mathbb{Z}/n\mathbb{Z}$ nicht null-teilerfrei, also ist nach Satz 2.4 in diesem Fall $n\mathbb{Z}$ kein Primideal. ■

Dass auch in anderen Ringen ähnlich Aussagen gelten, sehen wir in Satz 2.3.

Hier wollen wir noch kurz anmerken, dass es im Allgemeinen schwer ist zu zeigen, dass ein Ring ein Hauptidealring ist, denn man muss ja jedes Ideal als Hauptideal darstellen können. In Satz 2.13 werden wir dann eine Möglichkeit kennenlernen zumindest einen Teil der Hauptidealringe zu erkennen.

Erklärung

Zur Definition 2.5 **von faktoriellen Ringen** Faktorielle Ringe sind einfach Ringe, in denen es eine (fast) eindeutige Primfaktorzerlegung gibt.

▶ **Beispiel 30** Der Ring der ganzen Zahlen ist faktoriell. Hier können wir die Ein-deutigkeit bis auf Einheiten noch auf einfache Art durch eine echte Eindeutigkeit ersetzen. Hier sind die Einheiten genau ± 1. Beschränken wir uns hier also auf positive Zahlen und Zerlegungen in positive Primfaktoren, so lässt sich jede Zahl $n \in \mathbb{N}_{\geq 2}$ bis auf die Reihenfolge eindeutig als Produkt von positiven Primzahlen schreiben lässt. Dies ist gerade der Fundamentalsatz der Arithmetik. ∎

Es wäre natürlich schön, wenn jeder Integritätsring faktoriell ist, denn wenn wir schon Teilbarkeit definieren, wollen wir auch eine eindeutige Primfaktorzerlegung. Allerdings ist dies leider nicht der Fall.

Wir werden aber noch sehen, dass doch etliche Ringe faktoriell sind.

Erklärung

Zur Definition 2.6 von euklidischen Ringen Was hat es denn mit dieser Definition auf sich? Euklidische Ringe haben die Eigenschaft, dass man jedem Element eine gewisse „Größe" zuordnen kann. Dazu erstmal ein Beispiel

▶ **Beispiel 31**

- Der Ring $\mathbb{Z}$ ist mit der Funktion $\delta (n) := |n|$ ein euklidischer Ring. Beachte, dass die Division mit Rest in diesem Fall nicht eindeutig ist. Wollen wir zum Beispiel $a = -10$ mit Rest durch $b = 3$ teilen, so könnten wir $-10 = (-3) \cdot 3 - 1$ oder $-10 = (-4) \cdot 3 + 2$ schreiben. Dies ist jedoch nicht weiter schlimm, da wir eine Eindeutigkeit der Division mit Rest nicht brauchen.
- Sei K ein Körper. Dann ist K euklidisch. Das solltet ihr euch selbst überlegen. Aber Vorsicht: Der Beweis hiervon ist so einfach, dass man ihn fast übersieht ;-)
- $\mathbb{Z}[i]$ ist euklidisch mit der Funktion $\delta (a + bi) = a^2 + b^2$. Dies ist ein Standardresultat aus der Zahlentheorie. ∎

Die euklidische Funktion wird uns beim Euklidischen Algorithmus (Satz 2.7) nutzen, der uns sagt, wie man größte gemeinsame Teiler bestimmen kann.

Erklärung

Zur Definition 2.7 des Quotientenkörpers Hier definieren wir, analog zum Körper $\mathbb{Q}$, für Integritätsringe einen Quotientenkörper. Dies wollen wir zunächst mal im Fall $R = \mathbb{Z}$ veranschaulichen

▶ **Beispiel 32** Ist $R = \mathbb{Z}$, so erhalten wir als Quot$(\mathbb{Z})$ die Menge aller Brüche (oder Quotienten, daher der Name) $\frac{r}{s}$ mit $r \in \mathbb{Z}, s \in \mathbb{Z} \setminus \{0\}$. Was hat es nun mit der Äquivalenzrelation auf sich? Angenommen, es gilt $rs' = r's$. Dann ist ja (nach Division, die im Quotientenkörper erlaubt ist) $\frac{r}{s} = \frac{r'}{s'}$, also sind die beiden Brüche gleich. Am Besten lässt sich dies merken, wenn wir ungekürzte Brüche betrachten. Zum Beispiel wissen wir ja, dass $\frac{3}{6} = \frac{1}{2}$. Dies erhalten wir auch durch unsere Bedingung, denn es gilt $3 \cdot 2 = 1 \cdot 6$. Der Quotientenkörper von $\mathbb{Z}$ ist also einfach $\mathbb{Q}$. ∎

Ihr solltet nun (was wir oben ja auch schon benutzt haben) zeigen, dass der Quotientenkörper tatsächlich ein Körper ist. Was wir also hier tun, ist, dass wir zu dem Ring Inverse hinzufügen. Dabei sind die Addition und die Multiplikation analog zum Fall rationaler Zahlen definiert:

$$\frac{r_1}{s_1} + \frac{r_2}{s_2} := \frac{r_1 s_2 + r_2 s_1}{s_1 s_2}, \quad \frac{r_1}{s_1} \cdot \frac{r_2}{s_2} = \frac{r_1 r_2}{s_1 s_2}.$$

Die 1 ist definiert als $1 := \frac{1}{1}$, die 0 durch $0 := \frac{0}{1}$ (beachtet, dass durch die Identifikation gleicher Elemente dann auch $0 = \frac{0}{a}$ für alle $a \in R^*$ gilt).

Außerdem solltet ihr euch einmal überlegen, was inverse Elemente bezüglich Addition und Multiplikation sind und was der Quotientenkörper eines Körpers ist.

▶ **Beispiel 33** Hier noch ein Beispiel mit einem anderen Ring. Sei $R = \mathbb{Z}[i]$. Dann ist

$$\text{Quot}(R) = \left\{ \frac{a + bi}{c + di} : a, b, c, d \in \mathbb{Z} \right\}.$$

Nun gilt aber

$$\frac{a + bi}{c + di} = \frac{(a + bi)(c - di)}{(c + di)(c - di)} = \frac{ac + bd + (bc - ad)i}{c^2 + d^2} = \frac{ac + bd}{c^2 + d^2} + \frac{bc - ad}{c^2 + d^2}i.$$

Mit den Brüchen $\frac{ac+bd}{c^2+d^2}$ und $\frac{bc-ad}{c^2+d^2}$ kann man nun alle rationalen Zahlen erreichen. (Dies werden wie hier nicht zeigen, sondern nur ein heuristisches Argument geben: Eine rationale Zahl ist bestimmt durch zwei ganze Zahlen, also sind zwei rationale Zahlen bestimmt durch vier ganze Zahlen, und unsere Ausdrücke oben enthalten ja vier ganze Zahlen.) Wir erhalten damit

$$\text{Quot}(\mathbb{Z}[i]) = \{x + yi : x, y \in \mathbb{Q}\}.$$

Diese Menge werden wir später (wie passend) mit $\mathbb{Q}[i]$ bezeichnen. ∎

Wichtig ist noch anzumerken, dass wir für diese Konstruktion unbedingt die Nullteilerfreiheit brauchen. Wir haben ja gesehen, dass wir die Multiplikation durch $\frac{r_1}{s_1} \cdot \frac{r_2}{s_2} = \frac{r_1 r_2}{s_1 s_2}$ definieren. Hat nun aber R außer 0 noch weitere Nullteiler, so ist ja $s_1 s_2 = 0$ für gewisse $s_1, s_2 \neq 0$. In dem Fall hätten wir auf der linken Seite der Gleichung eventuell etwas Sinnvolles stehen, auf der rechten Seite „teilen" wir aber durch 0, was ja nichts anderes heißt, als mit dem Inversen von 0 zu multiplizieren. Da dieses nicht existiert, würde die Konstruktion in dem Falle keinen Sinn machen, deshalb ist der Quotientenkörper nur für Integritätsringe definiert.

Erklärung

Zur Definition 2.8 **der Lokalisierung** Zu Anfang kurz ein Wort zu multiplikativ abgeschlossenen Teilmengen: Wie der Name schon sagt, sind das einfach Mengen, bei denen Produkte von Elementen wieder in der Menge liegen und bei denen 1 in der Menge liegt.

▶ **Beispiel 34** Sei $R = \mathbb{Z}$. Die Menge der geraden Zahlen ist nicht multiplikativ abgeschlossen, denn 1 liegt nicht in der Menge. Die Menge der ungeraden Zahlen hingegen ist multiplikativ abgeschlossen, da 1 in der Menge liegt und das Produkt von zwei ungeraden Zahlen wieder eine ungerade Zahl ist. ∎

Nun zum eigentlich interessanten Begriff der Lokalisierung. Die Lokalisierung eines Ringes nach einer Teilmenge kann man als Verallgemeinerung des Quotientenkörpers sehen: Setzt man in der Definition der Lokalisierung nämlich $S = R\backslash\{0\}$, so erhält man genau die Definition des Quotientenkörpers.

Wie beim Quotientenkörper wollen wir also auch bei der Lokalisierung erreichen, dass wir gewisse Elemente von R invertieren können. Beim Quotientenkörper wollten wir alle Elemente (außer der 0) invertieren können, bei der Lokalisierung nach S wollen wir erreichen, dass wir alle Elemente der Menge S invertieren können. Wir machen uns also zunächst einmal klar, dass die Definition der Lokalisierung dies wirklich erreicht. Das ist aber recht einfach: Ist nämlich $s \in S$, dann ist das Element $\frac{1}{s}$ in $S^{-1}R$, und dies ist nach Definition der Verknüpfungen in $S^{-1}R$ (diese findet ihr in Satz 2.20) das multiplikative Inverse von s.

Wenn man schon den Quotientenkörper von R kennt, kann man dadurch leicht $S^{-1}R$ beschreiben, dies ist dann genau die Menge der Elemente im Quotientenkörper, deren Zähler in R und deren Nenner in S liegt. Genauer ist $S^{-1}R$ ein Teilring von $\text{Quot}(R)$.

Nun erstmal einige Beispiele.

▶ **Beispiel 35**

- Ist R ein Integritätsring und $S = \{1\}$, so gilt $S^{-1}R \cong R$, denn dann ist der einzige mögliche Nenner das Element 1. Der Isomorphismus ist hier gegeben durch $\frac{r}{1} \mapsto r$.
- Die Lokalisierung von $\mathbb{Z}$ nach der Menge $\mathbb{Z}\backslash\{0\}$ entspricht gerade dem Quotientenkörper von $\mathbb{Z}$, also $\mathbb{Q}$.
- Sei K ein Körper und $S \subset K\backslash\{0\}$ eine beliebige multiplikativ abgeschlossene Menge. Dann gilt immer $S^{-1}K \cong K$, denn es sind bereits alle Elemente von K außer der 0 invertierbar. Ein Isomorphismus ist gegeben durch $\frac{x}{s} \mapsto xs^{-1}$.
- Sei $R = \mathbb{Z}$ und $S = \{3^n : n \in \mathbb{N}_0\}$. Die Menge S ist natürlich multiplikativ abgeschlossen. Die Elemente der Lokalisierung $S^{-1}R$ haben die Form $\frac{a}{3^n}$ für $n \in \mathbb{N}_0$. Die Lokalisierung enthält also alle rationalen Zahlen, deren Nenner Potenzen von 3 sind.

- Sei $R = \mathbb{Z}$ und $S = \mathbb{Z} \backslash (3)$, das heißt, S enthält alle Zahlen, die nicht durch 3 teilbar sind. Dies ist eine multiplikativ abgeschlossene Menge (da 3 eine Primzahl ist), und die Lokalisierung $S^{-1}R$ besteht aus allen rationalen Zahlen, deren Nenner nicht durch 3 teilbar ist.   ∎

Die beiden letzten Beispiele kann man wie folgt verallgemeinern:

Ist R ein Integritätsring und $r \in R$, so setzt man $S := \{r^n : n \in \mathbb{N}\}$. Dies ist multiplikativ abgeschlossen. Die Lokalisierung $S^{-1}R$ schreibt man dann oft auch als R_r oder $R[\frac{1}{r}]$ oder $R[r^{-1}]$ und nennt dies auch die Lokalisierung nach r. Dieser Ring besteht aus allen Elementen $\frac{a}{b}$ sodass b eine Potenz von r ist.

Ist R ein Integritätsring und $\mathfrak{p}$ ein Primideal von R, so setzt man $S = R \backslash \mathfrak{p}$. Dies ist multiplikativ abgeschlossen, da $\mathfrak{p}$ ein Primideal ist: Angenommen, es gilt $s_1, s_2 \in S$, aber $s_1 s_2 \notin S$. Dann gilt also $s_1 s_2 \in \mathfrak{p}$, aber $s_1, s_1 \notin \mathfrak{p}$ im Widerspruch zur Definition eines Primideals. Die Lokalisierung $S^{-1}R$ schreibt man dann auch als $R_\mathfrak{p}$ und nennt dies die Lokalisierung nach $\mathfrak{p}$. Dieser Ring besteht aus allen Elementen $\frac{a}{b}$, bei denen b nicht in $\mathfrak{p}$ liegt.

An dieser Stelle müssen wir also sehr aufpassen: Ist nämlich R ein Integritätsring und $p \in R$ so gewählt, dass (p) ein Primideal ist, dann haben wir die drei Ringe $R/(p)$, R_p und $R_{(p)}$, und diese meinen alle etwas anderes (nämlich den Faktorring nach dem Ideal (p), die Lokalisierung nach p und die Lokalisierung nach (p)). Insbesondere wenn $R = \mathbb{Z}$ ist, kann das zur Verwirrung führen, denn manche Autoren bezeichnen mit $\mathbb{Z}_p$ auch den Ring $\mathbb{Z}/(p)$, und mit $\mathbb{Z}_p$ wird auch der Ring der p-adischen ganzen Zahlen bezeichnet (auf den wir hier nicht weiter eingehen werden). Überprüft also bei anderen Quellen immer, welche Notation nun was bedeutet.

▶ **Beispiel 36**

- Sei $R = \mathbb{Z}[i]$ und $p = 3$. 3 ist irreduzibel in $\mathbb{Z}[i]$, und wir wollen einmal die Lokalisierungen $\mathbb{Z}[i]_3$ und $\mathbb{Z}[i]_{(3)}$ betrachten. Der Ring $\mathbb{Z}[i]_3$ besteht aus allen Elementen der Form $\frac{a+bi}{3^n} = \frac{a}{3^n} + \frac{b}{3^n}i$. Der Ring $\mathbb{Z}[i]_{(3)}$ besteht aus allen Elementen der Form $\frac{a+bi}{c+di}$ sodass $c + di$ nicht durch 3 teilbar ist.
- Sei $R = \mathbb{Z}[x]$ und $r = x$ (wer hier noch nicht weiß, was Polynomringe sind, den verweisen wir auf Kap. 3). Dann besteht $\mathbb{Z}[x]_x$ aus allen Elementen der Form $\frac{ax^n + \cdots + a_0}{x^m}$. Diese Elemente kann man auch als $a_k x^k + \cdots + a_1 x + a_0 + a_{-1}x^{-1} + \cdots + a_{-l}x^{-l}$ schreiben, es handelt sich also sozusagen um Polynome, bei denen auch negative Potenzen auftreten dürfen. Da x irreduzibel ist, ist (x) ein Primideal und wir können die Lokalisierung $\mathbb{Z}[x]_{(x)}$ betrachten. Diese besteht aus allen Elementen der Form $\frac{f}{g}$ mit Polynomen f, g, sodass x kein Teiler von g ist oder, anders gesagt, sodass $g(0) \neq 0$.
- Sei $R = \mathbb{Z}[x]$ und $S = \{f : f(0) \neq 0\}$. Dann ist gerade $S = \mathbb{Z}[x] \backslash (x)$, also ist $S^{-1}R = \mathbb{Z}[x]_{(x)}$.   ∎

Zum Schluss noch einige Bemerkungen. Es gibt auch eine Definition der Lokalisierung für Ringe, die keine Integritätsringe sind. Diese ist etwas komplizierter, und da wir hier fast ausschließlich mit Integritätsringen zu tun haben, reicht uns unsere Definition. Wir haben außerdem immer ausgeschlossen, dass 0 in S liegt, denn es gibt nur einen Ring, in dem 0 invertierbar ist, und das ist der Nullring, also der Ring, der nur aus der 0 besteht. Dieser ist für uns nicht interessant. Wir setzen außerdem immer voraus, dass $1 \in S$, damit der Bruch $\frac{r}{1}$ für jedes $r \in R$ immer in $S^{-1}R$ liegt. Damit können wir R als Teilring von $S^{-1}R$ ansehen.

Und noch etwas, worauf wir aufpassen müssen: Wir hatten weiter oben gesagt, dass $\frac{1}{s}$ das multiplikativ Inverse von s in $S^{-1}R$ ist. Streng genommen stimmt das gar nicht, denn s liegt ja gar nicht in $S^{-1}R$, sondern $\frac{s}{1}$ liegt darin. Allgemeiner gilt für jedes $r \in R$, dass $\frac{r}{1} \in S^{-1}R$ liegt. Dieses Element bezeichnet man dann häufig auch mit r, um sich Schreibarbeit zu sparen. Man muss sich dann aber immer vor Augen führen, dass r und $\frac{r}{1}$ eigentlich verschiedene Elemente sind, denn r ist ein Element in R und $\frac{r}{1}$ ist eine Äquivalenzklasse auf $R \times S$.

2.4 Erklärungen zu den Sätzen und Beweisen

Erklärung

Zur Kürzungsregel (Satz 2.1) Dieser Satz besagt einfach, dass man in Integritätsringen bei Gleichungen so kürzen darf, wie wir es schon aus $\mathbb{Z}$ gewohnt sind.

Erklärung

Zum Satz 2.3 Hier haben wir nun für viele der Definition in diesem Kapitel eine alternative Charakterisierung, meistens durch Ideale. Dies zeigt uns nochmal, wie wichtig Ideale sind. Diese Charakterisierungen können bei Beweisen sehr hilfreich sein.

Erklärung

Zu den Faktorsätzen (Satz 2.4) Dieser Satz ist in vielfacher Weise nützlich. Wir wollen einfach mal ein kleines Beispiel zeigen.

▶ **Beispiel 37** Wir wollen zeigen, dass $\mathbb{Z}[i]/(11)$ ein Körper ist. Zunächst ist 11 prim in $\mathbb{Z}[i]$ (dies zeigen wir hier nicht). Da $\mathbb{Z}[i]$ euklidisch ist (dies haben wir in Beispiel 31 erwähnt), ist es nach Satz 2.13 auch ein Hauptidealring. Wegen Satz 2.14 ist dann 11 irreduzibel. Aus Satz 2.3 folgt dann, dass das Ideal (11) maximal ist. Damit folgt aus den Faktorsätzen 2.4, dass $\mathbb{Z}[i]/(11)$ ein Körper ist. ∎

Erklärung

Zum Satz 2.5 Jetzt wissen wir Genaueres über die Menge des größten gemeinsamen Teilers (nicht vergessen: Überlegt euch, wie das mit den kleinsten gemeinsamen Vielfachen aussieht). Ein größter gemeinsamer Teiler ist also eindeutig bis auf Einheiten. Das ist doch schon mal ganz schön.

▶ **Beispiel 38** In Beispiel 28 hatten wir schon geschrieben, dass die größten gemeinsamen Teiler von 12 und 32 gerade ± 4 sind. Da im Ring $\mathbb{Z}$ die Einheiten genau die Zahlen ± 1 sind, deckt sich dieses Ergebnis mit dem Satz. ■

Wenden wir den Satz auf den Ring $\mathbb{Z}$ an, für den ja $\mathbb{Z}^* = \{-1, 1\}$ gilt, so sehen wir also, dass zwei beliebige ganze Zahlen $m, n \in \mathbb{Z}$ stets einen eindeutigen positiven größten gemeinsamen Teiler besitzen. Wir werden diesen im Folgenden auch mit gcd $(m, n) \in \mathbb{N}$ bezeichnen, es wird jeweils klar sein, ob damit das Element oder die zweielementige Menge gemeint ist.

Erklärung

Zum Satz 2.6 Dieser Satz dient uns als Hilfe für den Euklidischen Algorithmus.

Erklärung

Zum Euklidischen Algorithmus (Satz 2.7) Der Euklidische Algorithmus ist nun die Methode zur Bestimmung von größten gemeinsamen Teilern und einer der Hauptgründe, warum wir euklidische Ringe definiert haben. Der Euklidische Algorithmus ist eigentlich nichts anderes als iterierte Division mit Rest. Dieser Satz besagt insbesondere, dass in euklidischen Ringen größte gemeinsame Teiler existieren.

Im Beweis verwenden wir einfach die euklidische Funktion, um unsere Zahlen immer weiter zu verkleinern. Nach Satz 2.6 ergibt sich dadurch immer noch derselbe größte gemeinsame Teiler.

▶ **Beispiel 39**
- Mit dem Euklidischen Algorithmus wollen wir nun noch einmal bestätigen, was wir in Beispiel 28 schon behauptet haben, nämlich dass die größten gemeinsamen Teiler von 12 und 32 genau 4 und -4 sind. Da wir schon wissen, dass größte gemeinsame Teiler eindeutig bis auf Assoziierte sind, wollen wir hier nur zeigen, dass 4 ein größter gemeinsamen Teiler ist. Außerdem wollen wir den größten gemeinsamen Teiler als Linearkombination $32d + 12e$ schreiben.
  Dazu setzen wir $a_0 = 32$ und $a_1 = 12$ und legen eine Tabelle mit den Werten a_n, d_n, e_n wie im Satz an (siehe Tabelle 2.1).
  Für $n \geq 2$ haben wir hierbei zur Berechnung der Zeile n den Wert a_{n-2} mit Rest durch a_{n-1} geteilt. Ist q_n das Ergebnis dieser Division, so entsteht dann die komplette Zeile n dadurch, dass man von der Zeile $n - 2$ das q_n-fache der Zeile $n - 1$ subtrahiert. Zum Beispiel erhalten wir die vierte Zeile (das heißt für $n = 3$) durch $12/8 = 1$ Rest 4, also ist $q_3 = 1$ und wir erhalten die vierte Zeile, indem wir von der zweiten Zeile die dritte abziehen und $r_n = a_n$ setzen.

Tab. 2.1 Der Euklidische Algorithmus für $a_0 = 32$, $a_1 = 12$

n	a_n	q_n	r_n	d_n	e_n
0	32	–	–	1	0
1	12	–	–	0	1
2	8	2	8	1	−2
3	4	1	4	−1	3
4	0	2	0	3	−8

Für a_n führt das offensichtlich genau dazu, dass diese Zahl der Rest der gerade ausgeführten Division wird. Als Ergebnis sehen wir, dass 4, der letzte Wert von a_n, der ungleich null ist, ein größter gemeinsamer Teiler von 32 und 12 ist. Aus dieser Tabellenzeile lesen wir dann auch ab, dass $4 = (-1) \cdot 32 + 3 \cdot 12$ eine Darstellung dieses größten gemeinsamen Teilers als Linearkombination der Ausgangszahlen ist.

Statt alle Werte in eine Tabelle zu schreiben, gibt es auch noch eine andere Möglichkeit, die Linearkombination zu bestimmen. Diese werden wir euch in Beispiel 40 zeigen.

- Wollen wir zu zwei Elementen eines euklidischen Ringes nur den größten gemeinsamen Teiler bestimmen und wollen nicht wissen, wie man diesen als Linearkombination der Ausgangselemente schreiben kann, so braucht man die Werte d_n und e_n im Euklidischen Algorithmus überhaupt nicht zu berechnen. Der Algorithmus wird dann also noch deutlich einfacher. Wollen wir zum Beispiel einen größten gemeinsamen Teiler von 17 und 31 bestimmen, so berechnen wir

$$31 = 1 \cdot 17 + 14, \quad 17 = 1 \cdot 14 + 3, \quad 14 = 4 \cdot 3 + 2, \quad 3 = 1 \cdot 2 + 1, \quad 2 = 2 \cdot 1 + 0.$$

Der größte gemeinsame Teiler ist dann die letzte Zahl, durch die geteilt wird. Also ist 1 ein größter gemeinsamen Teiler (beziehungsweise *der* größte gemeinsamen Teiler, wenn man diesen als positiv annimmt). ∎

Nach dem Euklidischen Algorithmus lässt sich von zwei Elementen a, b eines euklidischen Ringes R stets ein größter gemeinsamer Teiler g bestimmen und als Linearkombination $g = da + eb$ mit $d, e \in R$ schreiben. Damit lässt sich dann auch jeder größte gemeinsame Teiler von a und b als derartige Linearkombination schreiben, denn jeder solche größte gemeinsame Teiler ist ja von der Form cg für ein $c \in R^*$ und kann damit natürlich als $cg = cda + ceb$ geschrieben werden.

Erklärung

Zum Satz 2.8 Dies ist eine kleine, aber schöne Anwendung des Euklidischen Algorithmus, mit ihm kann man also bestimmen, ob K eine Einheit in $\mathbb{Z}/n\mathbb{Z}$ ist und damit auch das Inverse bestimmen.

▶ **Beispiel 40** Wir wollen überprüfen, ob 31 modulo 7 invertierbar ist. Es ist

$$31 = 4 \cdot 7 + 3, \quad 7 = 2 \cdot 3 + 1, \quad 3 = 3 \cdot 1 + 0,$$

also ist 7 invertierbar, da der größte gemeinsame Teiler 1 ist. Um die Linearkombination zu bestimmen, gehen wir die obigen Rechnungen rückwärts durch.
Es ist $1 = 7 - 2 \cdot 3$ und $3 = 31 - 4 \cdot 7$. Setzen wir dies ein, so ergibt sich

$$1 = 7 - 2 \cdot (31 - 4 \cdot 7) = 9 \cdot 7 - 2 \cdot 31.$$

Damit erhalten wir $\overline{31}^{-1} = -2 = 5$ in $\mathbb{Z}/7\mathbb{Z}$.   ■

Erklärung

Zum Satz 2.9 Mit dem größten gemeinsamen Teiler können wir außerdem Ideale vereinfachen.

▶ **Beispiel 41** Nach Beispiel 28 und diesem Satz ist also $(12, 32) = (4)$.   ■

Beachtet, dass der größte gemeinsame Teiler nach Satz 2.5 nur bis auf Einheiten eindeutig ist. Allerdings ist ja nach Satz 2.3 auch das erzeugende Element eines Hauptideals bis auf Einheiten eindeutig, das passt also.
Dieser Satz lässt schon vermuten, dass euklidische Ringe immer Hauptidealringe sind, denn man könnte ja einfach die Anzahl der Erzeugenden immer weiter reduzieren. Das dies stimmt, sehen wir dann in Satz 2.13. Dafür braucht man allerdings einen anderen Beweis, denn mit Satz 2.9 kann man nur zeigen, dass jedes Ideal, das von endlich vielen Elementen erzeugt werden kann, ein Hauptideal ist. Um zu zeigen, dass ein Ring ein Hauptidealring ist, muss aber auch gezeigt werden, dass jedes Ideal, dass von unendlich vielen Elementen erzeugt wird, ein Hauptideal ist.

Erklärung

Zum Satz 2.10 Der Satz 2.7 sagt uns ja, dass es in euklidischen Ringen größte gemeinsame Teiler gibt. Dieser Satz sagt uns nun, dass es diese auch in faktoriellen Ringen gibt. Zunächst einmal ein Wort zu den Voraussetzungen des Satzes: Wir schreiben hier (wie wir es in faktoriellen Ringen dürfen) die Elemente a und b als Produkt einer Einheit und endlich vielen irreduziblem Elementen. Wieso aber nehmen wir bei beiden dieselben irreduziblen Faktoren? Die Elemente a und b müssen ja nicht die gleichen Teiler haben. Da aber beide nur endlich viele irreduzible Teiler haben, schreiben wir bei beiden Elementen die irreduziblen Faktoren beider Elemente auf, wobei ja der Exponent 0 erlaubt ist. Hierzu mal ein Beispiel

▶ **Beispiel 42** Sei $R = \mathbb{Z}, a = 84, b = 90$. Wir zerlegen zunächst a und b in irreduzible Elemente (das heißt, wir bilden die Primfaktorzerlegung). Wir erhalten $84 = 2^2 \cdot 3 \cdot 7$ und $b = 2 \cdot 3^2 \cdot 5$. Wir können aber natürlich genauso schreiben $84 = 2^2 \cdot 3 \cdot 5^0 \cdot 7$ und $90 = 2 \cdot 3^3 \cdot 5 \cdot 7^0$. Dies ist das, was wir am Anfang voraussetzen. ∎

Gehen wir nun von der Zerlegung aus, so sind größter gemeinsamer Teiler und kleinstes gemeinsames Vielfaches einfach zu bestimmen.

▶ **Beispiel 43** Wir betrachten wieder $R = \mathbb{Z}, a = 84, b = 90$. An der Zerlegung im Beispiel 42 können wir nun direkt ablesen, dass $2 \cdot 3 = 6$ ein größter gemeinsamer Teiler von 84 und 90 ist und $2^2 \cdot 3^2 \cdot 5 \cdot 7 = 1260$ ein kleinstes gemeinsames Vielfaches. ∎

Da euklidische Ringe auch faktoriell sind, haben wir in faktoriellen Ringen jetzt zwei Möglichkeiten zur Bestimmung von größten gemeinsamen Teilern, nämlich einmal durch die Zerlegung in irreduzible Elemente und einmal durch den Euklidischen Algorithmus.

Hier noch eine Anmerkung: Es gibt auch Ringe, die nicht faktoriell sind, in denen es aber trotzdem größte gemeinsame Teiler gibt, zum Beispiel den Ring der holomorphen Funktionen (dies folgt aus den wichtigen Sätzen, die man in der Funktionentheorie lernt, auch wenn man dies meistens gar nicht erwähnt).

Erklärung

Zum Satz 2.11 Dieser Satz zeigt uns, wie größter gemeinsamer Teiler und kleinstes gemeinsames Vielfaches (in faktoriellen Ringen) zusammenhängen. Außerdem können wir mit seiner Hilfe kleinste gemeinsame Teiler bestimmen, wenn wir ein größtes gemeinsames Vielfaches kennen. Betrachten wir natürliche Zahlen, so lässt sich noch ein klein wenig mehr sagen, dann sind die beiden Produkte im Satz nämlich nicht nur assoziiert, sondern sogar gleich.

▶ **Beispiel 44** Mit den Werten aus Beispiel 43 wollen wir den Satz überprüfen. Und tatsächlich gilt $84 \cdot 90 = 7560 = 6 \cdot 1260$. ∎

Erklärung

Zum Chinesischen Restsatz (Satz 2.12) Chinesischer Restsatz? Was ist das denn für ein Name? Der Satz heißt „chinesisch", weil er angeblich schon in China sehr früh bekannt war. Restsatz heißt er, weil er etwas über Lösbarkeit von Gleichungen in Restklassensystemen aussagt.

Der Beweis hierfür ist konstruktiv und liefert auch eine explizite Lösungsmöglichkeit für Gleichungssysteme von Restklassen.

Wir haben also folgende Situation:

Angenommen, wir suchen alle ganzen Zahlen $x \in \mathbb{Z}$, die modulo bestimmter Zahlen vorgegebene Restklassen darstellen, das heißt alle Zahlen, die ein Gleichungssystem der Form

$$x \equiv a_1 \quad \mathrm{mod}\ n_1$$
$$\vdots$$
$$x \equiv a_k \quad \mathrm{mod}\ n_k$$

erfüllen. Hierbei schreiben x für die Restklassen von x in jedem Faktorring.

▶ **Beispiel 45** Haben wir also ein Gleichungssystem der obigen Form und gilt dabei $\gcd(n_i, n_j) = 1$ für $i \neq j$, so können wir dieses System durch Anwenden der Umkehrung des Isomorphismus aus dem chinesischen Restsatz von $\mathbb{Z}/n_1\mathbb{Z} \cdots \mathbb{Z}/n_k\mathbb{Z}$ auf $\mathbb{Z}/N\mathbb{Z}$ mit $N = n_1 \cdots n_k$ übertragen und erhalten eine äquivalente Gleichung

$$\overline{x} = \overline{a} \in \mathbb{Z}/N\mathbb{Z},$$

wobei $\overline{a}$ das im Beweis des Satzes konstruierte Urbild von $(\overline{a_1}, \ldots, \overline{a_n})$ ist. Dadurch können wir also eine beliebige endliche Anzahl von Gleichungen in eine einzige umschreiben, die wir viel leichter lösen können.

Das Verfahren zum Umschreiben und Lösen ergibt sich nach dem Beweis des Satzes wie folgt:

- Setze $N = n_1 \cdots n_k$ und $N_i = \frac{N}{n_i}$ für $i = 1, \ldots, k$.
- Bestimme das multiplikative Inverse $\overline{M_i}$ von $\overline{N_i}$ in $\mathbb{Z}/n_i\mathbb{Z}$ mit Hilfe des Euklidischen Algorithmus.
- Setze $a = \sum_{i=1}^{k} a_i M_i N_i$.
- Die Lösung des gegebenen Gleichungssystems sind alle $x \in \mathbb{Z}$ mit $\overline{x} = \overline{a}$ in $\mathbb{Z}/N\mathbb{Z}$, also alle $x \in a + N\mathbb{Z}$.

Hierzu ein konkretes Beispiel. Wir betrachten das Gleichungssystem

$$x \equiv 3 \quad \mathrm{mod}\ 7$$
$$x \equiv 4 \quad \mathrm{mod}\ 9$$
$$x \equiv 3 \quad \mathrm{mod}\ 8.$$

Hier ist also $N = 504$, $N_1 = 72$, $N_2 = 56$, $N_3 = 63$. Diese Werte N_i können wir nun zuerst modulo n_i reduzieren. Wir erhalten damit $N_1 = 72 \equiv 2 \ \mathrm{mod}\ 7$, $N_2 = 56 \equiv 2 \ \mathrm{mod}\ 9$, $N_3 = 63 \equiv -1 \ \mathrm{mod}\ 8$.

- In $\mathbb{Z}/7\mathbb{Z}$ müssen wir nun dass Inverses von 2 bestimmen. Hierzu gibt es nun zwei Möglichkeiten, entweder wir probieren alle Zahlen aus (so viele sind es ja nicht) oder wir verwenden den Euklidischen Algorithmus. Diesen solltet ihr hier einfach mal verwenden, um darin Übung zu bekommen. Als Ergebnis solltet ihr $M_1 = 4$ erhalten.
- Hier muss das Inverses von 2 modulo 9 bestimmt werden. Analog zu oben erhalten wir $M_2 = 5$.
- Der dritte Fall ist hier der einfachste, denn das Inverses von -1 ist immer -1. Wir erhalten also $M_3 = 7$, denn modulo 8 ist ja $7 \equiv -1$.

Damit ist also

$$a = a_1 M_1 N_1 + a_2 M_2 N_2 + a_3 M_3 N_3 = 3307,$$

das heißt, die Lösungen des gegebenen Gleichungssystems sind alle $x \in \mathbb{Z}$ mit $\overline{x} = \overline{3307} = \overline{283} \in \mathbb{Z}/504\mathbb{Z}$, also alle $x \in 283 + 504\mathbb{Z}$.

Eine Probe kann man hier sehr leicht durchführen, denn man muss nur überprüfen, ob die Zahl 283 alle drei Gleichungen erfüllt. Dies solltet ihr zum Abschluss nun tun. ∎

Erklärung

Zum Satz 2.13 Hier sehen wir, was wir schon nach Satz 2.9 vermutet hatten, nämlich dass alle euklidischen Ringe Hauptidealringe sind.

▶ **Beispiel 46** Wie können wir nun konkret zu einem gegebenen Ideal das Hauptideal bestimmen? Hat das Ideal nur endlich viele Erzeuger, so kann man einfach sukzessive die größten gemeinsamen Teiler bestimmen. Hat das Ideal unendlich viele Erzeuger, so müssen wir die Idee des Beweises anwenden.

Betrachten wir zum Beispiel im Ring $\mathbb{Z}[i]$ das Ideal, das von den Elementen $z_k := k + 3ki$ mit $k \in \mathbb{Z}$ erzeugt wird. Für ein solches Element gilt $\delta(z_k) = 10k^2$. Wir suchen nun ein Element $z_k \neq 0$ mit minimalem $\delta(z_k)$. Dies ist natürlich dann der Fall wenn $k = \pm 1$, also zum Beispiel für $z_k = 1 + 3i$. Also ist $(z_k : k \in \mathbb{Z}) = (1 + 3i)$. ∎

Erklärung

Zum Satz 2.14 In diesem Satz stellen wir nun eine Verbindung zwischen den Begriffen irreduzibel und prim her. Vor allem sehen wir, dass diese nicht immer dasselbe sind.

Wir beweisen hier für zwei Arten von Ringen, nämlich faktorielle Ringe und Hauptidealringe, dass irreduzible Elemente auch prim sind. In Satz 2.18 sehen wir, dass jeder Hauptidealring auch faktoriell ist. Man könnte also denken, dass wir eine Aussage „umsonst" bewiesen haben. Das ist jedoch nicht der Fall, da wir diese beiden Aussagen benutzt haben, um Satz 2.18 zu beweisen.

Zum Satz 2.16 Der Satz stellt eine alternative Charakterisierung von faktoriellen Ringen dar, bei der die Primfaktorzerlegung nicht gebraucht wird.

Zum Satz 2.17 Der Begriff noethersch ist zuerst motiviert durch Satz 2.16. Dort haben wir gesehen, dass ein Ring genau dann faktoriell ist, wenn jede aufsteigende Kette von Hauptidealen stationär wird. Jetzt betrachten wir einfach einen Ring, wo das sogar für alle Ideale gilt.

Ein noetherscher Ring erfüllt nicht nur eine ähnliche Bedingung wie ein faktorieller, sondern jedes Ideal ist endlich erzeugt. Das ist ja sowas Ähnliches wie ein Hauptidealring, wo auch jedes Ideal endlich erzeugt wird. Bei noetherschen Ringen braucht man allerdings eventuell mehr als nur ein Element.

Zum Satz 2.18 Hiermit vollenden wir nun die Zusammenhänge zwischen den Ringen, indem wir unsere neuen Charakterisierungen von noetherschen beziehungsweise faktoriellen Ringen dazu nutzen zu zeigen, dass jeder Hauptidealring (und damit natürlich jeder euklidischer Ring) faktoriell und noethersch ist.

Zum Satz 2.19 Dieser Satz sagt uns, dass die Relation, die in Definition 2.8 auftaucht, tatsächlich eine Äquivalenzrelation ist. Der Beweis ist eine Übung für euch, dieser verläuft aber wie immer, wenn eine Relation darauf zu prüfen ist, ob sie eine Äquivalenzrelation ist.

Wir betrachten hier noch kurz zwei spezielle Fälle, und zwar wollen wir uns die Äquivalenzklassen anschauen, in denen $r = 1$ bzw. $r = 0$ gilt.

Ist $r = 1$, so gilt genau dann $(1, s) \sim (r', s')$, wenn $s' = r's$. Zur Äquivalenzklasse von $(1, s)$ gehören also alle Paare (r', s') mit $s' = r's$. Ist $r = 0$, so gilt genau dann $(0, s) \sim (r', s')$, wenn $r's' = 0$. Wegen $s' \neq 0$ und weil R ein Integritätsring ist, gilt das genau dann, wenn $r' = 0$, zur Äquivalenzklasse $(0, s)$ gehören also genau die Elemente $(0, s')$.

Zu den Eigenschaften der Lokalisierung (Satz 2.20) Dieser Satz sagt uns, dass die Lokalisierung viele der wichtigen Strukturen, die wir bei Ringen betrachtet haben, erhält, dass also $S^{-1}R$ diese Eigenschaften besitzt, wenn auch R diese Eigenschaften besitzt.

▶ **Beispiel 47** Sei $R = \mathbb{Z}$. Da dies ein euklidischer Ring ist, ist auch für jede Primzahl die Lokalisierung $\mathbb{Z}_{(p)}$, also die Lokalisierung für $S = \mathbb{Z}\backslash(p)$, ein euklidischer Ring. Für diesen Ring möchten wir noch die Einheiten und die Primelemente bestimmen. Zunächst zu den Einheiten. $\mathbb{Z}_{(p)}$ besteht aus allen rationalen Zahlen, deren Nenner nicht durch p teilbar ist. Sei nun $x = \frac{a}{b} \in \mathbb{Z}_{(p)}$. Wir schreiben $a = cp^n$ mit $p \nmid c$, also gilt $x = \frac{c}{b} p^n$. Das Inverse dieses Elementes in $\mathbb{Q}$ ist $\frac{b}{c} \frac{1}{p^n}$, und dies ist genau dann in $\mathbb{Z}_{(p)}$, wenn $n = 0$, denn sonst ist der Nenner durch p teilbar. Also sind die Einheiten in $\mathbb{Z}_{(p)}$ genau die Elemente $\frac{a}{b}$ mit $p \nmid a$. Nun zu den Primelementen. Wir schreiben wieder $x = \frac{c}{b} p^n$ mit $p \nmid b, c$ und $n \geq 0$. Für $n = 0$ ist x eine Einheit, also kein Primelement. Für $n \geq 2$ gibt es die Zerlegung $x = \frac{a}{b} p \cdot p^{n-1}$, und da keiner der Faktoren $\frac{a}{b} p$ und p^{n-1} eine Einheit ist, ist x nicht irreduzibel, also auch nicht prim. Es bleibt noch der Fall $n = 1$. Angenommen, es gilt $p = \frac{r}{s} \frac{v}{w}$ in $\mathbb{Z}_{(p)}$. Dann gilt in $\mathbb{Z}$, dass $psw = rv$, also $p \mid rv$. Weil p Primzahl ist, gilt also $p \mid r$ oder $p \mid v$, und entweder v oder r ist nicht durch p teilbar. Dann ist aber $\frac{r}{s}$ oder $\frac{v}{w}$ eine Einheit, also ist p irreduzibel, und damit ist p ein Primelement (und genauso dann natürlich auch alle Elemente der Form $\frac{a}{b} p$ mit $p \nmid a, b$). In $\mathbb{Z}_{(p)}$ gibt es also bis auf Assoziiertheit genau ein irreduzibles Element, und zwar p. ∎

Nun noch einige Kommentare zu den (auf den ersten Blick vermutlich etwas komplizierten) Beweisen.

Beim ersten Teil wird gesagt, dass die Lokalisierung wieder ein Integritätsring ist. Die Prüfung, dass $S^{-1}R$ ein Ring ist, ist einfach, das überlassen wir euch. Auch die Nullteilerfreiheit ist nicht schwer zu zeigen, indem man die Nullteilerfreiheit von R benutzt.

Der Beweis des zweiten Teiles ist deutlich aufwendiger, wir gehen ihn also mal Schritt für Schritt durch. Zunächst teilen wir die Menge der irreduziblen Elemente von R in zwei Mengen P_1 und P_2 auf. Wieso machen wir das? Nun, wie wir im Verlauf des Beweises sehen werden, bleiben die Elemente von P_2 auch in $S^{-1}R$ irreduzibel, während die Elemente von P_1 in $S^{-1}R$ zu Einheiten werden. Starten wir nun mit einer Zerlegung von r in R, so erhalten wir daraus direkt eine Zerlegung von $a = \frac{r}{s}$ in $S^{-1}R$. Wir müssen nun noch zeigen, dass dies tatsächlich eine Zerlegung in irreduzible Faktoren ist (es könnte ja sein, dass eines der Elemente in $S^{-1}R$ reduzibel ist) und dass diese Zerlegung eindeutig ist.

Dafür nutzen wir nun die Zerlegung der irreduziblen Elemente in P_1 und P_2. Dafür zeigen wir zunächst, dass die Elemente aus P_1 tatsächlich zu Einheiten werden und dass die Elemente aus P_2 irreduzibel bleiben. Daraus folgt nun, dass die Zerlegung von a tatsächlich eine Zerlegung in Einheiten und irreduzible Elemente ist. Hat man nun zwei solche Zerlegungen, so kann man diese einfach gleichsetzen und erhält dann eine Gleichheit (bis auf Einheiten) in R. Nun müssen wir nur noch nutzen, dass R faktoriell ist, und schon sind wir fertig.

Noch eine letzte Anmerkung zu diesem Teil: Wie schon öfter schreiben wir hier immer p_i oder q_j für die entsprechenden Elemente in $S^{-1}R$, obwohl wir eigentlich $\frac{p_i}{1}$ oder $\frac{p_i s}{s}$ schreiben müssten. An dieser Stelle spart dies viel Schreibarbeit, aber immer daran denken: Wenn wir an p_i in $S^{-1}R$ denken, meinen wir eigentlich die Äquivalenzklasse von $\frac{p_i}{1}$.

Beim dritten Punkt zeigen wir zunächst, dass jedes Ideal $\mathfrak{a}$ von $S^{-1}R$ von einem Ideal $\mathfrak{b}$ von R kommt. Dafür nehmen wir einfach diejenigen Elemente von $\mathfrak{a}$, die in R liegen, bzw. genauer, die von der Form $\frac{r}{1}$ sind. Hat man dies gezeigt, so muss man nur noch benutzen, dass R ein Hauptidealring ist. In dem Teil des Beweises muss man ein wenig aufpassen: Hier kommt zweimal die Bezeichnung (r) vor, diese meint aber etwas Verschiedenes, nämlich einmal das von r erzeugte Ideal in R und einmal das von (r) (genauer gesagt, das von $\frac{r}{1}$) erzeugte Ideal in $S^{-1}R$.

Der vierte Punkt sagt aus, dass spezielle Lokalisierungen von faktoriellen Ringen sogar Hauptidealringe sind. Auch hier zeigen wir zuerst eine Hilfsaussage, nämlich dass sich jedes Element der Lokalisierung in der Form up^n mit einer Einheit u schreiben lässt (auch hier müsste man genauer $\frac{p}{1}$ statt p schreiben). Dies erfolgt genauso wie in Beispiel 47. An dieser Stelle wird benutzt, dass R faktoriell ist, denn sonst wäre die Zerlegung $a = cp^n$ möglicherweise nicht eindeutig. Hat man gezeigt, dass jedes Element eine solche Darstellung besitzt, so zeigt man dann, dass jedes Ideal von dem Element p^m mit minimalem m erzeugt wird, denn kleinere Potenzen von p liegen wegen der Minimalität von m nicht im Ideal und größere Potenzen kann man aus p^m erzeugen.

Auf den Beweis des letzten Teiles verzichten wir, da man für einen schönen Beweis noch weitere Begriffe braucht, die wir hier nicht einführen wollen.

Erklärung

Zusammenfassung zu den Zusammenhängen der Ringe Hier nochmal als Diagramm der Zusammenhang zwischen den Ringen, die wir kennengelernt haben (Abb. 2.2).
Die Ringe, die jeweils an den Pfeilen stehen, sind Beispiele dafür, dass die Umkehrung der Implikationen nicht gilt. Dass $\mathbb{Z}$ kein Körper, aber euklidisch ist, ist klar. Zu zeigen, dass

$$\mathbb{Z}\left[\frac{1}{2}\left(1 + \sqrt{-19}\right)\right] = \left\{a + b \cdot \frac{1}{2}\left(1 + \sqrt{-19}\right) : a, b \in \mathbb{Z}\right\}$$

nicht euklidisch, aber ein Hauptidealring ist, ist nicht einfach, deswegen werden wir dies hier nicht tun. Dass $\mathbb{Z}[x]$ noethersch und faktoriell, aber kein Hauptidealring ist, folgt direkt aus den Sätzen im nächsten Kapitel (in dem wir auch erstmal definieren, was $\mathbb{Z}[x]$ überhaupt ist).
Der Ring $\mathbb{Z}[\sqrt{-5}]$ ist noethersch, aber nicht faktoriell, der Ring $\mathbb{Z}[x_1, x_2, \ldots]$ ist faktoriell, aber nicht noethersch. Damit kann man mit $\mathbb{Z}[\sqrt{-5}, x_1, x_2, \ldots]$ einen Ring konstruieren, der weder faktoriell noch noethersch ist.
Man sieht also, dass ein Körper sowohl euklidisch, faktoriell, noethersch als auch ein Hauptidealring ist. Dies solltet ihr zur Übung auch noch einmal direkt zeigen.

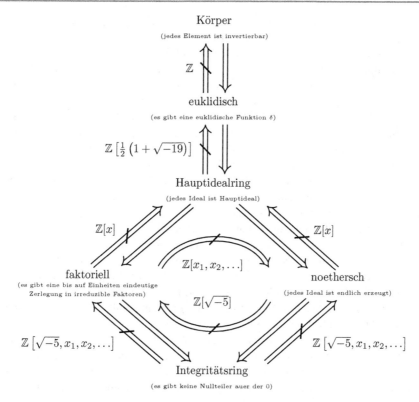

Abb. 2.2 Der Zusammenhang der speziellen Ringe

Ein interessanter Ring: Der Ring der holomorphen Funktionen Zum Abschluss des Kapitels wollen wir noch einen besonders interessanten Ring betrachten, nämlich den Ring der holomorphen Funktionen. Um die folgenden Ausführungen zu verstehen, solltet ihr etwas Wissen in Funktionentheorie mitbringen, wenn ihr das nicht habt, könnt ihr diesen Abschnitt auch gerne überspringen.

▶ **Beispiel 48** Sei $U \subset \mathbb{C}$ eine offene Menge und $\mathcal{H}(U)$ die Menge der holomorphen Funktionen $f : U \to \mathbb{C}$. Zunächst ist $\mathcal{H}(U)$ zusammen mit den Verknüpfungen $(f+g)(z) = f(z)+g(z)$, $(fg)(z) = f(z)g(z)$ (also mit der punktweisen Addition und Multiplikation) ein Ring mit Einselement $f = 1$. Wir untersuchen zunächst, wann dies ein Integritätsring ist. Sei zuerst U nicht zusammenhängend, es gibt also zwei offene Mengen U_1, U_2 mit $U_1 \cap U_2 = \emptyset$ und $U_1 \cup U_2 = U$. Seien

$$f(z) = \begin{cases} 1, & z \in U_1 \\ 0, & z \in U_2 \end{cases}, \qquad g(z) = \begin{cases} 0, & z \in U_1 \\ 1, & z \in U_2 \end{cases}.$$

Dann sind $f(z)$ und $g(z)$ holomorph auf U und ungleich 0, es gilt aber $(fg)(z) = 0$. Also ist $\mathcal{H}(U)$ nicht nullteilerfrei, also kein Integritätsbereich.

Sei von nun an D ein Gebiet, also offen und zusammenhängend. Wir wählen eine kompakte unendliche Menge $K \subset D$. Dann gibt es wegen $(fg)(z) = 0$ also unendlich viele $z \in K$, für die $f(z) = 0$ gilt, oder es gibt unendlich viele $z \in K$ mit $g(z) = 0$. Angenommen, es gibt unendlich viele $z \in K$ mit $f(z) = 0$. Dann hat die Menge $N(f) = \{z \in K : f(z) = 0\}$ wegen der Kompaktheit von K einen Häufungspunkt in K. Aus dem Identitätssatz folgt dann $f = 0$. Im anderen Fall folgt $g = 0$. Also ist $\mathcal{H}(D)$ nullteilerfrei und damit ein Integritätsring.

Wir bestimmen nun die Einheiten. Ist $f(z) \in \mathcal{H}(D)$ eine Einheit, so gilt für alle $z \in D$, dass $f(z)g(z) = 1$ für ein $g(z) \in \mathcal{H}(D)$. Das geht nur, wenn $f(z) \neq 0$ gilt. Gilt umgekehrt $f(z) \neq 0$ für alle $z \in D$, dann ist $g(z) = \frac{1}{f(z)}$ in D definiert und holomorph. Also sind die Einheiten von $\mathcal{H}(D)$ genau die holomorphen Funktionen, die keine Nullstellen haben.

Kommen wir als Nächstes zu irreduziblen Elementen. Nach Obigem muss jedes irreduzible Element eine Nullstelle haben. Sei also $f(z) \in \mathcal{H}(D)$ mit $f(z_0) = 0$. Dann hat die Funktion $\frac{f(z)}{z - z_0}$ an der Stelle z_0 eine hebbare Singularität. Hebt man diese, so erhält man eine holomorphe Funktion $g(z)$ mit $f(z) = g(z)(z - z_0)$. Hat nun $f(z)$ eine weitere Nullstelle, so hat $g(z)$ eine Nullstelle, ist also keine Einheit. Damit haben wir dann eine Zerlegung von $f(z)$, also kann $f(z)$ nicht irreduzibel sein. Hat $f(z)$ genau eine Nullstelle, gilt also $f(z) = z - z_0$, so muss in einer Zerlegung $f(z) = g(z)h(z)$ genau einer der Faktoren eine Nullstelle und einer der Faktoren keine Nullstelle haben (da $\mathcal{H}(D)$ nullteilerfrei ist). Damit ist also einer der Faktoren eine Einheit und $f(z)$ ist irreduzibel. Die irreduziblen Elemente sind also genau die Funktionen $f(z) = z - z_0$.

Wir zeigen nun, dass $\mathcal{H}(D)$ nicht faktoriell ist. Angenommen, $\mathcal{H}(D)$ wäre faktoriell. Dann hat jedes Element $f(z) \in \mathcal{H}(D)$ eine Zerlegung in endlich viele irreduzible Elemente. Da, wie oben gezeigt, die irreduziblen Elemente genau die Funktionen $g(z) = z - z_0$ sind, muss dann also für jedes $f(z) \in \mathcal{H}(D)$ eine Zerlegung der Art $f(z) = \prod_{i=1}^{n}(z - z_i)$ gelten. Insbesondere hat f dann nur endlich viele Nullstellen. Es gibt aber nach dem Weierstraßschen Produktsatz für jede diskrete unendliche Teilmenge $X \subset D$ eine holomorphe Funktion, die nicht die Nullfunktion ist und deren Nullstellenmenge gerade X ist. Also kann $\mathcal{H}(D)$ nicht faktoriell sein. Für den Fall $D = \mathbb{C}$ braucht man den Weierstraßschen Produktsatz übrigens nicht, hier kann man einfach damit argumentieren, dass die Funktion $\sin(z)$ unendlich viele Nullstellen hat.

Da $\mathcal{H}(D)$ nicht faktoriell ist, könnte es irreduzible Elemente geben, die keine Primelemente sind. Dies ist aber hier nicht der Fall. Ist nämlich $f(z) \in \mathcal{H}(D)$ irreduzibel, so gilt $f(z) = z - z_0$ für ein $z_0 \in D$. Angenommen, es gilt nun $z - z_0 | g(z)h(z)$. Das heißt, es gilt $g(z_0) = 0$ oder $h(z_0) = 0$, dann ist also auch $z - z_0 | g(h)$ oder $z - z_0 | h(z)$. Also sind die Primelemente genau die irreduziblen Elemente.

Zuletzt zeigen wir noch, dass $\mathcal{H}(D)$ nicht noethersch ist. Dafür wählen wir abzählbar unendlich viele verschiedene Punkte $z_i \in D$ so, dass diese keinen Häufungspunkt in D haben. Wir setzen dann $X_k := \{z_k, z_{k+1}, \ldots\}$ und $\mathfrak{a}_k :=$

$\{f \in \mathcal{H}(D) : f_{|X_k} = 0\}$. Die Mengen $\mathfrak{a}_k$ sind dann Ideale, und wegen $X_{k+1} \subset X_k$ gilt $\mathfrak{a}_k \subset \mathfrak{a}_{k+1}$ für alle k. Nach dem Weißerstraßschen Produktsatz gibt es holomorphe Funktionen, deren Nullstellenmenge genau X_{k+1} ist, die also in $\mathfrak{a}_{k+1}$ liegen, aber nicht in $\mathfrak{a}_k$. Damit haben wir eine echt aufsteigende Idealfolge, also ist $\mathcal{H}(D)$ nicht noethersch.

Es handelt sich also hier um einen Ring, bei dem es eine Nichteinheit gibt (zum Beispiel $f(z) = \sin(z)$ im Fall $D = \mathbb{C}$), die unendlich viele nicht assoziierte Primelemente als Teiler hat.

Man kann darüber hinaus noch zeigen, dass je zwei holomorphe Funktionen einen größten gemeinsamen Teiler haben (obwohl $\mathcal{H}(D)$ nicht faktoriell ist) und dass jedes endlich erzeugte Ideal ein Hauptideal ist. Das (und viele weitere algebraische Eigenschaften von $\mathcal{H}(D)$) könnt ihr zum Beispiel in [Bje04] nachlesen.

Einen Ring mit ähnlichen Eigenschaften werden wir in Beispiel 59 kennenlernen. Beide Ringe sind sogenannte Bézout-Ringe (englisch: Bézout domain). ∎

Polynomringe und Irreduzibilität von Polynomen

3

Inhaltsverzeichnis

Nachdem wir uns im vorigen Kapitel mit relativ allgemeinen Ringen beschäftigt haben, wollen wir nun noch die sogenannten Polynomringe betrachten. Dafür wollen wir zuerst definieren, was wir überhaupt unter einem Polynom und der Irreduzibilität von Polynomen verstehen. Am Ende wollen wir dann Kriterien kennenlernen, um Polynome auf Irreduzibilität zu überprüfen.

Unter anderem werden wir uns hier auch mit der Polynomdivision, die manche von euch vielleicht schon aus der Schule kennen, theoretisch auseinandersetzen.

3.1 Definitionen

Definition 3.1 (Polynom)
Sei R ein Ring.

- Ein **Polynom** über R ist ein Ausdruck der Form $a_0 + a_1x + \cdots + a_nx^n$, wobei $a_i \in R$ und x eine Unbestimmte ist. Die Menge aller Polynome über R wird mit $R[x]$ bezeichnet.
- Ist $f \in R[x]$ ein Polynom mit $f \neq 0$, so nennt man

$$\deg f := \max\{n \in \mathbb{N} : a_n \neq 0\},$$

also den höchsten in f auftretenden Exponenten von x, den **Grad** von f.
Den Grad des Nullpolynoms definiert man als $\deg 0 = -\infty$.

- Ein Polynom vom Grad $-\infty$ oder 0 heißt **konstantes Polynom,** eines vom Grad 1 **lineares Polynom.**

Definition 3.2 (Reduktion modulo p)
Sei $f = a_n x^n + \cdots + a_0 \in \mathbb{Z}[x]$ ein Polynom und p eine Primzahl. Dann bezeichnen wir mit

$$\tilde{f} := \overline{a_n} x^n + \cdots + \overline{a_0} \in \mathbb{Z}/p\mathbb{Z}$$

die **Reduktion modulo p** von f.

Definition 3.3 (Polynomfunktion)
Ist $f = a_0 + a_1 x + \cdots + a_n x^n$ ein Polynom über einem Ring R und $b \in R$, so heißt das Ringelement

$$f(b) := a_0 + a_1 b + \cdots + a_n b^n \in R$$

der **Wert** von f in b. Die zugehörige Funktion $R \to R, b \mapsto f(b)$ wird eine **Polynomfunktion** genannt. Ist $f(b) = 0 \in R$, so heißt b eine **Nullstelle** von f.

Definition 3.4
Ist $f \in R[x]$ und $b \in R$ eine Nullstelle von f, so gibt es ein $n \in \mathbb{N}$ mit $(x - b)^n \mid f, (x - b)^{n+1} \nmid f$. Dann nennen wir n die **Vielfachheit** der Nullstelle b. Ist $n = 1$, so nennen wir b einfache Nullstelle, ansonsten mehrfache Nullstelle.

Definition 3.5 (Irreduzibilität)
Sei R ein Integritätsring. Ein Polynom $f \in R[x]$ heißt **irreduzibel** über $R[x]$, wenn für jede Zerlegung $f = g \cdot h, g, h \in R[x]$ gilt $g \in R^*$ oder $h \in R^*$. Ist ein Polynom nicht irreduzibel, so nennen wir es **reduzibel.**

Definition 3.6 (primitive Polynome, Inhalt)

- Ein Polynom $f = a_n x^n + \cdots + a_0 \in \mathbb{Z}[x]$, $a_n \neq 0$ heißt **primitiv,** wenn $\gcd(a_0, \ldots, a_n) = 1$ und $a_n > 0$. Hierbei bezeichnet $\gcd(a_0, \ldots, a_n)$ den größten gemeinsamen Teiler der Zahlen $a_0, \ldots, a_n$.
- Sei $f \in \mathbb{Q}[x]$ ein Polynom. Gilt dann $f = c f_0$ mit einem primitiven Polynom f_0, so heißt cont $(f) := |c|$ der **Inhalt** von f.

Definition 3.7
Wir definieren induktiv

$$R[x_1, \ldots, x_n] := R[x_1, \ldots, x_{n-1}][x_n].$$

Die Elemente lassen sich schreiben als

$$f = \sum_{0 \leq i_1, \ldots, i_n \leq m} a_{i_1, \ldots, i_n} x_1^{i_1} \cdots x_n^{i_n}$$

für ein $m \in \mathbb{N}$. Der Grad eines **Monoms** $x_1^{i_1} \cdots x_n^{i_n}$ ist

$$\deg\left(x_1^{i_1} \cdots x_n^{i_n}\right) := i_1 + \cdots + i_n$$

und der Grad von f ist $\deg f := \max\left\{\sum_{j=1}^{n} i_j : a_{i_1, \ldots, i_n} \neq 0\right\}$ und $\deg 0 = -\infty$.

f heißt **homogen** vom Grad m, wenn alle Monome mit von Null verschiedenen Koeffizienten den Grad m haben.

Definition 3.8 (quadratische Reste und Legendre-Symbol)
Sei $m \in \mathbb{N}$, und sei $a \in \mathbb{Z}$ teilerfremd zu m. Dann heißt a **quadratischer Rest** modulo m, wenn es ein $c \in \mathbb{Z}$ gibt, sodass $c^2 \equiv a \mod m$. Gibt es ein solches c nicht, so heißt a **quadratischer Nichtrest.**

Für Primzahlen p und $a \in \mathbb{Z}$ definieren wir das **Legendre-Symbol** $\left(\frac{a}{p}\right)$ durch

$$\left(\frac{a}{p}\right) = \begin{cases} 1, & a \text{ ist quadratischer Rest modulo } p \\ -1, & a \text{ ist quadratischer Nichtrest modulo } p \\ 0, & p|a \end{cases}$$

3.2 Sätze und Beweise

Satz 3.1 (Gradformel)
Sei R ein Ring.

1. *Sind $f, g \in R[x]$ Polynome über R, so sind auch $f + g$ und fg Polynome über R, und es gilt*

$$\deg(f + g) \leq \max\{\deg(f), \deg(g)\} \ \textit{ und } \ \deg(fg) \leq \deg(f) + \deg(g).$$

2. *$R \subset R[x]$ ist ein Unterring, wobei R als Teilmenge von $R[x]$ angesehen wird, indem man ein $a_0 \in R$ als konstantes Polynom auffasst.*

Satz 3.2
Sei R ein Integritätsring.

1. *Für $f, g \in R[x]$ ist $\deg(fg) = \deg(f) + \deg(g)$.*
2. *$R[x]$ ist ein Integritätsring.*
3. *Die Einheitengruppe des Polynomrings über R ist $R[x]^* = R^*$, besteht also genau aus den konstanten Polynomen mit Wert in R^*.*

Ist andererseits $R[x]$ ein Integritätsring, so ist auch R ein Integritätsring.

▶ **Beweis**

1. Für $f = 0$ oder $g = 0$ ist die Formel wegen $\deg 0 = -\infty$ trivialerweise richtig. Ist ansonsten $n = \deg f$ und $m = \deg g$, so können wir f und g als

$$f = a_n x^n + \cdots + a_0, \qquad g = b_m x^m + \cdots + b_0$$

mit $a_n, b_m \neq 0$ schreiben. Damit ist

$$fg = a_n b_m x^{n+m} + \cdots + a_0 b_0.$$

Da R ein Integritätsring ist, ist $a_n b_m \neq 0$ und damit $\deg(fg) = n + m = \deg f + \deg g$.

2. Sind $f, g \neq 0$, also $\deg f, \deg g \geq 0$, so ist auch $\deg(fg) = \deg(f) + \deg(g) \geq 0$. Also ist $fg \neq 0$.

3. Zunächst ist jede Einheit von R auch eine von $R[x]$, denn gilt $ab = 1$ mit $a, b \in R$, dann fassen wir diese Elemente einfach als konstante Polynome in $R[x]$ auf. Ist umgekehrt $f \in R[x]^*$, so gibt es ein $g \in R[x]$ mit $fg = 1$. Aus der

Gradformel folgt daraus $\deg f + \deg g = 0$, also $\deg f = \deg g = 0$. Damit liegen $f = a_0$ und $g = b_0$ in R, und wegen $fg = a_0b_0 = 1$ muss sogar $f = a_0 \in R^*$ gelten.

Ist $R[x]$ ein Integritätsring, so folgt aus $f, g \neq 0$ auch $fg \neq 0$ für alle $f, g \in R[x]$. Dann gilt dies natürlich auch für alle konstanten Polynome, das heißt, für alle $a, b \in R \subset R[x]$ mit $a, b \neq 0$ gilt $ab \neq 0$, also ist R ein Integritätsring.   q.e.d

---

Satz 3.3
Sei R ein Ring. Dann ist R genau dann faktoriell, wenn $R[x]$ faktoriell ist.

Satz 3.4 (Hilbertscher Basissatz)
Sei R ein noetherscher Ring. Dann ist auch $R[x]$ noethersch.

Satz 3.5
Sei R ein Ring und $\mathfrak{a}$ ein Ideal in R. Dann ist $R[x]/\mathfrak{a}R[x]$ (wobei $\mathfrak{a}R[x] = \{ar : a \in \mathfrak{a}, r \in R[x]\}$) isomorph zu $(R/\mathfrak{a})[x]$.

▶ **Beweis**   Wir geben konkret einen Isomorphismus an. Jedes Element von $(R/\mathfrak{a})[x]$ hat die Form $(r_n + \mathfrak{a})x^n + (r_{n-1} + \mathfrak{a})x^{n-1} + \cdots + (r_0 + \mathfrak{a})$ mit $r_i \in R$. Diesem Element ordnen wir das Element $r_nx^n + r_{n-1}x^{n-1} + \cdots + r_0 + \mathfrak{a}R[x] \in R[x]/\mathfrak{a}R[x]$ zu. Ihr dürft euch selbst davon überzeugen, dass dies ein Isomorphismus ist ;-)   q.e.d

---

Satz 3.6 (Polynomdivision)
Sei K ein Körper. Dann ist der Polynomring $K[x]$ mit der Gradfunktion $\delta(f) := \deg f$ ein euklidischer Ring.

▶ **Beweis**   Es ist zu zeigen, dass es für alle Polynome $f, g \in K[x]$, $g \neq 0$ Polynome $q, r \in K[x]$ mit $f = gq + r$ und $\deg r < \deg g$ gibt.

Sei $n = \deg f \in \mathbb{N} \cup \{-\infty\}$ und $m = \deg g \in \mathbb{N}$. Wir benutzen vollständige Induktion. Für $n < m$ können wir einfach $q = 0$ und $r = f$ setzen.

Sei nun $n \geq m$. Man kann f und g schreiben als

$$f = a_nx^n + \cdots + a_0, \qquad g = b_mx^m + \cdots + b_0$$

mit $a_n, b_m \neq 0$. Wir dividieren nun die jeweils höchsten Terme von f und g durcheinander und erhalten

$$q' := \frac{a_n}{b_m} x^{n-m} \in K[x].$$

Subtrahieren wir nun $q'g$ von f, so erhalten wir

$$f - q'g = a_n x^n + \cdots + a_0 - \frac{a_n}{b_m} x^{n-m} \left(b_m x^m + \cdots + b_0 \right).$$

Da sich in diesem Ausdruck der Term $a_n x^n$ weghebt, ist $\deg \left(f - q'g \right) < n$. Jetzt können wir auf das Polynom $f - q'g$ die Induktionsvoraussetzung anwenden. Damit erhalten wir Polynome $q'', r \in K[x]$ mit $\deg r < \deg g$ und

$$f - q'g = q''g + r, \text{ also } f = \left(q' + q'' \right) g + r.$$

Setzen wir nun $q = q' + q''$, so sind wir fertig.   q.e.d

Satz 3.7
Sei K ein Körper und $f \in K[x]$ ein Polynom vom Grad $n \in \mathbb{N}$. Dann gilt:

- *Ist $a \in K$ mit $f(a) = 0$, so gilt $x - a \mid f$.*
- *f hat höchstens n Nullstellen.*

▶ **Beweis**
- Wir können f mit Hilfe der Polynomdivision mit Rest durch $x - a$ dividieren und erhalten $f = q(x - a) + r$ für $q, r \in K[x]$ mit $\deg r < \deg(x - a) = 1$. Also ist r also ein konstantes Polynom. Setzen wir in diese Gleichung nun den Wert a ein, so erhalten wir

$$0 = f(a) = q(a)(a - a) + r(a) = r(a) \in K.$$

  Da r ein konstantes Polynom ist, dessen Wert an einer Stelle a gleich null ist, muss r das Nullpolynom sein. Also ist $f = q(x - a)$, das heißt $x - a \mid f$.
- Wir zeigen die Aussage mit vollständiger Induktion.
  Für $n = 0$ ist die Aussage natürlich richtig, denn ein konstantes Polynom $f \neq 0$ hat keine Nullstellen.
  Sei nun $n > 0$. Hat f keine Nullstellen, so sind wir fertig. Ist jedoch $a \in K$ eine Nullstelle von f, so können wir f als $(x - a)g$ für ein $g \in K[x]$ schreiben, das Grad $n - 1$ haben muss und nach Induktionsvoraussetzung höchstens $n - 1$ Nullstellen besitzt. Dann hat $f = (x - a)g$ höchstens n Nullstellen, nämlich a und die Nullstellen von g.

q.e.d

Satz 3.8

Sei K ein Körper mit unendlich vielen Elementen. Sind $f, g \in K[x]$ zwei Polynome mit $f(a) = g(a)$ für alle $a \in K$, so gilt $f = g \in K[x]$, das heißt, in unendlichen Körpern sind Polynome und Polynomfunktionen dasselbe.

▶ **Beweis** Das Polynom $f - g$ hat unendlich viele Nullstellen, nämlich alle Elemente von K. Also muss $f - g$ nach Satz 3.7 das Nullpolynom sein, das heißt, es ist $f = g$. q.e.d

Satz 3.9

$R[x]$ ist genau dann ein Hauptidealring, wenn R ein Körper ist.

▶ **Beweis** Sei zunächst $R[x]$ ein Hauptidealring. Wir betrachten den Homomorphismus

$$i_0 : R[x] \to R, i_0(f) = f(0),$$

der einem Polynom den Wert des Polynoms an der Stelle 0 zuordnet. Da der Kern eines Homomorphismus ein Ideal ist, ist $\ker i_0$ ein Ideal in $R[x]$ ungleich $\{0\}$. Sei nun $gh \in \ker i_0$. Dann gilt also $g(0) h(0) = gh(0) = 0$ und da $R[x]$ Integritätsring ist, folgt $h(0) = 0$ oder $g(0) = 0$, das heißt $g \in \ker i_0$ oder h$\in \ker i_0$. Also ist $\ker i_0$ ein Primideal. Da $R[x]$ ein Hauptidealring ist, ist dann $\ker i_0$ nach Satz 2.14 auch maximal. Da i_0 surjektiv ist, haben wir nach dem Isomorphiesatz (Satz 1.23) einen Isomorphismus

$$R[x] / \ker i_0 \overset{\sim}{\to} R.$$

Da $\ker i_0$ maximal ist, ist dann aber nach Satz 2.4 R ein Körper.

Sei nun R ein Körper. Dann ist $R[x]$ nach Satz 3.6 euklidisch und nach Satz 2.13 dann auch ein Hauptidealring. q.e.d

Satz 3.10

Sind $f, g \in \mathbb{Z}[x]$ primitiv, so ist auch fg primitiv.

▶ **Beweis** Seien $f, g \in \mathbb{Z}[x]$ und primitiv. Wir schreiben

$$f = \sum_{i=1}^{n} a_i x^i, \qquad g = \sum_{j=0}^{m} b_j x^j$$

mit $\gcd(a_i) = \gcd(b_j) = 1$. Dann ist

$$fg = a_n b_m x^{m+n} + \cdots + a_0 b_0$$

mit $a_n b_m > 0$. Wir wollen nun zeigen, dass $\text{cont}(fg) = 1$. Dafür zeigen wir, dass keine Primzahl ein Teiler von $\text{cont}(fg)$ ist. Sei also p eine beliebige Primzahl. Da $p \nmid \text{cont}(f) = \text{cont}(g) = 1$ können wir die Polynome modulo p reduzieren und die Reduktionen sind dann nicht null, das heißt $\tilde{f} \neq 0 \neq \tilde{g}$. Da $\mathbb{Z}/p\mathbb{Z}$ ein Körper ist, ist $(\mathbb{Z}/p\mathbb{Z})[x]$ nullteilerfrei, also ist auch $\widetilde{fg} = \tilde{f}\tilde{g} \neq 0$. Also gilt auch $p \nmid \text{cont}(fg)$ und damit $\text{cont}(fg) = 1$.   q.e.d

---

Satz 3.11
Sind $f, g \in \mathbb{Q}[x] \setminus \{0\}$, so gilt

$$\text{cont}(fg) = \text{cont}(f)\,\text{cont}(g)\,.$$

Satz 3.12 (Satz von Gauß)
Sei $f \in \mathbb{Z}[x] \setminus \{0\}$. Ist f irreduzibel in $\mathbb{Z}[x]$, dann ist es auch irreduzibel in $\mathbb{Q}[x]$ ist. Ist außerdem f primitiv, so gilt auch die Umkehrung.

▶ **Beweis**
- Sei f irreduzibel in $\mathbb{Z}[x]$ und $f = gh$ mit $g, h \in \mathbb{Q}[x]$ eine Zerlegung in $\mathbb{Q}[x]$. Wir schreiben $g = cg_0$, $h = dh_0$ mit primitiven $g_0, h_0 \in \mathbb{Z}[x]$. Dann ist

$$\mathbb{Z} \ni \text{cont}(f) = \text{cont}(g)\,\text{cont}(h) = |cd|\,,$$

  also ist $cd \in \mathbb{Z}$. Wir setzen $g_1 := dg = cdg_0$ und $h_1 = d^{-1}h = h_0$. Dann ist $g_1, h_1 \in \mathbb{Z}[x]$ und

$$g_1 h_1 = gh = f,$$

  was ein Widerspruch zur Voraussetzung ist.
- Sei nun f irreduzibel in $\mathbb{Q}[x]$ und primitiv. Angenommen, es gilt $f = gh$ mit $g, h \in \mathbb{Z}[x]$. Da dann auch $g, h \in \mathbb{Q}[x]$ gilt, muss entweder g oder h eine Einheit in $\mathbb{Q}[x]$ sein. Sei o. B. d. A. $g \in \mathbb{Q}[x]^*$. Wegen $\mathbb{Q}[x]^* = \mathbb{Q}^*$ ist dann $g \in \mathbb{Q}\setminus\{0\}$. Wir haben also eine Zerlegung $f = gh$ mit $g \in \mathbb{Q}\setminus\{0\}$ und $h\mathbb{Z}[x]$. Da f primitiv ist, muss dann $g = \pm 1$ gelten. Also ist g auch eine Einheit in $\mathbb{Z}[x]$ und damit ist f irreduzibel in $\mathbb{Z}[x]$.

                                                                      q.e.d

Satz 3.13 (Eisenstein-Kriterium)
Sei $f = a_n x^n + \cdots + a_0 \in \mathbb{Z}[x] \setminus \{0\}$ und p eine Primzahl. Angenommen, es gilt:

- $p \nmid a_n$,
- $p \mid a_i, i = 0, \ldots, n - 1$,
- $p^2 \nmid a_0$.

Dann ist f in $\mathbb{Q}[x]$ irreduzibel. Ist f außerdem primitiv, so ist f auch in $\mathbb{Z}[x]$ irreduzibel.

▶ **Beweis** Wir nehmen an, dass f alle drei Bedingungen erfüllt und trotzdem reduzibel ist. Sei $f = gh$ eine Zerlegung mit $n > \deg(g)$, $\deg(h) \geq 1$, $g, h \in \mathbb{Z}[x]$ (Dies können wir o. B. d. A. annehmen, denn wenn es eine Zerlegung in $\mathbb{Q}[x]$ gibt, so folgt aus dem Satz von Gauß, dass es auch eine Zerlegung in $\mathbb{Z}[x]$ gibt.) Sei weiter $\tilde{f}$ die Reduktion von f modulo p. Dann ist $\tilde{f} = \tilde{a}_n x^n$ und $\tilde{a}_n \neq 0$. Dann folgt aus $\tilde{f} = \tilde{g}\tilde{h}$ sofort auch

$$\tilde{g} = \tilde{b}_m x^m, \tilde{h} = \tilde{c}_k x^k, \tilde{b}_m, \tilde{c}_k \neq 0.$$

Also ist $\deg(g) \geq m$, $\deg(h) \geq k$. Wegen

$$m + k = n = \deg(f) = \deg(g) + \deg(h) \geq m + k$$

gilt sogar Gleichheit, das heißt,

$$g = b_m x^m + \cdots + b_0, \qquad h = c_k x^k + \cdots + c_0$$

mit

$$p \nmid b_m, \quad p \mid b_{m-1}, \ldots, b_0, \qquad p \nmid c_k, \quad p \mid c_{m-1}, \ldots, c_0.$$

Dann gilt aber insbesondere $p^2 \mid b_0 c_0$. Es gilt aber

$$f = gh = b_m c_k x^n + \cdots + b_0 c_0,$$

also $p^2 \mid a_0$. Dies ist ein Widerspruch zur Voraussetzung.

Es kann also nur noch der Fall auftreten, dass eines der Polynome g, h Grad 0 hat. Alle solche Polynome sind aber Einheiten in $\mathbb{Q}[x]$. Damit folgt also insgesamt, dass f irreduzibel über $\mathbb{Q}$ ist. Die zweite Aussage folgt direkt aus dem Satz von Gauß.   q.e.d

Satz 3.14 (Rechenregeln für das Legendre-Sysmbol)
Sei p eine Primzahl. Für das Legendre-Symbol gelten die folgenden Rechenregeln:

1. *Für $a \equiv b \mod p$ gilt $\left(\frac{a}{p}\right) = \left(\frac{b}{p}\right)$.*
2. *Es gilt $\left(\frac{ab}{p}\right) = \left(\frac{a}{p}\right)\left(\frac{b}{p}\right)$.*
3. *Es gilt das 1. Ergänzungsgesetz: Für $p \neq 2$ gilt*

$$\left(\frac{-1}{p}\right) = \begin{cases} 1, & p \equiv 1 \mod 4 \\ -1, & p \equiv 3 \mod 4. \end{cases}$$

4. *Es gilt das 2. Ergänzungsgesetz: Für $p \neq 2$ gilt*

$$\left(\frac{2}{p}\right) = \begin{cases} 1, & p \equiv \pm 1 \mod 8 \\ -1, & p \equiv \pm 3 \mod 8. \end{cases}$$

5. *Es gilt das quadratische Reziprozitätsgesetz: Für Primzahlen p, q mit $p \neq q$ und $p, q \neq 2$ gilt*

$$\left(\frac{p}{q}\right) = \begin{cases} \left(\frac{q}{p}\right), & p \equiv 1 \mod 4 \, oder \, q \equiv 1 \mod 4 \\ -\left(\frac{q}{p}\right), & p \equiv q \equiv 3 \mod 4. \end{cases}$$

▶ **Beweis** Auf Beweise für diese Aussagen verzichten wir hier, diese könnt ihr in den meisten Zahlentheoriebüchern (zum Beispiel in [Bun02]) nachlesen.   q.e.d

Satz 3.15 (Irreduzibilität und quadratische Reste)
1. *Das Polynom $x^2 - a$ ist über $\mathbb{F}_p$ genau dann reduzibel, wenn $p|a$ oder wenn a ein quadratischer Rest modulo p ist.*
2. *Das Polynom $x^4 - a$ ist über $\mathbb{F}_p$ genau dann reduzibel, wenn $p|a$ oder wenn einer der folgenden beiden Fälle eintritt:*
   a) a ist quadratischer Rest modulo p.
   b) $-a$ ist quadratischer Rest modulo p, und für ein $c \in \mathbb{Z}$ mit $c^2 \equiv -a \mod p$ gilt, dass auch $2c$ quadratischer Rest modulo p ist.
3. *Gilt $p \equiv 3 \mod 4$, so ist das Polynom $x^4 - a$ reduzibel über $\mathbb{F}_p$. Gilt $p \equiv 1 \mod 4$, so ist das Polynom $x^4 - a$ genau dann reduzibel über $\mathbb{F}_p$, wenn $p|a$ oder wenn a quadratischer Rest modulo p ist.*

▶ **Beweis** Zunächst können wir in allen Zerlegungen, die wir gleich betrachten, annehmen, dass die Faktoren normiert sind. Gilt nämlich

$$
x^n + a_{n-1}x^{n-1} + \cdots + a_0
$$
$$
= (rx^k + b_{k-1}x^{k-1} + \cdots + b_0)(sx^m + c_{m-1}x^{m-1} + \cdots + c_0),
$$

so folgt $rsx^k x^m = x^n$, also $rs = 1$, damit sind also r und s modulo p invers zueinander. Dann können wir einfach den ersten Faktor mit s multiplizieren und den zweiten mit r, und damit erhalten wir eine neue Zerlegung, in der die Faktoren normiert sind. Wir nehmen außerdem an, dass $p \nmid a$ (im anderen Fall sind die Aussagen klar).

1. Die einzige mögliche Zerlegung von $x^2 - a$ wäre eine Zerlegung in Linearfaktoren, also von der Form $x^2 - a = (x - b)(x - c)$. Dann ergibt Ausmultiplizieren $x^2 - a = x^2 - (b + c)x + bc$. Da in $x^2 - a$ kein linearer Term auftaucht, muss also $b + c = 0$, also $b = -c$ sein. Dann erhält man die Zerlegung $x^2 - a = (x - b)(x + b) = x^2 - b^2$, es muss also $b^2 \equiv a \mod p$ gelten, und das geht genau dann, wenn a quadratischer Rest modulo p ist.
2. Wie oben zerlegen wir zunächst $x^4 - a$, diesmal jedoch in quadratische Faktoren, um zeigen, dass dies geht, falls eine der Bedingungen aus dem Satz erfüllt ist. Ist a quadratischer Rest modulo p, gibt es also ein $c \in \mathbb{Z}$ mit $c^2 \equiv a \mod p$, so gilt $(x^2 - c)(x^2 + c) = x^4 - c^2 = x^4 - a$, also ist $x^4 - a$ reduzibel. Ist $-a$ quadratischer Rest modulo p und gilt $c^2 \equiv -a \mod p$, und gilt außerdem $b^2 \equiv 2c \mod p$ für ein $b \in \mathbb{Z}$, so gilt

$$
(x^2 - bx + c)(x^2 + bx + c) = x^4 - (b^2 - 2c)x + c^2 = x^4 - a,
$$

also ist $x^4 - a$ reduzibel.
Damit ist also $x^4 - a$ reduzibel, wenn einer der beiden Fälle eintritt. Wir zeigen jetzt noch, dass wenn $x^4 - a$ reduzibel ist, auch zwingend einer der drei Fälle eintreten muss. Wir nehmen zuerst an, dass $x^4 - a$ in zwei quadratische Faktoren zerfällt, also $x^4 - a = (x^2 + bx + c)(x^2 + dx + e)$. Nach Ausmultiplizieren und Koeffizientenvergleich erhalten wir

$$
d = -b, \quad c + e + bd = 0, \quad be + cd = 0, \quad ce = -a.
$$

Einsetzen der ersten Bedingung in die dritte ergibt $b(e - c) = 0$. Da $\mathbb{F}_p$ ein Körper ist, geht das nur, wenn einer der Faktoren 0 ist.
Wenn $b = 0$ ist, dann gilt auch $d = 0$ und damit $c = -e$. Mit der vierten Bedingung folgt dann $a = c^2$, das ist der erste Fall in unserer Liste. Wenn $e - c = 0$, also $e = c$ gilt, dann folgt aus der vierten Bedingung $c^2 \equiv -a$, aus der dritten folgt $b = -d$ und damit aus der zweiten $2c = b^2$, und dies ist der zweite Fall in unserer Liste.

Zuletzt überprüfen wir noch, was passiert, wenn man von $x^4 - a$ einen linearen Term abspalten kann. Angenommen, es gilt also $x^4 - a = (x - b)(x^3 + mx^2 + nx + r)$. Dann ergibt wieder Ausmultiplizieren, Koeffizientenvergleich und sukzessives Einsetzen

$$m - b = 0 \Rightarrow m = b, n - mb = 0 \Rightarrow n = b^2,$$
$$r - nb = 0 \Rightarrow r = b^3, -br = -a \Rightarrow a = b^4.$$

Also muss $a = b^4 = (b^2)^2$ gelten, also muss a quadratischer Rest modulo p sein, wie im ersten Fall in der Liste.

3. Dies folgt aus Teil 2. Wie genau das folgt, solltet ihr euch überlegen. Wer nicht weiterkommt darf gerne in den Erklärungen nachschauen :-).

q.e.d

Satz 3.16

Seien $a, b \in \mathbb{Z}$ und sei $f = x^4 + ax^2 + b$. Dann gilt

1. *Ist $a^2 - 4b$ eine Quadratzahl, so ist f reduzibel über $\mathbb{Z}$.*
2. *Ist $a^2 - 4b$ keine Quadratzahl, so ist f genau dann reduzibel über $\mathbb{Z}$, wenn es ein $t \in \mathbb{Z}$ mit $t^2 = b$ gibt und so, dass $2t - a$ eine Quadratzahl ist.*
3. *Sei $p > 2$ eine Primzahl. Gilt $p|b$ oder $p|a^2 - 4b$, so ist f reduzibel über $\mathbb{F}_p$. Gilt $p \nmid b$ und $p \nmid a^2 - 4b$, so ist f genau dann irreduzibel über $\mathbb{F}_p$, wenn*

$$\left(\frac{b}{p}\right) = -1 \; und \; \left(\frac{a^2 - 4b}{p}\right) = -1$$

gilt.
4. *f ist genau dann irreduzibel über $\mathbb{F}_2$, wenn a und b ungerade sind.*

▶ **Beweis** Der Beweis verläuft ähnlich wie der von Satz 3.15, deshalb lassen wir ihn hier weg. Wer ihn nachlesen möchte, findet den Beweis (und mehr Details zur Faktorisierung im Falle der Reduzibilität) in [DLW05].   q.e.d

Satz 3.17

Sei K ein Körper, $k \in K$, $f \in K[x]$ und $\tau_k(f)(x) := f(x + k)$. Dann ist f genau dann irreduzibel, wenn es $\tau_k(f)$ ist.

▶ **Beweis** Sei $\tau_k(f)$ reduzibel in $K[x]$. Dann gilt also

$$f(x+k) = g(x+k)h(x+k)$$

Dann folgt aber auch $f(x) = g(x)h(x)$, also ist auch f reduzibel. Die umgekehrte Richtung folgt direkt hieraus, indem man $-k$ statt k betrachtet. q.e.d

Satz 3.18
Sei $f = a_n x^n + \cdots + a_0 \in \mathbb{Z}[x]$ irreduzibel über $\mathbb{F}_p$ für eine Primzahl p und $p \nmid a_n$. Dann ist f auch irreduzibel über $\mathbb{Q}$.

▶ **Beweis** Sei p eine feste Primzahl und f irreduzibel über $\mathbb{F}_p$ und reduzibel über $\mathbb{Q}$. Sei $f = gh$ mit

$$g = b_m x^m + \cdots + b_0, h = c_k x^k + \cdots + c_0 \in \mathbb{Z}[x]$$

mit $\deg(g), \deg(h) \geq 1$. Es gilt dann auch $\deg(\widetilde{g}), \deg(\widetilde{h}) \geq 1$, denn da $p \nmid a_n$ ist, ist $a_n \neq 0$ in $\mathbb{F}_p$, und da $\mathbb{F}_p$ ein Integritätsring ist, muss auch $b_m, c_k \neq 0$ gelten. Damit erhalten wir eine Zerlegung $\widetilde{f} = \widetilde{g}\widetilde{h}$ in $\mathbb{F}_p$. Dies ist ein Widerspruch zur Annahme. q.e.d

3.3 Erklärungen zu den Definitionen

Erklärung

Zur Definition 3.1 **von Polynomen** Ein Polynom über einem Ring R ist einfach das, was ihr schon darunter kennt, nämlich ein „Ding" von der Form

$$a_n x^n + \cdots + a_0, a_i \in R.$$

Hier müsst ihr nur aufpassen, denn ist zum Beispiel schon x ein Element des Ringes, so muss man natürlich eine andere Variable wählen. Es sind also vollkommen egal, welches Symbol man für die Unbekannte wählt, solange diese nicht im Ring vorhanden ist.

Wichtig wird für uns sein, dass wir dieses Polynom nicht als Funktion ansehen (wie wir es in der Schule zum Beispiel getan haben), sondern als Objekt. In das Polynom muss man also nicht unbedingt Elemente des Ringes (zum Beispiel Zahlen) einsetzen, sondern wir betrachten es so, wie es ist.

Der Grad eines Polynoms ist dann die höchste Potenz, bei der der Koeffizient nicht 0 ist.

Die Menge aller Polynome bildet außerdem einen Ring, den sogenannten Polynomring. Die Addition ist dabei einfach koeffizientenweise erklärt, das heißt für $f = \sum_{i=0}^{n} a_i x^i$, $g = \sum_{j=0}^{m} b_j x^j$ ist

$$f + g = \sum_{i=0}^{\max\{m,n\}} (a_i + b_i)\, x^i.$$

Die Multiplikation erfolgt auch wie erwartet durch „Ausmultiplizieren". Einfach aufgeschrieben ist dies das Cauchy-Produkt von Reihen aus der Analysis 1:

$$f \cdot g = \sum_{k=0}^{mn} \sum_{i=0}^{k} a_i b_{k-i} x^k.$$

Hier und auch oben bei der Addition setzen wir $a_i = 0$ für $i > n$ und $b_j = 0$ für $j > m$. Ihr solltet nachprüfen, dass durch diese beiden Operationen die Menge $(R[x], +, \cdot)$ für jeden Ring R tatsächlich einen Ring bildet.

Deshalb können (und sollten) wir uns über zwei Dinge Gedanken machen.

- Welche Eigenschaften haben Polynomringe, wenn die zugrundeliegenden Ringe gewisse Eigenschaften haben (das heißt übertragen sich solche Eigenschaften wie faktoriell, euklidisch)?
- Wie sieht es mit den Begriffen, die wir für Ringe kennengelernt haben, in Polynomringen aus (Teilbarkeit, Nullteiler, Einheiten und so weiter)?

Den ersten Teil werden wir im Laufe dieses Kapitels klären. Auch beim zweiten Teil werden wir viele Fragen beantworten können.

Erklärung

Zur Definition 3.2 **der Reduktion modulo** p Wir haben in Definition 1.15 schon gesehen, wie man Zahlen modulo p reduziert. Dies wollen wir nun auf Polynome erweitern, und zwar in einer Form, sodass die Reduktion wieder ein Polynom ist, diesmal im Körper $\mathbb{Z}/p\mathbb{Z}$. Dafür reduzieren wir einfach die Koeffizienten.

▶ **Beispiel 49** Sei $f = x^4 + 2x^3 + 3x^2 + 4x + 5$. Die Reduktion von f modulo 3 ist

$$\tilde{f} = \overline{1}x^4 + \overline{2}x^3 + \overline{3}x^2 + \overline{4}x + \overline{5} = \overline{1}x^2 + \overline{2}x^3 + \overline{1}x + \overline{2}.$$

◼

Zur Definition 3.3 **von Polynomfunktionen** Hier setzen wir nun in das Polynom ein Ringelement ein, fassen also das Polynom als Funktion auf. Das berechtigt uns dann, von Nullstellen zu sprechen. Merkt euch also: Sprechen wir von einem Poylnom, so ist damit einfach nur der Ausdruck gemeint, sprechen wir von einer Polynomfunktion, so ist die dazugehörige Funktion gemeint. Dass es sinnvoll ist, beides verschieden zu betrachten, zeigt das folgende Beispiel.

▶ **Beispiel 50** Wir betrachten das Poylnom $x^2 + x$ über $\mathbb{F}_2$. Betrachten wir nun die zugehörige Polynomfunktion. $\mathbb{F}_2$ hat nur die beiden Elemente $\overline{0}$ und $\overline{1}$. Setzen wir diese in die Polynomfunktion ein, so erhalten wir in beiden Fällen $\overline{0}$. Hier ist es also so, dass die Polynome $x^2 + x$ und $\overline{0}$ verschieden sind, aber die beiden zugehörigen Polynomfunktionen $x \mapsto x^2 + x$ und $x \mapsto \overline{0}$ gleich sind. Polynome verhalten sich aus algebraischer Sicht also deutlich schöner als Polynomfunktionen und sind insbesondere etwas anders. ∎

Eine Tatsache wollen wir hier noch erwähnen. Sei $f \in \mathbb{R}[x]$ ein reelles Polynom und $z \in \mathbb{C} \backslash \mathbb{R}$ eine nicht reelle Nullstelle. Was passiert dann, wenn man die komplex konjugierte Zahl $\overline{z}$ in f einsetzt? Ist $f = a_n x^n + \cdots + a_0$, so ist

$$f(\overline{z}) = a_n \overline{z}^n + \cdots + a_0 = \overline{a_n z^n + \cdots + a_0} = \overline{0} = 0,$$

denn die komplexe Konjugation ist ja ein Homomorphismus. Also ist mit einer komplexen Zahl z auch die komplex konjugierte $\overline{z}$ eine Nullstelle. Das gilt natürlich aber nur, wenn f ein reelles Polynom ist.

Wir werden übrigens immer mal wieder in späteren Sätzen annehmen, dass ein Polynom f normiert ist (das heißt, dass $a_n = 1$ gilt). Das kann man immer ohne Probleme tun, wenn man nur an den Nullstellen interessiert ist.

Zur Definition 3.4 **von Vielfachheiten** Die Vielfachheit einer Nullstelle a einer Polynomfunktion $f(x)$ gibt an, wie oft man bei f den Linearfaktor $x - a$ abspalten kann.

▶ **Beispiel 51** Sei $f(x) = x^2(x - 1)(x - 7)^3$. Dann ist die Vielfachheit der Nullstelle 0 gerade 2, die der Nullstelle 1 ist 1, und die der Nullstelle 7 ist 3. ∎

Natürlich hat man nicht immer das Glück, dass das Polynom schon in Linearfaktoren vorliegt. Trotzdem kann man manchmal schon am Polynom erkennen, dass eine mehrfache Nullstelle vorliegt.

▶ **Beispiel 52** Sei $f(x) = x^3 + x^2 - 5x + 3$. Wir wollen überprüfen, ob 1 Nullstelle des Polynoms ist und wenn ja, welche Vielfachheit diese Nullstelle hat. Dafür setzen wir zunächst mal 1 in das Polynom ein. Da dabei 0 herauskommt, ist 1 auf jeden Fall Nullstelle. Um zu überprüfen, ob es auch doppelte Nullstelle ist (das heißt, ob die Vielfachheit mindestens 2 ist), gibt es jetzt einen Trick. Achtung! Dieser funktioniert nur bei der Nullstelle $x = 1$! Wir multiplizieren in dem Polynom jeden Koeffizienten vor x^k mit dem jeweiligen Exponenten und addieren das dann alles. Wenn dabei 0 herauskommt, ist 1 mindestens doppelte Nullstelle. In unserem Fall kommt tatsächlich 0 heraus, also hat die Nullstelle 1 mindestens Vielfachheit 2. Es gilt also $x^3 + x^2 - 5x + 3 = (x-1)^2(x+a)$. Die letzte Nullstelle kann man nun leicht herausbekommen, indem man die konstanten Terme anschaut: Multiplizieren wir die rechte Seite aus, so erhält man als konstanten Term $(-1) \cdot (-1) \cdot a$, und das muss 3 ergeben. Also ist $x^3 + x^2 - 5x + 3 = (x-1)^2(x+3)$, und die Vielfachheit der Nullstelle 1 ist 2. ■

Im Allgemeinen kann man Polynomdivision (siehe die Erklärung zum Satz 3.6) benutzen, um die Vielfachheit einer Nullstelle zu bestimmen, indem man einfach so lange durch den entsprechenden Linearfaktor teilt, bis die Division nicht mehr aufgeht.

Erklärung

Zur Definition 3.5 **der Irreduzibilität** Dies ist nur ein Spezialfall dessen, was wir in Ringen irreduzibel nennen, denn die Einheiten in $R[x]$ sind genau die Einheiten von R (siehe Satz 3.2).

Eines können wir jetzt schon feststellen. Ist $R = K$ ein Körper und f irreduzibel, so ist nach Satz 2.3 das Ideal (f) maximal. Deshalb ist $K[x]/(f)$ nach Satz 2.4 ein Körper. Dies werden wir zum Beispiel in Satz 5.7 nutzen.

▶ **Beispiel 53** Sei $K = \mathbb{R}$ und $f = x^2 + 1$. Da $\mathbb{R}$ ein Körper ist und f keine reelle Nullstelle hat, ist f über $\mathbb{R}$ irreduzibel und damit ist $\mathbb{R}[x]/(x^2 + 1)$ ein Körper. Wie sieht dieser nun genau aus? Dafür untersuchen wir, welche Polynom wir rausfaktorisieren. Sei zunächst $a \in \mathbb{R}$ aufgefasst als lineares Polynom. Dies ist kein Vielfaches von $x^2 + 1$, bleibt also erhalten. Das Gleiche folgt für lineare Polynome $a\overline{x} + b$. Sei nun $f \in \mathbb{R}[x]/(x^2 + 1)$ ein Polynom vom Grad mindestens 2. Wir benutzen Polynomdivision und teilen f mit Rest durch $x^2 + 1$, und zwar solange es geht, das heißt so lange, bis der Rest einen Grad hat, der kleiner als der von $x^2 + 1$ ist. Dadurch faktorisieren wir alle Polynome von Grad größer oder gleich 2 raus. Also besteht $\mathbb{R}[x]/(x^2 + 1)$ zunächst mal nur aus linearen Polynomen. Da wir aber auch noch die Regel beachten müssen, wann Polynome rausfaktorisiert werden, können wir nun schreiben

$$\mathbb{R}[x]/(x^2 + 1) = \{a + b\overline{x} : a, b \in \mathbb{R}, \overline{x}^2 + 1 = 0\}.$$

Nun gilt ja genau dann $\bar{x}^2 + 1 = 0$, wenn $\bar{x}^2 = -1$. Um die Schreibweise etwas zu verschönern, schreiben wir nun i statt $\bar{x}$. Wir erhalten dann

$$\mathbb{R}[x]/(x^2 + 1) = \{a + bi : a, b \in \mathbb{R}, i^2 = -1\}.$$

Das sollte dem ein oder anderen bekannt vorkommen, denn das ist ja genau die Definition der komplexen Zahlen. Nach Betrachten des Isomorphismus $\bar{x} \mapsto i$ sehen wir also, dass der Körper $\mathbb{R}[x]/(x^2 + 1)$ nichts anderes ist, als der Körper der komplexen Zahlen, also

$$\mathbb{R}[x]/(x^2 + 1) \cong \mathbb{C}.$$

∎

Erklärung

Zur Definition 3.6 von primitiven Polynomen Es ist leicht ersichtlich, dass jedes Polynom $f \in \mathbb{Q}[x]$ eine eindeutige Darstellung $f = cf_0$ mit primitivem f_0 hat. Der Inhalt eines Polynoms ist also eindeutig bestimmt und primitive Polynome haben Inhalt 1. Allgemeiner ist cont (f) genau dann in $\mathbb{Z}$, wenn $f \in \mathbb{Z}[x]$ und in diesem Fall gilt cont $(f) = \gcd(a_0, \ldots, a_n)$.

▶ **Beispiel 54** Es ist beispielsweise $4x^3 + 3x^2 - 6x + 1$ primitiv. Für das Polynom $-x^3 - \frac{1}{2}x + \frac{1}{5}$ gilt

$$-x^3 - \frac{1}{2}x + \frac{1}{5} = -\frac{1}{10}\left(10x^3 + 5x - 2\right)$$

und $10x^3 + 5x - 2$ ist primitiv. Also ist der Inhalt von $-x^3 - \frac{1}{2}x + \frac{1}{5}$ gleich $\frac{1}{10}$. ∎

Diese Definition werden wir für die schon angekündigten Irreduzibilitätskriterien benötigen. Hierbei untersuchen wir nur Polynome in $\mathbb{Z}$, weil wir die Kriterien nur für den Fall $R = \mathbb{Z}$ beziehungsweise $K = \mathbb{Q}$ beweisen und benutzen werden.

Erklärung

Zur Definition 3.7 In dieser Definition beschreiben wir nun Polynome in mehreren Variablen. Auch wenn die Definition kompliziert aussieht, so versteckt sich dahinter nichts Besonderes.

▶ **Beispiel 55**

• Zum Beispiel ist

$$x_1 + 2x_2^2 + 3x_3^3 + x_1x_2 + x_1x_2x_3$$

ein Polynom in drei Variablen. Der Grad ist hier 3, und dieses Polynom ist nicht homogen.

- Das Polynom

$$x_5^4 + x_2^2 x_4^4 + x_3 x_4^3 + x_1 x_2 x_3 x_4 + x_2^2 x_3 x_4$$

dagegen ist ein homogenes Polynom vom Grad 4 in fünf Variablen. ∎

Erklärung

Zur Definition von quadratischen Resten und dem Legendre-Symbol (Definition 3.8) Quadratische Reste und das Legendre-Symbol brauchen wir, um gewisse Polynome auf Irreduzibilität über dem Körper $\mathbb{F}_p$ zu überprüfen. In der Zahlentheorie haben quadratische Reste noch eine weit größere Bedeutung, dies ist aber für uns nicht so wichtig.

Zunächst einmal könnte man sich die Frage stellen, wie man herausfindet, ob eine Zahl a ein quadratischer Rest modulo m ist. Wenn m klein ist, dann kann man das leicht durch Ausprobieren feststellen.

▶ **Beispiel 56** Sei $m = 4$ und $a = 2$. Um zu überprüfen, ob 2 quadratischer Rest modulo 4 ist, bestimmen wir einfach alle quadratischen Reste modulo 4, indem wir die Quadrate aller Elemente in $\mathbb{Z}/4\mathbb{Z}$ bestimmen:

$$0^2 = 0, \quad 1^2 = 1, \quad 2^2 = 4 \equiv 0 \mod 4, \quad 3^2 = 9 \equiv 1 \mod 4.$$

Die 2 taucht hier nicht auf, also ist 2 quadratischer Nichtrest modulo 4 (genauso wie die 3). Die Zahl 1 ist quadratischer Rest modulo p, 0 ist aber weder quadratischer Rest noch quadratischer Nichtrest modulo p, denn 0 ist nicht teilerfremd zu 4 (denn der größte gemeinsame Teiler der beiden Zahlen ist 4).

Genauso kann man auch verfahren, wenn man die quadratischen Reste modulo 5 bestimmen möchte:

$$0^2 = 0, \quad 1^2 = 1, \quad 2^2 = 4, \quad 3^2 = 9 \equiv 4 \mod 5, \quad 4^2 = 16 \equiv 1 \mod 5,$$

also sind $1, 4$ quadratische Reste modulo 5 und $2, 3$ sind quadratische Nichtreste. ∎

Für kleine Moduln geht das noch recht schnell, obwohl wir hier schon mehr gemacht haben, als wir eigentlich wollten (denn wir wollten ja zuerst nur überprüfen, ob 2 quadratischer Rest modulo 4 ist, dafür haben wir alle quadratischen Reste bestimmen müssen). Um für große Moduln zu überprüfen, ob eine Zahl quadratischer Rest ist, kann man das Legendre-Symbol nutzen. Hier muss man allerdings aufpassen, denn das funktioniert nur, wenn der Modul eine Primzahl ist. Da dies auch der für uns interessante Fall ist (denn wir wollen ja Polynome auf Irreduzibilität in $\mathbb{F}_p$ überprüfen), ist das keine große Einschränkung.

▶ **Beispiel 57** Wir haben in Beispiel 56 gesehen, dass 1 und 4 quadratische Reste modulo 5 sind. Es gilt also $\left(\frac{1}{5}\right) = \left(\frac{4}{5}\right) = 1$ und $\left(\frac{2}{5}\right) = \left(\frac{3}{5}\right) = -1$. Außerdem gilt $\left(\frac{0}{5}\right) = 0$. ∎

In Beispiel 57 haben wir also unser Wissen über quadratische Reste genutzt, um Legendre-Symbole zu bestimmen. In der Praxis ist eher die umgekehrte Richtung interessant, nämlich durch Berechnung von Legendre-Symbolen herauszufinden, ob eine Zahl quadratischer Rest modulo p ist oder nicht. Dafür brauchen wir zunächst Möglichkeiten, das Legendre-Symbol zu berechnen. Diese findet ihr in Satz 3.14.

Noch eine kurze Anmerkung: Selbst wenn wir durch die Berechnung eines Legendre-Symbols wissen, dass a quadratischer Rest ist, dass es also ein $x \in \mathbb{Z}$ mit $x^2 \equiv a \mod p$ gibt, so kennen wir dieses x noch nicht. In einigen Fällen (zum Beispiel wenn die Primzahl p klein ist oder von einer bestimmen Form) lässt sich ein solches x relativ leicht bestimmen, in einigen Fällen braucht man aber aufwendige Verfahren, um x zu bestimmen. Das stört uns zum Glück nicht, da wir immer nur wissen wollen, ob ein solches x existiert und wir x nicht kennen müssen.

3.4 Erklärung zu den Sätzen und Beweisen

Erklärung

Zur Gradformel (Satz 3.1)

▶ **Beispiel 58** Sowohl für den Grad von $f + g$ als auch für den von fg kann im Lemma die echte Ungleichung stehen. Dafür betrachten wir den Ring $R = \mathbb{Z}/(4)$ und das Polynom $f = g = \overline{2}x + \overline{1}$ vom Grad 1. Dann ist

$$\deg\left(f + g\right) = \deg\left(\overline{4}x + \overline{2}\right) = \deg\left(\overline{2}\right) = 0 < 1 = \max\left\{\deg f, \deg g\right\}$$

und

$$\deg\left(fg\right) = \deg\left(\left(\overline{2}x + \overline{1}\right)^2\right) = \deg\left(\overline{4}x^2 + \overline{4}x + \overline{1}\right)$$
$$= \deg\left(\overline{1}\right) = 0 < 2 = \deg f + \deg g.$$

Aus der Gradformel folgt außerdem sofort, dass jedes Polynom f vom Grad 1 irreduzibel ist, denn ist $f = gh$, so muss $\deg g = 0$ oder $\deg h = 0$ gelten. ∎

Erklärung

Zum Satz 3.2 Dieser Satz vereint gleich drei nützliche Aussagen. Zunächst sehen wir, dass im Fall von Integritätsringen in der einen Gradformel sogar Gleichheit steht. Dies liegt daran, dass es keine Nullteiler gibt, es beim Multiplizieren also (nicht wie in Beispiel 58) nicht vorkommen kann, dass eine Potenz „wegfällt".

Der zweite Teil zeigt uns, dass auch $R[x]$ keine Nullteiler hat, wenn dies für R gilt. Beachtet, dass diese Aussage für Polynomfunktionen falsch wäre. Zum Beispiel ist ja die Polynomfunktion $x \mapsto x^2 + x = x\left(x + \overline{1}\right)$ über $\mathbb{F}_2$ die Null-funktion, wir können sie aber auch als Produkt der beiden Polynomfunktionen $x \mapsto x$ und $x \mapsto x + \overline{1}$ schreiben, die beide nicht die Nullfunktion sind. Die Polynomfunktionen über einem Integritätsring bilden also in der Regel nicht wie-der einen Integritätsring. Dadurch sehen wir nochmal, dass Polynome etwas viel Schöneres als Polynomfunktionen sind.

Der dritte Teil schließlich sagt uns, dass wir, um die Einheiten in einem Poly-nomring zu bestimmen, nur die Einheiten aus R kennen müssen. Das nutzen wir in Definition 3.5 und in den Irreduzibilitätskriterien aus.

Außerdem sehen wir, dass $R[x]$ genau dann ein Integritätsring ist, wenn dies für R gilt.

▶ **Beispiel 59** Wir wollen nun noch einen etwas kuriosen Ring betrachten, näm-lich den Ring

$$R = x\mathbb{Q}[x] + \mathbb{Z} = \{f = a_n x^n + \cdots + a_0 : a_i \in \mathbb{Q} \text{ für } 1 \leq i \leq n, a_0 \in \mathbb{Z}\},$$

also den Ring aller Polynome über $\mathbb{Q}$, deren konstanter Term aus den ganzen Zah-len stammt (zusammen mit der üblichen Addition und Multiplikation). Zunächst überlegen wir uns, dass R tatsächlich ein Ring ist, denn sowohl bei der Multiplika-tion als auch bei der Addition von Polynomen entsteht der konstante Term durch Multiplikation bzw. Addition der konstanten Terme der Faktoren bzw. Summan-den, dies ist also wieder eine ganze Zahl. Die restlichen Ringeigenschaften folgen daraus, dass $R \subset \mathbb{Q}[x]$ gilt und wir die Eigenschaften für $\mathbb{Q}[x]$ schon kennen. Als Teilmenge von $\mathbb{Q}[x]$ hat R dann auch keinen Nullteiler außer 0, also ist R ein Integritätsring.

Wir bestimmen nun die Einheiten von R. In dem Fall können wir leider nicht einfach den Satz anwenden, da R nicht der Polynomring eines anderen Ringes ist. Wir können den Satz aber zu Hilfe nehmen: Ist nämlich u eine Einheit in R, dann gibt es ein $u' \in R$ mit $uu' = 1$. Wegen $R \subset \mathbb{Q}[x]$ muss u dann auch eine Einheit in $\mathbb{Q}[x]$ sein. Es kommen also nur die Elemente in $\mathbb{Q}^* = \mathbb{Q}\backslash\{0\}$ infrage. Von diesen Elementen sind aber nur die ganzen Zahlen in R. Für eine Einheit in R muss also gelten $u \in \mathbb{Z}$ und $uu' = 1$ für ein $u' \in \mathbb{Z}$. Das geht nur, wenn u eine Einheit in $\mathbb{Z}$ ist, also sind ± 1 die einzigen Einheiten in R.

Kümmern wir uns nun um die irreduziblen Elemente. Ist f ein Polynom vom Grad mindestens 1 mit konstantem Term a_0 ungleich ± 1 und $n \in \mathbb{Z}\backslash\{0, \pm 1\}$ ein Teiler von a_0, so ist $f = \frac{f}{n} \cdot n$ eine Zerlegung von f in R. Da die beiden Faktoren keine Einheiten sind, ist f nicht irreduzibel. Hat f dagegen konstanten Term ± 1, so ist f in R genau dann irreduzibel, wenn f in $\mathbb{Q}[x]$ irreduzibel ist. Ist nämlich f in R reduzibel, so ist f auch in $\mathbb{Q}[x]$ reduzibel, denn jede Zerlegung in R ist wegen $R \subset \mathbb{Q}[x]$ auch eine Zerlegung in $\mathbb{Q}[x]$. Ist andererseits f reduzibel in $\mathbb{Q}[x]$, gilt also $f = gh$ mit $g = a_n x^n + \cdots + a_0$, $h = b_m x^m + \cdots + b_0$, so ist $a_0 b_0$ der konstante Term von f. Da dies ± 1 ist, muss $a_0 b_0 = \pm 1$ gelten. Dividiert man nun alle Koeffizienten von g durch a_0 und multipliziert alle Koeffizienten von h mit a_0, so erhält man eine neue Zerlegung von f, bei der die konstanten Terme ganze Zahlen sind. (Beispiel: $\frac{1}{4}x^2 - 1 = \left(\frac{1}{4}x - \frac{1}{2}\right)(x + 2)$ ist eine Zerlegung in $\mathbb{Q}[x]$. Nach Division des ersten Faktors durch $\frac{1}{2}$ und Multiplikation des zweiten Faktors mit $\frac{1}{2}$ erhält man die Zerlegung $\frac{1}{4}x^2 - 1 = \left(\frac{1}{2}x - 1\right)\left(\frac{1}{2}x + 1\right)$ in R.) Wenn nun ursprünglich weder g noch h eine Einheit war, ändert sich das nach dem Skalieren nicht. Also ist ein Polynom vom Grad mindestens 1 mit konstantem Koeffizienten ± 1 in R genau dann irreduzibel, wenn f in $\mathbb{Q}[x]$ irreduzibel ist. Zum Beispiel ist also das Polynom $x + 1$ irreduzibel, das Polynom $x + 3 = 3 \cdot (\frac{x}{3} + 1)$ ist aber reduzibel.

Sei zuletzt f ein Polynom vom Grad 0, also $f = n \in \mathbb{Z}$, und gelte $f \notin \{0, \pm 1\}$ (denn diese Elemente kommen als irreduzible Elemente sowieso nicht infrage). Ist n keine Primzahl (in $\mathbb{Z}$), so kann man n in zwei Faktoren $a, b \neq \pm 1$ zerlegen. Da diese Faktoren keine Einheiten sind, ist auch n nicht irreduzibel. Ist n hingegen eine Primzahl, so lässt sich n nur in $n = (\pm n) \cdot (\pm 1)$ zerlegen, also ist n in R irreduzibel. Die irreduziblen Elemente in R sind also genau die konstanten Polynome $f = p$ mit einer Primzahl p sowie die in $\mathbb{Q}[x]$ irreduziblen Polynome mit konstantem Term ± 1.

Wir zeigen nun, dass R nicht faktoriell ist. Nach dem oben Gezeigten ist das Polynom $f = x$ weder Einheit noch irreduzibel. Ist außerdem p irgendeine Primzahl, so ist p^n für jedes $n \in \mathbb{N}$ ein Teiler von x, denn es gilt $x = \frac{x}{p^n} \cdot p^n$ und diese Faktoren sind beide in R. Wenn R nun faktoriell wäre, dann müsste es eine Zerlegung von x in endlich viele irreduzible Faktoren geben. Dann müsste es auch zu jeder Primzahl p einen maximalen Exponenten m geben, sodass p^m ein Teiler von x ist, p^{m+1} aber nicht. Da aber p^n für jedes $n \in \mathbb{N}$ ein Teiler von x ist, gilt das nicht, also ist R nicht faktoriell.

Wir untersuchen nun die Primelemente von R. Infrage kommen hier natürlich alle irreduziblen Elemente, da R aber nicht faktoriell ist, könnte es irreduzible Elemente geben, die nicht prim sind. Sei p eine Primzahl, also irreduzibel in R. Angenommen, es gilt $p \mid fg$ mit $f, g \in R$. Wenn f konstanten Term 0 hat, dann gilt $p \mid f$ und analog für g. Wir können also annehmen, dass f und g beide konstanten Term ungleich 0 haben. Sei also $f = a_n x^n + \cdots + a_0$, $g = b_m x^m + \cdots b_0$ mit $a_0, b_0 \neq 0$. Dann gilt $fg = c_k x^k + \cdots + c_0$ mit $c_0 = a_0 b_0$. Da p ein Teiler von fg ist und außerdem auch $c_k x^k + \cdots + c_1 x$ teilt, muss p auch ein Teiler von $c_0 = a_0 b_0$ sein. Das geht nur, wenn p ein Teiler von a_0 oder b_0 ist und dann folgt, dass p dann f oder g teilt. Also ist jedes irreduzible Element der Form $f = p$ mit einer Primzahl p auch Primelement in R. Ist f irreduzibel vom Grad mindestens 1, dann ist f auch in $\mathbb{Q}[x]$ irreduzibel. Da dies ein faktorieller Ring ist (siehe Satz 3.3), ist f Primelement in $\mathbb{Q}[x]$. Angenommen, in R gilt nun $f \mid gh$. Da alle diese Polynome auch Elemente in $\mathbb{Q}[x]$ sind und f Primelement ist, gilt dann $f \mid g$ oder $f \mid h$. Gelte o.B.d.A. $f \mid g$. Achtung: Diese Teilbarkeit gilt nun in $\mathbb{Q}[x]$ und nicht in R, wir sind also noch nicht fertig. Wir können nur sagen, dass es ein $k \in \mathbb{Q}[x]$ gibt mit $fk = g$. Wir müssen nun zeigen, dass $k \in R$ gilt, dass also der konstante Koeffizient von k eine ganze Zahl ist. Für den konstanten Koeffizienten k_0 von k gilt $f_0 k_0 = g_0$, wobei f_0, g_0 die konstanten Koeffizienten von f bzw. g sind. Wegen $f_0 = \pm 1$ folgt $k_0 = \pm g_0$, und da $g \in R$ vorausgesetzt war, gilt also $k_0 = \pm g_0 \in \mathbb{Z}$, also ist auch $k \in R$. Damit gilt auch $f \mid g$ in R, also ist f Primelement. Damit ist also jedes in R irreduzible Element auch Primelement.

Wir zeigen nun noch, dass R nicht noethersch ist. Das ist aber recht einfach. Ist nämlich p eine Primzahl und $m, n \in \mathbb{N}$, so betrachten wir die Ideale $\left(\frac{x}{p^n} \right)$ für $n \in \mathbb{N}$. Für $n > m$ gilt $\left(\frac{x}{p^m} \right) \subset \left(\frac{x}{p^n} \right)$, denn ist $f \in \left(\frac{x}{p^m} \right)$, so gilt $f = \frac{x}{p^m} g = \frac{x}{p^n} g p^{n-m} \in \left(\frac{x}{p^n} \right)$. Es gilt aber $\frac{x}{p^n} \notin \left(\frac{x}{p^m} \right)$, denn sonst müsste $\frac{x}{p^n} = g \frac{x}{p^m}$ für ein $g \in R$ gelten. Stellt man dies nach g um, so erhält man $g = p^{m-n}$, und wegen $n > m$ liegt das nicht in R. Es gilt also $\left(\frac{x}{p^n} \right) \subset \left(\frac{x}{p^{n+1}} \right) \subset \left(\frac{x}{p^{n+1}} \right) \subset \cdots$, und die Inklusionen sind jeweils strikt, also kann R nicht noethersch sein.

R ist also ein Ring, in dem es eine Nichteinheit (nämlich x) gibt, sodass p^n für jedes $n \in \mathbb{N}$ und jede Primzahl $p \in \mathbb{Z}$ ein Teiler von x ist. Außerdem gibt es unendlich viele nicht assoziierte Primelemente (nämlich alle Primelemente der Form $f = p$ für eine Primzahl p), die x teilen ... kurios, oder?

Der Ring R hat also ähnliche Eigenschaften wie der Ring $\mathcal{H}(D)$ aus Beispiel 48 (auch hier könnte man zeigen, dass jeweils zwei Elemente aus R einen größten gemeinsamen Teiler haben und dass jedes endlich erzeugte Ideal ein Hauptideal ist). Das liegt daran, dass es sich bei beiden Ringen um sogenannte Bézout-Ringe (englisch: Bézout domain) handelt.   ■

Erklärung

Zum Satz 3.3 Wie im Falle der rationalen Zahlen können wir auch für den faktoriellen Ring $R = K[x]$, wobei K ein Körper ist, die Eindeutigkeit der Zerlegung bis auf Einheiten noch „eindeutiger" machen.

Sei $f = a_n x^n + \cdots + a_0 \in K[x]$ ein Polynom und $n \in \mathbb{N}$, sodass $a_n \neq 0$ gilt. Wir wissen aus Satz 3.2, dass $K[x]^* = K^* = K \setminus \{0\}$ gilt. Damit gibt es zu jedem Polynom $f = a_n x^n + \cdots + a_0$ genau ein normiertes Polynom, das sich von f nur durch Multiplikation mit einer Einheit unterscheidet, nämlich $\frac{1}{a_n} f$. Damit erhalten wir, dass sich jedes normierte Polynom in $K[x]$ bis auf die Reihenfolge eindeutig als Produkt von normierten irreduziblen Polynomen schreiben lässt.

Erklärung

Zum Hilbertschen Basissatz (Satz 3.4) Dieser Satz ist vor allem in der algebraischen Geometrie sehr wichtig. Dort macht man sich zunutze, dass geometrische Gebilde, die durch unendlich viele Polynomgleichungen gegeben sind, schon durch endlich viele Gleichungen bestimmt sind.

Erklärung

Zum Satz 3.5 Dieser Satz sagt uns, dass die Bildung von Faktorringen mit der Bildung von Polynomringen verträglich ist, das heißt, dass es egal ist, ob man zuerst modulo eines Ideals rechnet und dann den Polynomring betrachtet oder umgekehrt, die entstehenden Ringe werden isomorph sein.

▶ **Beispiel 60** Sei $R = \mathbb{Z}$ und $\mathfrak{a} = (2)$. Dann kann man sich leicht versichern, dass $\mathbb{Z}[x]/2\mathbb{Z}[x]$ und $(\mathbb{Z}/(2))[x]$ isomorph sind, denn $2\mathbb{Z}[x]$ ist ja gerade die Menge der Polynome mit geraden Koeffizienten, die Menge $\mathbb{Z}[x]/2\mathbb{Z}[x]$ besteht also aus allen Polynomen mit Koeffizienten 0 (falls das zugehörige Polynom in $\mathbb{Z}[x]$ einen geraden Koeffizienten hatte) und 1 (falls das zugehörige Polynom in $\mathbb{Z}[x]$ einen ungeraden Koeffizienten hatte). Das sind also genau alle Polynome mit Koeffizienten in $\mathbb{Z}/2\mathbb{Z}$. ■

Aus diesem Satz kann man auch leicht noch weitere tolle Sachen folgern, zum Beispiel dass für einen Ring R und ein Primideal $\mathfrak{p} \triangleleft R$ dann $\mathfrak{p}R[x] = \{pr : p \in \mathfrak{p}, r \in R[x]\}$ ein Primideal in $R[x]$ ist.

Nach Satz 3.5 ist nämlich $R[x]/\mathfrak{p}R[x]$ isomorph zu $(R/\mathfrak{p})[x]$. Da $\mathfrak{p}$ ein Primideal in R ist, ist $(R/\mathfrak{p})$ nach den Faktorsätzen (Satz 2.4) ein Integritätsring. Dann ist nach Satz 3.2 auch $(R/\mathfrak{p})[x]$, also auch $R[x]/\mathfrak{p}R[x]$ ein Integritätsring. Das bedeutet wieder mit den Faktorsätzen, dass $\mathfrak{p}R[x]$ ein Primideal in $R[x]$ ist.

Noch ein Wort zum Beweis von Satz 3.5: Dort haben wir ja einen Isomorphismus konstruiert, um die Isomorphie zu zeigen (wir hoffen, dass ihr auch gezeigt habt, dass dies ein Isomorphismus ist). Falls ihr euch fragt, wie man diesen Isomorphismus erhält: Im Prinzip muss man sich nur aufschreiben, wie die beiden Ringe definiert sind. Dann gibt es eigentlich nur noch diese eine Möglichkeit, den Isomorphismus zu definieren.

Erklärung

Zur Polynomdivision (Satz 3.6) Der Satz an sich ist zwar sehr schön (wir wissen jetzt, dass der Polynomring eines Körpers euklidisch ist), viel wichtiger ist aber der Beweis an sich. Dahinter steckt nämlich einfach die Polynomdivision, die man schon aus der Schule kennt (oder kennen sollte ;-))

▶ **Beispiel 61** Betrachten wir für $K = \mathbb{Q}$ zunächst $f = x^5 + x^4 - x^3 - x^2 + x + 1$ und $g = 2x^3 + 2x^2 + 4x$. Wir wollen f durch g teilen. Dafür teilen wir (wie im Beweis des Satzes) zuerst den ersten Koeffizienten von f durch den ersten von g. Es ist $q' = \frac{x^5}{2x^3} = \frac{1}{2}x^2$. Nun betrachten wir $f - gq'$. Dies ist

$$x^5 + x^4 - x^3 - x^2 + x + 1 - \frac{1}{2}x^2 \left(2x^3 + 2x^2 + 4x\right) = -3x^3 - x^2 + x + 1.$$

Erneut teilen wir den höchsten Koeffizienten hiervon durch den höchsten Koeffizienten von g. Dies ist dann $q_2' = -\frac{3}{2}$. Wieder bilden wir die Differenz wie oben und erhalten

$$-3x^3 - x^2 + x + 1 - \left(-\frac{3}{2}\right)\left(2x^3 + 2x^2 + 4x\right) = 2x^2 + 7x + 1.$$

Der Grad von $2x^2 + 7x + 1$ ist nun kleiner als der von g, also sind wir fertig. Das Endergebnis ist dann

$$x^5 + x^4 - x^3 - x^2 + x + 1 = \frac{1}{2}x^2 \left(2x^3 + 2x^2 + 4x\right) - 3x^3 - x^2 + x + 1$$

$$= \left(\frac{1}{2}x^2 - \frac{3}{2}\right)\left(2x^3 + 2x^2 + 4x\right) + 2x^2 + 7x + 1.$$

Da wir hier einen Rest erhalten ist, also g kein Teiler von f.

Am besten führt man diese Rechungen natürlich wie bei einer schriftlichen Division in der Schule auf. Dies zeigen wir hier einmal für $f = x^3 - 3x^2 + 3x - 1$ und $g = x - 1$ in fünf Schritten:

$$
\begin{array}{l}
(\quad x^3 - 3x^2 + 3x - 1) : (x - 1) = x^2 \\
\underline{\;-\,x^3\;+x^2}
\end{array}
$$

$$
\begin{array}{l}
(\quad x^3 - 3x^2 + 3x - 1) : (x - 1) = x^2 \\
\underline{\;-\,x^3\;+x^2} \\
\qquad -\,2x^2 + 3x
\end{array}
$$

$$
\begin{array}{l}
(\quad x^3 - 3x^2 + 3x - 1) : (x - 1) = x^2 - 2x \\
\underline{\;-\,x^3\;+x^2} \\
\qquad \underline{-\,2x^2 + 3x} \\
\qquad \;\; 2x^2 - 2x
\end{array}
$$

$$
\begin{array}{l}
(\quad x^3 - 3x^2 + 3x - 1) : (x - 1) = x^2 - 2x + 1 \\
\underline{\;-\,x^3\;+x^2} \\
\qquad \underline{-\,2x^2 + 3x} \\
\qquad \;\; \underline{2x^2 - 2x} \\
\qquad \qquad \;\; x - 1
\end{array}
$$

$$
\begin{array}{l}
(\quad x^3 - 3x^2 + 3x - 1) : (x - 1) = x^2 - 2x + 1 \\
\underline{\;-\,x^3\;+x^2} \\
\qquad \underline{-\,2x^2 + 3x} \\
\qquad \;\; \underline{2x^2 - 2x} \\
\qquad \qquad \;\; x - 1 \\
\qquad \qquad \underline{-\,x + 1} \\
\qquad \qquad \qquad 0
\end{array}
$$

Da hier am Ende 0 rauskommt, ist also g ein Teiler von f. ∎

Mit diesem Satz können wir also insbesondere erkennen, ob ein Polynom g ein Teiler eines Polynoms f ist.

Da $K[x]$ also euklidisch ist, existiert ein größter gemeinsamer Teiler. In Satz 2.5 haben wir gesehen, dass diese ja bis auf Assoziierte eindeutig sind. Die Einheiten von $K[x]$ sind ja genau $K \backslash \{0\}$. Somit sehen wir, dass es zu jeweils zwei Polynomen einen eindeutigen normierten größten gemeinsamen Teiler gibt.

Erklärung

Zum Satz 3.7 Der Satz besagt insbesondere, dass über einem Körper K ein Polynom $f \in K[x]$, das eine Nullstelle $a \in K$ besitzt und dessen Grad größer als 1 ist, nicht irreduzibel sein kann. Denn ein solches Polynom lässt sich als $f = (x - a) g$ mit einem Polynom $g \in K[x]$ vom Grad $\deg f - 1 > 0$ schreiben und weder $x - a$ noch g sind Einheiten in $K[x]$, da beides keine konstanten Polynome sind.

Außerdem bekommen wir hier schon eine obere Grenze für die Anzahl der Nullstellen. Eine genaue Aussage lässt sich allerdings nicht so einfach treffen. Für Polynom über den komplexen Zahlen enthält aber der Fundamentalsatz der Algebra (Satz 9.12) eine exakte Aussage.

Der Satz zeigt uns aber noch was anderes, nämlich dass für einen Körper K ein Polynom $f \in K[x]$ vom Grad 2 oder 3 genau dann irreduzibel ist, wenn f keine Nullstelle in K hat. Zunächst mal ist klar, dass ein irreduzibles Polynom keine Nullstellen haben kann, sonst könnte man ja eine Nullstelle abspalten. Ist nun f reduzibel, so kann man $f = gh$ mit $\deg(g), \deg(h) \geq 1$ schreiben, dann gilt aber nach der Gradformel aus Satz 3.1 $\deg(g) + \deg(h) = 2$ beziehungsweise $\deg(g) + \deg(h) = 3$. Dann muss aber einer der Polynom Grad 1 haben, also hat f eine Nullstelle.

Für Polynome höheren Grades gilt das natürlich nicht mehr, zum Beispiel kann ja ein Polynom vierten Grades in zwei Polynome zweiten Grades zerfallen.

An dieser Stelle möchten wir hierfür (und auch als Beispiel dafür, dass sich auch herausragende Mathematiker irren können) ein Zitat aus dem Buch [Ebb92] bringen:

„... kam Leibniz zu der Frage, ob jedes reelle Polynom als Produkt von Faktoren ersten und zweiten Grades darstellbar ist. Er vertrat 1702 in einer Arbeit in den Acta Eruditorum die Ansicht, daß dies nicht zutrifft: zur Bestätigung führt er an, daß in der Zerlegung

$$x^4 + a^4 = (x^2 - a^2 i)(x^2 + a^2 i) = (x + a\sqrt{i})(x - a\sqrt{i})(x + a\sqrt{-i})(x - a\sqrt{-i})$$

das Produkt aus irgend zwei Faktoren rechts niemals ein quadratisches reelles Polynom ist. Leibniz scheint nicht der Gedanke gekommen zu sein, daß $\sqrt{i}$ von der Form $a + bi$ sein könnte; dann hätte er nämlich wohl sofort

$$\sqrt{i} = \frac{1}{2}\sqrt{2}(1 + i) \qquad \sqrt{-i} = \frac{1}{2}\sqrt{2}(1 - i)$$

gesehen, den ersten mit dem dritten und den zweiten mit dem vierten Faktor
multipliziert und anstelle seiner falschen Behauptung notiert ([Ebb92]):

$$x^4 + a^4 = (x^4 + a\sqrt{2}x + a^2)(x^2 - a\sqrt{2}x + a^2)\text{“}$$

Hier habt ihr nun Gelegenheit, Leibniz einmal selbst zu widerlegen. Zeigt einmal,
dass sich sogar jedes Polynom vierten Grades als Produkt von reellen Faktoren
vom Grad 1 und 2 schreiben lässt. Tipp: Benutzt unsere Bemerkung in den Erklärungen zu Definition 3.3.

Erklärung

Zum Satz 3.9 Hier benutzen wir eine sehr elegante Methode, um zu zeigen, dass R
ein Körper ist, wenn $R\,[x]$ ein Hauptidealring ist. Dafür finden wir ein maximales
Ideal, sodass wir R als Faktorring darstellen können.

Ihr solltet hier nachprüfen, dass die definierte Abbildung i_0 wirklich ein Homomorphismus ist und dass i_0 surjektiv ist.

Erklärung

Zusammenhänge zwischen Ringen und den zugehörigen Polynomringen Mit
dem Satz 3.9 schließen wir nun die Untersuchung der Zusammenhänge zwischen
Ringen und den zugehörigen Polynomingen ab.

Zusammen mit den Sätzen 3.2, 3.3, 3.4 und 3.6 erhalten wir die in Abb. 3.1
gezeigte Darstellung

Schön ist natürlich, dass ein Ring R genau dann Integritätsring beziehungsweise faktoriell ist, wenn dies für $R\,[x]$ gilt. (Bei noetherschen Ringen gilt übrigens nur die von uns erwähnte Implikation, die andere ist im Allgemeinen falsch.)
Es gibt aber etwas noch Schöneres, was wir gezeigt haben. Die Implikationen ganz

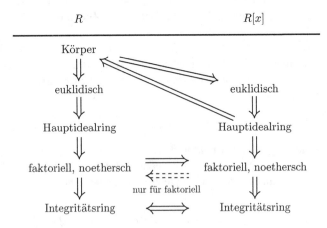

Abb. 3.1 Zusammenhang zwischen Ringen und Polynomringen

oben in Abb. 3.1 zeigen ja gerade, dass wir durch einen Ringschluss gezeigt haben, dass für einen Integritätsring R die drei Aussagen

- R ist Körper,
- $R[x]$ ist euklidisch,
- $R[x]$ ist Hauptidealring

äquivalent sind. Also ist jeder Polynomring, der ein Hauptidealring ist, automatisch euklidisch. Das ist sehr gut zu wissen und vor allem sehr schön, denn für allgemeine Hauptidealringe gilt das ja nicht.

Erklärung

Zu den Sätzen 3.10 **und** 3.11 Diese Sätze benötigen wir als Hilfe für den nächsten, wichtigen Satz. Das Ergebnis ist einfach, dass der Inhalt eine multiplikative Funktion ist. Der Beweis beruht darauf, dass jede natürliche Zahl größer 1 einen Primteiler hat. Der Beweis würde nicht funktionieren, wenn wir statt einer Primzahl eine beliebige natürliche Zahl nehmen würden. Warum, solltet ihr euch überlegen.

Erklärung

Zum Satz von Gauß (Satz 3.12) Dieser Satz stellt nun schon ein wichtiges Ergebnis für uns dar. Statt zu überprüfen, ob ein Polynom irreduzibel in $\mathbb{Q}[x]$ ist, müssen wir nur noch testen, ob es irreduzibel in $\mathbb{Z}[x]$ ist. Jetzt müssen wir also nur noch dieses Problem lösen. Das tun wir mit den anderen Kriterien. Für einige bestimmte Polynome reicht dieses Ergebnis aber schon, nämlich für kubische Polynome. Angenommen, ein primitives Polynom dritten Grades f ist reduzibel. Dann lässt es sich zerlegen in ein Polynom ersten Grades und in ein Polynom zweiten Grades. Das bedeutet aber, dass f eine Nullstelle hat. Angenommen, die Zerlegung hat die Form

$$f = a_3 x^3 + a_2 x^2 + a_1 x^1 + a_0 = (cx + d)\left(b_2 x^2 + b_1 x^1 + b_0\right),$$

wobei nach dem Satz alle Koeffizienten in $\mathbb{Z}$ gewählt werden können. Dann folgt durch ausmultiplizieren $c | a_3$ und $d | a_0$. Die Nullstelle ist in dem Fall genau $-\frac{d}{c}$. Wir müssen also nur alle Brüche ausprobieren, deren Zähler ein Teiler von a_0 und deren Nenner ein Teiler von a_3 ist. Das kann bei kleinen Koeffizienten schnell gehen.

▶ **Beispiel 62** Wir betrachten die Polynome $f_1 = x^3 - 2x^2 + x - 2$ und $f_2 = -2x^3 + 6x^2 - 4x + 3$. Im ersten Fall kommt nur $c = \pm 1$ in Frage. Für d müssen die Werte $\pm 1, \pm 2$ betrachtet werden. Insgesamt kommen als Nullstellen also nur die Zahlen $-2, -1, 1, 2$ in Frage. Einsetzen und ausprobieren ergibt:

$$f(-2) = -20, f(-1) = -6, f(1) = -2, f(2) = 0,$$

also ist f nicht irreduzibel, denn 2 ist Nullstelle.

Bei f_2 kommen nach den gleichen Überlegungen die Zahlen

$$-3, -\frac{3}{2}, -1, -\frac{1}{2}, \frac{1}{2}, 1, \frac{3}{2}, 3$$

in Frage. Wieder ergibt Einsetzen

$$f(-3) = 123, \ f\left(-\frac{3}{2}\right) = \frac{117}{4}, \ f(-1) = 15, \ f\left(-\frac{1}{2}\right) = \frac{29}{4},$$

$$f\left(\frac{1}{2}\right) = \frac{9}{4}, \ f(1) = 3, \ f\left(\frac{3}{2}\right) = \frac{15}{4}, \ f(3) = -9.$$

f hat also keine rationale Nullstelle und ist damit irreduzibel.   ■

Wichtig ist hier noch zu sehen, dass nicht jedes über $\mathbb{Q}$ irreduzible Polynom auch über $\mathbb{Z}$ irreduzibel ist. Zum Beispiel ist $3x^2 + 3$ irreduzibel über $\mathbb{Q}$ (denn $\mathbb{Q}$ ist ein Körper und das Polynom hat dort keine Nullstelle) aber $3x^2 + 3 = 3(x^2 + 1)$ ist eine Zerlegung in $\mathbb{Z}[x]$ und 3 ist keine Einheit. Die Umkehrung gilt also wirklich nur (wie auch im Satz geschrieben), wenn das Polynom primitiv ist.

Erklärung

Zum Eisenstein-Kriterium (Satz 3.13) Dieses Kriterium ist eines der wichtigsten, um Polynome auf Irreduzibilität zu testen. Man benutzt es zusammen mit dem Satz von Gauß um zu zeigen, dass Polynom in $\mathbb{Q}[x]$ irreduzibel sind.

▶ **Beispiel 63**

- Das Polynom $3x^2 + 6x + 10$ ist nach dem Eisenstein-Kriterium mit $p = 2$ irreduzibel in $\mathbb{Q}[x]$.
- Das Polynom $5x^4 + 3x^3 - 15x + 12$ ist irreduzibel ($p = 3$).
- Die Polynome $x^n - p$ sind irreduzibel. Also haben diese Polynome insbesondere (für $n \geq 2$) keine Nullstellen. Das heißt aber gerade, dass $\sqrt[n]{p}$ für $n \geq 2$ keine rationale Zahl ist. Das Argument funktioniert genauso für die Zahlen $\sqrt[n]{b}$ wenn in b kein Primfaktor doppelt vorkommt.
- Auch hier müssen wir wieder ein wenig mit der Primitivität der Polynome aufpassen. Zum Beispiel ist $f = 9x^2 + 18x + 30$ nach Eisenstein mit $p = 2$ irreduzibel in $\mathbb{Q}[x]$, aber in $\mathbb{Z}[x]$ ist f nicht irreduzibel, denn es gilt $f = 3 \cdot (3x^2 + 6x + 10)$.   ■

Im Allgemeinen ist das Eisensteinkriterium das wichtigste unserer Irreduzibilitätskriterien.

Erklärung

Zu den Rechenregeln des Legendre-Symbols (Satz 3.14) Mit diesen Rechenregeln können wir nun Legendre-Symbole bestimmen. Das allgemeine Verfahren
sieht dabei wie folgt aus: Wir versuchen, die Zahl, die im Legendre-Symbol oben
steht, betragsmäßig so klein wie möglich zu bekommen. Das können wir erreichen, indem wir die ersten beiden Regeln benutzen. Wenn die Primzahl, die im
Legendre-Symbol unten steht, zu groß ist, um weiterzumachen, können wir dann
das quadratische Resiprozitätsgesetz nutzen. Am besten dazu mal einige Beispiele:

▶ **Beispiel 64**

● Es gilt

$$\left(\frac{13}{29}\right) = \left(\frac{29}{13}\right) = \left(\frac{3}{13}\right) = \left(\frac{13}{3}\right) = \left(\frac{1}{3}\right) = 1,$$

also ist die Kongruenz $x^2 \equiv 13 \mod 29$ lösbar. Dabei wurde im ersten und
dritten Schritt das quadratische Reziprozitätsgesetz und im zweiten und vierten
Schritt Regel 1 benutzt. Die letzte Gleichheit folgt, da 1 immer quadratischer
Rest ist (denn es gilt ja $1^2 = 1$).

● Es gilt

$$\left(\frac{48}{53}\right) = \left(\frac{2^4 \cdot 3}{53}\right) = \left(\frac{4^2}{53}\right) \cdot \left(\frac{3}{53}\right) = \left(\frac{3}{53}\right) = \left(\frac{53}{3}\right) = \left(\frac{2}{3}\right) = -1,$$

also ist die Kongruenz $x^2 \equiv 48 \mod 53$ nicht lösbar. Dabei haben wir im
zweiten Schritt Regel 2 benutzt, beim dritten Schritt wurde benutzt, dass 4^2
quadratischer Rest ist (denn es ist ja eine Quadratzahl). Im vierten Schritt
wurde das quadratische Reziprozitätsgesetz benutzt und im letzten Schritt das
2. Ergänzungsgesetz.

● Im Allgemeinen gilt immer $\left(\frac{n^2}{p}\right) = 1$, falls $p \nmid n$ (denn sonst ist das Legendre-
Symbol ja gleich 0). Das liegt daran, dass dann natürlich die Kongruenz $x^2 \equiv
n^2 \mod p$ lösbar ist, zum Beispiel mit $x = n$. In den obigen beiden Beispielen
haben wir das schon für $n = 1$ und $n = 4$ ausgenutzt.

● Es gilt

$$\left(\frac{22}{23}\right) = \left(\frac{-1}{23}\right) = -1,$$

also ist die Kongruenz $x^2 \equiv 22 \mod 23$ nicht lösbar. Hier haben wir das 1.
Ergänzungsgesetz benutzt, wir hätten stattdessen aber auch 22 in $2 \cdot 11$ zerlegen
können und wären zum selben Ergebnis gekommen (probiert das mal aus).

- Es gilt (überlegt euch jeweils selbst, wie die einzelnen Schritte folgen)

$$\left(\frac{-1204}{619}\right) = \left(\frac{-1}{619}\right)\left(\frac{2^2}{619}\right)\left(\frac{7}{619}\right)\left(\frac{43}{619}\right)$$

$$= -\left(\frac{619}{7}\right)\left(\frac{619}{43}\right) = -\left(\frac{3}{7}\right)\left(\frac{17}{43}\right) = \left(\frac{7}{3}\right)\left(\frac{43}{17}\right)$$

$$= \left(\frac{9}{17}\right) = 1,$$

also ist die Kongruenz $x^2 \equiv -1204 \mod 619$ lösbar. ∎

Erklärung

Zum Zusammenhang von quadratischen Resten und Irreduzibilität (Satz 3.15) Diesen Satz (und die Ideen im Beweis) kann man nun nutzen, um mithilfe von Legendre-Symbolen Polynome auf Irreduzibilität über $\mathbb{F}_p$ zu überprüfen. Zunächst einige Beispiele zur Anwendung des Satzes.

▶ **Beispiel 65**
- Das Polynom $x^2 + 7$ ist reduzibel über $\mathbb{F}_{11}$, denn

$$\left(\frac{-7}{11}\right) = \left(\frac{-1}{11}\right)\left(\frac{7}{11}\right) = (-1)\cdot(-1)\cdot\left(\frac{11}{7}\right) = 1.$$

  In der Tat gilt $x^2 + 7 = (x^2 + 2)(x^2 - 2)$ in $\mathbb{F}_{11}$.
- Das Polynom $x^2 + 7$ ist irreduzibel über $\mathbb{F}_{13}$, denn

$$\left(\frac{-7}{13}\right) = \left(\frac{-1}{13}\right)\left(\frac{7}{13}\right) = 1\cdot 1\cdot\left(\frac{13}{7}\right) = \left(\frac{6}{7}\right)$$

$$= \left(\frac{2}{7}\right)\left(\frac{3}{7}\right) = 1\cdot(-1)\cdot\left(\frac{7}{3}\right) = -\left(\frac{1}{3}\right) = -1.$$

- Das Polynom $x^2 + 1$ ist über $\mathbb{F}_p$ genau dann irreduzibel, wenn $p \equiv 3 \mod 4$, denn -1 ist nach dem 1. Ergänzungsgesetz (siehe Satz 3.14) genau dann quadratischer Rest modulo p, wenn $p \equiv 1 \mod 4$.
- Das Polynom $x^2 + n^2$ für $n \in \mathbb{N}$ ist genau dann irreduzibel über $\mathbb{F}_p$, wenn $p \nmid n$ und $p \equiv 3 \mod 4$, denn im Fall $p|n$ gilt $x^2 + n^2 = x^2 = x\cdot x$ über $\mathbb{F}_p$, also ist das Polynom dann reduzibel. Im anderen Fall gilt $\left(\frac{-n^2}{p}\right) = \left(\frac{-1}{p}\right)\left(\frac{n^2}{p}\right) = \left(\frac{-1}{p}\right)$, und dies ist genau dann 1, wenn $p \equiv 1 \mod 4$.
- Das Polynom $x^2 + 3$ ist reduzibel über $\mathbb{F}_7$, denn

$$\left(\frac{-3}{7}\right) = \left(\frac{-1}{7}\right)\left(\frac{3}{7}\right) = (-1)\cdot(-1)\cdot\left(\frac{7}{3}\right) = \left(\frac{1}{3}\right) = 1.$$

- Das Polynom $x^4 - 7$ ist reduzibel über $\mathbb{F}_{37}$, denn

$$\left(\frac{7}{37}\right) = \left(\frac{37}{7}\right) = \left(\frac{2}{7}\right) = 1.$$

- Das Polynom $x^4 - 6$ ist irreduzibel über $\mathbb{F}_{37}$, denn weder 6 noch -6 ist quadratischer Rest modulo 37 (rechnet das einmal nach).
- Das Polynom $x^4 + 123$ ist reduzibel über $\mathbb{F}_{103}$. Hier brauchen wir gar nichts zu rechnen, denn es gilt $123 \equiv 3 \mod 4$.
- Das Polynom $x^4 + 1$ ist reduzibel über $\mathbb{F}_p$ für alle p. Für $p \equiv 3 \mod 4$ ist das klar, für $p = 2$ auch (denn über $\mathbb{F}_2$ ist $x^4 + 1$ dasselbe wie $x^4 - 1$). Im Falle $p \equiv 1 \mod 4$ ist -1 quadratischer Rest modulo p, also ist $x^4 + 1$ auch reduzibel. Damit sind alle Fälle betrachtet, $x^4 + 1$ ist also über jedem der Körper $\mathbb{F}_p$ reduzibel.

∎

Noch eine kurze Bemerkung: Ist bei der Untersuchung des Polynoms $x^4 - a$ die Zahl $-a$ quadratischer Rest modulo p, so muss in Fall 2b) des Satzes jedes c mit $c^2 \equiv -a \mod p$ untersucht werden, um zu zeigen, dass das Polynom irreduzibel ist. Ihr solltet daher lieber mit Teil 3 des Satzes arbeiten, Teil 2 brauchen wir eigentlich nur, um Teil 3 zu beweisen.

Wer das nicht selbst geschafft hat: Hier nun die Erklärung, wie Teil 3 aus Teil 2 folgt: Gilt $p \equiv 1 \mod 4$, so ist

$$\left(\frac{-a}{p}\right) = \left(\frac{-1}{p}\right)\left(\frac{a}{p}\right) = \left(\frac{a}{p}\right).$$

Also ist a genau dann quadratischer Rest modulo p, wenn $-a$ quadratischer Rest modulo p ist, daher ist f genau dann reduzibel, wenn a quadratischer Rest ist. Gilt $p \equiv 3 \mod 4$, so ist analog zu oben $\left(\frac{-a}{p}\right) = -\left(\frac{a}{p}\right)$. Gilt nun $\left(\frac{a}{p}\right) = 1$, so ist a quadratischer Rest, also ist nach Teil 2a) f reduzibel. Gilt andererseits $\left(\frac{a}{p}\right) = -1$, dann ist $\left(\frac{-a}{p}\right) = 1$, also ist $-a$ quadratischer Rest. Ist nun $c \in \mathbb{Z}$ so gewählt, dass $c^2 \equiv -a \mod p$, dann gilt auch $(-c)^2 \equiv -a \mod p$, und wie oben gilt $\left(\frac{-2c}{p}\right) = -\left(\frac{2c}{p}\right)$, das heißt, die zweite Bedingung in Teil 2b) ist immer erfüllt, wenn $-a$ quadratischer Rest ist. Daher ist f über $\mathbb{F}_p$ immer reduzibel, wenn $p \equiv 3 \mod 4$.

Erklärung

Zum Satz 3.16 Dieser Satz ist in zweierlei Hinsicht eine Erweiterung von Satz 3.15. Zunächst machen wir hier auch Aussagen über Reduzibilität über $\mathbb{Z}$, außerdem hat das betrachtete Polynom eine allgemeinere Form. Wer etwas üben möchte, kann sich gerne einmal am Beweis versuchen, wir begnügen uns hier mit einigen Beispielen.

▶ **Beispiel 66**

- Sei $f = x^4 - 7x^2 + 6$. Dann ist $a^2 - 4b = 5^2$, also ist f reduzibel über $\mathbb{Z}$. Genauer gilt $f = (x-1)(x+1)(x^2 - 6)$.
- Sei $f = x^4 - 6x^2 + 4$. Dann ist $a^2 - 4b = 20$. Hier kommt $t = \pm 2$ infrage, dann ist $2t - a \in \{2, 10\}$. Da hier keine Quadratzahl auftaucht, ist f irreduzibel über $\mathbb{Z}$.
- Sei $f = x^4 + 2x^2 + 9$. Dann ist $a^2 - 4b = -32$. Hier kommt $t = \pm 3$ infrage, dann ist $2t - a \in \{-8, 4\}$. Da 4 eine Quadratzahl ist, ist f reduzibel über $\mathbb{Z}$. Genauer gilt $f = (x^2 - 2x + 3)(x^2 + 2x + 3)$.
- Sei $f = x^4 + 3x^2 + 5$ und $p = 11$. Dann ist $a^2 - 4b = -11$ durch 11 teilbar, also ist f reduzibel über $\mathbb{F}_{11}$. Genauer gilt $f = (x-2)^2(x+2)^2$.
- Sei $f = x^4 + 7x^2 - 1$ und $p = 19$. Dann ist $a^2 - 4b = 53$, und dies ist nicht durch 19 teilbar. Es gilt

$$\left(\frac{53}{19}\right) = \left(\frac{-4}{19}\right) = \left(\frac{-1}{19}\right) = -1,$$

also ist f irreduzibel über $\mathbb{F}_{19}$.
- Sei $f = x^4 + 8x^2 - 7$ und $p = 13$. Dann ist $a^2 - 4b = 92$ nicht durch 13 teilbar. Es gilt

$$\left(\frac{92}{13}\right) = \left(\frac{1}{13}\right) = 1,$$

also ist f reduzibel über $\mathbb{F}_{13}$. Genauer gilt $f = (x-4)(x+4)(x^2 - 2)$. ∎

Erklärung

Zum Satz 3.17 Um zu überprüfen, ob ein Polynom irreduzibel ist, können wir also unsere Kriterien statt auf $f(x)$ auch auf $f(x+k)$ anwenden. Das komische τ_k im Satz bedeutet einfach, dass wir statt x im Polynom $x+k$ einsetzen.

▶ **Beispiel 67** Wir wollen zeigen, dass das Polynom $x^4 + 1$ irreduzibel über $\mathbb{Q}$ ist. Dafür zeigen wir, dass $(x+1)^4 + 1$ irreduzibel ist. Es ist $(x+1)^4 + 1 = x^4 + 4x^3 + 6x^2 + 4x + 2$, und dies ist nach dem Eisenstein-Kriterium mit $p = 2$ irreduzibel. ∎

Um noch einmal zu zeigen, wie wichtig dieser Satz ist, hier eine kleine Demonstration:

▶ **Beispiel 68** Ist $f = x^n + a_{n-1}x^{n-1} + a_{n-2}x^{n-2} + \cdots + a_0$ ein Polynom mit $a_{n-1} \neq 0$, so wollen wir häufig durch eine Substitution erreichen, dass dieser Term verschwindet. Das lässt sich aber in jedem Fall bewerkstelligen. Substituieren wir $x = y - \frac{a_{n-1}}{n}$, so kann man leicht ausrechnen (inzwischen solltet ihr wissen, dass das bedeutet, dass ihr das nachrechnen sollt ;-)), dass dann tatsächlich der x^{n-1}-Term verschwindet.

Für ein konkretes Beispiel trauen wir uns das Nachrechnen auch selbst zu ;). Sei $f = x^4 + 4x^3 + 3x^2 + 1$. Die Substitution lautet dann $y = x - \frac{4}{4} = x - 1$. Dies ergibt

$$\tau_{-1}(f) = (y - 1)^4 + 4(y - 1)^3 + 3(y - 1)^2 + 1$$
$$= y^4 - 4y^3 + 6y^2 - 4y + 1 + 4y^3 - 12y^2 + 12y - 4 + 3y^2 - 6y + 3 + 1$$
$$= y^4 - 3y^2 + 2y + 1.$$

Diese Substitution solltet ihr euch merken, die werden wir immer wieder mal brauchen, denn auch wenn wir an Nullstellen interessiert sind, kann man ja zuerst die Nullstellen des transformierten Polynoms berechnen und dann wieder rück-substituieren. Und wie wir sehen werden, ist es für Polynom mit $a_{n-1} = 0$ unter gewissen Umständen einfacher, die Nullstellen zu bestimmen. ∎

Erklärung

Zum Satz 3.18 Auch dies kann (in Verbindung mit dem Satz von Gauß) eine sehr wichtige Methode sein, um festzustellen, ob Polynome irreduzibel sind. Aber Achtung: Das funktioniert nur mit Polynomen, deren erster Koeffizient nicht durch die betrachtete Primzahl teilbar ist!
Im Beweis benutzen wir implizit die Aussage des Satzes von Gauß (genauso wie vorher schon beim Eisensteinkriterium). Ihr solltet euch hier den Beweis einmal genau ansehen und die Details erkennen, die wir weggelassen haben.
Sehr gut kann man dies öfters mit der Primzahl 2 benutzen.

▶ **Beispiel 69** Wir betrachten das Polynom $-x^2 - x + 5$. Reduzieren wir dieses modulo 2, so erhalten wir $\tilde{f} = x^2 + x + 1$. Dieses hat keine Nullstellen (die einzigen Elemente in $\mathbb{F}_2$ sind 0 und 1 und es ist $\tilde{f}(0) = 1 = \tilde{f}(1)$). Also ist $\tilde{f}$ und damit f irreduzibel über $\mathbb{Q}$. ∎

Und nochmal Achtung: Das Überprüfen mit Nullstellen funktioniert nur, wenn das Polynom $\tilde{f}$ Grad 3 oder kleiner hat. Zum Beispiel hat ja $x^4 + x^2 + 1$ keine Nullstellen in $\mathbb{F}_2$ aber es gilt $x^4 + x^2 + 1 = \left(x^2 + x + 1\right)\left(x^2 + x + 1\right)$, also ist $x^4 + x^2 + 1$ nicht irreduzibel in $\mathbb{F}_2$.

▶ **Beispiel 70**
- Das Polynom $f = x^2 + 3x + 1$ ist irreduzibel, denn modulo 3 ist $\tilde{f} = x^2 + 1$ und dies hat keine Nullstellen.
- Man prüft leicht nach, dass $x^2 + x + 1$ das einzige irreduzible quadratische Polynom modulo 2 ist. Das hilft uns um irreduzible Polynome vierten Grades zu erkennen. Wir betrachten also ein Polynom f über $\mathbb{F}_2$, das Grad 4 hat. Wenn f eine Nullstelle hat ist es natürlich nicht irreduzibel. Angenommen f hat keine Nullstellen. Wann kann f dann irreduzibel sein? Da f keine Nullstellen hat, muss es eine Zerlegung von f in Polynome zweiten Grades geben, die keine Nullstellen haben. Das heißt aber, dass diese Polynome irreduzibel sind. Da das

einzige solche Polynom $x^2 + x + 1$ ist, ist also $x^4 + x^2 + 1 = \left(x^2 + x + 1\right)^2$ das einzige reduzible Polynom vom Grad 4 über $\mathbb{F}_2$, das keine Nullstellen hat.

- Das Polynom $f = 4x^2 + 4x + 1$ ist eine Einheit in $\mathbb{F}_2$ (denn über $\mathbb{F}_2$ gilt $f = 1$), aber reduzibel (es gilt $4x^2 + 4x + 1 = (2x + 1)^2$) über $\mathbb{Q}$.
- Das Polynom $f = 2x^2 + 6x + 2$ ist irreduzibel über $\mathbb{F}_3$, irreduzibel über $\mathbb{Q}$ und reduzibel über $\mathbb{Z}$. Auch hier ist wieder auf die Primitivität zu achten. ∎

Die Umkehrung des Satzes gilt übrigens nicht, das heißt, ein Polynom, das über jedem der Körper $\mathbb{F}_p$ reduzibel ist, muss nicht über $\mathbb{Q}$ reduzibel sein. Zum Beispiel haben wir in Beispiel 65 gesehen, dass das Polynom $x^4 + 1$ über jedem der Körper $\mathbb{F}_p$ reduzibel ist. Es ist aber irreduzibel über $\mathbb{Q}$, wie wir in Beispiel 67 gesehen haben.

Erklärung

Bemerkung zu den Irreduzibilitätskriterien Wir haben hier die Sätzen jeweils nur für den Fall $R = \mathbb{Z}$, $K = \mathbb{Q}$ bewiesen, da wir dies hier nur benutzen werden. Viele Kriterien gelten auch allgemeiner, wenn R ein faktorieller Ring und K dessen Quotientenkörper ist. Die entsprechenden Sätze und Beweise könnt ihr in den Algebra-Büchern auf unserer Literaturliste nachlesen.

Zum Abschluss nochmal eine kurze Auflistung (beschränkt auf die Fälle $\mathbb{Z}[x]$ und $\mathbb{Q}[x]$, da dies die wichtigsten sind):

- Als erstes sollte man sich klarmachen, ob man das Polynom über $\mathbb{Z}$ oder über $\mathbb{Q}$ auf Irreduzibilität prüfen möchte. Wenn es es über $\mathbb{Z}$ sein soll und das Polynom nicht primitiv ist, so ist es auch nicht irreduzibel und wir sind fertig.
- Falls das Polynom von der Form $x^4 + ax^2 + b$ ist, so können wir einfach Satz 3.16 benutzen.
- Ansonsten wenden wir das Eisensteinkriterium an. Da man dies nur für Primzahlen machen muss, die ein Teiler der Koeffizienten sind, geht dies meistens sehr schnell.
- Führt auch das nicht zum Erfolg, so kann man (aber nur, falls das Polynom Grad 2 oder 3 hat) nach der Methode wie in Beispiel 62 überprüfen, ob es Nullstellen hat.
- Kommen wir auch damit nicht weiter, kann man das Polynom noch modulo einer Primzahl reduzieren und dort auf Irreduzibilität prüfen. Dabei wird es meistens reichen, das mit einstelligen Primzahlen zu versuchen (ansonsten wird das Problem auch nicht viel einfacher).

Gruppenoperationen und die Sätze von Sylow

4

Inhaltsverzeichnis

Wir werden später bei der Untersuchung von Körpererweiterungen feststellen, dass wir diese mit Hilfe von Gruppen studieren können. Wir wollen uns deswegen in diesem Kapitel die nötigen Kenntnisse der Gruppentheorie aneignen. Dabei wird es im Speziellen um Gruppenoperationen, Erzeuger von symmetrischen Gruppen und Sylowgruppen gehen.

4.1 Definitionen

Definition 4.1 (Gruppenoperation)
Sei $(G, \circ)$ eine Gruppe, e das neutrale Element von G und X eine nichtleere Menge. Eine **Operation** von G auf X ist eine Abbildung

$$* : G \times X \to X, \qquad (g, x) \mapsto g * x$$

mit

$$e * x = x \,\forall x \in X,$$
$$g * (h * x) = (g \circ h) * x \,\forall g, h \in G, x \in X.$$

© Springer-Verlag GmbH Deutschland, ein Teil von Springer Nature 2019
F. Modler und M. Kreh, *Tutorium Algebra,*
https://doi.org/10.1007/978-3-662-58690-7_4

Operiert G durch $*$ auf X, so schreiben wir für $x \in X$:

$$Gx := G * x := \{g * x : g \in G\}.$$

Definition 4.2 (Bahnen einer Operation)

Sei G eine Gruppe, die auf einer nichtleeren Menge X operiert. Die Äquivalenzklassen der durch

$$x \sim y :\Leftrightarrow \exists g \in G : y = g * x$$

definierten Äquivalenzrelation heißen **Bahnen** der Operation von G auf X.

Definition 4.3 (treu, transitiv)

Sei G eine Gruppe mit neutralem Element e, die auf einer Menge X operiert. Dann nennen wir die Operation

- **treu,** wenn aus $g * x = x \ \forall x$ folgt, dass $g = e$,
- **transitiv,** wenn für alle $x, y \in X$ ein $g \in G$ existiert mit $g * x = y$.

Definition 4.4 (Stabilisator)

Sei G eine Gruppe, die auf der Menge X operiert. Für $x \in X$ heißt $G_x := \{g \in G : g * x = x\}$ der **Stabilisator** von x.

Definition 4.5 (Normalisator)

Sei G eine Gruppe und $X \subset G$ eine Teilmenge. Dann nennen wir

$$N_G(X) := \{a \in G : aX = Xa\}$$

den **Normalisator** von X in G.

Definition 4.6 (Index)
Sei G eine Gruppe und $U \subset G$ eine Untergruppe. Dann nennt man

$$(G : U) := |\{aU : a \in G\}| = |\{Ua : a \in G\}|$$

den **Index** von U in G.

Definition 4.7 (p-Gruppe)
Sei p eine Primzahl. Dann heißt eine endliche Gruppe G p-**Gruppe,** wenn $|G| = p^k$ für ein $k \in \mathbb{N}$ gilt. Ist G eine endliche Gruppe mit $|G| = p^r m$ und $p \nmid m$, so heißt eine Untergruppe $H \subset G$ p-**Untergruppe,** wenn $|H| = p^k$ mit $k \leq r$.

Definition 4.8 (Sylowgruppe)
Sei p eine Primzahl und G ein endliche Gruppe mit $|G| = p^r m$ und $p \nmid m$. Dann nennt man Untergruppen von G der Ordnung p^r p-**Sylowgruppen.**

4.2 Sätze und Beweise

Satz 4.1
Operiert die Gruppe G auf der Menge X, so ist

$$X = \bigcup_{i \in I}^{\cdot} G * x_i.$$

Hierbei ist aus jeder Bahn der Operation genau ein x_i zu nehmen (es gibt also $|I|$ Bahnen).

▶ **Beweis** Übung   q.e.d.

Satz 4.2 (Anzahl der Konjugierten)
Sei G eine Gruppe und $X \subset G$ eine nichtleere Teilmenge. Dann gilt:

- $N_G(X)$ *ist eine Untergruppe von G.*
- *Es gilt*

$$\left|\{aXa^{-1} : a \in G\}\right| = (G : N_G(X)).$$

▶ **Beweis**
- Übung.
- Seien $a, b \in G$. Dann gilt

$$aXa^{-1} = bXb^{-1} \Leftrightarrow b^{-1}aX = Xb^{-1}a \Leftrightarrow b^{-1}a \in N_G(X)$$
$$\Leftrightarrow aN_G(X) = bN_G(X),$$

denn es gilt für beliebige Untergruppen U einer Gruppe G genau dann $aU = U$, wenn $a \in U$, also

$$aU = bU \Leftrightarrow b^{-1}aU = U \Leftrightarrow b^{-1}a \in U.$$

Es gibt also genau gleich viele Konjugierte von X in G, wie es Nebenklassen von $N_G(X)$ gibt, und diese Anzahl ist ja per Definition genau der Index $(G : N_G(X))$.   q.e.d.

Satz 4.3 (Lagrange)
Sei G eine Gruppe und H eine Untergruppe.

- *Für alle $g \in G$ ist die Abbildung $H \to gH, h \mapsto g \circ h$ eine Bijektion.*
- *Sei G endlich. Dann gilt*

$$(G : H) = \frac{|G|}{|H|}.$$

Insbesondere ist $|H|$ ein Teiler von $|G|$.

▶ **Beweis**
- Die Umkehrabbildung ist $h \mapsto g^{-1} \circ h$.
- Wir schreiben

$$G = \bigcup_{i=1,\ldots,n} g_i H$$

mit $g_i \in G$. Es gebe also n Nebenklassen von H in G, das heißt $(G : H) = n$. Es ist dann nach dem ersten Teil

$$|G| = \sum_{i=1}^{n} |g_i H| = \sum_{i=1}^{n} |H| = n\,|H|,$$

also

$$(G : H) = n = \frac{|G|}{|H|}.$$

q.e.d.

Satz 4.4

Sei G eine Gruppe, die auf der Menge X operiert. Dann gilt:

- *Für jedes $x \in X$ ist $G_x \subset G$ eine Untergruppe.*
- *Sind $x, y \in X$ und liegen x und y in derselben Bahn, so sind G_x und G_y konjugiert.*

▶ **Beweis**
- Zuerst gilt $e * x = x$, also ist $e \in G_x$. Seien nun $g, h \in G_x$. Dann ist also $g * x = h * x = x$ und deshalb

$$h^{-1} * x = h^{-1} * (h * x) = \left(h^{-1} \circ h\right) * x = x$$

und damit dann

$$\left(g \circ h^{-1}\right) * x = g * \left(h^{-1} * x\right) = g * x = x,$$

also $gh^{-1} \in G_x$. Demnach ist G_x eine Untergruppe von G.
- Es gilt also $y = g * x$ mit einem $g \in G$. Sei $g_x \in G_x$ und $g_y := g \circ g_x \circ g^{-1}$. Dann ist

$$g_y * y = \left(g \circ g_x \circ g^{-1}\right) * y = \left(g \circ g_x \circ g^{-1}\right) * (g * x)$$
$$= g * (g_x * x) = g * x = y,$$

also $g \circ g_x \circ g^{-1} \in G_y$ und damit $G_x \subset gG_yg^{-1}$. Die umgekehrte Ungleichung folgt durch Vertauschen von x und y.

q.e.d.

Satz 4.5 (Bahnensatz)
Sei G eine Gruppe, die auf einer Menge X operiert, und sei $x \in X$. Dann ist die Abbildung

$$G/G_x \to G*x, \qquad gG_x \mapsto g*x$$

wohldefiniert und bijektiv. Ist G endlich, so gilt

$$|G*x| = (G : G_x) = \frac{|G|}{|G_x|}.$$

▶ **Beweis** Wir zeigen zuerst die Wohldefiniertheit. Ist $g' = g \circ h$ mit einem $h \in G_x$, so ist

$$g' * x = g * (h * x) = g * x,$$

also ist die Abbildung wohldefiniert. Jedes $y \in G*x$ lässt sich schreiben als $y = g * x$ mit einem $g \in G$, also ist die Abbildung schon mal surjektiv. Durch dieses y ist die Nebenklasse gG_x aber schon eindeutig bestimmt, denn aus $y = g' * x$ folgt

$$x = g^{-1} * y = g^{-1} * (g' * x) = (g^{-1} \circ g') * x,$$

also ist $g^{-1} \circ g' \in G_x$, das heißt $g'G_x = gG_x$, und damit ist die Abbildung auch injektiv, insgesamt also bijektiv.   q.e.d.

Satz 4.6 (Untergruppen vom Index 2)
Sei G eine Gruppe und $U \subset G$ eine Untergruppe vom Index 2. Dann ist U ein Normalteiler von G.

▶ **Beweis** Ist $U \subset G$ vom Index 2, so gibt es in G genau zwei Linksnebenklassen. Die eine davon ist $eU = U$. Die andere ist gU für ein $g \in G\backslash U$. Genauso gibt es aber genau zwei Rechtsnebenklassen, nämlich U und Ug. Da G aber Vereinigung über alle Nebenklassen ist, gilt

$$gU = G\backslash U = Ug,$$

also $g^{-1}Ug = U$, falls $g \notin U$. Für $g \in U$ gilt diese Gleichheit natürlich auch, also ist U Normalteiler.   q.e.d.

Satz 4.7 (Die transitiven Untergruppen von S_4)

Sei $U \subset S_4$ eine Untergruppe. Wir betrachten die Operation von U auf der Menge $\{1, 2, 3, 4\}$, die man durch Einschränkung der Operation von S_4 erhält. Ist die Operation transitiv, dann ist U von folgender Form:

- $U = S_4$.
- $U = A_4$.
- $U = V = \{\mathrm{id}, (12)(34), (13)(24), (14)(23)\}$ *(die Kleinsche Vierergruppe der Ordnung 4).*
- $U = D_i$ *mit*

$$D_1 = \langle (12), (1324) \rangle, D_2 = \langle (13), (1234) \rangle, D_3 = \langle (14), (1243) \rangle.$$

Dies sind die drei Diedergruppen der Ordnung 8.
- $U = C_i$, *wobei C_i die eindeutige zyklische Untergruppe der Ordnung 4 von D_i ist, das heißt $C_1 = \langle (1324) \rangle$, $C_2 = \langle (1234) \rangle$, $C_3 = \langle (1243) \rangle$.*

Außerdem gilt $D_1 \cap D_2 \cap D_3 = V$.

Satz 4.8 (Erzeuger von A_n)

Sei $n \geq 3$. Dann ist jede Permutation aus A_n das Produkt von 3-Zykeln.

▶ **Beweis** A_n enthält genau die Permutationen σ mit $\mathrm{sign}(\sigma) = 1$, also ist jedes $\sigma \in A_n$ Produkt von einer geraden Anzahl von Transpositionen. Wir müssen also nur zeigen, dass jedes Produkt von zwei Transpositionen als Produkt von 3-Zykeln darstellbar ist, dann gilt dies auch für ganz A_n. Sei $\tau = (ab)(cd)$ und $(ab) \neq (cd)$ (Überlegt euch, was in diesem Fall passiert.) Wir unterscheiden zwei Fälle:

- Angenommen, a, b, c und d sind alle verschieden. Dann ist $\tau = (acb)(acd)$.
- Angenommen, a, b, c und d sind nicht alle verschieden. Dann ist also ein Element der ersten Transposition gleich einem Element der zweiten Transposition. Sei o. B. d. A. $a = d$. Dann gilt $\tau = (acb)$.

Damit ist alles gezeigt. q.e.d.

Satz 4.9 (Erzeuger von S_p)
Sei p eine Primzahl, σ ein p-Zykel in S_p und $\tau \in S_p$ eine Transposition, dann gilt

$$S_p = \langle \sigma, \tau \rangle.$$

▶ **Beweis** Wir müssen zeigen, dass durch Kombinationen von σ und τ alle Elemente aus S_p erzeugt werden können. Dabei können wir σ und τ durch Konjugierte und Potenzen ersetzen (siehe dazu auch nochmal die Erklärung zu diesem Satz). Dadurch können wir

$$\tau = (12) \text{ und } \sigma = (12 \cdots p)$$

erreichen. Mit diesen Elementen können wir nun durch

$$\tau = (12), \quad \sigma \tau \sigma^{-1} = (23), \quad \cdots, \quad \sigma^{p-1} \tau \sigma^{1-p} = (p-1\ p)$$

alle Transpositionen der Form $(i\ i+1) \in S_p$ erzeugen. Dann können wir aber damit durch

$$(13) = (12)\,(23)\,(12)$$
$$(14) = (13)\,(34)\,(13)$$
$$\vdots$$
$$(1p) = (1\ p-1)\,(p-1\ p)\,(1\ p-1)$$

alle Transpositionen der Form $(1\ i) \in S_p$ erzeugen. Schließlich erzeugen wir durch

$$(ij) = (1i)\,(1j)\,(1i),\ 1 < i < j$$

alle Transpositionen. Da die symmetrische Gruppe von den Transpositionen erzeugt wird, gilt

$$S_p = \langle \sigma, \tau \rangle.$$

q.e.d.

Satz 4.10 (Satz von Frobenius)
Sei G eine endliche Gruppe, p eine Primzahl, $s \in \mathbb{N}$ und p^s ein Teiler der Ordnung von G. Dann besitzt G Untergruppen der Ordnung p^s. Die Anzahl dieser Untergruppen ist von der Form $1 + kp$ mit $k \in \mathbb{N}_0$.

▶ **Beweis** Sei $|G| = p^s m$, wobei m auch ein Vielfaches von p sein darf. Wir betrachten die Menge

$$X := \left\{ M \subset G : |M| = p^s \right\},$$

wobei die Elemente M von X nur Teilmengen und nicht Untergruppen sein müssen. Nun wollen wir G auf dieser Menge operieren lassen.

Wir betrachten deswegen für $M \in X$ die Abbildung

$$(a, M) \mapsto aM = \{ax : x \in M\}.$$

Zunächst gilt wegen Satz 4.3 $|aM| = |M|$, deswegen ist dies eine Abbildung von X nach X. Die beiden Eigenschaften aus der Definition 4.1 von Operationen folgen sofort, dies ist also eine Operation von G auf X. Die Bahnen dieser Operation sind dann gerade die Mengen

$$GM = \{aM : a \in G\}.$$

Wir wollen nun etwas über die Länge dieser Bahnen aussagen. Dafür betrachten wir den Stabilisator

$$G_M = \{a \in G : aM = M\}.$$

Es gilt dann direkt nach Definition

$$G_M x \subset G_M M = M$$

für jedes $x \in M$. Wir können deshalb $M = G_M M$ als Vereinigung

$$M = \bigcup_{i \in I}{}^{\bullet} G_M x_i$$

mit bestimmten $x_i \in M$ schreiben, wobei $|I|$ dann die Anzahl der Nebenklassen ist. Wieder gilt nach Satz 4.3 für alle x_i die Gleichheit $|G_M x_i| = |G_M|$. Es folgt damit

$$p^s = |M| = |I| |G_M|,$$

also $|G_M| = p^{k_M}$ für ein $k_M \in \mathbb{N}_0$ mit $0 \leq k_M \leq s$. Wegen $|G| = p^s m$ erhalten wir deshalb mit dem Bahnensatz 4.5

$$|GM| = (G : G_M) = \frac{|G|}{|G_M|} = p^{s-k_M} m. \tag{4.1}$$

Als Nächstes zerlegen wir die Menge X. Es ist

$$X = X_0 \,\dot\cup\, X_s$$

mit

$$X_0 := \left\{ M \in X : |G_M| = p^{k_M}, k_M < s \right\} \quad \text{und} \quad X_s := \left\{ M \in X : |G_M| = p^s \right\}.$$

Damit gilt dann $|X| = |X_0| + |X_s|$. Nun gilt nach Satz 4.4

$$G_{aM} = aG_M a^{-1}$$

für alle $a \in G$. Das bedeutet aber, dass die Bahn GM in derselben Teilmenge X_i, $i = 0, s$ von X ist wie M. Die Mengen oben bestehen also aus vollen Bahnen, es gilt

$$X_0 = \bigcup_{\substack{|G_M|=p^k \\ k<s}} GM, \qquad X_s = \bigcup_{|G_M|=p^s} GM.$$

Für jede Bahn GM aus X_0 ist wegen (4.1) pm ein Teiler der Bahnlänge, also gilt auch $pm \mid |X_0|$. Wegen $|X_0| = |X| - |X_s|$ gilt dann

$$pm \mid (|X| - |X_s|).$$

Nun betrachten wir die Menge X_s genauer.

Sei $Y := \{U \subset G : |U| = p^s\}$ die Menge der Untergruppen der Ordnung p^s von G und $Z := \{GM : M \in X_s\}$ die Menge der Bahnen von X_s. Nun ist jedes $U \in Y$ auch in X und es gilt

$$G_U = \{a \in G : aU = U\} = U,$$

denn ist $a \in U$, so ist aU wieder in U, denn U ist eine Untergruppe. Ist umgekehrt $aU = U$, so ist $au = v$ für $u, v \in U$ und damit $a = vu^{-1} \in U$. Es gilt also $|G_U| = |U| = p^s$ und deswegen $U \in X_s$. Dann liegt also die gesamte Bahn GU in X_s. Deshalb ist die Abbildung

$$Y \rightarrow Z, \quad U \mapsto GU$$

wohldefiniert. Wir wollen nun zeigen, dass diese Abbildung bijektiv ist. Zunächst folgt aus $GU_1 = GU_2$, dass $U_1 = eU_1 \subset GU_2$. Also ist $U_1 = aU_2$ mit einem $a \in G$. Deshalb gilt dann $e = au_2$ mit einem $u_2 \in U_2$, also ist $a = u_2^{-1} \in U_2$ und $U_1 = aU_2 = U_2$, also ist die Abbildung injektiv. Sei nun $GM \in Z$ eine Bahn und $M \in X_s$ ein Repräsentant dieser Bahn. Wir müssen zeigen, dass es dann als Repräsentant nicht nur eine beliebige Menge, sondern auch eine Untergruppe gibt. Wir betrachten die Gruppe $G_M \in Y$. Für jedes $x \in M$ gilt

$$G_M x \subset G_M M = M \text{ und } |G_M x| = |G_M| = p^s = |M|,$$

also $G_M x = M$ und damit

$$ax\left(x^{-1} G_M x\right) = aM$$

für jedes $a \in G$. Es ist aber auch $x \in M \subset G$ und es gilt für $a_1, a_2 \in G$

$$a_1 x = a_2 x \Rightarrow a_1 x x^{-1} = a_2 x x^{-1} \Rightarrow a_1 = a_2.$$

Also ist

$$\bigcup_{a \in G} ax = \bigcup_{a \in G} a = G.$$

Damit folgt

$$GM = \bigcup_{a \in G} aM = \bigcup_{a \in G} ax \left(x^{-1} G_M x \right) = G \left(x^{-1} G_M x \right).$$

Also ist $x^{-1} G_M x$ der gesuchte Repräsentant. Damit ist die Abbildung bijektiv und es gilt $|Y| = |Z|$. Aus der Zerlegung von X_s in Bahnen folgt dann mit $|GM| = p^{s-s} m = m$

$$|X_s| = |Y| m.$$

Da $|Y|$ von p^s und G abhängt, schreiben wir ab jetzt $|Y| = \lambda(G, p^s)$. Unser Ziel ist es, $\lambda(G, p^s) = 1 + kp$ zu zeigen. Die Anzahl der Möglichkeiten aus $p^s m$ Elementen p^s auszuwählen ist $\binom{p^s m}{p^s}$, also gilt $|X| = \binom{p^s m}{p^s}$ und deshalb

$$pm \left| \left(\binom{p^s m}{p^s} - \lambda(G, p^s) m \right), \right.$$

das heißt

$$\binom{p^s m}{p^s} = \lambda(G, p^s) m + pm \cdot k(G)$$

mit $k(G) \in \mathbb{Z}$.

Dies gilt nun für alle Gruppen der Ordnung $p^s m$, also auch für die Gruppe $\mathbb{Z}/p^s m\mathbb{Z}$. Diese hat genau eine Untergruppe der Ordnung p^s. Es gilt also

$$\binom{p^s m}{p^s} = m + pm \cdot k\left(\mathbb{Z}/p^s m\mathbb{Z}\right)$$

und zusammen mit obigem dann

$$\lambda\left(G, p^s\right) = 1 + pk, \qquad k = k\left(\mathbb{Z}/p^s m\mathbb{Z}\right) - k(G) \in \mathbb{Z}.$$

Da die Anzahl der Untergruppen aber natürlich nicht negativ sein kann, muss hier sogar $k \in \mathbb{N}_0$ gelten. $\hfill$ q.e.d.

Satz 4.11 (Satz von Cauchy)
Sei G eine endliche Gruppe der Ordnung n. Ist p ein Primteiler von n, dann hat G ein Element der Ordnung p.

▶ **Beweis** Nach dem Satz von Frobenius hat G eine Untergruppe der Ordnung p. Da Gruppen von Primzahlordnung zyklisch sind, gibt es ein Element der Ordnung p.   q.e.d.

Satz 4.12 (1. Satz von Sylow)
Ist G eine endliche Gruppe der Ordnung n und p ein Primteiler von n, so hat G p-Sylowgruppen. Die Anzahl dieser Gruppen ist $1 + kp$ mit einem $k \in \mathbb{N}_0$.

▶ **Beweis** Dies ist nur ein Spezialfall des Satzes von Frobenius.   q.e.d.

Satz 4.13 (2. Satz von Sylow)
Sei p eine Primzahl und G eine endliche Gruppe der Ordnung $p^r m$ mit $p \nmid m$.

- *Ist P eine p-Sylowgruppe und H eine p-Untergruppe von G, so gibt es ein $a \in G$ mit $H \subset aPa^{-1}$.*
- *Sind P, Q zwei p-Sylowgruppen von G, so sind P und Q konjugiert. Außerdem ist die Anzahl der p-Sylowgruppen ein Teiler von m.*

▶ **Beweis**
- Wir definieren $L := \{aP : a \in G\}$ und eine Abbildung

$$H \times L \to L, \qquad (x, aP) \mapsto xaP.$$

Man (das heißt ihr ;-)) prüft leicht nach, dass dies eine Operation der Gruppe H auf der Menge L ist. Es gilt

$$|L| = (G : P) = m,$$

also ist p kein Teiler von $|L|$. L ist die disjunkte Vereinigung der Bahnen obiger Operation, $|L|$ ist die Summe der Längen der Bahnen. Deshalb gibt es eine Bahn HaP, deren Länge l nicht durch p teilbar ist. Nach dem Bahnensatz 4.5 ist aber l ein Teiler von $|H|$, also eine Potenz von p. Das kann nur gehen, wenn $l = 1$ ist. Da H als Untergruppe das neutrale Element enthält und die Länge der Bahn HaP gleich 1 ist, muss gelten $HaP = eaP = aP$, also

$$Ha = Hae \subset HaP = aP \Rightarrow H \subset aPa^{-1}.$$

- Da jede p-Sylowgruppe auch eine p-Untergruppe ist, gibt es nach dem ersten Teil ein $a \in G$ mit $Q \subset aPa^{-1}$. Wegen $\left|aPa^{-1}\right| = |P| = |Q|$ muss dann sogar $Q = aPa^{-1}$ gelten, das heißt P und Q sind konjugiert. Wir müssen also die

Anzahl c_P der zu P konjugierten Untergruppen in G bestimmen. Dies haben wir in Satz 4.2 bereits getan, es gilt $c_P = (G : N_G (P))$. Da aber $P \subset N_G (P)$ gilt, folgt

$$p^r = |P| \mid |N_G (P)| \text{ also } |N_G (P)| = p^r k \text{ mit } k \mid m,$$

also

$$(G : N_G (P)) = \frac{|G|}{|N_G (P)|} = \frac{p^r m}{p^r k} = \frac{m}{k}$$

und damit gilt wie behauptet $c_p \mid m$.

q.e.d.

4.3 Erklärungen zu den Definitionen

Erklärung

Zur Definition 4.1 **der Gruppenoperation** Gruppenoperationen werden später wichtig sein, wenn wir Körpererweiterungen näher studieren wollen. Bei einer Operation muss also e wieder neutrales Element sein und es muss so eine Art Assoziativität gelten. Wir wollen hier einige Beispiele zeigen.

▶ **Beispiel 71**

- Sei $n \in \mathbb{N}$, $G \subset S_n$ eine Untergruppe und $X = \{1, \ldots, n\}$. Dann ist $(g, x) \mapsto g (x)$ eine Operation. Zunächst gilt natürlich

$$e * x = \mathrm{id} (x) = x \; \forall x.$$

Außerdem ist für $\sigma, \tau \in G$ und $x \in X$

$$\sigma * (\tau * x) = \sigma (\tau (x)) = (\sigma \circ \tau) (x) = (\sigma \circ \tau) * x.$$

- Sei K ein Körper, $G := \mathrm{GL}_n (K)$ und $X := K^n$. Dann ist $(A, x) \mapsto Ax$ (also $A * x := Ax$) eine Operation. Wieder folgt der erste Teil sofort und der zweite aus der Assoziativität in G.
- Sei G eine Gruppe und $g \in G$. Dann ist die Linkstranslation mit g, also die Abbildung $h \mapsto g \circ h$, (das heißt $g * h := g \circ h$) eine Operation von G auf sich selbst. Wieder folgen beide Bedingungen sofort aus den Eigenschaften der Gruppenverknüpfung.
- Sei wieder G eine Gruppe und $g \in G$. Anders als oben ist die Abbildung $h \mapsto h \circ g$ im Allgemeinen keine Operation. Es gilt nämlich

$$g * (h * k) = g * (k \circ h) = k \circ h \circ g$$

und

$$(g \circ h) * k = k \circ g \circ h,$$

und da die Gruppe G nicht als kommutativ angenommen wird, sind diese beiden Ausdrücke im Allgemeinen nicht gleich.

• Um das Problem von oben zu beheben, betrachten wir die Abbildung $h \mapsto h \circ g^{-1}$. Dann gilt $e * h = h \circ e^{-1} = h \circ e = h$ und

$$g * (h * k) = g * \left(k \circ h^{-1} \right) = k \circ h^{-1} \circ g^{-1} = k \circ (g \circ h)^{-1} = (g \circ h) * k.$$

Also ist durch $h \mapsto h \circ g^{-1}$ eine Operation von G auf sich selbst gegeben.

• Ist wieder G eine Gruppe und $g \in G$, so ist die Konjugation $h \mapsto g \circ h \circ g^{-1}$ eine Operation von G auf sich selbst. Prüft einmal beide Eigenschaften nach. ■

Oftmals ist es für eine gegebene Gruppe G und eine Menge X klar, wie G auf X operiert. In dem Fall werden wir dann einfach nur schreiben, dass G auf X operiert.

Erklärung

Zur Definition 4.2 **der Bahn einer Operation** Zunächst einmal steht hier die Aussage, dass die Relation

$$x \sim y :\Leftrightarrow \exists g \in G : y = g * x$$

eine Äquivalenzrelation auf X ist, wenn G auf X operiert. Dies ist leicht einzusehen. Symmetrie und Reflexivität folgen aus der Existenz von inversem und neutralem Element, die Transitivität mit der zweiten Bedingung aus der Definition von Operationen. Das Einzige was hier dann neu ist, ist ein Begriff für etwas, was wir schon kennen, nämlich Äquivalenzklassen. Dabei ist der Name Bahn durchaus sinnvoll. Dafür stellen wir uns vor, was mit $x \in X$ passiert, wenn wir Elemente aus G darauf anwenden. (Diese Anschauung sowie die Abb. 4.1 funktioniert zumindest im endlichen Fall.) x geht auf ein Element $x_1 \in X$, dieses dann auf x_2 und so weiter, bis man irgendwann wieder (für $g = e$) bei x ankommt. Die Elemente x_i sind dann einfach die Elemente, die x „durchwandert", bis es wieder am Anfang ankommt, also seine Bahn. Dies wird im endlichen Fall nochmal an Abb. 4.1 deutlich.

▶ **Beispiel 72**

• Sei G eine Gruppe und $H \subset G$ eine Untergruppe. Dann operiert H auf G durch $(h, g) \mapsto g \circ h^{-1}$. Die Elemente g_1 und g_2 sind genau dann in einer Bahn, wenn es ein $h \in H$ gibt mit $g_1 = g_2 \circ h^{-1}$, also $g_2 = g_1 \circ h$. Die Bahnen sind also

$$B = \left\{ g \circ h^{-1} : h \in H \right\} = \{ g \circ h : h \in H \} = gH.$$

Abb. 4.1 Die endliche Bahn
eines Elementes x

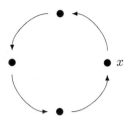

- Die Gruppe $(\mathbb{R}, +)$ operiert auf $\mathbb{C}$ durch $(\lambda, z) \mapsto e^{i\lambda}z$. Zunächst ist $e^{i0}z = z$
  und

$$\mu * (\lambda * z) = \mu * e^{i\lambda}z = e^{i\mu}e^{i\lambda}z = e^{i(\mu+\lambda)}z = (\mu + \lambda) * z,$$

  also ist dies wirklich eine Operation. Da $\left|e^{i\lambda}\right| = 1$ ist, liegen zwei Elemente genau dann in einer Bahn, wenn sie denselben Abstand zum Nullpunkt haben. Die Bahnen sind also genau die Kreise um den Ursprung, deren Vereinigung ganz $\mathbb{C}$ ist.
- Sei $X = \mathbb{Z}$, $G = (\mathbb{Z}, +)$. Dann ist $m * n := m + n$ eine Operation von G auf $\mathbb{Z}$, denn $0 * n = 0 + n = n$ und

$$k * (m * n) = k * (m + n) = k + (m + n) = (k + m) + n = (k + m) * n.$$

(Dies ist übrigens nur ein Spezialfall des zweiten Punktes aus Beispiel 71.) Sind dann $n_1, n_2 \in \mathbb{Z}$, so sind diese genau dann in einer Bahn, wenn es ein $k \in \mathbb{Z}$ mit $n_1 + k = n_2$ gibt. Dies gilt aber immer, man kann ja $k = n_2 - n_1$ wählen. Hier gibt es also nur eine Bahn.   ∎

Erklärung

Zu den Definition 4.3 **von transitiv und treu** Wenn eine Gruppe G auf einer Menge X transitiv operiert, so bedeutet das einfach, dass jedes $x \in X$ auf jedes $y \in X$ abgebildet werden kann, das heißt, es gilt $G * x = X$ für jedes $x \in X$. Das ist also gleichbedeutend damit, dass die Operation nur eine Bahn hat. Dies ist also so etwas wie Surjektivität.

Ist eine Operation treu, so bedeutet das, dass das einzige Element von G, das mit allen Elementen aus X „nichts macht", das neutrale Element ist. Das ist genau dann der Fall, wenn der Schnitt aller Stabilisatoren G_x nur das neutrale Element enthält. Dies ist also so etwas wie Injektivität.

▶ **Beispiel 73**

- Sei K ein Körper, $G = K \setminus \{0\}$ und $X = V = K^n$ ein endlich dimensionaler Vektorraum. Dann ist $\lambda \cdot v = \lambda v$ eine Operation von G auf X. Zwei Vektoren liegen genau dann in einer Bahn, wenn sie linear abhängig sind. Also ist diese Operation nicht transitiv. Gilt jedoch $\lambda v = v$ für $v \neq 0$, so folgt $\lambda = 1$, also ist die Operation treu.

- Sei $G = S_n$ und $X = \{1, \ldots, n\}$. Dann operiert G auf X durch $\sigma * n = \sigma(n)$ treu und transitiv. Dies zu zeigen überlassen wir euch als Übung. ■

Ihr solltet euch als Übung außerdem einmal überlegen, welche der Operationen, die wir in diesem Kapitel noch sehen werden, transitiv oder treu sind.

Zur Definition 4.4 des Stabilisators Operiert eine Gruppe G auf einer Menge X, so ist der Stabilisator von x einfach die Menge der Gruppenelemente, die x festlassen. Zum Beispiel enthält der Stabilisator immer das neutrale Element e der Gruppe.

▶ **Beispiel 74**

- Sei G eine Gruppe. Dann betrachten wir die Konjugation auf G als Operation. Sei nun $g \in G$. Es gilt dann

$$G_g = \left\{ h \in G : h^{-1} g h = g \right\} = \{ h \in G : gh = hg \} = N_G(\{g\}).$$

Der Stabilisator von g unter Konjugation ist also genau der Normalisator der Menge $\{g\}$.
- Sei K ein Körper, $X = K^n$, $G = \mathrm{GL}_n(K)$ und $v \in K^n$. Dann gilt

$$G_v = \{ A \in \mathrm{GL}_n(K) : Av = v \}.$$

Das heißt, der Stabilisator von v ist genau die Menge der invertierbaren Matrizen A, sodass v ein Eigenvektor zum Eigenwert 1 ist.
- Wir betrachten die Operation der Gruppe $(\mathbb{R}, +)$ auf $\mathbb{C}$ durch $(\lambda, z) \mapsto e^{i\lambda} z$. Dann gilt für $z \in \mathbb{C} \backslash \{0\}$

$$G_z = \left\{ \lambda \in \mathbb{R} : e^{i\lambda} z = z \right\} = \{ 2k\pi : k \in \mathbb{Z} \},$$

denn die komplexe Exponentialfunktion ist 2π-periodisch. (Wer sich zu diesem Thema weiter informieren möchte, der sei auf das Buch [MK18b] verwiesen.)
- Wir betrachten die Operation von $\mathbb{Z}$ auf $\mathbb{Z}$ durch Addition. Für ein $n \in \mathbb{Z}$ ist

$$G_n = \{ k \in \mathbb{Z} : k + n = n \} = \{0\}.$$

■

Zur Definition 4.5 des Normalisators Ist X eine Teilmenge einer Gruppe, so ist der Normalisator also einfach die Menge der Gruppenelemente, die mit X kommutieren.

▶ **Beispiel 75**

- Ist $U \subset G$ eine Untergruppe, so gilt für alle $u \in U$ auch $uU = Uu$. Also gilt für Untergruppen immer $U \subset N_G(U)$. Die umgekehrte Inklusion gilt nicht immer. Dies folgt aus einigen weiteren Punkten in diesem Beispiel.

- Ist $N \triangleleft G$ sogar ein Normalteiler, so gilt nach Definition ja $gN = Ng$ für alle $g \in G$. Es gilt also $G = N_G(N)$ genau dann, wenn N ein Normalteiler von G ist.

- Sei $U := \langle (12) \rangle \subset S_3 = G$. Wir wollen $N_G(U)$ bestimmen. Wir suchen also alle $\sigma \in S_3$, sodass $(12)\,\sigma\,(12) = \sigma$ gilt. Sei $\tau := (12)\,\sigma\,(12)$. Dann gilt

$$\tau(1) = (12)\,\sigma\,(2),$$
$$\tau(2) = (12)\,\sigma\,(1),$$
$$\tau(3) = (12)\,\sigma\,(3).$$

Damit $\tau = \sigma$ gilt, muss also insbesondere $\tau(3) = \sigma(3)$ sein. Das geht aber nur, wenn $\sigma(3) = 3$ ist. Die einzigen beiden σ, für die das gilt, sind id und (12). Nach dem ersten Teil des Beispiels sind diese aber auf jeden Fall in $N_G(U)$, das heißt, hier gilt $N_G(U) = U$.

Natürlich könnten wir auch einfach die Menge $X = \{(12)\}$ betrachten. Für diese gilt dann $X \subsetneq N_G(X) = U$.

- Ist X eine Teilmenge der abelschen Gruppe G, so gilt natürlich $gX = Xg$ für alle $g \in G$, in diesem Fall ist also $N_G(X) = G$.

- Sei

$$X := \left\{ \begin{pmatrix} \lambda & \lambda \\ 0 & \lambda \end{pmatrix} : \lambda \in \mathbb{R} \setminus \{0\} \right\} \subset \mathrm{GL}_2(\mathbb{R}).$$

Wir wollen den Normalisator der Menge X bestimmen. Ist $M = \begin{pmatrix} a & b \\ c & d \end{pmatrix}$, so gilt

$$\begin{pmatrix} \lambda & \lambda \\ 0 & \lambda \end{pmatrix} \begin{pmatrix} a & b \\ c & d \end{pmatrix} = \begin{pmatrix} \lambda a + \lambda c & \lambda b + \lambda d \\ \lambda c & \lambda d \end{pmatrix}$$
$$\begin{pmatrix} a & b \\ c & d \end{pmatrix} \begin{pmatrix} \lambda & \lambda \\ 0 & \lambda \end{pmatrix} = \begin{pmatrix} \lambda a & \lambda a + \lambda b \\ \lambda c & \lambda c + \lambda d \end{pmatrix}.$$

Ist also $M \in N_G(X)$, so muss $c = 0$ und $a = d$ gelten, das heißt $M = \begin{pmatrix} \mu & \nu \\ 0 & \mu \end{pmatrix}$. ∎

Erklärung

Zur Definition 4.6 **des Index** Wie man den Index konkret bestimmen kann, werden wir beim Bahnensatz (Satz 4.5) noch sehen. Manchmal geht dies aber bereits aus der Definition hervor.

▶ **Beispiel 76**

- Sei G eine endliche Gruppe und $e \in G$ das neutrale Element. Dann ist für jedes $g \in G$ auch $eg = ge = g$. Ist nun $n = |G|$, so gibt es also genau n Linksnebenklassen von e in G und damit gilt $(G : \{e\}) = n = |G|$.

- Sei G eine endliche Gruppe. Dann ist $hG = G$ für jedes $h \in G$. G besitzt also in G nur eine Nebenklasse und damit gilt $(G : G) = 1$.

- Wir wollen den Index $(O_n(\mathbb{R}) : SO_n(\mathbb{R}))$ bestimmen. Zunächst ist natürlich für jedes $A \in O_n(\mathbb{R})$ mit $\det(A) = 1$ auch $ASO_n(\mathbb{R}) = SO_n(\mathbb{R})$. (Falls euch diese Schreibweise verwirrt: A ist ein Element der Gruppe $SO_n(\mathbb{R})$. Damit haben wir also etwas der Form gU, was wir ja schon öfter betrachtet haben.) Sei nun $A \in O_n(\mathbb{R})$ mit $\det(A) = -1$. Dann ist $ASO_n(\mathbb{R}) \subset O_n(\mathbb{R}) \setminus SO_n(\mathbb{R})$. Wir wollen zeigen, dass sogar Gleichheit gilt. Sei dazu $M \in O_n(\mathbb{R}) \setminus SO_n(\mathbb{R})$ und $B := A^{-1}M$. Dann ist B wegen $\det(B) = \det(A)^{-1} \det(M) = 1$ in $SO_n(\mathbb{R})$ und es gilt $AB = AA^{-1}M = M$. Also gibt es zu jedem $M \in O_n(\mathbb{R}) \setminus SO_n(\mathbb{R})$ ein $B \in SO_n(\mathbb{R})$ mit $AB = M$. Daraus folgt die Gleichheit. Es gibt also genau zwei Nebenklassen, deshalb gilt

$$(O_n(\mathbb{R}) : SO_n(\mathbb{R})) = 2.$$

Mit dem Isomorphiesatz geht dies übrigens auch noch einfacher. Wir betrachten den Homomorphismus

$$\det : O_n(\mathbb{R}) \to \{\pm 1\}.$$

Der Kern ist hier genau $SO_n(\mathbb{R})$, nach dem Isomorphiesatz gilt also

$$O_n(\mathbb{R})/SO_n(\mathbb{R}) \cong \{\pm 1\}.$$

Es gibt also zwei Nebenklassen von $SO_n(\mathbb{R})$ in $O_n(\mathbb{R})$, das heißt

$$(O_n(\mathbb{R}) : SO_n(\mathbb{R})) = 2. \qquad \blacksquare$$

Erklärung

Zu den Definitionen 4.7 **und** 4.8 Dies sind einfach spezielle Untergruppen von endlichen Gruppen, über die sich sehr schöne Aussagen treffen lassen. Beispiele zu Sylowgruppen werden wir noch bei den Erklärungen zu den beiden Sätzen von Sylow (Satz 4.12 und 4.13) sehen.

4.4 Erklärungen zu den Sätzen und Beweisen

Erklärung

Zum Satz 4.1 Wir wollen hier denjenigen, die nicht gleich auf den Beweis gekommen sind, noch etwas helfen. Aber bitte erstmal selbst probieren.

Zunächst ist es ein einfacher Fakt von Äquivalenzrelationen, dass wir X schreiben können als $X = \dot{\bigcup}_{i \in I} B_i$, wobei (im endlichen Fall) $|I|$ die Anzahl der Äquivalenzklassen ist. Weiterhin gilt nach Definition für jede Bahn

$$B = G * x = \{g * x : g \in G\}.$$

Hieraus folgt dann direkt der Satz.

▶ **Beispiel 77**

- Sei $X = \mathbb{R}^3$ und $G = \mathrm{SO}_3(\mathbb{R})$. G operiert auf X durch Matrixmultiplikation. Graphisch wird ein Vektor im $\mathbb{R}^3$ dabei einfach gedreht. Ist v ein Vektor der Länge t und w ein beliebiger anderer Vektor mit Länge t, so gibt es immer eine Matrix $A \in \mathrm{SO}_3(\mathbb{R})$ mit $Av = w$. Andererseits kann ein Vektor der Länge t niemals auf einen Vektor der Länge $s \neq t$ abgebildet werden, da Drehungen ja die Länge nicht ändern. Die Bahnen sind deshalb genau

$$B_t := \left\{ v \in \mathbb{R}^3 : \|v\| = t \right\}$$

für $t \geq 0$. Es gibt deshalb eine Zerlegung

$$\mathbb{R} = \dot{\bigcup}_{t \geq 0} B_t.$$

Das ist bildlich klar, denn jeder Punkt im $\mathbb{R}^3$ liegt ja auf genau einer Kugel um den Ursprung, siehe auch Abb. 4.2.

- Sei G eine Gruppe. Wir betrachten die Konjugation als Operation. Dann liegen g_1 und g_2 genau dann in einer Bahn, wenn sie konjugiert sind, und wir erhalten die Zerlegung

$$G = \dot{\bigcup}_{i \in I} C_i$$

in Konjugiertenklassen.

- Sei im obigen Beispiel speziell $G = S_3$, so wissen wir aus Satz 1.25, dass Permutationen genau dann konjugiert sind, wenn sie den gleichen Zykeltyp haben. Die Zerlegung in Konjugiertenklassen ist also

$$G = \{1\} \cup \{(12), (13), (23)\} \cup \{(123), (132)\}.$$

■

Abb. 4.2 Zwei Bahnen der
Operation von $SO_3(\mathbb{R})$
auf $\mathbb{R}^3$

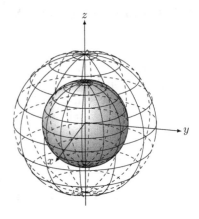

Zum Satz 4.2 **über die Anzahl der Konjugierten** Zunächst möchten wir anmerken, dass der zweite Teil des Satzes nur dann einen Sinn ergibt, wenn man den ersten schon kennt, denn sonst ist der Index ja nicht definiert. Den ersten Teil solltet ihr recht gut alleine hinkriegen. Mit dem zweiten Teil erhält man dann ein nützliches Hilfsmittel, um die Anzahl der Konjugierten einer Teilmenge zu bestimmen.

▶ **Beispiel 78**
- Sei G eine Gruppe mit neutralem Element e. Dann ist die Aussage für $X = \{e\}$ oder $X = G$ sofort klar, wie ihr euch überlegen solltet.
- Wir haben bereits gesehen, dass für $X = \{(12)\}$ und $G = S_3$

$$N_G(X) = \langle (12) \rangle =: U$$

gilt. Nach dem Bahnensatz (Satz 4.5) ist $(G : N_G(X)) = \frac{6}{2} = 3$, also hat $\{(12)\}$ genau drei Konjugierte in G. Dies sind natürlich einerseits die Menge X selbst und darüber hinaus die Mengen, die die beiden anderen Transpositionen enthalten (siehe auch das vorige Beispiel). ∎

Zum Satz 4.3 Dieser Satz ist sehr nützlich, um den Index von Untergruppen zu bestimmen. Außerdem dient er als Grundlage des Beweises des Bahnensatzes (Satz 4.5).

► **Beispiel 79**

- Sei G eine zyklische Gruppe der Ordnung n und d ein Teiler von n. Dann besitzt G eine Untergruppe U_d der Ordnung d und es gilt dann

$$(G : U_d) = \frac{|G|}{|U_d|} = \frac{n}{d}.$$

- Es ist

$$(S_n : A_n) = \frac{n!}{\frac{1}{2}n!} = 2.$$

∎

Aus diesem Satz können wir außerdem noch ein weiteres nützliches Resultat erhalten. Zunächst einmal folgt ja hieraus, dass für jede Gruppe G, jede Untergruppe $H \subset G$ und jedes $g \in G$ die Gleichheit $|H| = \left|g^{-1}Hg\right|$ gilt. Konjugierte Untergruppen haben also gleich viele Elemente. Ist nun G eine endliche Gruppe und gibt es zu einer natürlichen Zahl d genau eine Untergruppe H von G mit $|H| = d$, so ist diese ein Normalteiler. Wieso? Nun, für jedes g ist $g^{-1}Hg$ eine Untergruppe von G, die auch d Elemente hat. Da die einzige Untergruppe von G mit d Elementen aber H ist, folgt $g^{-1}Hg = H$ für alle $g \in G$, also ist H ein Normalteiler von G.

Erklärung

Zum Satz 4.4 Der Beweis des Satzes zeigt uns sogar, wie die Stabilisatoren konjugiert sind. Es gilt $G_x = aG_{ax}a^{-1}$ für $a \in G$, $x \in X$.

Erklärung

Zum Bahnensatz (Satz 4.5) Dieser Satz stellt ein sehr wichtiges Hilfsmittel dar, da man mit ihm die Länge einer Bahn bestimmen kann. Dies werden wir hier noch öfters brauchen. In Worten besagt der Bahnensatz nichts anderes, als dass die Bahn eines Elementes x so lang ist wie die Anzahl der Elemente von G geteilt durch die Anzahl der Elemente des Stabilisators von x.

Im Falle von endlichen Gruppen und Mengen können wir mit dem Bahnensatz unbekannte Größen ermitteln.

Aber erstmal ein paar Beispiele.

► **Beispiel 80**

- Wir betrachten die Operation der Gruppe S_n auf der Menge $\{1, \ldots, n\}$. Wir wissen, dass S_n genau $n!$ Elemente hat. Die Operation ist transitiv, es gibt also nur eine Bahn, die deshalb die Länge n hat. Also gibt es genau $\frac{n!}{n} = (n-1)!$ Elemente, die ein $i \in \{1, \ldots, n\}$ festlassen. Dies ist auch ohne den Bahnensatz klar, denn lassen wir eine Zahl fest, permutieren wir nur noch $n - 1$ Zahlen und es gibt $(n-1)!$ Permutationen dieser Zahlen.

- Sei p eine Primzahl. Wir wollen die Anzahl der invertierbaren 2×2-Matrizen mit Einträgen in $\mathbb{F}_p$ bestimmen. Dafür betrachten wir die Operation von $\mathrm{GL}_2\left(\mathbb{F}_p\right)$ auf $\mathbb{F}_p^2 \backslash \{(0,0)\}$. Sei $v = (1,0)^T \in \mathbb{F}_p^2 \backslash \{(0,0)\}$. Wir wollen zuerst den Stabilisator G_v bestimmen. Aus

$$\begin{pmatrix} 1 \\ 0 \end{pmatrix} = \begin{pmatrix} a & b \\ c & d \end{pmatrix} \begin{pmatrix} 1 \\ 0 \end{pmatrix} = \begin{pmatrix} a \\ c \end{pmatrix}$$

folgt $a = 1, c = 0$. b und d können beliebige Werte annehmen, solange die Matrix invertierbar ist. Die Determinante ist $ad - bc = d$. Es muss also $d \neq 0$ gelten. Damit gibt es für b genau p und für d genau $p - 1$ Möglichkeiten. Insgesamt hat der Stabilisator von $v = (1,0)^T$ genau $p\,(p-1)$ Elemente, nämlich

$$\begin{pmatrix} 1 & b \\ 0 & d \end{pmatrix}$$

mit $d \neq 0$.

Als Nächstes wollen wir die Bahn von v bestimmen. Sei $(x, y) \in \mathbb{F}_p^2 \backslash \{(0,0)\}$. Aus

$$\begin{pmatrix} a & b \\ c & d \end{pmatrix} \begin{pmatrix} 1 \\ 0 \end{pmatrix} = \begin{pmatrix} x \\ y \end{pmatrix}$$

folgt $a = x, c = y$ und b, d sind beliebig, solange die Matrix invertierbar ist. Aus dem Basisergänzungssatz (angewendet auf den $\mathbb{F}_p$-Vektorraum $\mathbb{F}_p^2$) folgt, dass sich der Vektor $(x, y)^T$ zu einer Basis ergänzen lässt. Dies bedeutet ja nichts anderes, als dass es einen Vektor $(v, w)^T \in \mathbb{F}_p^2 \backslash \{(0,0)\}$ gibt, sodass die Matrix

$$\begin{pmatrix} x & v \\ y & w \end{pmatrix}$$

invertierbar ist. Also besteht die Bahn von v genau aus allen Elemente in $\mathbb{F}_p^2 \backslash \{(0,0)\}$. Dies sind $p^2 - 1$ Elemente. Mit dem Bahnensatz folgt dann

$$\left| \mathrm{GL}_2\left(\mathbb{F}_p\right) \right| = \left(p^2 - 1\right)\left(p\,(p-1)\right) = (p-1)^2\, p\,(p+1). \qquad \blacksquare$$

Ist X eine endliche Menge und gilt $|X| = \dot{\bigcup}_{i=1,\dots,n} G * x_i$, so gilt nach dem Bahnensatz weiter

$$|X| = \sum_{i=1}^{n} \frac{|G|}{|G_{x_i}|}.$$

Erklärung

Zum Satz 4.6 **über Untergruppen vom Index 2** Dieser Satz gibt uns ein sehr schönes Kriterium, um bei manchen Untergruppen sofort sagen zu können, dass sie Normalteiler sind.

▶ **Beispiel 81** In Beispiel 79 haben wir gesehen, dass $(S_n : A_n) = 2$ gilt. Also ist A_n ein Normalteiler von S_n. ∎

Erklärung

Zum Satz 4.7 Eine Untergruppe, deren Operation transitiv wirkt, nennt man auch transitive Untergruppe. Solche Untergruppen sind beim Studium von Polynomgleichungen sehr wichtig für uns, deswegen wollen wir hier einmal erwähnen, welche Untergruppen von S_4 überhaupt transitiv sind. Natürlich hat S_4 noch mehr Untergruppen, die wir nicht behandeln, weil wir sie hier nicht benötigen.

Erklärung

Zu den Sätzen 4.8 **und** 4.9 Diese Charakterisierung werden wir später nutzen. Besonders wichtig wird dabei sein, zu wissen, dass die symmetrischen Gruppen von Primzahlordnung bereits von zwei bestimmten Permutationen erzeugt wird.

Für den Beweis des ersten Satzes nutzen wir die Tatsache, dass sich jede gerade Permutation als Produkt einer geraden Anzahl an Transpositionen schreiben lässt. Beim zweiten Satz benutzen wir die Tatsache, dass die symmetrische Gruppe von Transpositionen erzeugt wird. Dabei wollen wir noch kurz darauf eingehen, warum man $\tau = (12)$ und $\sigma = (12 \cdots p)$ annehmen kann. Dies wollen wir mal exemplarisch für $p = 5$ zeigen. Dafür sei $\tau = (14)$ und $\sigma = (13.542)$. Dann rechnet man nach, dass für $\tau_i := \left(\sigma^i\right)^{-1} \tau \sigma^i$ gilt

$$\tau_1 = (25), \tau_2 = (34), \tau_3 = (15), \tau_4 = (23).$$

Diese Elemente sind damit auch in der von σ und τ erzeugten Untergruppe. Es gilt dann weiter mit $\sigma_1 := \tau^{-1} \sigma \tau = (12.435)$

$$\tau_1^{-1} \tau_3 \tau_1 = (12) \quad \text{und} \quad \tau_2^{-1} \sigma_1 \tau_2 = (12.345),$$

also sind auch die gewünschten Permutationen in der Untergruppe. Dies funktioniert nun für alle Primzahlen p. An dieser Stelle benutzt man dann auch, dass p eine Primzahl ist. Für beliebige natürliche Zahlen würde das nicht funktionieren. Der Grund dafür ist, dass nur für Primzahlen für jede Zahl $a \leq p$ auch $\gcd(a, p) = 1$ gilt und damit jede Potenz eines p-Zykels auch wieder ein p-Zykel ist.

Erklärung

Zum Satz von Frobenius (Satz 4.10) Dies ist ein sehr wichtiger Satz, der (wie wir noch sehen werden) starke Anwendungen hat. Dementsprechend komplex ist auch der Beweis. Versuchen wir mal, ihn zu durchleuchten.

Als Erstes definieren wir eine gewisse Menge. Hier ist wichtig zu beachten, dass diese nicht Untergruppen, sondern allgemein Teilmengen von G enthält. Darauf führen wir eine Gruppenoperation ein und zeigen, dass die Ordnung der Stabilisatoren eine Potenz von p ist.

Im zweiten Schritt unterscheiden wir nun genauer nach der Größe der Potenz, das heißt, ob die Ordnung der Stabilisatoren genau p^s ist oder ob sie geringer als p^s ist. Ist der Exponent kleiner als s, so zeigen wir, dass die Anzahl der Mengen ein Vielfaches von pm ist.

Einer der schwierigsten Teile des Beweises ist dann die Behandlung der Menge X_s, bei der die Ordnung der Stabilisatoren p^s ist. Hier zeigen wir, dass wir zu jeder Bahn in dieser Menge nicht nur eine Teilmenge, sondern sogar eine Untergruppe von G finden, die diese Bahn erzeugt.

Am Schluss haben wir dann eine allgemeingültige Formel für jede Gruppe. Dort können wir nun einfach eine Gruppe einsetzen, die wir gut kennen. Das ist genau die Restklassengruppe $\mathbb{Z}/n\mathbb{Z}$. Damit haben wir dann das Ergebnis erreicht, denn das k kann nicht negativ werden (denn sonst wäre ja λ negativ und man hätte eine negative Anzahl an Untergruppen).

Erklärung

Zum 1. Satz von Sylow (Satz 4.12) Hier sehen wir nun, dass jede endliche Gruppe Sylowgruppen hat.

▶ **Beispiel 82** Sei $G = S_3$. Es gilt $|G| = 6 = 2 \cdot 3$, also gibt es 2- und 3-Sylowgruppen (natürlich gibt es auch für jede andere Primzahl p-Sylowgruppen, da die andern Primzahlen jedoch kein Teiler von 6 sind, sind diese Gruppen trivial, das heißt, sie enthalten nur das neutrale Element). 2-Sylowgruppen sind die Gruppen

$$\langle(12)\rangle, \langle(13)\rangle, \langle(23)\rangle.$$

Eine 3-Sylowgruppe ist A_3.   ■

Erklärung

Zum 2. Satz von Sylow (Satz 4.13) Zusätzlich zum 1. Satz von Sylow können wir mit diesem Satz nun genauere Aussagen über die Anzahl von Sylowgruppen treffen.

▶ **Beispiel 83**
- Sei G eine endliche Gruppe der Ordnung 77. Dann gibt es also eine 7-Sylowgruppe und eine 11-Sylowgruppe (auch hier gibt es wieder zu jeder Primzahl eine p-Sylowgruppe, diese ist aber trivial). Nach Satz 4.12 und 4.13 ist die Anzahl der 7-Sylowgruppen in der Menge $\{1, 8, 15, 22, \ldots\}$ enthalten und ein Teiler von 11. Dies geht nur, wenn die Anzahl 1 ist. Genauso folgt, dass auch die Anzahl der 11-Sylowgruppen 1 ist. Obwohl wir hier die Anzahl

bestimmen können, können wir natürlich nicht sagen, wie diese Untergruppen aussehen, denn dies hängt von der Gruppe G ab.

- Wir hatten in Beispiel 82 bereits Sylowgruppen in S_3 bestimmt. Nach dem 2. Satz von Sylow ist nun die Anzahl der 2-Sylowgruppen ein Teiler von 3. Da wir aber schon 3 gefunden hatten, waren das bereits alle. Genauso gilt, dass die Anzahl der 3-Sylowgruppen ein Teiler von 2, aber auch von der Form $1 + 3k$ mit $k \in \mathbb{Z}$ ist. Das geht nur, wenn die Anzahl 1 ist, auch hier haben wir also bereits alle Sylowgruppen gefunden. ∎

▶ **Beispiel 84** (*V* ist normal in A_4)

Wir wollen nun noch als Abschluss unter anderem mit Hilfe der Sätze von Sylow zeigen, dass die Kleinsche Vierergruppe V ein Normalteiler von A_4 ist. Dass $V \subset A_4$ eine Untergruppe ist, ist klar. Wir beweisen dies auf drei verschiedene Methoden, um euch zu zeigen,

1. dass man Sachen auf sehr verschiedene Arten beweisen kann,
2. dass einem gewisse Sätze das Leben vereinfachen,
3. dass man nicht unbedingt viel Theorie braucht, sondern gewisse Tatsachen auch sehr einfach folgen.

Sylow-Sätze: der komplizierte Weg

- Zunächst betrachten wir, welche Art von Permutationen in der Gruppe $\mathfrak{A}_4$ vorkommen. In der Gruppe S_4 gibt es genau fünf Arten von Permutationen, nämlich die Identität id, Transpositionen (ij), 3-Zykel (ijk), 4-Zykel $(ijkl)$ und 2-2-Zykel $(ij)(kl)$. Davon haben nur die Identität, die 3-Zykel und die 2-2-Zykel das Signum 1, also enthält A_4, und damit auch jede Untergruppe von A_4 nur Permutationen von diesen Zykeltypen.
- Es gilt $|A_4| = 12 = 2^2 \cdot 3$. Aus den Sätzen von Sylow folgt, dass die Anzahl der Untergruppen H der Ordnung $4 = 2^2$ einerseits ungerade und andererseits ein Teiler von 3 ist. Es gibt also entweder eine oder drei Untergruppen der Ordnung 4.
- Sei nun $H \subset A_4$ eine Untergruppe der Ordnung 4. Angenommen, es gibt einen 3-Zykel $\sigma = (ijk) \in H$. Dann muss H auch alle Potenzen von σ enthalten. Da σ Ordnung 3 hat, sind dies genau $\sigma = (ijk)$, $\sigma^2 = (ikj)$, $\sigma^3 = \mathrm{id}$. Also enthält H auf jeden Fall diese drei Elemente. Wenn nun H noch einen weiteren 3-Zykel τ mit $\tau \neq \sigma$, $\tau \neq \sigma^2$ enthält, so würde H auch τ^2 enthalten. Weil $\tau^2 \neq \sigma, \sigma^2, \tau$, id gilt, würde dann H schon fünf Elemente enthalten, was nicht sein kann. Es folgt, dass H höchstens zwei 3-Zykel enthält.
- Es gibt nun genau 8 3-Zykel in S_4. (Das solltet ihr euch auch nochmal selbst überlegen.) Aus Satz 1.25 folgt, dass Permutationen genau dann konjugiert sind, wenn sie den gleich Zykeltyp haben. Für jede Untergruppe H der Ordnung 4, die zwei 3-Zykel enthält, enthält man also durch Konjugation eine weitere Untergruppe H, die zwei 3-Zykel enthält und die wegen Satz 4.3 auch

wieder Ordnung 4 hat. Dadurch bekommen wir 4 verschiedene Untergruppen der Ordnung 4. Dies kann aber nicht sein, also gibt es keine Untergruppe H von G, die einen 3-Zykel enthält.

- Also kann H nur aus 2-2-Zykeln und der Identität bestehen. Da es nur die drei 2-2-Zykel $(12)(34)$, $(13)(24)$, $(14)(23)$ gibt, ist also V die einzige Untergruppe der Ordnung 4. Damit folgt, dass $V \triangleleft A_4$ ein Normalteiler ist (wie in den Erklärungen zu Satz 4.3 beschrieben).

Sylow-Sätze und der Satz von Lagrange – viel einfacher: Die ersten beiden Punkte laufen genauso ab wie oben. Die nächsten beiden Punkte oben (in denen wir zeigen, dass eine Untergruppe der Ordnung 4 keinen 3-Zykel enthält) lassen sich aber viel einfacher abhandeln, denn nach dem Satz von Lagrange kann es kein Element der Ordnung 3 geben. Der letzt Punkt folgt dann wieder genauso wie oben.

Klassifikation von Permutationen – am einfachsten: Ist U Normalteiler einer Gruppe G, so heißt das ja gerade, dass für alle Elemente $g \in G$ die Gleichheit $g^{-1}Ug = U$ gilt, dass also die Konjugierten der Untergruppenelemente genau wieder die Untergruppe ergeben. Nun enthält ja die Kleinsche Viergruppe V genau alle 2-2-Zykel und nach Satz 1.25 sind diese alle zueinander konjugiert und es gibt keine weitere zu diesen Permutationen konjugierte Permutationen. Also ist V ein Normalteiler in S_4, also insbesondere in A_4. ∎

Körpererweiterungen und algebraische Zahlen

5

Inhaltsverzeichnis

Im Vorwort haben wir schon erwähnt, dass wir in der Algebra Polynome und insbesondere Nullstellen von Polynomen behandeln wollen. Da wir wissen, dass die Nullstellen eines rationalen Polynoms nicht unbedingt rationale Zahlen sind, ist es sinnvoll, sich Körper zu definieren, die zwar die Nullstellen eines Polynoms enthalten, aber nicht alle komplexe Zahlen, da wir sonst „zu viele" Zahlen haben. Dies führt auf die Idee der Körpererweiterungen und der algebraischen Zahlen. Dies sind im gewissen Sinne für unseren Zweck die „einfachsten" Zahlen.

5.1   Definitionen

Definition 5.1 (Körpererweiterung, algebraisch)

- Es sei K ein Körper. Eine **Körpererweiterung** von K ist ein Körper L, der K als Teilkörper enthält. Wir schreiben dafür auch L/K und sagen „L über K".
- Es sei L/K eine Körpererweiterung. Ein Element $\alpha \in L$ heißt **algebraisch** über K, wenn es ein Polynom $f \in K[x]$, $f \neq 0$ gibt mit $f(\alpha) = 0$. Ist α nicht algebraisch über K, so nennt man α **transzendent.**

© Springer-Verlag GmbH Deutschland, ein Teil von Springer Nature 2019
F. Modler und M. Kreh, *Tutorium Algebra,*
https://doi.org/10.1007/978-3-662-58690-7_5

Definition 5.2 (Minimalpolynom)
Es sei L/K eine Körperweiterung und $\alpha \in L$ algebraisch über K. Dann nennen wir das eindeutige Polynom f aus Satz 5.1 das **Minimalpolynom** von α über K, geschrieben $f = \min_K (\alpha)$.

Definition 5.3 (Adjunktion)
Es sei L/K eine Körperweiterung und $\alpha_1, \ldots, \alpha_n \in L$. Dann definieren wir

$$K[\alpha_1, \ldots, \alpha_n] := \left\{ \sum_{i=1}^{n} a_i \alpha_i^{i_1} \cdots \alpha_n^{i_n} : a_i \in K, i_j \in \mathbb{N} \right\} \subset L,$$

$$K(\alpha_1, \ldots, \alpha_n) := \left\{ \frac{\beta}{\gamma} : \beta, \gamma \in K[\alpha_1, \ldots, \alpha_n], \gamma \neq 0 \right\} \subset L.$$

$K[\alpha_1, \ldots, \alpha_n]$ heißt die von $\alpha_1, \ldots, \alpha_n$ erzeugte Ringerweiterung, $K(\alpha_1, \ldots, \alpha_n)$ heißt die von $\alpha_1, \ldots, \alpha_n$ erzeugte Körperweiterung. Man sagt in beiden Fällen auch, dass man die Zahlen α_i zu K „adjungiert".

Definition 5.4 (Körpergrad)
Der **Grad** einer Körperweiterung L/K ist

$$[L : K] := \dim_K L \in \{1, \ldots, \infty\}.$$

Im Fall $[L : K] < \infty$ heißt L/K **endlich.**

Anmerkung: Hier fassen wir L als K-Vektorraum auf, siehe hierfür auch die Erklärung zu dieser Definition.

Definition 5.5 (Grad einer algebraischen Zahl)
Ist L/K eine Körperweiterung und $\alpha \in L$ algebraisch, so definieren wir den **Grad** von α über K als

$$\deg_K \alpha := \deg \left(\min_K (\alpha) \right) = [K(\alpha) : K].$$

Anmerkung: Diese Definition ergibt wegen Satz 5.3 Sinn.

Definition 5.6 (algebraische Körpererweiterung)
Eine Körpererweiterung L/K heißt **algebraisch,** wenn jedes Element $\alpha \in L$ algebraisch über K ist.

Definition 5.7 (algebraischer Abschluss, algebraische Zahlen)
- Es sei K ein Körper. Wir nennen K **algebraisch abgeschlossen,** wenn jedes α, das algebraisch über K ist, bereits in K enthalten ist.
- Ein Körper K heißt **algebraisch abgeschlossen,** wenn jedes nichtkonstante Polynom $f \in K[x]$ eine Nullstelle $\alpha \in K$ besitzt.
- Sei L/K eine Körpererweiterung. Dann nennt man die algebraische Körpererweiterung

$$M := \{\alpha \in L : \alpha \text{ ist algebraisch über } K\}$$

den **algebraischen Abschluss** von K in L.
- Ein **algebraischer Abschluss** von K ist eine algebraische Körpererweiterung L/K, sodass L algebraisch abgeschlossen ist.
Für einen Körper K bezeichnen wir mit $\overline{K}$ den algebraischen Abschluss.
- Wir setzen

$$\overline{\mathbb{Q}} := \{\alpha \in \mathbb{C} : \alpha \text{ ist algebraisch über } \mathbb{Q}\}$$

und nennen $\overline{\mathbb{Q}}$ den Körper der **algebraischen Zahlen.**

Anmerkung: Dass die Bezeichnung „der" algebraische Abschluss sinnvoll ist, zeigen wir euch in der Erklärung. Wir haben hier außerdem die beiden Begriffe „algebraischer Abschluss" und „algebraisch abgeschlossen" zweimal definiert. Es ist aber in der Tat so, dass diese Definitionen jeweils äquivalent sind.

Definition 5.8 (Stammkörper)
Sei K ein Körper, $f \in K[x]$ nicht konstant und irreduzibel. Ein **Stammkörper** von f bezüglich K ist eine Körpererweiterung L/K mit $L = K(\alpha)$ und $f(\alpha) = 0$ für eine geeignetes $\alpha \in L$.

Definition 5.9 (K-Homomorphismus)
Seien L/K, L'/K Körpererweiterungen. Dann nennen wir $\sigma : L \to L'$ einen K-**Homomorphismus** von L nach L', wenn σ ein Homomorphismus von L nach L' ist und $\sigma_{|K} = \mathrm{id}_K$ gilt. Ist σ sogar ein Isomorphismus, dann nennen wir σ auch K-**Isomorphismus**. Mit $\mathrm{Hom}_K(L, L')$ bezeichnen wir die Menge der K-Homomorphismen von L nach L'.

Ist $L = L'$, dann nennt man σ einen K-**Automorphismus**. Für die Menge der K-Automorphismen von L schreiben wir $\mathrm{Aut}(L/K)$.

5.2 Sätze und Beweise

Satz 5.1 (Existenz und Eindeutigkeit des Minimalpolynoms)
Sei L/K eine Körpererweiterung und $\alpha \in L$ algebraisch über K. Dann gilt:

- *Es gibt ein eindeutiges Polynom $f \in K[x]$ mit*
  - *f ist irreduzibel über K,*
  - *f ist normiert,*
  - *$f(\alpha) = 0$.*
- *Für alle $g \in K[x]$ mit $g(\alpha) = 0$ gilt $f|g$.*

▶ **Beweis** Wir definieren die Menge

$$I := \{f \in K[x] : f(\alpha) = 0\}.$$

Da α algebraisch ist, gilt $I \neq \emptyset$. Man prüft leicht nach (soll heißen, ihr sollt zeigen ;-)), dass I ein Ideal in $K[x]$ ist. Nun ist aber nach Satz 3.6 $K[x]$ ein euklidischer Ring, also auch ein Hauptidealring, es existiert also ein f_0 mit $I = (f_0)$. Da dieses f_0 bis auf Einheiten eindeutig ist, wählen wir es so, dass es normiert ist. Dann ist f_0 eindeutig und natürlich gilt $f_0(\alpha) = 0$, denn $f_0 \in I$. Wir behaupten, dass dieses f_0 dann auch die restlichen Forderungen erfüllt. Sei also $g \in K[x]$ mit $g(\alpha) = 0$. Dann ist $g \in I$, also gilt wegen $I = (f_0)$ auch $g = f_0 h$ mit einem $h \in K[x]$. Es folgt damit $f_0|g$.

Sei nun $f_0 = g_1 h_1$ eine Zerlegung von f_0. Dann muss entweder $g_1(\alpha) = 0$ oder $h_1(\alpha) = 0$ gelten. Wir nehmen o. B. d. A. $g_1(\alpha) = 0$ an. Dann ist aber $g_1 \in I$, also $g_1 = f_0 h_2$. Zusammen gilt dann $f_0 = f_0 h_1 h_2$. Also ist $h_1 h_2 = 1$, was bedeutet, dass h_1 eine Einheit ist, also ist f_0 irreduzibel. q.e.d.

Satz 5.2

Sei L/K eine Körpererweiterung, $\alpha \in L$. Dann gilt:

1. *α ist genau dann algebraisch über K, wenn $K[\alpha] = K(\alpha)$.*
2. *Ist α algebraisch über K, so besitzt jedes Element $\beta \in K[\alpha] = K(\alpha)$ eine eindeutige Darstellung*

$$\beta = \sum_{i=0}^{n-1} a_i \alpha^i, a_i \in K, n = \deg\left(\min_K(\alpha)\right).$$

▶ **Beweis** Sei o. B. d. A. $\alpha \neq 0$.

1. „$\Rightarrow$": Sei $K[\alpha] = K(\alpha)$. Das bedeutet, dass in $K[x]$ auch Inverse existieren, es existiert also ein $g \in K[x]$ mit $\alpha^{-1} = g(\alpha)$. Es gilt also $\alpha g(\alpha) - 1 = 0$. Definieren wir nun $f(x) := xg(x) - 1 \in K[x] \setminus \{0\}$, so ist α Nullstelle des Polynoms f, also algebraisch über K.

   „$\Leftarrow$": Sei α algebraisch über K und $\beta = g(\alpha) \in K[\alpha] \setminus \{0\}$. Wir müssen zeigen, dass $\beta^{-1} \in K[x]$. Wegen $\beta \neq 0$ ist g nach Satz 5.1 kein Vielfaches von f. Da f irreduzibel ist, ist also g teilerfremd zu f. Also existieren nach dem erweiterten euklidischen Algorithmus $a, b \in K[x]$ mit $1 = af + bg$. Das bedeutet

$$1 = a(\alpha) \underbrace{f(\alpha)}_{=0} + b(\alpha) \underbrace{g(\alpha)}_{=\beta},$$

   also $\beta^{-1} = b(\alpha) \in K[\alpha]$.

2. Sei $\beta = g(\alpha) \in K[\alpha] = K(\alpha)$. Aus der Division mit Rest folgt dann die Existenz und Eindeutigkeit von $q, r \in K[x]$ mit $g = qf + r$, $\deg(r) < n$ oder $r = 0$. Also ist

$$\beta = g(\alpha) = q(\alpha) f(\alpha) + r(\alpha) = r(\alpha) = \sum_{i=0}^{n-1} a_i \alpha^i, a_i \in K.$$

q.e.d.

Satz 5.3

Sei L/K eine Körpererweiterung, $\alpha \in L$. Dann ist α genau dann algebraisch über K, wenn $[K(\alpha) : K] < \infty$. Ist dies der Fall, so gilt $\deg(\min_K(\alpha)) = [K(\alpha) : K]$.

▶ **Beweis**

„⇒": Sei $[K(\alpha) : K] = n < \infty$. Dann sind $1, \ldots, \alpha^n$ linear abhängig über K, das heißt, es existieren $a_i \in K$, wobei nicht alle $a_i = 0$ sind, mit $\sum_{i=0}^{n} a_i \alpha^i = 0$. Also ist α algebraisch über K.

„⇐": Sei α algebraisch über K und $n = \deg(\min_K(\alpha))$. Dann besitzt jedes Element $\beta \in K(\alpha) = K[\alpha]$ eine eindeutige Darstellung $\beta = \sum_{i=0}^{n-1} b_i \alpha^i$, $b_i \in K$, das heißt, $\mathcal{B} = (1, \ldots, \alpha^{n-1})$ ist eine K-Basis von $K(\alpha)$. Also gilt $\deg(\min_K(\alpha)) = n = [K(\alpha) : K] < \infty$.

q.e.d.

Satz 5.4 (Gradsatz)
Seien M/L und L/K Körpererweiterungen. Dann gilt

$$[M : K] = [M : L][L : K]$$

mit der Konvention $a \cdot \infty = \infty \cdot a = \infty$. Insbesondere ist M/K genau dann endlich, wenn M/L und L/K endlich sind.

▶ **Beweis** Sei $\mathscr{A} \subset L$ eine K-Basis von L, $\mathscr{B} \subset M$ eine L-Basis von M. Wir setzen

$$\mathscr{C} := \mathscr{A} \cdot \mathscr{B} = \{\alpha\beta : \alpha \in \mathscr{A}, \beta \in \mathscr{B}\}.$$

Wir wollen zeigen, dass dann $\mathscr{C}$ eine K-Basis von M ist.

Sei $\gamma \in M$ beliebig. Da $\mathscr{B}$ eine L-Basis von M ist, gilt $\gamma = \sum_{i=1}^{n} b_i \beta_i$. Da $\mathscr{A}$ eine K-Basis von L ist, gilt $b_i = \sum_{j=1}^{m} a_{i,j} \alpha_j$ für alle i. Daraus ergibt sich

$$\gamma = \sum_{i=1}^{n} b_i \beta_i = \sum_{j=1}^{m} \sum_{i=1}^{n} a_{i,j} \alpha_j \beta_i \in \langle \mathscr{C} \rangle,$$

also ist $\mathscr{C}$ ein Erzeugendensystem.

Nehmen wir an, dass $0 = \sum_{i=1}^{n} \sum_{j=1}^{m} a_{i,j} \alpha_i \beta_j$ mit $a_{i,j} \in K$, so folgt

$$0 = \sum_{i=1}^{n} \underbrace{\left(\underbrace{\sum_{j=1}^{m} a_{i,j} \alpha_j}_{\in L} \right) \underbrace{\beta_i}_{\in \mathscr{B}}}$$

$$\Rightarrow \sum_{j=1}^{m} a_{i,j} \alpha_j = 0 \ \ \forall i, \qquad \text{da } \mathscr{B} \text{ Basis ist.}$$

$$\Rightarrow a_{i,j} = 0 \ \ \forall i, j, \qquad \text{da } \mathscr{A} \text{ Basis ist.}$$

Also ist $\mathscr{C}$ auch linear unabhängig und damit eine Basis.

Angenommen, $n = [L : K] = |\mathscr{A}| < \infty$, $m = [M : L] = |\mathscr{B}| < \infty$ und es sei

$$\mathscr{A} = \{\alpha_1, \ldots, \alpha_n\}, \mathscr{B} = \{\beta_1, \ldots, \beta_n\}, \alpha_i \neq \alpha_j, \beta_i \neq \beta_j.$$

Dann ist

$$\mathscr{C} = \{\alpha_i \beta_j : i = 1, \ldots, n \text{ und } j = 1, \ldots, m\}.$$

Wir wollen nun noch zeigen, dass $\mathscr{C}$ genau mn verschiedene Elemente enthält. Wäre nun $\alpha_1 \beta_1 = \alpha_2 \beta_2$, so wäre $\alpha_1 \beta_1 - \alpha_2 \beta_2 = 0$ und weil $\mathscr{A}$ und $\mathscr{B}$ Basen sind, würde $\alpha_1 = \beta_1 = \alpha_2 = \beta_2 = 0$ folgen, was ein Widerspruch ist. Also sind die $\alpha_i \beta_j$ paarweise verschieden und es gilt $|\mathscr{C}| = [M : K] = mn$. Genauso folgt, dass $|\mathscr{C}| = \infty$ genau dann, wenn $|\mathscr{A}| = \infty$ oder $|\mathscr{B}| = \infty$ und damit der Satz. q.e.d.

Satz 5.5

Ist $n = [L : K] < \infty$, so ist jedes $\alpha \in L$ algebraisch über K und es gilt $\deg_K (\alpha) = [K (\alpha) : K] \mid [L : K]$. Jede endliche Körpererweiterung ist also algebraisch.

▶ **Beweis** Aus $K \subset K (\alpha) \subset L$ folgt aus dem Gradsatz $[K (\alpha) : K] \mid [L : K] < \infty$ und damit die Behauptung. q.e.d.

Satz 5.6

- *Sei L/K eine Körpererweiterung. Dann ist*

$$M := \{\alpha \in L : \alpha \text{ ist algebraisch über } K\}$$

  eine algebraische Körpererweiterung von K. Insbesondere sind M und als Spezialfall hiervon der algebraische Abschluss $\overline{K}$ ein Körper.
- *Ist α algebraisch (also $\alpha \in \overline{\mathbb{Q}}$), so ist für jedes $m \in \mathbb{N}$ auch $\sqrt[m]{\alpha}$ algebraisch.*

▶ **Beweis**

- Es ist klar, dass alle Zahlen in M algebraisch über K sind. Es ist nur zu zeigen, dass M ein Körper ist. Seien $\alpha, \beta \in M$. Dann sind α, β algebraisch über K. Also ist $K (\alpha, \beta)$ eine endliche Erweiterung von K und damit sind $\alpha + \beta, \alpha - \beta, \alpha\beta$ und $\frac{\alpha}{\beta}$ falls $\beta \neq 0$ algebraisch über K, also in M.

- Sei $f = x^n + a_{n-1}x^{n-1} + \cdots + a_1 x + a_0$ das Minimalpolynom von α. Dann gilt

$$\sqrt[m]{\alpha}^{mn} + a_{n-1}\sqrt[m]{\alpha}^{m(n-1)} + \cdots + a_1 \sqrt[m]{\alpha}^m + a_0$$

$$= \left(\left(\sqrt[m]{\alpha}\right)^m\right)^n + a_{n-1}\left(\left(\sqrt[m]{\alpha}\right)^m\right)^{n-1} + \cdots + a_1 \left(\sqrt[m]{\alpha}\right)^m + a_0$$

$$= \alpha^n + a_{n-1}\alpha^{n-1} + \cdots + a_1\alpha + a_0 = 0,$$

also haben wir ein Polynom f mit $f \neq 0$ und $f\left(\sqrt[m]{\alpha}\right) = 0$ gefunden, damit ist $\sqrt[m]{\alpha}$ algebraisch.

q.e.d.

Satz 5.7 (Existenz und Eindeutigkeit des Stammkörpers)
Sei K ein Körper, $f \in K[x]$ nicht konstant und irreduzibel. Dann gilt:

1. *Es gibt einen Stammkörper L/K von f.*
2. *Sei M/K ein weiterer Stammkörper von f und seien $\alpha \in L$, $\beta \in M$ Nullstellen von f. Dann gibt es einen eindeutigen K-Isomorphismus*

$$\sigma : L \to M$$

mit $\sigma(\alpha) = \beta$.

▶ **Beweis**

1. Sei $L = K[x]/(f)$ und $\alpha := \overline{x}$. Dann ist L/K eine Körpererweiterung von K mit $L = K(\alpha)$ und $f(\alpha) = f(\overline{x}) = \overline{f} = 0$, also ist L/K ein Stammkörper.
2. Sei L/K ein Stammkörper von f und $\alpha \in L$ eine Nullstelle von f. Dann ist der Auswertungshomomorphismus $\varphi_\alpha : K[x] \to L$, $g \mapsto g(\alpha)$ wegen $L = K(\alpha)$ ein surjektiver Ringhomomorphismus und es gilt:

$$\varphi_\alpha(g) = \varphi_\alpha(h) \Leftrightarrow g(\alpha) = h(\alpha) \Leftrightarrow (g-h)(\alpha) = 0 \Leftrightarrow f \mid (g-h) \text{ in } K[x].$$

Es seien nun L und M zwei Stammkörper von f und $\alpha \in L$, $\beta \in M$ Nullstellen. Damit gibt es Isomorphismen

$$\overline{\varphi}_\alpha : K[x]/(f) \to L, \overline{g} \mapsto g(\alpha), \qquad \overline{\varphi}_\beta : K[x]/(f) \to M, \overline{g} \mapsto g(\beta).$$

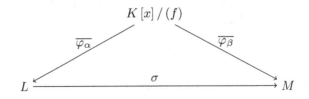

Sei nun $\sigma := \overline{\varphi}_\beta \circ \overline{\varphi}_\alpha^{-1} : L \to M$. Es gilt:

$$\sigma(\alpha) = \overline{\varphi}_\beta\left(\overline{\varphi}_\alpha^{-1}(\alpha)\right) = \overline{\varphi}_\beta(\overline{x}) = \beta,$$

also existiert ein gewünschter Isomorphismus. Wegen

$$L = K(\alpha) = \underbrace{\left\{a_0 + \cdots + a_{n-1}\alpha^{n-1}\right\}}_{=:\gamma}$$

ist

$$\sigma(\gamma) = a_0 + \cdots + a_{n-1}\sigma(\alpha)^{n-1} = a_0 + \cdots + a_{n-1}\beta^{n-1},$$

also ist σ durch $\sigma(\alpha) = \beta$ eindeutig bestimmt.

q.e.d.

Satz 5.8
Sei K ein Körper, $f \in K[x]$ irreduzibel. Dann gibt es eine endliche Körpererweiterung L/K so, dass f über L in Linearfaktoren zerfällt, das heißt,

$$f = c\prod(x - \alpha_i), \quad \alpha_i \in L, c \in K.$$

▶ **Beweis** Übung   q.e.d.

5.3 Erklärungen zu den Definitionen

Erklärung

Zur Definition 5.1 **der Körpererweiterung** Der Begriff der Körpererweiterung ist nicht schwer zu verstehen. Wir haben ja schon früher Untergruppen betrachtet. Das Konzept der Körpererweiterung ist nun einfach dasselbe für Körper, nur aus der „anderen Richtung" betrachtet. Hierfür ist es sinnvoll, sich in Erinnerung zu rufen, dass für einen Körper K dann $K[x]$ ein Ring und $K(x)$ ein Körper ist.

▶ **Beispiel 85**
Zum Beispiel ist $\mathbb{C}/\mathbb{R}$ eine Körpererweiterung, denn $\mathbb{R}$ ist ein Teilkörper von $\mathbb{C}$. Genauso ist $\mathbb{R}/\mathbb{Q}$ eine Körpererweiterung. Keine Körpererweiterungen sind $\mathbb{R}/\mathbb{Z}$, da $\mathbb{Z}$ kein Körper ist oder $\mathbb{Q}/\mathbb{R}$, da $\mathbb{R}$ nicht in $\mathbb{Q}$ enthalten ist. ∎

Betrachten wir dann eine feste Körpererweiterung, so sind die algebraischen Zahlen dieser Körpererweiterung in gewissem Sinne die „einfachsten" Zahlen dieser Körpererweiterung.

▶ **Beispiel 86**

- Sei K ein Körper und L/K eine Körpererweiterung. Dann ist jedes $\alpha \in K$ algebraisch über K, denn α ist Nullstelle des Polynoms $f = x - \alpha \in K[x]$. Jede rationale Zahl ist also algebraisch über $\mathbb{Q}$.
- Sei $K = \mathbb{Q}, L = \mathbb{C}$. Dann sind $\sqrt{2}$ und i algebraisch über $\mathbb{Q}$. Die Polynome sind hier nicht schwer zu finden, das solltet ihr euch selbst überlegen.
- Sei K beliebig, x eine Unbestimmte über K und $L = K(x)$. Dann ist x transzendent über K. Das zu verstehen kann etwas kompliziert sein, ist aber im Prinzip ganz logisch. Angenommen, x wäre algebraisch. Dann muss aber $f := a_n x^n + \cdots + a_0 = 0$ gelten für ein $n \in \mathbb{N}$ und gewisse a_i. Dann muss f aber das Nullpolynom in $K[x]$ sein. Damit sind alle $a_i = 0$, also ist x transzendent.
- Sei $K = \mathbb{Q}, \alpha = \sqrt{2} + \sqrt{3} \in \mathbb{R}$. Dann ist $\alpha^2 = 5 + 2\sqrt{6}$ und damit $\alpha^4 - 10\alpha^2 + 1 = 0$, also ist α algebraisch über $\mathbb{Q}$. ∎

Wir wollen nun noch eine sehr nützliche Darstellung einführen. Man kann sich ja durchaus vorstellen, dass man nicht nur eine Körpererweiterung, sondern mehrere aufeinander aufbauende betrachtet, wie zum Beispiel $\mathbb{C}/\mathbb{R}/\mathbb{Q}$. Dies kann man graphisch darstellen, indem man ein Diagramm zeichnet, in dem sich der größte Körper ganz oben befindet und man durch Linien anzeigt, welche Teilkörper dieser enthält. Zum Beispiel würde man den Körperturm $\mathbb{C}/\mathbb{R}/\mathbb{Q}$ schreiben als

Auch kompliziertere Sachverhalte kann man so gut darstellen, zum Beispiel bedeutet das Diagramm

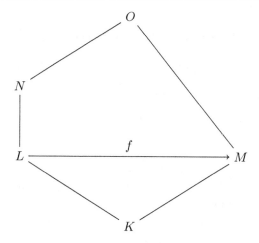

dass K sowohl von L als auch von M ein Teilkörper ist. L wiederum ist enthalten in N und der Körper O enthält N und M. Über die Zusammenhänge der Körper M und N sagt das Diagramm nichts aus, wir wissen aber, dass es eine Funktion f von L nach M gibt.

Erklärung

Zur Definition 5.2 des Minimalpolynoms Das Minimalpolynom ist beim Studium von Körpererweiterungen ein sehr mächtiges Hilfsmittel. Dies wird im Verlauf noch deutlich werden. Wir wollen es hier dabei belassen, zu erwähnen, dass das Polynom $f = x^4 - 10x^2 + 1$ aus Beispiel 86 das Minimalpolynom von $\alpha = \sqrt{2} + \sqrt{3}$ über $\mathbb{Q}$ ist. Weitere Minimalpolynome werden wir später immer mal wieder bestimmen und lernen dann auch Möglichkeiten kennen, wie man das macht. Wichtig ist noch zu erwähnen, dass das Minimalpolynom vom betrachteten Grundkörper K abhängt. So ist zum Beispiel $f = x^2 + 1$ das Minimalpolynom von i über $\mathbb{Q}$, während $f = x - i$ das Minimalpolynom von i über $\mathbb{C}$ ist.

Erklärung

Zur Definition 5.3 der Adjunktion $K[\alpha_1, \ldots, \alpha_n]$ ist die kleinste Ringerweiterung von K, die $\alpha_1, \ldots, \alpha_n$ enthält, $K(\alpha_1, \ldots, \alpha_n)$ ist die kleinste Körpererweiterung von K, die $\alpha_1, \ldots, \alpha_n$ enthält.

Diese Notation wird benutzt, um zu einem Körper Elemente hinzuzufügen, die dieser noch nicht enthält. Dies wird später eine der wichtigsten Methoden sein, um Körpererweiterungen zu definieren. Ein einfaches Beispiel hierfür ist $\mathbb{R}(i) = \mathbb{C}$. Allerdings werden wir hauptsächlich solche Erweiterungen untersuchen, die zwischen $\mathbb{Q}$ und $\mathbb{C}$ liegen. Wie schon gesagt, werden wir weitere später kennenlernen.

$K[x]$ sind nach dieser Definition gerade die Polynome mit Variabler x und Koeffizienten in K und $K(x)$ sind die gebrochen rationalen Funktionen mit Variable x und Koeffizienten in K. Diese Notation ist also verträglich mit der bisherigen.

Zur Definition 5.4 **des Körpergrads** Wir wollen hier die „Größe" einer Körpererweiterung messen. Dafür ist zu beachten, dass bei einer Körpererweiterung L/K der Oberkörper L dann auch ein K-Vektorraum ist, indem man als Vektoraddition die Addition in L definiert und als skalare Multiplikation die Einschränkung der Multiplikation in L auf $K \times L$. Deshalb ergibt diese Definition Sinn. Am Schluss bleibt noch zu sagen, dass natürlich genau dann $[L : K] = 1$ gilt, wenn $L = K$ ist.

▶ **Beispiel 87**

- $\{1, i\}$ ist eine Basis von $\mathbb{C}$ über $\mathbb{R}$, also gilt $[\mathbb{C} : \mathbb{R}] = 2$.
- Es gilt $[\mathbb{R} : \mathbb{Q}] = [\mathbb{C} : \mathbb{Q}] = \infty$. Dies ist der Grund, warum wir hier nicht mit den gesamten komplexen Zahlen arbeiten.   ■

Zur Definition 5.6 **der algebraischen Körperweiterung** Die algebraischen Körpererweiterungen sind die, die wir hier untersuchen wollen. Eine algebraische Körperweiterung über K erhält man zum Beispiel durch $K(\alpha)$, wenn α algebraisch ist. Dann kann man ja jedes Element $\beta \in K(\alpha)$ als Linearkombination von Potenzen von α darstellen und damit ist auch β algebraisch. Genauso gilt aber, dass $K(\alpha)$ für transzendentes α nicht algebraisch ist. Zum Beispiel ist also $\mathbb{Q}(\pi)$ nicht algebraisch, denn wie wir in Kap. 14 sehen werden, ist π transzendent.

Eine algebraische Körpererweiterung kann man durch ihre endlichen Zwischenerweiterungen charakterisieren, für eine algebraische Erweiterung L/K gilt nämlich

$$L = \bigcup_{\substack{K \subset M \subset L \\ [M:K] < \infty}} M,$$

eine algebraische Erweiterung ist also die Vereinigung über alle endlichen Zwischenkörper. Dies kann man recht leicht einsehen. Zunächst ist jedes M in L, also ist auch die Vereinigung aller solcher M in L enthalten. Dies zeigt die eine Inklusion. Nehmen wir uns nun ein $\alpha \in L$, so ist dieses ja algebraisch über K, hat also einen endlichen Grad n. Dann hat der Körper $K(\alpha)$ auch Grad n über K und es gilt $K \subset K(\alpha) \subset L$. Also ist $K(\alpha)$ einer der Körper M, über die vereinigt wird. Damit ist dann α in der Vereinigung enthalten und somit folgt die andere Inklusion.

Zur Definition 5.7 **der algebraischen Zahlen** Hier haben wir nun ein Beispiel dafür, dass in Satz 5.5 die Umkehrung nicht gilt. $\overline{\mathbb{Q}}$ ist nämlich algebraisch über $\mathbb{Q}$, aber nicht endlich. Dies sieht man recht einfach, indem man die Folge der Zahlen $\sqrt[n]{p}$ für eine feste Primzahl p betrachtet. Wäre $\overline{\mathbb{Q}}$ endlich mit Grad $m < \infty$, so betrachten wir die Zahlen $\sqrt[n]{p}$ mit $n > m$. Diese sind algebraisch, aber nicht vom Grad m oder kleiner. Es gilt also $\left[\overline{\mathbb{Q}} : \mathbb{Q}\right] = \infty$.

Wir wollen hier auch noch argumentieren, warum es sinnvoll ist, von „dem" algebraischen Abschluss zu reden. Man kann nämlich zeigen, dass es einen algebraischen Abschluss gibt und dass dieser bis auf Isomorphie eindeutig ist. Man betrachtet die Menge aller algebraischer Körperweiterungen und wählt sich ein maximales Element. Dieser ist dann der algebraische Abschluss. Dafür muss man jedoch den Wohlordnungssatz benutzen, eine Art „unendliche Induktion". Dabei nutzt man außerdem noch, dass für einen Körper K äquivalent sind:

- K ist algebraisch abgeschlossen.
- Jedes Polynom $f \in K[x]$ zerfällt über K in Linearfaktoren.
- Für jede algebraische Körpererweiterung L/K gilt $L = K$.

▶ **Beispiel 88**
- Nach dem Fundamentalsatz der Algebra (Satz 9.12) gilt $\overline{\mathbb{R}} = \mathbb{C}$. Ironischerweise lässt sich dieser Satz sehr elegant nicht mit algebraischen Methoden, sondern mit Mitteln der Funktionentheorie beweisen. Für einen Beweis empfehlen wir das Buch [MK18b] ;-). Dennoch werden wir diesen Satz auch in diesem Buch beweisen, nämlich in Satz 9.12.
- Es ist

$$\overline{\mathbb{Q}} = \{\alpha \in \mathbb{C} : \alpha \text{ ist algebraisch über } \mathbb{Q}\}$$

der algebraische Abschluss von $\mathbb{Q}$.   ■

Erklärung

Zur Definition 5.8 des Stammkörpers Ist L/K ein Stammkörper von f, so gilt automatisch $[L : K] = \deg f$ und für jede Nullstelle $\beta \in L$ von f gilt $L = K(\beta)$, das heißt, als „geeignetes" α in der Definition kann jede Nullstelle von f gewählt werden. Konkrete Beispiele für Stammkörper findet ihr in den Erklärungen zum Satz 5.7.

Erklärung

Zur Definition 5.9 von K-Homomorphismen Ein K-Homomorphismus von L liegt einfach dann vor, wenn der Homomorphismus auf dem Grundkörper „nichts macht".

▶ **Beispiel 89**
- Das wohl einfachste Beispiel ist die Identität id : $L \to L$, denn dies ist dann auch die Identität auf K.
- Sei $L = \mathbb{C}$, $K = \mathbb{R}$ und $\sigma(z) = \overline{z}$, wir betrachten also die komplexe Konjugation. Dies ist, wie wir wissen, ein Isomorphismus von $\mathbb{C}$ und für jede reelle Zahl x gilt $\overline{x} = x$, also ist dies ein $\mathbb{R}$-Isomorphismus von $\mathbb{C}$.

- Sei K ein Körper, $\alpha, \beta \notin K$ algebraisch über K vom selbem Minimalpolynom. Dann ist $\sigma : K(\alpha) \to K(\beta)$, $\sigma(\alpha) = \beta, \sigma_{|K} = K$ ein K-Isomorphismus. ∎

Es ist dabei wichtig, zwischen den Notationen Aut(L) (das sind alle Automorphismen des Körpers L) und Aut(L/K) (das sind alle Automorphismen des Körpers L, die K festhalten) zu unterscheiden.

5.4 Erklärungen zu den Sätzen und Beweisen

Erklärung

Zum Satz 5.1 **über das Minimalpolynom** Dieser Satz erlaubt uns nun, das Minimalpolynom einer algebraischen Zahl zu definieren. Der Beweis verläuft sehr einleuchtend, sobald man erstmal die Menge I untersucht hat. Aus dem Beweis kann man auch leicht eine weitere charakteristische Eigenschaft des Minimalpolynoms von α folgern. Es ist genau das normierte Polynom f mit $f(\alpha) = 0$, das den kleinsten Grad hat.

Erklärung

Zum Satz 5.2 Da wir hier fast ausschließlich Körpererweiterungen betrachten, die von einem algebraischen Element α erzeugt werden, ist dieser Satz sehr nützlich, um etwas über die Struktur von $K(\alpha)$ zu erfahren. Eigentlich müssten wir hier alle Quotienten betrachten. Dieser Satz sagt uns nun, dass das nicht notwendig ist und dass wir uns auf Linearkombinationen von Potenzen beschränken können, wenn wir ein Element $\beta \in K(\alpha)$ durch α ausdrücken wollen. Mehr noch, wir brauchen hier keine sehr hohen Potenzen, sondern immer nur Potenzen bis zum Grad des Minimalpolynoms minus 1. Indem wir $K(\alpha)$ als K-Vektorraum auffassen, ist dies nichts anderes als die Darstellung in der K-Basis $\{1, \alpha, \ldots, \alpha^{n-1}\}$.

Erklärung

Zum Gradsatz (Satz 5.4) Dieser Satz sagt uns, wie wir bei einem sogenannten $M/L/K$ den Grad $[M : K]$ bestimmen können, wenn der Grad der Zwischenkörper bekannt ist. Der Beweis ist sehr einfach mit der alternativen Beschreibung einer Körpererweiterung als Vektorraum. Anwendungsbeispiele werden wir später noch sehen.

Erklärung

Zum Satz 5.5 Wichtig ist hier zu bemerken, dass die Umkehrung dieses Satzes nicht gilt. Ein Beispiel hierfür ist $\overline{\mathbb{Q}}$.

Erklärung

Zum Satz 5.6 Dieser Satz ist sehr nützlich. Zum Beispiel ist es ja sehr einleuchtend, dass für jede rationale Zahl r und jede natürliche Zahl a die Zahl $\sqrt[a]{r}$ algebraisch ist, denn man kann einfach das Minimalpolynom bestimmen. Dann folgt mit dem Satz, dass zum Beispiel die Zahlen

$$\frac{\sqrt[4]{2}+\sqrt[3]{5}}{\sqrt{7}}, \quad \frac{\sqrt[6]{13}}{\frac{\sqrt{2}}{\sqrt[3]{3}} - \sqrt[77]{77}}$$

algebraisch sind, obwohl man nicht so leicht das Minimalpolynom bestimmen können.

▶ **Beispiel 90**

• Wie kann man aber nun zum Beispiel das Minimalpolynom der Zahl $\sqrt[3]{2}+\sqrt{3}$ über $\mathbb{Q}$ bestimmen? Zunächst müssen wir die Minimalpolynome der beiden Summanden kennen. Wir setzen $\alpha := \sqrt[3]{2}, \beta := \sqrt{3}, \gamma := \alpha + \beta$. Dann ist $\min_{\mathbb{Q}}(\alpha) = x^3 - 2, \min_{\mathbb{Q}}(\beta) = x^2 - 3$. Hier ist es nur wichtig sich zu merken, dass deswegen $\alpha^3 = 2, \beta^2 = 3$ gilt. Wir setzen noch $m := \big[\mathbb{Q}(\alpha, \beta) : \mathbb{Q}(\beta)\big], n := [\mathbb{Q}(\alpha, \beta) : \mathbb{Q}(\alpha)]$. Es ist dann $m, n < \infty$ denn α und β sind algebraisch. Außerdem gilt $[\mathbb{Q}(\alpha) : \mathbb{Q}] = 3, [\mathbb{Q}(\beta) : \mathbb{Q}] = 2$. Wir haben also zunächst das folgende Körperdiagramm:

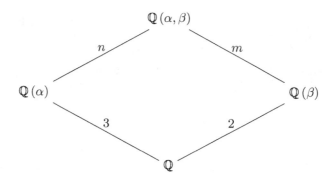

Das Minimalpolynom von α über $\mathbb{Q}$ hat Grad 3. Der Körper $\mathbb{Q}(\beta)$ enthält aber nun mehr Elemente als $\mathbb{Q}$, es könnte also sein, dass das Minimalpolynom dort noch in kleinere Faktoren zerfällt, es gilt also $m \leq 3$. Genauso folgt $n \leq 2$. Nach dem Gradsatz gilt aber $2m = 3n$, es folgt damit $m = 3, n = 2$. Damit ist also $\deg_{\mathbb{Q}}(\gamma) = 6$. Wir haben eine $\mathbb{Q}$-Basis $(1, \alpha, \alpha^2)$ von $\mathbb{Q}(\alpha)$ und eine $\mathbb{Q}(\alpha)$-Basis $(1, \beta)$ von $\mathbb{Q}(\alpha, \beta)$. Damit erhalten wir als $\mathbb{Q}$-Basis von $\mathbb{Q}(\alpha, \beta)$

$$\mathscr{C} := \big\{1, \alpha, \alpha^2, \beta, \alpha\beta, \alpha^2\beta\big\}.$$

Wir schreiben die ersten sechs Potenzen von γ als Linearkombination von $\mathscr{C}$:

$$\gamma^0 = 1$$
$$\gamma^1 = \alpha + \beta$$
$$\gamma^2 = \alpha^2 + 2\alpha\beta + \beta^2 = 3 + \alpha^2 + 2\alpha\beta$$
$$\gamma^3 = 3\alpha + 3\beta + \alpha^3 + \alpha^2\beta + 2\alpha^2\beta + 2\alpha\beta^2 = 2 + 3\alpha^2\beta + 9\alpha + 3\beta$$
$$\gamma^4 = 9 + 2\alpha + 8\beta + 18\alpha^2 + 12\alpha\beta$$
$$\gamma^5 = 60 + 45\alpha + 9\beta + 10\alpha\beta + 2\alpha^2 + 30\alpha^2\beta$$
$$\gamma^6 = 31 + 90\alpha + 120\beta + 63\alpha\beta + 135\alpha^2 + 12\alpha^2\beta.$$

Nun soll aber für gewisse a_i die Gleichung $\sum_{i=1}^{6} a_i \gamma^i = 0$ und $a_6 = 1$ gelten. Dies ist gleichbedeutend mit

$$\begin{pmatrix} 1 & 0 & 3 & 2 & 9 & 60 & 31 \\ 0 & 1 & 0 & 9 & 2 & 45 & 90 \\ 0 & 0 & 1 & 0 & 18 & 2 & 135 \\ 0 & 1 & 0 & 3 & 8 & 9 & 120 \\ 0 & 0 & 2 & 0 & 12 & 10 & 63 \\ 0 & 0 & 0 & 3 & 0 & 30 & 12 \end{pmatrix} \begin{pmatrix} a_0 \\ a_1 \\ a_2 \\ a_3 \\ a_4 \\ a_5 \\ a_6 \end{pmatrix} = \begin{pmatrix} 0 \\ 0 \\ 0 \\ 0 \\ 0 \\ 0 \end{pmatrix}.$$

Bestimmt man den Kern der Matrix und normiert dann so, dass $a_6 = 1$ gilt, so erhält man $a_5 = 0, a_4 = -9, a_3 = -4, a_2 = -27, a_1 = -36, a_0 = -23$, also ist $\min_{\mathbb{Q}}(\gamma) = x^6 - 9x^4 - 4x^3 - 27x^2 - 36x - 23$ das Minimalpolynom.

- Seien nun $K = \mathbb{Q}$, p, q verschiedene Primzahlen und $\gamma := \sqrt{p} + \sqrt{q}$. Es gilt hier $[\mathbb{Q}(\sqrt{p}) : \mathbb{Q}] = [\mathbb{Q}(\sqrt{q}) : \mathbb{Q}] = 2$, wir haben also folgendes Diagramm

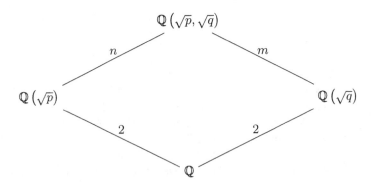

und es gilt wieder $m, n \leq 2$ und nach dem Gradsatz $m = n$. Wir wollen nun den Fall $m = n = 1$ ausschließen. In diesem Fall wäre $\sqrt{q}$ bereits in $\mathbb{Q}(\sqrt{p})$

enthalten, das heißt, es wäre $\sqrt{q} = a + b\sqrt{p}$ mit $a, b \in \mathbb{Q}$. Durch Quadrieren und Umformen folgt dann aber

$$\sqrt{pq} = \frac{p + bq - a^2}{2b},$$

das heißt, $\sqrt{pq}$ wäre eine rationale Zahl. Man kann aber (genauso wie man beweist, dass $\sqrt{2}$ irrational ist) zeigen, dass das nicht sein kann. Es folgt dann $m = n = 2$ und damit $\left[\mathbb{Q}\left(\sqrt{p}, \sqrt{q}\right) : \mathbb{Q} \right] = 4$. Eine Basis ist gegeben durch $1, \sqrt{p}, \sqrt{q}, \sqrt{pq}$. Wir stellen die Potenzen von γ in dieser Basis dar. Es ist

$$\gamma^1 = \sqrt{p} + \sqrt{q}, \quad \gamma^2 = p + q + 2\sqrt{pq}, \quad \gamma^4 = p^2 + q^2 + 6pq + 4\left(p + q\right)\sqrt{pq}.$$

Es ist damit $\gamma^4 - 2\left(p + q\right)\gamma^2 + \left(p + q\right)^2 = 0$, also ist $x^4 - 2\left(p + q\right)x^2 + \left(p + q\right)^2$ das Minimalpolynom von $\sqrt{p} + \sqrt{q}$.

- Betrachten wir nun $K = \mathbb{Q}$ und $\gamma = \sqrt{2} + i$. Zeichnet euch einmal auf, wie das Körperdiagramm aussieht. Hier können wir sofort sehen, dass dann $m = n = 2$ gelten muss, denn der Teilkörper $\mathbb{Q}\left(\sqrt{2}\right)$ ist reell und damit ist i nicht in diesem Körper enthalten. Wieder erhalten wir als Grad 4 und eine Basis ist $1, i, \sqrt{2}, i\sqrt{2}$. Darstellen der Potenzen von γ in dieser Basis ergibt

$$\gamma^1 = \sqrt{2} + i, \gamma^2 = 1 + 2i\sqrt{2}, \gamma^4 = -7 + 4i\sqrt{2}.$$

Also $\gamma^4 - 2\gamma^2 + 9 = 0$ und damit ist $x^4 - 2x^2 + 9$ das Minimalpolynom von $\sqrt{2} + i$.

- Es ist tatsächlich nötig, am Anfang den Körpergrad zu bestimmen. Betrachten wir einmal $\gamma := \sqrt[4]{2} + \sqrt{2} + \sqrt{3}$, so haben wir folgendes Körperdiagramm:

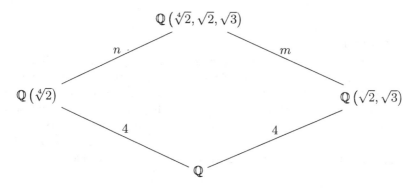

Es gilt $m = n$ und $m, n \leq 4$. Da $\sqrt[4]{2}$ eine vierte Wurzel ist und $\mathbb{Q}\left(\sqrt{2}, \sqrt{3}\right)$ von zweiten Wurzeln erzeugt wird, ist $\sqrt[4]{2} \notin \mathbb{Q}\left(\sqrt{2}, \sqrt{3}\right)$. Es ist aber $\sqrt[4]{2}$ eine

Nullstelle des Polynoms $x^2 - \sqrt{2} \in \mathbb{Q}\left(\sqrt{2}, \sqrt{3}\right)[x]$, also hat $\sqrt[4]{2}$ Grad 2 über $\mathbb{Q}\left(\sqrt{2}, \sqrt{3}\right)$. Es ist also $m = n = 2$ und $\left[\mathbb{Q}\left(\sqrt[4]{2}, \sqrt{2}, \sqrt{3}\right) : \mathbb{Q}\right] = 8$.

Hier ist $\left\{1, \sqrt{2}, \sqrt{3}, \sqrt{6}\right\}$ eine Basis von $\mathbb{Q}\left(\sqrt{2}, \sqrt{3}\right)$ und $\left\{1, \sqrt[4]{2}, \sqrt{2}, \sqrt[4]{8}\right\}$ eine Basis von $\mathbb{Q}\left(\sqrt[4]{2}\right)$. Man sieht, dass außer der 1 noch die $\sqrt{2}$ in beiden Basen auftaucht. Bilden wir hier alle 16 möglichen Kombinationen, so sind diese über $\mathbb{Q}$ nicht linear unabhängig, da der Grad ja 8 ist. Beseitigen wir die linear abhängigen, so erhalten wir als Basis für $\mathbb{Q}\left(\sqrt[4]{2}, \sqrt{2}, \sqrt{3}\right)$ dann

$$\left\{1, \sqrt{2}, \sqrt{3}, \sqrt{6}, \sqrt[4]{2}, \sqrt[4]{8}, \sqrt[4]{18}, \sqrt[4]{72}\right\}.$$

Ab hier geht die Berechnung dann analog wie in den obigen Fällen.

Ein Anmerkung noch zum Schluss: Obwohl wir immer ein Element der Form $\alpha + \beta$ untersuchen, bewegen wir uns immer in der Körpererweiterung $\mathbb{Q}(\alpha, \beta)/\mathbb{Q}$. Das liegt daran, dass wir von dieser leicht eine Basis angeben können, wenn wir $\mathbb{Q}(\alpha)$ und $\mathbb{Q}(\beta)$ kennen. Es ist natürlich klar, dass $\mathbb{Q}(\alpha + \beta) \subset \mathbb{Q}(\alpha, \beta)$ gilt. In den Beispielen (mit Ausnahme des letzten) zeigen wir außerdem immer vor der Berechnung des Minimalpolynoms, dass sogar Gleichheit gilt. ∎

Es gilt nicht nur, dass $\overline{\mathbb{Q}}$ ein Körper ist (man also bei Multiplikation, Addition, Subtraktion und Division in $\overline{\mathbb{Q}}$ bleibt), sondern auch beim Wurzelziehen bleibt man im Körper. Das gilt ja zum Beispiel für $\mathbb{R}$ nicht, denn $\sqrt{-1} = i \notin \mathbb{R}$.

Beachtet aber, dass das Polynom für $\sqrt[m]{\alpha}$ aus dem Beweis nicht unbedingt ein Minimalpolynom ist. Zum Beispiel hat für $K = \mathbb{R}$, $\alpha = i$ und $m = 2$ dieses Polynom ja Grad $m \cdot 2 = 4$, da i Grad 2 hat. Aber jedes Element aus $\mathbb{C}$ hat höchstens Grad 2 über $\mathbb{R}$, also kann ein Minimalpolynom nicht Grad 4 haben. Dies ist aber auch für den Beweis egal, da wir kein Minimalpolynom, sondern nur irgendein Polynom mit $f\left(\sqrt[m]{\alpha}\right) = 0$ brauchen.

Erklärung

Zum Satz 5.7 **über Stammkörper** Zuerst mal einige Worte zum Beweis. Vielleicht fragt ihr euch, was das für ein komischer Isomorphismus von $K[x]/(f)$ nach $K(\alpha)$ ist. Das ist aber recht leicht einzusehen, wenn man sich einmal aufschreibt, was beides bedeutet. Dabei ist wichtig, dass f das Minimalpolynom von α ist. Zunächst einmal sind das beides Körper, denn f ist irreduzibel. Im Körper $K[x]/(f)$ gilt nun $\overline{f} = \overline{x^n + a_{n-1}x^{n-1} + \cdots + a_0} = 0$. Deshalb können wir alle Potenzen von $\overline{x}$, die größergleich n sind, durch kleinere ausdrücken. Es gilt also:

$$K[x]/(f) = \left\{k_{n-1}\overline{x}^{n-1} + \cdots + k_0 : k_i \in K\right\} \text{ und } \overline{x}^n + a_{n-1}\overline{x}^{n-1} + \cdots + a_0 = 0.$$

Nun haben wir aber schon gesehen, dass auch

$$L(\alpha) = \left\{ k_{n-1}\alpha^{n-1} + \cdots + k_0 : k_i \in K \right\} \text{ und } g^n + a_{n-1}g^{n-1} + \cdots + a_0 = 0$$

gilt und der einzige Unterschied ist hier der Name. Identifizieren wir also $\bar{x}$ mit α, so erhalten wir gerade unseren Isomorphismus und einen Stammkörper und damit auch sofort (durch das kommutative Diagramm im Beweis) einen gewünschten Isomorphismus zwischen L und M. Dass es nicht mehrere geben kann, liegt einfach daran, dass L schon von α und M von β erzeugt wird.

▶ **Beispiel 91**

- Sei $K = \mathbb{R}$, $f = x^2 + 1$. Dann ist $\mathbb{C}/\mathbb{R}$ ein Stammkörper von f, also

$$\mathbb{C} = \mathbb{R}/\left(x^2 + 1\right) = \mathbb{R}(i), i := \bar{x} \Rightarrow i^2 + 1 = 0 \Rightarrow i^2 = -1.$$

  Über $\mathbb{C}$ gilt nun $f = (x + i)(x - i)$, also existiert ein $\mathbb{R}$-Isomorphismus $\sigma : \mathbb{C} \to \mathbb{C}$ mit $\sigma(i) = -i$. Dies ist genau die komplexe Konjugation. Algebraisch sind also i und $-i$ nicht unterscheidbar.
- Sei $K = \mathbb{Q}$, $f = x^3 - 2$. Dann sind

$$L_1 = \mathbb{Q}\left(\sqrt[3]{2}\right) \subset \mathbb{R}, \quad L_2 = \mathbb{Q}\left(\zeta_3^{(1)}\sqrt[3]{2}\right) \subset \mathbb{C}, \quad L_3 = \mathbb{Q}\left(\left(\zeta_3^{(1)}\right)^2\sqrt[3]{2}\right) \subset \mathbb{C},$$

  der Stammkörper, wobei hier $\zeta_3^{(1)}$ die dritte Einheitswurzel $e^{\frac{2\pi i}{3}}$ (siehe Kap. 12) bezeichnet. Diese sind als Teilmenge von $\mathbb{C}$ paarweise verschieden, aber als Körpererweiterungen von $\mathbb{R}$ nach Satz 5.7 alle isomorph. ■

Erklärung

Zum Satz 5.8 Dieser Satz folgt nun direkt aus der Existenz des Stammkörpers, denn ist $f \in K[x]$ irreduzibel, so gibt es einen Stammkörper $L = K(\alpha)$, wobei dann L/K endlich ist und eine Nullstelle von f enthält. Da f nur endlich viele Nullstellen hat, können wir diesen Prozess wiederholen bis wir einen Körper erhalten, der alle Nullstellen enthält.

▶ **Beispiel 92**

- Sei $f = x^3 - 2 \in \mathbb{Q}[x]$. Die drei Nullstellen von f sind genau das $\sqrt[3]{2}$-Vielfache der drei dritten Einheitswurzeln, von denen genau eine (nämlich 1) reell ist. Wir adjungieren also zunächst $\sqrt[3]{2}$ zu $\mathbb{Q}$. Dadurch haben wir noch nicht alle Nullstellen erhalten, wir adjungieren also eine primitive dritte Einheitswurzel ζ_3 und erhalten so den Körper $\mathbb{Q}\left(\sqrt[3]{2}, \zeta_3\right)$. Diese ist natürlich endlich über $\mathbb{Q}$ und f zerfällt in Linearfaktoren.
- Ähnlich können wir im Fall $f = (x - 1)\left(x^2 - 2\right)\left(x^2 + 1\right)$ vorgehen. Als erstes adjungieren wir die erste Nullstelle (nämlich 1), dadurch erhalten wir nichts

Neues. Durch Adjunktion von $\sqrt{2}$ befinden sich dann alle Nullstellen des zweiten Faktors in unserer Körpererweiterung. Am Schluss adjungieren wir noch i. Das Polynom zerfällt dann über $\mathbb{Q}\left(\sqrt{2}, i\right)$ in Linearfaktoren,

$$f = (x - 1)\left(x - \sqrt{2}\right)\left(x + \sqrt{2}\right)(x - i)(x + i).$$

∎

Endliche Körper

6

Inhaltsverzeichnis

Schon in der linearen Algebra 1 begegnet dem Studenten der Begriff des Körpers. Eventuell haben einige von euch dort auch schon die sogenannten endlichen Körper kennengelernt. Damit niemandem dieser Genuss entgeht, wollen wir endliche Köper in diesem Kapitel behandeln. Wir werden sehen, dass endliche Körper recht gut „in den Griff" zu bekommen sind und wir alle Körper mit endlich vielen Elementen sogar klassifizieren können.

Wir wollen hierbei zwei Tatsachen herausstellen:

- Die Anzahl der Elemente von endlichen Körpern ist eine Primzahlpotenz.
- Für jede Primzahl p und jede natürliche Zahl $n > 0$ gibt es bis auf Isomorphie genau einen Körper mit p^n Elementen.

Wir wollen diese beiden Eigenschaften auf jeden Fall beweisen, denn dadurch werden endliche Körper klassifiziert und so was ist immer etwas Schönes.

Für alle, die das Buch von Wohlgemuth [Woh10] kennen (für alle, die es nicht kennen, es sei jedem ans Herz gelegt! Es ist wirklich ein Schmuckstück für weitere interessante Einblicke, die wir hier nicht alle aufführen können.): Einer der beiden Autoren hat dort auch einen Artikel über endliche Körper zusammen mit einem zweiten Autor geschrieben. Daher werden wir uns hier ein wenig daran orientieren, aber

© Springer-Verlag GmbH Deutschland, ein Teil von Springer Nature 2019
F. Modler und M. Kreh, *Tutorium Algebra*,
https://doi.org/10.1007/978-3-662-58690-7_6

auch in dem anderen Buch findet ihr noch weitere tolle Betrachtungen. Dem zweiten Autor sei an dieser Stelle nochmals für seine damaligen wertvollen Anmerkungen, Korrekturen und Ergänzungen herzlich gedankt.

6.1 Definitionen

Wir wiederholen die Definition 1.7 eines Körpers, da sie hier von fundamentaler Bedeutung ist.

Definition 6.1 (endlicher Körper)
Unter einem **Körper** verstehen wir ein Tupel $(K, +, \cdot)$ bestehend aus einer nichtleeren Menge K sowie zwei Verknüpfungen

$$+, \cdot : K \times K \to K,$$

sodass die folgenden Eigenschaften erfüllt sind.

  i) $(K, +)$ ist eine abelsche (kommutative) Gruppe. Das neutrale Element bezeichnen wir mit 0.
 ii) $(K \setminus \{0\}, \cdot)$ ist eine abelsche Gruppe. Das neutrale Element wird mit 1 notiert.
iii) Es gelten die Distributivgesetze, das heißt, für alle $x, y, z \in K$ gilt

$$x \cdot (y + z) = x \cdot y + x \cdot z.$$

Ein Körper heißt **endlich,** wenn er endlich viele Elemente besitzt.

Anmerkung: Das zweite Distributivgesetz $(x + y) \cdot z = x \cdot z + y \cdot z$ folgt sofort aus der Kommutativität.

Definition 6.2 (Primkörper)
Es sei K ein Körper. Der kleinste Teilkörper von K,

$$F = \bigcap_{\substack{M \subset K, \\ M \text{ ist Teilkörper}}} M,$$

heißt der **Primkörper** von K.

Definition 6.3 (Charakteristik)
Für alle $x \in K$ und $n \in \mathbb{Z}$ ist das Körperelement $n \cdot x$, definiert als

$$n \cdot x := \underbrace{x + \ldots + x}_{n-\text{mal}}.$$

Für $n < 0$ gilt

$$|n| \cdot (-x) = \underbrace{(-x) + \ldots + (-x)}_{|n|-\text{mal}},$$

wobei es genau $|n|$ Elemente gibt. Die **Charakteristik** eines Körpers K, geschrieben char(K), ist dann die kleinste positive natürliche Zahl n, sodass $n \cdot 1 = 0$ ist. Hierbei ist 1 das Einselement des Körpers. Falls es kein solches n gibt, so ist char$(K) = 0$.

Definition 6.4 (Frobeniusabbildung)
Die Abbildung $x \mapsto x^p$ bezeichnen wir (und das machen nicht nur wir so :-P) als **Frobenius-Abbildung.**

6.2   Sätze und Beweise

Satz 6.1
Für $p \in \mathbb{N}$, $p \geq 2$ gelten die folgenden drei äquivalenten Aussagen:

i) $(\mathbb{Z}/p\mathbb{Z}, +, \cdot)$ *ist ein Körper.*
ii) $(\mathbb{Z}/p\mathbb{Z}, +, \cdot)$ *ist nullteilerfrei.*
iii) p *ist eine Primzahl.*

▶ **Beweis** Die Aussagen lassen sich mit Mitteln aus dem zweiten und dritten Kapitel recht gut beweisen. Genauer folgt dies direkt aus den Sätzen 2.4 und 2.8. Überlegt euch, wie! 						q.e.d.

Satz 6.2
Die Charakteristik eines endlichen Körpers ist entweder Null oder eine Primzahl p.

▶ **Beweis** Sei zunächst char$(K) = p \neq 0$ und p sei keine Primzahl. Wir unterscheiden nun zwei Fälle, wobei einer trivial ist.

- Der Fall $p = 1$ kann nicht eintreten, denn $\mathbb{F}_2$ ist der kleinstmögliche Körper, der nach Beispiel 95 Charakteristik 2 besitzt. Andere Begründung: $p = 1$ hieße $1 = 1 \cdot 1 = 0$, was ein Widerspruch zu $1 \neq 0$ ist.
- Es sei also $p > 2$ und keine Primzahl. Dann besitzt p zum Beispiel die Darstellung

$$p = t \cdot s \text{ mit } 1 < s, t < p.$$

Wir erhalten somit sofort

$$0 = p \cdot 1 = (ts) \cdot 1 = (t \cdot 1)(s \cdot 1).$$

Ein Körper ist aber insbesondere nullteilerfrei. Es folgt also $t \cdot 1 = 0$ oder $s \cdot 1 = 0$. Dies kann wegen der Minimalität von p aber nicht sein. Dies ist der gesuchte Widerspruch und folglich muss p eine Primzahl sein.

Wir sind fertig!   q.e.d.

Satz 6.3
*Sei K ein beliebiger Körper und F sein Primkörper (siehe Definition 6.2).
Dann können nur zwei Fälle auftauchen (die wir einzeln untersuchen werden):*

i) char$(K) = 0 \Leftrightarrow F \cong \mathbb{Q}$,
ii) char$(K) = p \neq 0 \Leftrightarrow F \cong \mathbb{Z}/p\mathbb{Z}$.

▶ **Beweis** In beiden Fällen beweisen wir nur die Hinrichtungen. Die Rückrichtungen sind jeweils sehr einfach zu überlegen und überlassen wir euch als kleine Übungsaufgabe.

Zu i): Da für $n \neq 0$ auch $n \cdot 1$ ein von Null verschiedenes Element von F ist, liegt auch $(n \cdot 1)^{-1}$ in F, denn F ist ein Primkörper. Somit gilt:

$$P' := \{(m \cdot 1)(n \cdot 1)^{-1} : m, n \in \mathbb{Z}, n \neq 0\} \subset F.$$

Da aber P' bereits ein Körper ist, offensichtlich isomorph zu $\mathbb{Q}$ (da Elemente aus $\mathbb{Q}$ genau diese Gestalt besitzen), folgt $F = P' \cong \mathbb{Q}$.

Zu ii): Es sei $\phi : \mathbb{Z} \to K$ der eindeutig bestimmte Ringhomomorphismus, das heißt $\phi(n) := n \cdot 1$. Es ist dann ker$(\phi) = p\mathbb{Z}$ mit $p = $ char(K) als eine Primzahl. Der Isomorphiesatz (Satz 1.23) zeigt schließlich

$$\mathbb{Z}/p\mathbb{Z} = \mathbb{Z}/\ker(\phi) \cong \phi(\mathbb{Z}) = \{0, 1, 2, \ldots, (p-1) \cdot 1\}.$$

Da 1 in jedem Teilkörper liegt und Teilkörper insbesondere bezüglich der Addition abgeschlossen sind (denn sie sind ja selbst wieder Körper), liegt auch $\phi(\mathbb{Z})$ in jedem Teilkörper. Nun ist aber $\mathbb{Z}/p\mathbb{Z} \cong \phi(\mathbb{Z})$ selbst ein Körper, das heißt, es ist $\phi(\mathbb{Z}) = F$. Wir haben also gezeigt, dass der Primkörper von K zu $\mathbb{Z}/p\mathbb{Z}$ isomorph ist.

Dies war zu zeigen. q.e.d.

Satz 6.4
Es sei K ein endlicher Körper. Dann ist $\mathrm{char}(K) > 0$.

▶ **Beweis** Dies ist ein direktes Korollar aus Satz 6.3. Denn wäre $\mathrm{char}(K) = 0$, so besäße K den Teilkörper $\mathbb{Q}$ nach Satz 6.3. Dieser ist aber nicht endlich und damit kann die Charakteristik nicht null sein. Also muss $\mathrm{char}(K) > 0$ gelten. q.e.d.

Satz 6.5
Es sei K ein endlicher Körper. Dann gilt $|K| = p^n$ mit $p = \mathrm{char}(K) > 0$ als Charakteristik des Körpers K und $n \geq 1$.

▶ **Beweis** Es sei $F \subset K$ der Primkörper von K. Nach Satz 6.3 und seinem Korollar, Satz 6.4, gilt $F \cong \mathbb{Z}/p\mathbb{Z}$ mit $p = \mathrm{char}(K) > 0$ prim. Es liegt dann eine Körpererweiterung K/F vor. Diese muss aber eine endliche Erweiterung sein, denn jede Basis des Vektorraums K über dem Körper F muss eine Teilmenge von K sein und daher endlich. Es folgt nun, dass K als Vektorraum zu F^n isomorph ist, und zwar für $n = \dim_F(K) = [K : F]$, also gilt die Behauptung:

$$|K| = |F^n| = p^n.$$

q.e.d.

Satz 6.6 (Körper mit Primzahlordnung)
Es sei K ein Körper und $|K| = p$ eine Primzahl. Dann ist $K \cong \mathbb{Z}/p\mathbb{Z}$.

▶ **Beweis** Wir haben bereits in den oberen Sätzen gesehen (vor allem Satz 6.3), dass K einen zu $\mathbb{Z}/p\mathbb{Z}$ isomorphen Primkörper haben muss. Da nun aber K und dieser Teilkörper dieselbe Ordnung besitzen, müssen sie bereits gleich sein. Also ist K selbst zu $\mathbb{Z}/p\mathbb{Z}$ isomorph. q.e.d.

Satz 6.7
Es sei K ein Körper mit Charakteristik $\mathrm{char}(K) = p \neq 0$. *Dann gilt für alle*
$x, y \in K$ *und* $n \in \mathbb{N}$

$$(xy)^{p^n} = x^{p^n} \cdot y^{p^n} \quad und \quad (x + y)^{p^n} = x^{p^n} + y^{p^n}.$$

▶ **Beweis** Die erste Aussage sollte klar sein, denn Körper sind ja gerade auch kommutative Ringe. Für den zweiten Teil nutzen wir den binomischen Lehrsatz. In jedem Körper K gilt:

$$(x + y)^p = x^p + \sum_{k=1}^{p-1} \binom{p}{k} \cdot x^k \cdot y^{p-k} + y^p. \tag{6.1}$$

Nach Definition gilt weiterhin:

$$\binom{p}{k} = \frac{p!}{k! \cdot (p - k)!} \Leftrightarrow p! = \binom{p}{k} \cdot k! \cdot (p - k)!.$$

Nun enthalten aber weder $k!$ noch $(p - k)!$ den Faktor p (dies gilt wegen $1 \leq k \leq p - 1$). Dieser kommt aber vor und daher muss $\binom{p}{k}$ durch p teilbar sein. Da aber $\mathrm{char}(K) = p$, sind alle diese Terme $\binom{p}{k} x^k y^{p-k}$ gleich null. Der mittlere Term von Gl. (6.1) fällt also weg und es bleibt also nur $(x + y)^p = x^p + y^p$ übrig. Induktiv erhält man dann die Behauptung

$$(x + y)^{p^n} = x^{p^n} + y^{p^n}$$

für alle $n \geq 1$.   q.e.d.

Satz 6.8
Es sei K ein endlicher Körper mit Charakteristik $\mathrm{char}(K) = p \neq 0$. *Dann ist*
die Frobeniusabbildung $x \mapsto x^p$ *ein Automorphismus.*

▶ **Beweis** Der Satz 6.7 liefert gerade die Homomorphieeigenschaft der Frobeniusabbildung, also $(x + y)^p = x^p + y^p$. Da diese nicht die Nullabbildung ist, ist sie als Körperhomomorphismus bereits injektiv. In einer endlichen Menge ist eine injektive Abbildung aber automatisch surjektiv, also insgesamt bijektiv, woraus jetzt die Behauptung folgt.   q.e.d.

Satz 6.9 *Sei K ein Körper mit Charakteristik p, wobei p prim sein soll. Dann gilt*

$$\sigma_{|\mathbb{F}_p} = \mathrm{Id}_{\mathbb{F}_p}$$

für jeden Körperautomorphismus $\sigma : K \to K$.

▶ **Beweis** Jeder Körperautomorphismus $\sigma : K \to K$ ist die Identität auf $\mathbb{F}_p$, denn für $a \in \mathbb{F}_p$ gilt doch

$$\sigma(a) = \sigma(\underbrace{1 + \ldots + 1}_{a-\mathrm{mal}}) = \underbrace{\sigma(1) + \ldots + \sigma(1)}_{a-\mathrm{mal}} = a,$$

wobei $\sigma(1) = 1$ ist. Die Behauptung folgt.   q.e.d.

Satz 6.10 (der kleine Satz von Fermat)
Es sei p eine Primzahl und $\gcd(a, p) = 1$, das heißt, p teilt a nicht. Dann ist

$$a^{p-1} \equiv 1 \mod p.$$

▶ **Beweis** Der kleine Fermat folgt sofort aus dem obigen Satz 6.9, denn $\overline{a}^p = \overline{a}$ liefert sofort $\overline{a}^{p-1} = 1$ in $\mathbb{F}_p$, falls $\overline{a} \neq 0$ ist.   q.e.d.

Satz 6.11
Es sei p prim und $q := p^n$ mit $n \in \mathbb{N}_{>0}$. Der Zerfällungskörper K von $x^q - x$ über $\mathbb{F}_p$ hat höchstens q Elemente.

Anmerkung: Wir werden in den Erklärungen sogar die Gleichheit zeigen, dass also $|K| = q$.

▶ **Beweis** Es seien $\alpha, \beta \in K$ zwei Nullstellen von $x^q - x$. Es gilt also $\alpha^q = \alpha$ und $\beta^q = \beta$. Weil $q = p^n$ ist, gilt dann (siehe Satz 6.7):

$$(\alpha + \beta)^q = \alpha^q + \beta^q = \alpha + \beta$$

und

$$(\alpha\beta)^q = \alpha^q \beta^q = \alpha\beta.$$

Also sind $\alpha + \beta$ und $\alpha\beta$ ebenfalls Nullstellen von $x^q - x$. Die Nullstellenmenge von $x^q - x$ bildet daher einen Teilkörper von K, und weil K der von allen Nullstellen erzeugte Teilkörper ist, muss die Nullstellenmenge sogar mit K übereinstimmen. Jetzt sind wir am Ziel: $x^q - x$ ist ein Polynom vom Grad q, kann also höchstens q Nullstellen in jedem Körper haben (dies ist wieder der Fundamentalsatz der Algebra). Daher muss $|K| \le q$ sein.   q.e.d.

Satz 6.12

Es sei $f \in \mathbb{F}_p[x]$ normiert und irreduzibel und d bezeichne den Grad des Polynoms f. Es sei weiter $K/\mathbb{F}_p$ eine Körpererweiterung vom Grad n. Dann sind folgende Aussagen äquivalent:

i) f besitzt eine Nullstelle $\alpha \in K$.
ii) $f \mid (x^q - x)$ in $\mathbb{F}_p[x]$.
iii) f zerfällt über K in Linearfaktoren.
iv) Es gilt $d \mid n$.

▶ **Beweis**   Wir verwenden einen Ringschluss.

i)⇒ii):   Es gilt:

$$x^q - x = \prod_{\beta \in K} (x - \beta) \in K[x].$$

Insbesondere ist $\alpha \in K$ eine Nullstelle von $x^q - x$ nach Voraussetzung. Da f das Minimalpolynom von α über $\mathbb{F}_p$ ist, folgt $f \mid x^q - x$.

ii)⇒iii): $x^q - x$ zerfällt über K vollständig in Linearfaktoren, welcher dann aber auch für jeden Teiler von $x^q - x$ gilt, also insbesondere für f.

iii)⇒iv):   Für $\alpha \in K$ als eine der Nullstellen von f ist $\tilde{K} = \mathbb{F}_p[\alpha] \subset K$ ein Teilkörper von K und damit

$$\left[\tilde{K} : \mathbb{F}_p \right] = \deg(f) = d.$$

Der Gradsatz impliziert nun $d \mid n$, da

$$\underbrace{\left[K : \mathbb{F}_p \right]}_{=n} = \left[K : \tilde{K} \right] \cdot \underbrace{\left[\tilde{K} : \mathbb{F}_p \right]}_{=d}.$$

iv)⇒i):   Es gelte $d \mid n$. Dann existiert ein Teilkörper $\tilde{K} \subset K$ mit $\left[\tilde{K} : \mathbb{F}_p \right] = d$, also ist $\left| \tilde{K} \right| = p^d$. Es bezeichne $\overline{K}$ den Stammkörper von f. Dann gilt $\left[\overline{K} : \mathbb{F}_p \right] = d$ und $\left| \overline{K} \right| = p^d$. Es muss damit $\tilde{K} \cong \overline{K}$ gelten und folglich ist $\tilde{K}$ der Stammkörper von f. Insbesondere hat f Nullstellen in $\tilde{K}$.

Dies vervollständigt den Beweis!   q.e.d.

Satz 6.13

Es sei $q = p^n$. Dann sind die normierten irreduziblen Faktoren des Polynoms $x^q - x$ genau die normierten irreduziblen Polynome, deren Grad durch n teilbar ist.

▶ **Beweis** Dies ist ein direktes Korollar aus Satz 6.12. Genauer ist es die äquivalenz ii)⇔iv).   q.e.d.

Satz 6.14

Es sei G eine Gruppe der Ordnung n. Wir setzen

$$G_d := \{g \in G : g^d = 1\}$$

mit $d \mid n$. Dann sind folgende Aussagen äquivalent:

i) G ist eine zyklische Gruppe.
ii) Für alle $d \mid n$ gilt $|G_d| \le d$.

Satz 6.15

Sei K ein Körper und $G \subset K^x := K \setminus \{0\}$ eine endliche Untergruppe. Dann ist G zyklisch. Sei weiter $n := |G|$ die Ordnung der Gruppe G, dann besitzt G die Darstellung

$$G = \mu_n(K) := \{\alpha \in K : \alpha^n = 1\}.$$

▶ **Beweis** Es sei $d \mid n$ ein Teiler der Ordnung von G. Im Weiteren betrachten wir die Untergruppe

$$G_d := \{\alpha \in G : \alpha^d = 1\} \subset G,$$

wobei wir die Elemente auch als Nullstellen des Polynoms $x^d - 1 \in K[x]$ betrachten können.

Ein Polynom vom Grad d über einem Körper K kann nach dem Fundamentalsatz der Algebra nur d verschiedene Nullstellen in K haben. Also ist

$$|G_d| \leq d.$$

Der erste Teil des Satzes ergibt sich nun also aus Satz 6.14.

Den zweiten Teil sehen wir so: Der Satz von Lagrange impliziert $G \subset \mu_n(K)$. Daher existieren mindestens n verschiedene n-te Einheitswurzeln in K. Da diese Nullstellen von $x^n - 1$ sind, kann es nur n Stück geben (wieder der Fundamentalsatz der Algebra!). Also muss $G = \mu_n(K)$ gelten. Fertig!   q.e.d.

6.3 Erklärungen zu den Definitionen

Erklärung

Zur Definition 6.1 eines Körpers Um den endlichen Körpern auf die Schliche zu kommen, geben wir ein Beispiel des kleinsten Körpers.

▶ **Beispiel 93** Der kleinste endliche Körper ist $\mathbb{F}_2$ (zur Schreibweise sagen wir etwas weiter unten etwas). Dieser Körper besteht nur aus den Elementen 0 und 1, wobei $0 \neq 1$ gilt. 1 ist das Einselement und 0 das Nullelement. Damit meinen wir, dass 1 das neutrale Element bezüglich der Verküpfung „$\cdot$" und 0 das neutrale Element bezüglich der Verknüpfung „$+$" ist. Für die Addition gelten die folgenden Aussagen:

- $0 + 0 = 0$,
- $0 + 1 = 1 + 0 = 1$,
- $1 + 1 = 0$, denn die Annahme $1 + 1 = 1$, welche die einzige andere Möglichkeit wäre, führt nach Abziehen von 1 auf den Widerspruch $1 = 0$.

Für die Multiplikation erhalten wir entsprechend:

- $1 \cdot 1 = 1$,
- $0 \cdot 1 = 1 \cdot 0 = 0$,
- $0 \cdot 0 = 0$.

Die Körperaxiome aus Definition 6.1 legen also eindeutig fest, wie Addition und Multiplikation bei nur zwei Elementen aussehen müssen. Umgekehrt kann man dann überprüfen, dass durch diese Verknüpfungsvorschriften die Körperaxiome erfüllt sind. Bis auf Isomorphie gibt es also wirklich nur genau einen Körper mit zwei Elementen. Diesen bezeichnen wir mit $\mathbb{F}_2$. Und dieser ist auch wohl der kleinste, da das Eins- und Nullelement ja auf jeden Fall in einem Körper enthalten sein müssen.

Viele von euch denken sich jetzt vielleicht: „Haben die beiden Autoren schlecht gefrühstückt? $1 + 1 = 0$? Das ist aber ein wenig komisch ...". Ja, ist es auch. Aber so ist das nun mal. Wir werden noch besser verstehen, was es damit auf sich hat. ∎

Die einfachsten endlichen Körper sind, wie wir noch sehen werden, die Restklassenringe $\mathbb{Z}/p\mathbb{Z}$, wenn p eine Primzahl ist. Übrigens ist $\mathbb{F}_2$ isomorph zu $\mathbb{Z}/2\mathbb{Z}$. Diese stellen letztendlich also dieselben Körper dar. Dies sieht man so:

Sei $p \in \mathbb{N}$. Wir definieren nun eine Äquivalenzrelation auf $\mathbb{Z}$ durch (vergleiche auch die Definition 1.15)

$$a \equiv b \mod p :\Leftrightarrow p|a - b.$$

Die Äquivalenzklassen sind gerade die Restklassen $\overline{a}$ der Form

$$\overline{a} = a + p\mathbb{Z}.$$

Die Abbildung

$$\mathbb{Z} \to \mathbb{Z}/p\mathbb{Z}, \ a \mapsto \overline{a}$$

nennen wir auch die *Reduktion modulo p*. Die Menge aller Äquivalenzklassen bezeichnen wir dann mit $\mathbb{Z}/p\mathbb{Z}$. Sie besteht aus allen Restklassen und man kann zeigen, dass $\mathbb{Z}/p\mathbb{Z}$ genau p Elemente hat. Es gilt nämlich

$$\mathbb{Z}/p\mathbb{Z} = \left\{ \overline{0}, \overline{1}, \ldots, \overline{p - 1} \right\}.$$

Man kann nun $(\mathbb{Z}/p\mathbb{Z}, +, \cdot)$ durch die Addition $\overline{a} + \overline{b} := \overline{a + b}$ und der Multiplikation $\overline{a} \cdot \overline{b} := \overline{ab}$ zu einem kommutativen Ring mit Einselement $\overline{1}$ und Nullelement $\overline{0}$ machen. Die Operationen auf dem Restklassenring ist dann auch eindeutig bestimmt. Dies müsste man aber natürlich noch nachweisen.

Nun wollen wir aber die Frage klären, wie wir uns das mit der Adjunktion vorzustellen haben. Dazu zunächst ein Beispiel. Wir wissen nun einiges über die Eigenschaften von Körpererweiterungen und kennen die endlichen Körper $\mathbb{F}_p$. Wir haben jedoch noch keine Möglichkeit kennengelernt, Körpererweiterungen zu konstruieren, um aus $\mathbb{F}_p$ größere, endliche Körper zu bekommen. Gibt es etwa einen Körper mit $2^2 = 4$ Elementen?

▶ **Beispiel 94 (Körper mit vier Elementen)** Überlegen wir zunächst, welche Eigenschaften solch ein Körper $K = \{0, 1, a, b\}$ ($a \neq b$ und beide nicht 0 oder 1) mit vier Elementen haben müsste (von dem wir aber noch nicht wissen, ob er wirklich existiert).

Weil 4 eine Potenz von 2 ist, wissen wir, dass die Charakteristik dieses Körpers 2 und sein Primkörper $\mathbb{F}_2 = \{0, 1\}$ sein müsste. Überlegen wir, wie die Addition in diesem Körper funktionieren müsste. Was ist etwa $a + 1$? Dafür gibt es nur vier Möglichkeiten:

- $a + 1 = 0$. Das führt zu $a = \underbrace{a + 1}_{=0} + 1 = 0 + 1$ und zum Widerspruch $a = 1$.

- $a + 1 = 1$. Das führt zu $a = 0$, was ebenfalls ein Widerspruch ist.

- $a + 1 = a$. Das führt zu $1 = 0$, worin auch ein Widerspruch zu erkennen ist.

Also bleibt als einzige Option $a + 1 = b$ übrig. Ganz analog muss $b + 1 = a$ gelten. Dies impliziert, dass

$$a + b = a + a + 1 = 0 + 1 = 1$$

ist. Damit können wir die Verknüpfungstabelle für die Addition aufschreiben:

$$
\begin{array}{c|cccc}
+ & 0 & 1 & a & b \\
\hline
0 & 0 & 1 & a & b \\
1 & 1 & 0 & b & a \\
a & a & b & 0 & 1 \\
b & b & a & 1 & 0
\end{array}
$$

Wie sieht es aber mit der Multiplikation aus? Wie müsste K beschaffen sein? Was die Multiplikation mit 0 und 1 bewirkt, sagen uns die Körperaxiome. Wir müssen also fragen, was $a \cdot a$ sowie $a \cdot b$ ergeben. Wieder gibt es nur wenige Möglichkeiten dafür:

- $a \cdot a = 0$. Dann wäre $a = 0$, da Körper nullteilerfrei sind. Ein Widerspruch.
- $a \cdot a = 1$. Dann ergäbe sich $0 = 1 + 1 = a^2 + 1 = (a + 1)^2 \implies a + 1 = 0$, was wir bereits als Widerspruch erkannt hatten.
- $a \cdot a = a$. Das hieße $a = 1$, was derselbe Widerspruch wie zuvor wäre.

Also bleibt nur $a^2 = b = a + 1$ als einzige Option übrig. Völlig analog muss $b^2 = a$ sein. Daraus schlussfolgern wir auch, dass

$$a \cdot b = a \cdot (a + 1) = a^2 + a = (a + 1) + a = 1$$

gelten muss. Die Verknüpfungstabelle für die Multiplikation in K sähe also wie folgt aus:

$$
\begin{array}{c|cccc}
\cdot & 0 & 1 & a & b \\
\hline
0 & 0 & 0 & 0 & 0 \\
1 & 0 & 1 & a & b \\
a & 0 & a & b & 1 \\
b & 0 & b & 1 & a
\end{array}
$$

Die Frage, ob ein Körper mit vier Elementen existiert, ist damit immer noch nicht beantwortet, aber wir wissen jetzt genau, wie er aussehen müsste, wenn es ihn denn gäbe. Nun könnten wir einfach nachprüfen, dass die beiden Verknüpfungen, wenn man sie wie in den Tabellen angegeben definiert, wirklich die Körperaxiome erfüllen. ∎

Eine interessante Beobachtung an diesem Körper ist, dass das Element a (und völlig analog auch b) die Gleichung $a^2 + a + 1 = 0$ erfüllt, das heißt eine Nullstelle des Polynoms $x^2 + x + 1 \in \mathbb{F}_2[x]$ ist. Dieses Polynom hat in $\mathbb{F}_2$ keine Nullstellen, wie man leicht durch Einsetzen von 0 und 1 einsieht, denn

$$0^2 + 0 + 1 = 1 \neq 0,$$
$$1^2 + 1 + 1 = 3 = 1 \neq 0.$$

Dieser Effekt ist uns auch schon bei anderen Körpererweiterungen aufgefallen. So hat $x^2 + 1 \in \mathbb{R}[x]$ keine Nullstellen in $\mathbb{R}$, sehr wohl jedoch in der Körpererweiterung $\mathbb{C}$, wo es die beiden Nullstellen $\pm i$ gibt. Wenn man etwas genauer darüber nachdenkt, stellt man fest, dass in der Tat jede Körpererweiterung mit endlichem Grad größer als 1 Nullstellen von Polynomen enthält, die im Grundkörper noch keine Nullstellen hatten. Wir wollen es an dieser Stelle aber dabei belassen, dass es so ist, und nicht genauer darauf eingehen.

Eine natürliche Frage, die sich uns aber an dieser Stelle stellt, ist, ob und, wenn ja, wie wir diesen Gedanken zur Konstruktion neuer Körper nutzen können. Können wir systematisch eine Körpererweiterung L/K finden, in der ein vorgegebenes Polynom $f \in K[x]$ eine Nullstelle besitzt?

Beispielsweise klappt dies im Fall von $K = \mathbb{Q}$, denn wir kennen die komplexen Zahlen $\mathbb{C}$ und in $\mathbb{C}$ besitzt jedes Polynom mit komplexen Koeffizienten und positivem Grad Nullstellen (das ist wieder mal der Fundamentalsatz der Algebra). In der Tat können wir, wenn wir eine Körpererweiterung L/K von K bereits kennen, zu jeder Teilmenge $A \subseteq L$ sogar eine *kleinste* Körpererweiterung von K finden, die die Teilmenge A enthält. Dies ist gerade Adjunktion von Nullstellen.

Erklärung

Zur Definition 6.2 **eines Primkörpers** Wir wollen uns klar machen, wieso diese Definition sinnvoll ist. Seien dazu L ein Körper und K_i (mit i aus einer beliebigen Indexmenge I) Teilkörper von L. Dann ist der Schnitt $\bigcap_{i \in I} K_i$ auf jeden Fall nichtleer, denn die Element 0 und 1 liegen in K_i für alle $i \in I$ und damit auch im Schnitt. Weiterhin prüft man recht schnell, dass mit $a, b \in \bigcap_{i \in I} K_i$ auch $a + b$ beziehungsweise $a \cdot b$ in $\bigcap_{i \in I} K_i$ liegen. Also ist $\bigcap_{i \in I} K_i$ wirklich ein Teilkörper von L.

Erklärung

Zur Definition 6.3 **der Charakteristik** Wir geben einfache Beispiele an.

▶ **Beispiel 95**

- Der Körper $\mathbb{F}_2$ aus Beispiel 93 besitzt die Charakteristik $\mathrm{char}(\mathbb{F}_2) = 2$, denn es gilt $2 \cdot 1 = 1 + 1 = 0$.
- Allgemeiner haben die Körper $\mathbb{F}_p$ die Charakteristik p. Hierbei ist p eine Primzahl, wie wir noch sehen werden.
- Unsere „gewohnten" Körper $\mathbb{Q}, \mathbb{R}, \mathbb{C}$ haben die Charakteristik 0. ■

Man stellt bei diesen Beispielen zumindestens fest, dass die Charakteristik entweder Null oder eine Primzahl ist. Dass dies kein Zufall ist, zeigt Satz 6.2.

Wir wollen noch auf ein kleines Problem ansprechen, welches sich durch die Definition 6.3 ergeben hat, denn dort fordern wir, dass $n \in \mathbb{Z}$ ist. Die Frage ist, wie $\mathbb{Z}$ mit dem Körper zusammenhängt, also ob dieser in K eingebettet ist oder Ähnliches. Das Problem löst sich durch einen natürlichen Ringhomomorphismus

$$\varphi : \mathbb{Z} \to K, \varphi(n) = n \cdot 1.$$

Betrachtet man $\ker(\varphi)$, so ist dies ein Ideal in $\mathbb{Z}$ der Form $p\mathbb{Z}$. Dadurch definieren wir eine ganze Zahl $p \geq 0$, die dann die Charakteristik des Körpers bezeichnet.

6.4 Erklärungen zu den Sätzen und Beweisen

Erklärung

Zum Satz 6.1 Der Beweis des Satzes geht mit den Mitteln, die wir in den vorherigen Kapiteln behandelt haben, wesentlich leichter und schneller. Aber dennoch kann ein „elementarer Beweis" gegeben werden, der recht gut schult. Wir geben dies kurz an: Wir teilen die Richtungen auf:

„i)⇒ii)": Sei $(\mathbb{Z}/p\mathbb{Z}, +, \cdot)$ ein Körper. Weiter seien $\overline{a} \neq 0$ und $\overline{b} \neq 0$ Elemente in $\mathbb{Z}/p\mathbb{Z}$ mit $\overline{a \cdot b} = \overline{0}$. Wenn wir diese Gleichung mit $\overline{a}^{-1}$ multiplizieren, so ergibt sich der Widerspruch $\overline{b} = \overline{0}$. Demnach ist $(\mathbb{Z}/p\mathbb{Z}, +, \cdot)$ nullteilerfrei.

„ii)⇒iii)": Diese Richtung zeigt man am besten durch einen Widerspruchsbeweis. Angenommen, p ist keine Primzahl. Dann muss p nichttriviale Teiler a und b besitzen, also gilt beispielsweise $p = a \cdot b$. Es ist aber

$$\overline{0} = \overline{p} = \overline{ab} = \overline{a} \cdot \overline{b}.$$

Weiter ist aber $1 < a, b < p$. Daraus ergibt sich $\overline{a} = 0$ oder $\overline{b} = 0$. Dies ist ein Widerspruch, denn nach Voraussetzung ist $(\mathbb{Z}/p\mathbb{Z}, +, \cdot)$ nullteilerfrei.

„iii)⇒i)": Sei p eine Primzahl und es gelte $\overline{a} \neq \overline{0}$. Da p eine Primzahl ist und p entsprechend a nicht teilt, erhalten wir $\gcd(a, p) = 1$. Dies impliziert nun, dass es Zahlen $b, k \in \mathbb{Z}$ gibt mit $1 = ba + kp$, und die Reduktion modulo p liefert dann

$$\overline{1} = \overline{b} \cdot \overline{a} + \overline{p} \cdot \overline{0}.$$

Es muss also $\overline{b} = \overline{a}^{-1}$ gelten, das heißt $(\mathbb{Z}/p\mathbb{Z}, +, \cdot)$ ist ein Körper, da wir gerade gezeigt haben, dass zu jedem von null verschiedenen Element ein Inverses existiert.

Erklärung

Zum Satz 6.2 In Beispiel 95 hatten wir gesehen, dass die dort betrachteten Körper nur Charakteristik Null oder eine Primzahl p hatten. Dies ist kein Zufall, wie dieser Satz zeigt.

Erklärung

Zum Satz 6.3 Dieser Satz ist sehr wichtig, schön und entscheidend. Er zeigt, dass es im Wesentlichen zur zwei Fälle für Primkörper geben kann. Für den Beweis sollte man wissen: Wenn ein Körper die Charakteristik null besitzt, dann ist der Homomorphismus

$$\phi : \mathbb{Z} \to K, \ n \mapsto n \cdot 1$$

injektiv. Da es für jeden Ring nur einen Ringhomomorphismus dieser Art gibt, können wir in diesem Fall das Bild von ϕ wieder mit $\mathbb{Z}$ identifizieren.

Erklärung

Zum Satz 6.5 Dieser Satz ist der erste Schritt zur Klassifikation endlicher Körper. Er besagt eine erstaunliche Tatsache, nämlich, dass die Anzahl der Elemente von endlichen Körpern eine Primzahlpotenz ist. Erstaunlich, oder?

▶ **Beispiel 96** Wir können daher zum Beispiel auf einer 18-elementigen Menge keine Addition und keine Multiplikation so definieren, dass die Mengen mit den Verknüpfungen einen Körper bildet, denn $18 = 2 \cdot 3^2$ ist keine Primzahlpotenz. ∎

Erklärung

Zum Satz 6.6 Dieser Satz besagt, dass es also bis auf Isomorphie nur einen Körper der Ordnung p für jede Primzahl p gibt. Es wird sich sogar herausstellen, dass die Ordnung eines endlichen Körpers diesen bis auf Isomorphie schon bestimmt. Daher ist es üblich, den endlichen Körper mit q Elementen als $\mathbb{F}_q$ zu schreiben.

Erklärung

Zum Satz 6.7 Dieser Satz besagt, dass die Frobeniusabbildung aus Definition 6.4 ein Körperhomomorphismus ist. Eine kleine Anekdote: Im Englischen nennt man diesen Satz auch „Freshman's dream", da es einige Leute gibt, die oft so rechnen, als ob das in jedem Körper gelte, sprich die binomischen Formel nicht ansatzweise beherrschen. Wir hoffen, ihr gehört nicht dazu ;-)!?

Erklärung

Zum Satz 6.8 Dieser Satz zeigt, dass die Frobeniusabbildung sogar ein Körperautomorphismus ist.

Zum Satz 6.9 Dieser Satz besagt, dass die Frobeniusabbildung, eingeschränkt auf $\mathbb{F}_p$, trivial ist.

Zum kleinen Satz von Fermat (Satz 6.10) Der Mehrwert des Satzes ergibt sich für p^k mit $k > 1$, denn sonst ist nach Satz 6.9 schon alles trivial.

Es gibt eine nette Folgerung von Euler, die wir hier kurz ausführen wollen. Ja, auch hier hatte Euler seine Finger mit im Spiel!

Wir erhalten zunächst

$$\left(a^{\frac{p-1}{2}} - 1\right) \cdot \left(a^{\frac{p-1}{2}} + 1\right) = a^{p-1} - 1.$$

Wieso folgt das? Ja, klar! Wegen der dritten binomischen Formel. Sei nun $p \neq 2$ eine Primzahl und $a \in \mathbb{Z}$ beliebig. Es folgt nun aus dem kleinen Satz von Fermat, dass die rechte Seite von (6.4) ein Vielfaches von p sein muss, wenn p kein Teiler von a ist. Damit muss einer der Faktoren ein Vielfaches von p sein. Folglich gilt demnach

$$a^{\frac{p-1}{2}} \equiv \pm 1 \bmod p.$$

Weitere Anwendungen des kleinen Satzes von Fermat findet man in etlichen Primzahltest.

Zu dem Satz 6.11 Jetzt können wir endlich die endlichen Körper konstruieren, die wir uns schon die ganze Zeit gewünscht haben. Wir wissen ja noch nicht, dass diese existieren.

Wenn wir einen Körper K mit $q = p^n$ Elementen konstruieren wollten, wie würde dieser aussehen? Nun, zum Beispiel wäre seine Einheitengruppe $K^\times = K \setminus \{0\}$ eine Gruppe mit $q - 1$ Elementen. Der Satz von Fermat sagt uns also, dass

$$\forall x \in K \setminus \{0\} : x^{q-1} = 1$$

gelten müsste. Multiplizieren wir beide Seiten mit x, so erhalten wir $x^q = x \Leftrightarrow x^q - x = 0$. Diese ist natürlich auch für $x = 0$ erfüllt.

Mit anderen Worten: Die q Elemente des Körpers K müssen genau die Nullstellen des Polynoms $x^q - x$ sein. Insbesondere müsste K dem Zerfällungskörper von $x^q - x$ über jedem Teilkörper entsprechen.

Unser Ansatz wird also sein, K als Zerfällungskörper von $x^q - x$ zu konstruieren. Welchen Grundkörper sollten wir dabei benutzen? Natürlich den einzigen, den wir auf jeden Fall in K haben, den Primkörper $\mathbb{F}_p$.

Wir wissen bereits, dass es einen Zerfällungskörper von $x^q - x \in \mathbb{F}_p[x]$ gibt und dass er bis auf Isomorphie eindeutig bestimmt ist. Damit sind wir schon fast am Ziel:

- Die Eindeutigkeit des Körpers mit q Elementen folgt aus unseren obigen Überlegungen, denn jeder Körper mit q Elementen ist ein Zerfällungskörper von $x^q - x$ über $\mathbb{F}_p$, und dieser Zerfällungskörper ist bis auf Isomorphie eindeutig.
- Es stellt sich jetzt die Frage, ob der Zerfällungskörper von $x^q - x$ wirklich die Umkehrung liefert, das heißt, ob er wirklich genau q Elemente hat. Satz 6.11 zeigt erst einmal nur, dass er nicht mehr als q Elemente haben kann.

Jetzt fragt man sich, ob auch $|K| \geq q$ gelten kann, denn das fehlt uns ja noch zu unserem Glück. Dann hätten wir einen Körper mit q Elementen für jede Primzahlpotenz q konstruiert und seine Eindeutigkeit sichergestellt. Das war unser Ziel.

Für diese Abschätzung brauchen wir etwas über die formale Ableitung aus Kap. 3. Und zwar wenden wir dies auf den Körper $K = \mathbb{F}_p$ und das Polynom $f(x) = x^q - x$ an. Die Ableitung können wir direkt angeben zu

$$f'(x) = q \cdot x^{q-1} - 1 = -1,$$

wobei im letzten Schritt einging, dass $q \cdot x^{q-1} = 0$, denn q ist ein Vielfaches von p und p ist ja gerade die Charakteristik des Körpers K. Damit verschwindet der erste Summand vollständig. Weiter wissen wir, dass die einzigen Teiler von f' gerade die Einheiten sein können. Insbesondere sind dies auch alle gemeinsamen Teiler von f. Folglich muss $\gcd(f, f') = 1$ gelten. Der Satz impliziert nun, dass die Nullstellen des Polynoms f im Zerfällungskörper paarweise verschieden sein müssen. Weiter gibt s genau q Nullstellen in diesem Körper! Jetzt ist das Glück perfekt und wir haben alles gezeigt, was wir zeigen wollten, denn die Erklärungen von eben liefert die fehlende Abschätzung.

Erklärung

Zu den Sätzen 6.12 **und** 6.13 Wir betrachten ein einfaches Beispiel.

▶ **Beispiel 97** Es sei $q = 2^3$. Wir betrachten das Polynom $x^8 - x$. Es gilt

$$x^8 - x = x(x - 1) \cdot \underbrace{(x^6 + x^5 + \ldots + x + 1)}_{=(x^3+x+1)(x^2+x+1)}.$$

Jeder der Faktoren $(x^3 + x + 1)(x^2 + x + 1)$ ist irreduzibel.   ∎

Erklärung

Zum Satz 6.15 Der Satz besagt, dass die multiplikative Gruppe eines endlichen Körpers wieder zyklisch ist.

Erklärung

Zusammenfassung Das war jetzt eine Menge neuer Stoff. Wir denken, es ist ganz gut, wenn wir die wichtigsten Dinge, also das, was man auf jeden Fall wissen sollte, noch einmal zusammenfassen.

Ist K ein endlicher Körper mit q Elementen, dann gelten die folgenden Aussagen:

- char$(K) = p$ ist eine Primzahl.
- $\mathbb{F}_p$ ist der Primkörper von K.
- q ist eine Potenz von p, genauer $q = |K| = p^{[K:\mathbb{F}_p]}$.
- Die Frobeniusabbildung $K \to K, x \mapsto x^p$ ist ein Körperautomorphismus von K.
- Für jede Primzahlpotenz $q = p^n$ existiert bis auf Isomorphie genau ein Körper der Ordnung q. Es ist der Zerfällungskörper von $x^q - x \in \mathbb{F}_p[x]$.

Normale Erweiterungen

7

Inhaltsverzeichnis

Wir wollen nun langsam anfangen, eine Verbindung zwischen Gruppen und Körper(erweiterungen) herzustellen. Dafür beschränken wir uns ganz auf endliche Erweiterungen. Für unsere Untersuchung werden zwei Eigenschaften einer Körpererweiterung eine entscheidende Rolle spielen, nämlich die Normalität und die Separabilität.

In diesem Kapitel wollen wir uns nun zunächst mit der Normalität beschäftigen. Wir werden sehen, was es für eine Körpererweiterung bedeutet, normal zu sein. Außerdem werden wir das wichtige Konzept des Zerfällungskörpers betrachten.

7.1 Definitionen

> **Definition 7.1 (normale Körpererweiterung)**
> Sei L/K eine algebraische Körpererweiterung. Dann nennen wir L/K **normal,** wenn für jedes irreduzible $f \in K[x]$ gilt: Wenn f eine Nullstelle in L besitzt, dann zerfällt f über L in Linearfaktoren.

Definition 7.2 (Zerfällungskörper)
Sei K ein Körper und $f \in K[x]$ ein normiertes Polynom. Eine Körpererweiterung L/K heißt **Zerfällungskörper** von f, wenn sie folgende Eigenschaften hat:

- f zerfällt über L in Linearfaktoren, das heißt $f = (x - \alpha_1) \cdots (x - \alpha_n)$ mit $\alpha_i \in L$.
- Die Nullstellen α_i sind Erzeuger von L/K, also $L = K(\alpha_1, \ldots, \alpha_n)$.

Definition 7.3
Sei K ein Körper und $f = a_n x^n + \cdots + a_0 \in K[x]$. Sei $\sigma : K \overset{\sim}{\to} K'$ ein Körperisomorphismus. Dann schreiben wir

$$f^\sigma := \sigma(a_n)x^n + \cdots + \sigma(a_0) \in K'[x]$$

für das Polynom, das man durch Anwenden von σ auf die Koeffizienten von f erhält.

Definition 7.4 (normale Hülle)
Sei L/K eine Körpererweiterung. Eine Erweiterung N/L heißt **normale Hülle** von L/K, wenn N/K normal ist und es keinen echten Zwischenkörper M von N mit $L \subset M \subset N$ gibt, so dass M/K normal ist.

7.2 Sätze und Beweise

Satz 7.1 (Zerfällungskörper und normale Erweiterungen)
Für eine endliche Körpererweiterung L/K sind die folgenden Bedingungen äquivalent:

1. *L/K ist normal.*
2. *L/K ist Zerfällungskörper eines normierten Polynoms $f \in K[x]$.*
3. *Ist M/L eine Körpererweiterung und $\sigma \in \mathrm{Aut}(M/K)$ ein K-Automorphismus von M, so gilt $\sigma(L) = L$.*

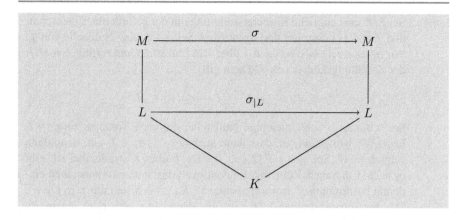

▶ **Beweis** Wir führen einen Ringschluss durch.

1. ⇒ 2. Sei L/K eine endliche, normale Körpererweiterung. Wir wählen Erzeuger α_i von L/K, also $L = K(\alpha_1, \ldots, \alpha_n)$. Nun gilt für jedes i, dass $\alpha_i \in K$ algebraisch über K ist. Sei $f_i := \min_K(\alpha_i)$. Dann ist f_i irreduzibel mit Koeffizienten in K, und mit α_i als Nullstelle. Da L/K normal ist, zerfällt f_i also über L in Linearfaktoren. Dann zerfällt aber auch das Produkt

$$f := \prod_{i=1}^{n} f_i \in K[x]$$

über L in Linearfaktoren. Da die Erweiterung L/K von den Nullstellen von f erzeugt wird, ist L/K also Zerfällungskörper von f.

2. ⇒ 3. Sei $f \in K[x]$ normiert und L/K Zerfällungskörper von f. Es gilt also

$$f = (x - \alpha_1) \cdots (x - \alpha_n), \alpha_i \in L$$

und $L = K(\alpha_1, \ldots, \alpha_n)$. Sei M/L eine Körpererweiterung und $\sigma \in \text{Aut}(M/K)$ ein K-Automorphismus von M. Wegen $f \in K[x]$ gilt $f^\sigma = f$, also für alle i

$$f(\sigma(\alpha_i)) = \sigma(f(\alpha_i)) = 0.$$

Es folgt $\sigma(\alpha_i) = \alpha_j$ für ein $j \in \{1, \ldots, n\}$, das heißt, σ permutiert die Nullstellen α_i von f. Da L/K aber genau von diesen Nullstellen erzeugt wird, folgt dann auch

$$\sigma(L) = \sigma(K(\alpha_1, \ldots, \alpha_n)) = K(\sigma(\alpha_1), \ldots, \sigma(\alpha_n))$$

und dies ist (bis auf die Reihenfolge der α_i, die aber keine Rolle spielt) wieder $K(\alpha_1, \ldots, \alpha_n) = L$.

3. $\Rightarrow$ 1. Sei L/K eine endliche Körpererweiterung mit der geforderten Eigenschaft und $f \in K[x]$ normiert und irreduzibel. Sei $\alpha \in L$ eine Nullstelle von f. Wir müssen zeigen, dass dann f über L in Linearfaktoren zerfällt. Sei M/L der Zerfällungskörper von f. Dann gilt

$$f = (x - \alpha_1) \cdots (x - \alpha_n), \alpha_i \in M.$$

Sei o.B.d.A. $\alpha = \alpha_1$ diejenige Nullstelle, die nach Voraussetzung in L liegt. Wir wollen zeigen, dass dann auch $\alpha_2, \ldots, \alpha_n \in L$ gilt, denn dann folgt $L = M$. Sei also $i \in \{2, \ldots, n\}$. Da f über K irreduzibel ist, gibt es nach dem Satz 5.7 über die Eindeutigkeit des Stammkörpers einen eindeutig bestimmten K-Isomorphismus $\tau : K(\alpha_1) \xrightarrow{\sim} K(\alpha_i)$ mit $\tau(\alpha_1) = \alpha_i$. Das Fortsetzungslemma 8.10 sagt uns dann, dass sich τ zu einem K-Automorphismus $\sigma : M \xrightarrow{\sim} M$ fortsetzen lässt. Dann folgt aber nach Voraussetzung $\sigma(L) = L$, das heißt $\alpha_i = \sigma(\alpha_1) \in L$.   q.e.d.

Satz 7.2 (Normalität von Zwischenkörpern)
Sei L/K eine endliche Körpererweiterung und sei M ein Zwischenkörper von L/K. Ist L/K normal, so ist auch L/M normal.

▶ **Beweis** Nach Satz 7.1 ist L Zerfällungskörper eines normierten Polynoms $f \in K[x]$. Dann ist aber auch $f \in M[x]$, also ist L Zerfällungskörper von $f \in M[x]$; damit ist L/M normal.   q.e.d.

Satz 7.3 (Existenz und Eindeutigkeit der normalen Hülle)
Sei L/K eine endliche Körpererweiterung. Dann gibt es eine normale Hülle N von L/K und diese ist bis auf L-Isomorphie eindeutig.

▶ **Beweis** Wir zeigen hier nur die Existenz.
Angenommen, es gilt $L = K(\alpha_1, \ldots, \alpha_n)$. Sei f_i das Minimalpolynom von α_i, $F := \prod_{i=1}^{n} f_i \in K[x]$ und N der Zerfällungskörper von F. Dann ist also N/K nach Satz 7.1 eine normale Erweiterung von K und L ist ein Teilkörper von N. Wir wollen noch zeigen, dass es keinen echten Zwischenkörper $L \subset M \subset N$ gibt, so dass M/K normal ist. Sei also M eine Erweiterung von L, so dass M/K normal ist. Wegen $L \subset M$ gilt also $\alpha_i \in M$. Wegen der Normalität von M/K müssen dann alle Nullstellen von f_i in M liegen, also liegen auch alle Nullstellen von F in M. Dann ist aber $N \subset M$; damit ist N eine normale Hülle von L/K.   q.e.d.

7.3 Erklärungen zu den Definitionen

Zur Definition 7.1 **einer normalen Körpererweiterung** Auch wenn es der Begriff nahelegt, so ist mitnichten jede Körpererweiterung „normal", es gibt unendlich viele nicht normale Erweiterungen.

▶ **Beispiel 98**

- Wir greifen hier einmal vor in Kap. 9. Dort werden wir in Beispiel 123 sehen, dass jede Körpererweiterung vom Grad 2 in Charakteristik ungleich 2 galoissch, also insbesondere nach Satz 9.7 normal ist.

- Das Ganze gilt für Grad 3 leider schon nicht mehr. Zum Beispiel hatten wir ja schon gesehen, dass der Körper $L = \mathbb{Q}(\sqrt[3]{2})$ Stammkörper von $f = x^3 - 2$ ist, aber nicht Zerfällungskörper von f. Nehmen wir nun an, dass L Zerfällungskörper irgendeines Polynomes g ist. Wir können dann o.B.d.A. annehmen, dass g irreduzibel und normiert ist. Das bedeutet aber, dass g Minimalpolynom ist, dass also $f = g$ gilt. Also ist $L/\mathbb{Q}$ nicht normal.

- Betrachten wir $K = \mathbb{R}$ und ein irreduzibles Polynom $f \in K[x]$ vom Grad mindestens zwei (alles andere ist langweilig ;-)), so hat dieses (da es irreduzibel über $\mathbb{R}$ ist, aber nach dem Fundamentalsatz der Algebra (Satz 9.12) Nullstellen hat) komplexe Nullstellen. Da $\mathbb{C}/\mathbb{R}$ nach dem Gradsatz keine Zwischenkörper haben kann, liegen alle Nullstellen also im Körper $\mathbb{C}$ und in keinem kleineren Körper. Da f über $\mathbb{C}$ in Linearfaktoren zerfällt, ist also $\mathbb{C}/\mathbb{R}$ normal.

∎

Zur Definition 7.2 **des Zerfällungskörpers** Ist $f \in K[x]$ ein normiertes Polynom und $\overline{K}/K$ ein algebraischer Abschluss von K, dann zerfällt f über $\overline{K}$ nach Definition des algebraischen Abschlusses in Linearfaktoren und der von den Nullstellen α_i erzeugte Zwischenkörper $L := K(\alpha_i, \ldots, \alpha_n)$ ist ein Zerfällungskörper von f. Daraus folgt insbesondere, dass es für jedes Polynom einen Zerfällungskörper gibt. Dieser ist wie schon der algebraische Abschluss eindeutig bis auf Isomorphie (siehe Satz 8.11), deshalb werden wir ab sofort von „dem" Zerfällungskörper reden.

▶ **Beispiel 99** Sei $K = \mathbb{R}$. Dann ist zunächst $\overline{K} = \mathbb{C}$. Da außerdem $\mathbb{C} = \mathbb{R}(i)$ gilt, gibt es für ein Polynom $f \in \mathbb{R}[x]$ genau zwei Möglichkeiten. Entweder sind alle Nullstellen reell, dann ist der Zerfällungskörper $\mathbb{R}$. Gibt es eine komplexe Nullstelle, so ist $\mathbb{C}$ der Zerfällungskörper. ∎

▶ **Beispiel 100** Wir wollen einmal anhand einiger Beispiele versuchen, euch näher zu bringen, wie man Zerfällungskörper bestimmt. Dabei ist zunächst mal wichtig, dass wir uns fragen, was wir mit „bestimmen" meinen. Ist nämlich f

irgendein Polynom über einem Körper K, dessen Nullstellen $\alpha_1, \ldots, \alpha_n$ wir kennen, so ist der Zerfällungskörper von f über K gerade $K(\alpha_1, \ldots, \alpha_n)$ und damit haben wir den Zerfällungskörper bestimmt. Diese Form ist aber möglicherweise nicht die einfachste Form. Zerfällt zum Beispiel f über K in Linearfaktoren, so ist ja der Zerfällungskörper schon K. Und auch wenn das nicht der Fall ist, könnte es sein, dass wir gar nicht alle Nullstellen zu K adjungieren müssen, oder dass es besser wäre, einfachere Elemente zu adjungieren. Dafür zerlegen wir die Nullstellen von f in ihre „Einzelbestandteile" und adjungieren diejenigen Elemente, die nicht schon in K liegen. Am Ende müssen wir dann aber noch überprüfen, ob dadurch wirklich der Zerfällungskörper von f herauskommt. Das zeigen wir anhand einiger Beispiele. Dabei ist das Adjungieren der Nullstellen unabhängig vom Grundkörper K; ob (und wie) man diese vereinfachen kann, kann aber von K abhängen.

In den Beispielen werden uns dabei öfters sogenannte Primitivwurzeln begegnen. Diese behandeln wir in Kap. 12, genauer in Definition 12.1.

- Sei $K = \mathbb{Q}$, $f = x^6 - 6$. Die Nullstellen von f sind $\zeta^i \sqrt[6]{6}$ ($i = 0, 1, 2, 3, 4, 5$), mit $\zeta = e^{\frac{2\pi i}{6}}$ (das heißt, ζ ist eine primitive sechste Einheitswurzel). Sei $\alpha_i := \zeta^i \sqrt[6]{6}$. Dann ist der Zerfällungskörper von f über $\mathbb{Q}$ gerade $L = \mathbb{Q}(\alpha_1, \alpha_2, \alpha_3, \alpha_4, \alpha_5, \alpha_6)$. Wir wollen dies vereinfachen. Die in den α_i auftauchenden Elemente, die nicht in $\mathbb{Q}$ liegen, sind ζ und $\sqrt[6]{6}$. Sei also $M := \mathbb{Q}(\zeta, \sqrt[6]{6})$. Wir wollen zeigen, dass $L = M$ gilt. $L \subset M$ ist klar, denn $\alpha_i \in M$ für alle i. Wir wollen noch zeigen, dass auch $\zeta, \sqrt[6]{6} \in L$ gilt, dann ist $M = L$. In der Tat ist $\frac{\alpha_2}{\alpha_1} = \zeta \in L$ und $\alpha_0 = \sqrt[6]{6} \in L$, also ist M der Zerfällungskörper von f über $\mathbb{Q}$.

- Sei $K = \mathbb{F}_5$ und $f = x^6 - 6 = x^6 - 1$. Dann zerfällt f über $\mathbb{F}_5$ in $(x^3 - 1)(x^3 + 1) =: f_1 \cdot f_2$ (genaugenommen zerfällt f sogar noch weiter, diese Darstellung passt uns aber besser). Die Nullstellen von f_1 sind $1, \zeta, \zeta^2$, die von f_2 sind $-1, -\zeta, -\zeta^2$, wobei ζ eine primitive dritte Einheitswurzel ist. Hierbei ist ζ aber keine komplexe Zahl, sondern einfach ein Element in $\overline{\mathbb{F}_5}$ mit $\zeta^3 = 1$ und $\zeta \neq 1$. Wir müssen nun untersuchen, ob vielleicht sogar $\zeta \in \mathbb{F}_5$ gilt. Dafür betrachten wir die dritten Potenzen aller Elemente (außer 1) aus $\mathbb{F}_5$:

$$0^3 = 0, 2^3 = 3, 3^3 = 2, 4^3 = 4,$$

also gilt $\zeta \notin \mathbb{F}_5$ und damit ist der Zerfällungskörper von f über $\mathbb{F}_5$ gerade $\mathbb{F}_5(\zeta)$.

- Sei $K = \mathbb{F}_2$, $f = x^6 - 6 = x^6$. Dann zerfällt f bereits über K in Linearfaktoren, also ist $\mathbb{F}_2$ der Zerfällungskörper von f über $\mathbb{F}_2$.

- Sei $K = \mathbb{F}_2$ und $f = x^4 + x^2 + 1$. Es gilt $f = g^2$ mit $g = x^2 + x + 1$ und g ist über $\mathbb{F}_2$ irreduzibel. Sei α eine Nullstelle von g (diese mit der $p - q$-Formel auszurechnen macht hier natürlich keinen Sinn). Dann ist der Zerfällungskörper von f über $\mathbb{F}_2$ genau $\mathbb{F}_2(\alpha)$.

- Sei $K = \mathbb{Q}$, $f = x^4 + x^2 + 1$. Wir bestimmen zunächst die Nullstellen von f (hier macht die $p - q$-Formel nun Sinn). Mit der Substitution $z = x^2$

erhalten wir die Gleichung $z^2 + z + 1$ mit den Nullstellen $\frac{-1 \pm i\sqrt{3}}{2}$. Damit sind die Nullstellen von f gerade $\frac{\pm\sqrt{-1 \pm i\sqrt{3}}}{\sqrt{2}}$ (wobei die Vorzeichen unabhängig voneinander zu wählen sind). Wir wollen hier zunächst den Zähler vereinfachen. Sei $y := \sqrt{-1 \pm i\sqrt{3}}$. Wir wollen y in der Form $a + bi$ mit $a, b \in \mathbb{R}$ schreiben. Dann gilt also $(a + ib)^2 = -1 \pm i\sqrt{3}$. Auflösen ergibt dann $ab = \frac{\pm\sqrt{3}}{2}$, $a^2 - b^2 = -1$. Lösen wir die erste Gleichung nach a auf und setzen dies in die zweite Gleichung ein, so erhalten wir nach einer Umformung $b^4 + b^3 - \frac{3}{4}$. Wir setzen wieder $\beta := b^2$ und erhalten die Gleichung $\beta^2 + \beta - \frac{3}{4} = 0$. Die Lösungen für β sind mit der $p - q$–Formel $\beta = \frac{1}{2}$ und $\beta = -\frac{3}{2}$. Da $b = \sqrt{\beta} \in \mathbb{R}$ gelten soll muss also $\beta = \frac{1}{2}$ sein. Demnach ist $b = \pm\frac{\sqrt{2}}{2}$ und damit $a = \pm\sqrt{\frac{3}{2}}$. Die vier Nullstellen von f sind also

$$\pm\frac{\sqrt{\frac{3}{2}} \pm \frac{\sqrt{2}}{2}i}{2} = \pm\left(\frac{1}{2}\frac{\sqrt{3}}{\sqrt{2}} \pm \frac{1}{4}\sqrt{2}i\right)$$

und damit haben wir auch wieder den Zerfällungskörper. Diesen wollen wir wieder vereinfachen. Sei N der Zerfällungskörper und sei $L := \mathbb{Q}(i, \sqrt{3}, \sqrt{2})$. Dann gilt in diesem Fall $N \neq L$, wie wir gleich zeigen werden. Sei $M := \mathbb{Q}(\sqrt{2}, \sqrt{3})$. Dann gilt $[M : \mathbb{Q}] = 4$, denn $\sqrt{3} \notin \mathbb{Q}(\sqrt{2})$. Da außerdem $M \subset \mathbb{R}$ gilt, ist $[L : K] = 8$. Wir bestimmen noch den Grad $[N : K]$. Da jede adjungierte Nullstelle $\mathbb{Q}$-Linearkombination von 1, $\sqrt{\frac{3}{2}}$ und $\sqrt{2}i$ ist, sind alle Elemente aus N $\mathbb{Q}$-Linearkombinationen von $\beta_{k,l} = \sqrt{\frac{3}{2}}^k (\sqrt{2}i)^l$ mit $k, l \in \mathbb{N}_0$. Für $k \geq 2$ und $l \geq 2$ ist $\beta_{k,l}$ rationales Vielfaches von $\beta_{k-2,l}$ beziehungsweise $\beta_{k,l-2}$ (da sowohl $\beta_{2,0}$ als auch $\beta_{0,2}$ eine rationale Zahl ist). Also lässt sich jedes Element von N als Linearkombination von $\beta_{k,l}$ mit $k, l \in \{0, 1\}$ schreiben. Diese vier Elemente bilden also eine Basis; damit ist $[N : K] = 4$, also kann nicht $N = L$ gelten.

Wir haben also in diesem Fall die Nullstellen zu weit zerlegt. Es gilt aber zum Beispiel

$$N = \mathbb{Q}\left(\sqrt{\frac{3}{2}}, \sqrt{2}i\right) = \mathbb{Q}(\sqrt{2}i, \sqrt{3}i) = \mathbb{Q}\left(\sqrt{3}i, \sqrt{\frac{3}{2}}\right).$$

∎

Erklärung

Zur Definition 7.3 Hier führen wir einfach nur eine nützliche Notation ein. Man sollte sich also merken, dass man für einen Isomorphismus σ von K nur dann $\sigma(a)$ schreibt, wenn a auch wirklich in K, also im Definitionsbereich von σ ist. Ist nun f ein Polynom, so ist f nicht in K. Wollen wir trotzdem σ darauf anwenden, so schreiben wir nicht $\sigma(f)$, sondern f^σ. Ihr solltet außerdem nachprüfen, dass die Abbildung $f \mapsto f^\sigma$ ein Ringisomorphismus ist.

Erklärung

Zur Definition 7.4 der normalen Hülle Haben wir es mit einer Körpererweiterung L/K zu tun, die nicht normal ist; so ist es in vielen Fällen hilfreich, eine geeignete Erweiterung M/L zu betrachten, so dass M/K normal ist. Dass dies immer geht, sehen wir in Satz 7.3. Wir wollen zunächst einige Beispiele betrachten.

▶ **Beispiel 101**

- Sei L/K normal. Dann ist die normale Hülle von L/K gerade L.
- Sei $K = \mathbb{Q}$ und $L = \mathbb{Q}(\sqrt[3]{2})$. Dann ist L/K nach Beispiel 98 nicht normal. Sei $\alpha = \sqrt[3]{2}$. Dann ist α Nullstelle von $x^3 - 2$. Die anderen Nullstellen sind $\zeta\sqrt[3]{2}$ und $\zeta^2\sqrt[3]{2}$ wobei ζ eine primitive dritte Einheitswurzel ist. Sei $N := \mathbb{Q}(\sqrt[3]{2}, \zeta)$. Wir behaupten, dass N die normale Hülle von L/K ist. Zunächst ist N/K normal, denn N ist Zerfällungskörper des Polynoms $x^3 - 2$. Es gilt $[N : K] = 6$ und $[L : K] = 3$, also $[N : L] = 2$. Da 2 eine Primzahl ist, kann es nach dem Gradsatz keinen echten Zwischenkörper von N/L geben. Daraus folgt, dass N eine normale Hülle von L/K ist.

■

7.4 Erklärungen zu den Sätzen und Beweisen

Erklärung

Zum Satz 7.1 über normale Erweiterungen Dieser Satz hilft uns, besser zu verstehen, was es für eine Körpererweiterung bedeutet, Zerfällungskörper zu sein. Wichtig ist für uns hier, dass ein Zerfällungskörper genau eine normale Erweiterung ist.

▶ **Beispiel 102**

- Es ist leicht einzusehen, dass man für $\mathbb{C}/\mathbb{R}$ die beiden wichtigen (das heißt die beiden ersten) Eigenschaften leicht nachprüfen kann. Dies solltet ihr als Übung machen (oder nochmal nachsehen, wo wir das schon getan haben ;-)).
- Sei $n > 2$ und p eine Primzahl. Wir betrachten das Polynom $x^n - p$. Dieses hat genau die n Nullstellen

$$\{\sqrt[n]{p}, \zeta_n^{(k)}\sqrt[n]{p}\}$$

mit $k = 1, \ldots, n - 1$. Von diesen Nullstellen sind höchstens zwei reell. Wegen $n > 2$ gibt es also eine komplexe Nullstelle. Die reelle Nullstelle $\sqrt[n]{p}$ erzeugt nun den Körper $\mathbb{Q}(\sqrt[n]{p})/\mathbb{Q}$. Da nicht alle der Nullstellen in diesem Körper liegen, ist $\mathbb{Q}(\sqrt[n]{p})/\mathbb{Q}$ nicht normal, also kann $\mathbb{Q}(\sqrt[n]{p})$ niemals Zerfällungskörper eines Polynoms sein.

- Achtung, das Kriterium von oben kann nicht einfach umgedreht werden. Ein triviales Beispiel: Betrachten wir das Polynom $f = x^2 - 1 \in \mathbb{R}[x]$, so ist der Zerfällungskörper von f gleich $\mathbb{R}$. Es ist also $\mathbb{C}$ nicht der Zerfällungskörper von f, trotzdem ist $\mathbb{C}/\mathbb{R}$ normal. Wenn man diese Richtung also benutzen will, muss die Eigenschaft des Zerfällungskörper für alle $f \in \mathbb{R}[x]$ gezeigt werden. Für $f = x^2 + 1$ ergibt sich dann, dass $\mathbb{C}$ Zerfällungskörper ist, also ist $\mathbb{C}/\mathbb{R}$ normal.

■

Wir merken noch an, dass eine ähnliche Charakterisierung auch dann gilt, wenn L/K nicht endlich sondern unendlich, aber algebraisch ist. In dem Fall ist die zweite Bedingung dadurch zu ersetzen, dass L/K Zerfällungskörper einer Familie von Polynomen aus $K[x]$ und nicht mehr nur Zerfällungskörper eines einzelnen Polynomes ist.

Erklärung

Zum Satz 7.2 Hier sehen wir nun, dass wir von der Normalität einer Körpererweiterung auf die Normalität einer Zwischenerweiterung schließen können. Man könnte sich nun fragen, ob man auch auf die Normalität von M/K schließen kann. Dies geht nicht, wie das folgende Beispiel zeigt.

▶ **Beispiel 103** Sei $L = \mathbb{Q}(\sqrt[3]{2}, \zeta)$, $M = \mathbb{Q}(\sqrt[3]{2})$, $K = \mathbb{Q}$ wobei ζ eine primitive dritte Einheitswurzel ist. Dann haben wir bereits gesehen, dass L/M und L/K normal sind, nicht aber M/K. ■

Auch die Umkehrung des Satzes ist falsch.

▶ **Beispiel 104** Sei $\alpha := \sqrt[4]{5}$, $L := \mathbb{Q}(\alpha + i\alpha)$, $M := \mathbb{Q}(i\alpha^2)$, $K := \mathbb{Q}$. Wir zeigen, dass dann L/M und M/K normal sind, aber L/K nicht.

Zunächst ist $i\alpha^2 = \sqrt{-5}$ und dies ist Nullstelle des Polynoms $f := x^2 + 5$. Die zweite Nullstelle ist $-\sqrt{-5}$ und da diese auch in M liegt, ist M Zerfällungskörper von f und damit ist M/K normal.

Kommen wir nun zu L/M. Es ist $(\alpha + i\alpha)^2 = (1 + i)^2\alpha^2 = 2i\alpha^2$, also ist $(1 + i)\alpha$ Nullstelle des Polynoms $g := x^2 - 2i\alpha^2 \in M[x]$. Die zweite Nullstelle von g ist $-(1 + i)\alpha^2 \in L$; damit ist L/M normal.

Es bleibt noch zu zeigen, dass L/K nicht normal ist. Dafür bestimmen wir das Minimalpolynom von $\beta := (1 + i)\alpha$ über K. Wir haben oben gesehen, dass $\beta^2 = 2i\alpha^2$. Also ist $\beta^4 = (2i\alpha^2)^2 = -4\alpha^4 = -20$. Damit ist β Nullstelle des Polynoms $h := x^4 + 20 \in K[x]$. Da h irreduzibel ist, ist dies das Minimalpolynom von β.

Wir zeigen, dass nicht alle Nullstellen von f in L liegen, dass also L nicht der Zerfällungskörper von f ist. Dafür bestimmen wir den Zerfällungskörper von f.

Die Nullstellen von f sind (mit Hilfe der $p - q$–Formel) $\pm(1 \pm i)\sqrt[4]{5}$, wobei die Vorzeichen unabhängig voneinander gewählt werden können. Sei $N := \mathbb{Q}(i, \sqrt[4]{5})$. Wir wollen zeigen, dass N der Zerfällungskörper von f über $\mathbb{Q}$ ist. Sei Z der Zerfällungskörper. Dann gilt $Z \subset N$, da jedes Element, dass wir zu $\mathbb{Q}$ adjungieren, um Z zu erhalten, in N liegt. Wir zeigen noch $N \subset Z$. Dafür müssen wir $i \in Z$ und $\sqrt[4]{5} \in Z$ zeigen. Sei $\gamma := (1 + i)\sqrt[4]{5} \in Z$, $\delta := (1 - i)\sqrt[4]{5} \in Z$. Dann ist auch $\frac{1}{2}(\gamma + \delta) = \sqrt[4]{5} \in Z$ und $\frac{1}{2}(\frac{\gamma - \delta}{\gamma + \delta}) = i \in Z$. Also ist N der Zerfällungskörper von f. Wenn L/K also normal wäre, dann wäre $Z = L$. Allerdings ist $[N : \mathbb{Q}] = 4$, denn das Minimalpolynom von $\alpha + i\alpha$ hat ja Grad 4, aber es ist $[Z : \mathbb{Q}] = 8$. Also ist L/K nicht normal. ∎

Auch dieser Satz gilt analog für unendliche algebraische Körpererweiterungen.

Erklärung

Zum Satz 7.3 über die Existenz und Eindeutig der normalen Hülle Dieser Satz sagt uns nun, dass es zu jeder endlichen Erweiterung L/K eine normale Hülle gibt. Mehr noch, der Beweis gibt sogar eine Konstruktion an, um die normale Hülle zu erhalten.

Und wer hätte es gedacht, auch dieser Satz gilt für unendliche algebraische Erweiterungen.

Erklärung

Schema zur Untersuchung einer Körpererweiterung auf Normalität Zum Abschluss dieses Kapitels wollen wir euch nochmal ein Schema an die Hand geben, mit der ihr eine gegebene Körpererweiteurng auf Normalität untersuchen könnt. Dabei belassen wir es wieder bei endlichen Erweiterungen.

Es gibt im Wesentlichen zwei mögliche „Typen" von Erweiterungen L/K, die wir betrachten:

- L entsteht aus K durch Adjunktion von gewissen Elementen α_i, das heißt $L = K(\alpha_1, \ldots, \alpha_n)$.
- L ist der Zerfällungskörper eines Polynoms $f \in K[x]$.

Im zweiten Fall ist nichts mehr zu untersuchen, denn dann ist L/K immer normal (genauer haben wir dies nur für den Fall gezeigt, dass f normiert ist. Das gilt aber auch, wenn f nicht normiert ist. Überlegt euch einmal selbst, wieso). Betrachten wir also den ersten Fall. Sei f_i das Minimalpolynom von α_i und $F := \prod_{i=1}^{n} f_i$. Dann ist L/K genau dann normal, wenn bereits alle Nullstellen von F in L liegen, das heißt, wenn L der Zerfällungskörper Z von F über K ist. Wie man den Zerfällungskörper eines Polynomes bestimmt (und vereinfacht), haben wir in diesem Kapitel gesehen. Es bleibt dann nur noch zu untersuchen, ob L der Zerfällungskörper ist. Da L im Zerfällungskörper enthalten ist, ist dies genau dann der Fall, wenn $[L : K] = [Z : K]$ gilt. Dies kann man meist recht einfach überprüfen. In Abb. 7.1 findet ihr das Ganze nochmal als Schaubild.

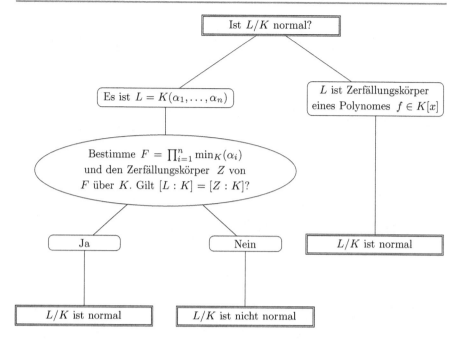

Abb. 7.1 Schaubild zum Untersuchen einer Erweiterung auf Normalität

Separable Erweiterungen

8

Inhaltsverzeichnis

Nachdem wir nun normale Erweiterungen kennengelernt haben, kommen wir zur zweiten für uns wichtigen Eigenschaften, nämlich der Separabilität. Dafür werden wir hier vor allem einige Werkzeuge kennen lernen, um separable Erweiterungen zu erkennen.

8.1 Definitionen

Definition 8.1 (formale Ableitung)
Sei K ein Ring, $f = a_n x^n + \cdots + a_0 \in K[x]$ ein Polynom. Dann ist die **formale Ableitung** von f definiert als

$$f' := n a_n x^{n-1} + (n-1)a_{n-1}x^{n-2} + \cdots + a_1 \in K[x].$$

© Springer-Verlag GmbH Deutschland, ein Teil von Springer Nature 2019
F. Modler und M. Kreh, *Tutorium Algebra,*
https://doi.org/10.1007/978-3-662-58690-7_8

Definition 8.2 (Frobeniushomomorphismus)
Sei R ein Ring mit $p \cdot 1 := \underbrace{1 + \cdots + 1}_{p-\text{mal}} = 0$ (mit $p \in \mathbb{P}$). Dann heißt die Ab-

bildung

$$\Phi : R \to R, \Phi(r) = r^p$$

Frobeniushomomorphismus.

Definition 8.3 (Separabilität)
Sei K ein Körper.

- Ein irreduzibles Polynom $f \in K[x]$ heißt **separabel** über K, wenn f in keiner Körpererweiterung L/K eine mehrfache Nullstelle besitzt.
- Ein nichtkonstantes Polynom $f \in K[x]$ heißt **separabel** über K, wenn jeder irreduzible Faktor von f separabel über K ist.
- Sei L/K eine algebraische Körpererweiterung. Ein Element $\alpha \in L$ heißt **separabel** über K, wenn das Minimalpolynom $f = \min_K(\alpha)$ separabel über K ist.
- Eine algebraische Körpererweiterung L/K heißt **separabel,** wenn jedes Element $\alpha \in L$ separabel über K ist.

Definition 8.4 (vollkommen)
Sei K ein Körper. Wir nennen K **vollkommen** (oder **perfekt**), wenn jede algebraische Erweiterung L/K separabel ist.

Definition 8.5 (Separabilitätsgrad)
Sei L/K eine algebraische Erweiterung und $\overline{K}$ der algebraische Abschluss von K. Dann ist der **Separabilitätsgrad** $[L : K]_s$ von L/K definiert als die Anzahl der K-Homomorphismen $\sigma : L \to \overline{K}$.

Definition 8.6 (separabler Abschluss)

Sei L/K algebraisch und $A_L := \{\alpha \in L : \alpha \text{ ist separabel über } K\}$. Dann nennen wir $K(A_L)$ den **separablen Abschluss** von K in L. Gilt $K(A_L) = K$ so heißt K in L **separabel abgeschlossen**. Ist speziell $L = \overline{K}$ der algebraische Abschluss von K, so heißt $K^s := K(A_{\overline{K}})$ **separabler Abschluss** von K. Im Fall $K^s = K$ heißt K **separabel abgeschlossen**.

8.2 Sätze und Beweise

Satz 8.1 (Eigenschaften der formalen Ableitung)
Sei R ein Ring und $f, g \in R[x]$. Dann gilt

1. $\deg f' < \deg f$
2. Ist $\deg f = 0$, also $f = r \in R$, so ist $f' = 0$.
3. $(f + g)' = f' + g'$.
4. Für $r \in R$ gilt $(rf)' = rf'$.
5. $(fg)' = f'g + fg'$.
6. Ist $f = r(x - a)^m$ mit $a, r \in R, m \in \mathbb{N}$, so ist $f' = mr(x - a)^{m-1}$.

▶ **Beweis** Diese Eigenschaften folgen direkt aus der Definition der formalen Ableitung, das lassen wir also als übung für euch. q.e.d.

Satz 8.2 (Eigenschaften des Frobeniushomomorphismus)
Sei R ein kommutativer Ring mit $p \cdot 1 := \underbrace{1 + \cdots + 1}_{p-mal} = 0$ (mit $p \in \mathbb{P}$). Dann gilt

1. Die Abbildung $\Phi : R \to R$, $\Phi(r) = r^p$ ist ein Ringhomomorphismus.
2. Ist R ein Integritätsring, so ist Φ injektiv.
3. Das Bild $R^p := \text{im}(\Phi)$ ist ein Unterring von R.
4. Ist R ein Körper, so ist auch R^p ein Körper.

▶ **Beweis**
1. Dies folgt alles wie in Satz 6.7. Dort haben wir die Frobeniusabbildung zwar nur für Körper betrachtet, alles dort Gezeigte gilt aber auch für kommutative Ringe.

2. Angenommen, Φ wäre nicht injektiv, das heißt der Kern von Φ enthält nicht nur das Nullelement. Dann gibt es also ein $r \in R$ mit $r^p = \Phi(r) = 0$. Dann gibt es ein $n \in \mathbb{N}$ mit $r^n = 0$ und $r^{n-1} \neq 0$. Dann sind aber r und r^{n-1} Nullteiler, denn $r \cdot r^{n-1} = r^n = 0$ und $r \neq 0 \neq r^{n-1}$. Das ist ein Widerspruch zur Voraussetzung.

3. Es ist zu zeigen, dass R^p bezüglich Addition und Multiplikation abgeschlossen ist. Seien also $x, y \in R^p$. Dann gibt es $r_1, r_2 \in R$ mit $r_1^p = x$, $r_2^p = y$. Dann ist $x + y = r_1^p + r_2^p = (r_1 + r_2)^p \in R^p$ und $xy = r_1^p r_2^p = (r_1 r_2)^p \in R^p$.

4. Es ist zu zeigen, dass jedes Element $x \in R^p$ mit $x \neq 0$ invertierbar ist. Es gilt $x = r^p$ mit $r \in R$ und $r \neq 0$. Da R ein Körper ist, existiert also das Inverse r^{-1} von r. Dann ist $y := (r^{-1})^p$ das Inverse von x in R^p.   q.e.d.

Satz 8.3
Sei K ein Körper.

1. *Ist $f \in K[x]$ separabel, dann ist auch jeder Teiler von f separabel.*
2. *Sind $f, g \in K[x]$ separabel, dann ist auch $f \cdot g$ separabel.*

▶ **Beweis**

1. Wir zerlegen f in irreduzible Faktoren, schreiben also $f = f_1^{e_1} \cdots f_k^{e_k}$ mit irreduziblen Polynomen f_i (da $K[x]$ ein faktorieller Ring ist, existiert diese Zerlegung und ist bis auf Reihenfolge und Einheiten eindeutig). Sei h nun ein Teiler von f. Dann gilt also $h = f_1^{b_1} \cdots f_k^{b_k}$ mit $b_i \leq e_i$. Da f nach Voraussetzung separabel ist, hat keines der Polynome f_i mehrfache Nullstellen. Daraus folgt aber sofort, dass auch h separabel ist.

2. Wir zerlegen, wie oben, f und g in irreduzible Faktoren, schreiben also $f = f_1^{e_1} \cdots f_k^{e_k}$ und $g = g_1^{b_1} \cdots g_m^{b_m}$. Dann ist $fg = f_1^{e_1} \cdots f_k^{e_k} \cdot g_1^{b_1} \cdots g_m^{b_m}$. Da f und g separabel sind, hat keines der Polynome f_i und keines der Polynome g_i mehrfache Nullstellen. Also ist auch fg separabel.   q.e.d.

Satz 8.4 (Separabilität und Ableitung)
Sei $f \in K[x]$ ein nichtkonstantes, irreduzibles Polynom. Dann ist f genau dann nicht separabel, wenn die formale Ableitung von f verschwindet.

▶ **Beweis** Angenommen, f ist nicht separabel. Dann gibt es eine Körpererweiterung L/K und eine mehrfache Nullstelle $\alpha \in L$ von f. Es gilt also

$$f = (x - \alpha)^2 g$$

mit einem passenden Polynom g mit Koeffizienten in L. Wir leiten dies ab und erhalten mit der Produktformel

$$f' = 2(x - \alpha)g + (x - \alpha)^2 g' = (x - \alpha)(2g + (x - \alpha)g').$$

Der Linearfaktor $x - \alpha$ ist also ein gemeinsamer Teiler von f und f'. Also ist der größte gemeinsame Teiler $h := \gcd(f, f')$ ein Polynom vom Grad mindestens 1.

Berechnet man $h = \gcd(f, f')$ mit Hilfe des erweiterten euklidischen Algorithmus, so erhält man eine Darstellung

$$h = pf + qf',$$

wobei p, q Polynome mit Koeffizienten in K sind. Deshalb ist dann auch $h \in K[x]$. h ist also ein nichtkonstanter Teiler von f in dem Polynomring $K[x]$. Da aber f nach Annahme irreduzibel ist, muss $h = f$ sein. Allerdings ist h auch ein Teiler von f', und es gilt $\deg(f') < \deg(f)$. Das geht nur, wenn $f' = 0$ gilt.

Nun nehmen wir an, dass $f' = 0$ gilt. Sei α eine Nullstelle von f. Dann gilt insbesondere $f'(\alpha) = 0$. Wir schreiben $f = (x - \alpha)^m g(x)$, wobei m die Vielfachheit der Nullstelle ist und $g(x) \neq 0$ gilt. Mit der Produktregel folgt dann

$$f' = (x - \alpha)^{m-1}(mg(x) + (x - \alpha)g'(x)).$$

Wählen wir nun $x = \alpha$, so ist $(x - \alpha)g'(x) = 0$. Es muss also wegen $g(x) \neq 0$

$$(x - \alpha)^{m-1}m = 0$$

gelten. Für $m = 1$ ist dieser Ausdruck aber 1, also muss $m > 1$ gelten und damit hat f mehrfache Nullstellen. q.e.d.

Satz 8.5 (Form nichtseparabler Polynome)
Sei K ein Körper mit $\mathrm{char}(K) = p$ und sei $f \in K[x]$ irreduzibel und nicht konstant. Dann ist f genau dann nicht separabel, wenn es ein $g \in K[x]$ mit $f(x) = g(x^p)$ gibt.

▶ **Beweis** Nach Satz 8.4 ist f genau dann nicht separabel, wenn $f' = 0$. Sei nun zuerst $f(x) = g(x^p)$. Dann ist

$$f' = px^{p-1}g'(x^p) = 0$$

also ist f nicht separabel.

Sei nun $f = a_n x^n + \cdots + a_0$ nicht separabel, das heißt $f' = n a_n x^{n-1} + \cdots + a_1 = 0$. Dann muss also $k a_k = 0$ sein für alle $k \in \{1, \ldots, n\}$. Für jedes k mit $p \nmid k$ muss also $a_k = 0$ gelten. Es folgt daher (mit einem $m \in \mathbb{N}$)

$$f(x) = a_{pm} x^{pm} + a_{p(m-1)} x^{p(m-1)} + \cdots + a_p x^p + a_0$$

also $f(x) = g(x^p)$ für

$$g(x) = a_{pm} x^m + a_{p(m-1)} x^{m-1} + \cdots - a_p x + a_0$$

q.e.d.

Satz 8.6
Sei K ein Körper mit $\mathrm{char}(K) = p$ und L/K eine endliche Erweiterung. Gilt $p \nmid [L : K]$ so ist L/K separabel.

▶ **Beweis** Sei $\alpha \in L$ beliebig und f das Minimalpolynom von α über K. Ist f nicht separabel, so folgt $f = g(x^p)$, also ist der Grad von f ein Vielfaches von p, also ist $[K(\alpha) : K] = mp$ für ein $m \in \mathbb{N}$. Dann ist aber $[L : K] = [L : K(\alpha)][K(\alpha) : K] = [L : K(\alpha)] \cdot mp$ im Widerspruch zur Voraussetzung.   q.e.d.

Satz 8.7 (vollkommene Körper)

1. *Sei $\mathrm{char}(K) = 0$. Dann ist K vollkommen.*
2. *Sei $\mathrm{char}(K) = p \in \mathbb{P}$. Dann ist K genau dann vollkommen, wenn $K^p = K$.*
3. *Sei K vollkommen und L/K algebraisch. Dann ist auch L vollkommen.*
4. *Sei K endlich. Dann ist K vollkommen.*

▶ **Beweis**
1. Sei L/K eine Körpererweiterung, $\alpha \in L$ und $f = a_n x^n + \cdots + a_0$ mit $a_n \neq 0$ das Minimalpolynom von α. Wegen $n \neq 0$ in K gilt dann

$$f' = n a_n x^{n-1} + \cdots \neq 0.$$

Also ist f und damit L/K separabel.
2. Sei zunächst $K^p \neq K$. Dann gibt es also ein $a \in K \setminus K^p$. Dann hat das Polynom $f := x^p - a$ keine Nullstelle in K und genau eine Nullstelle in $\overline{K}$. Da f irreduzibel ist, folgt somit, dass f nicht separabel ist.

Sei nun $K^p = K$ und $f \in K[x]$ irreduzibel. Angenommen, f ist nicht separabel. Dann gibt es nach Satz 8.5 ein Polynom $g \in K[x]$ mit $f(x) = g(x^p)$. Wegen $K^p = K$ gilt dann $g(x^p) = h(x)^p$ für ein $h \in K[x]$. Das ist ein Widerspruch zur Irreduzibilität.

3. Sei N/L eine algebraische Erweiterung. Dann ist auch N/K algebraisch, da K vollkommen ist also separabel. Also ist auch N/L separabel (das werden wir in Satz 8.15 sehen), also ist L vollkommen.

4. Sei nun K endlich und $\alpha \in L$. Dann ist auch $K(\alpha)$ endlich und hat also q Elemente für eine Primzahlpotenz q. Sei $f = \min_K(\alpha)$. Aus dem Hauptsatz über endliche Körper (Satz 6.12) folgt, dass f ein Teiler des separablen Polynoms $x^q - x$ ist. Also ist f separabel und damit auch L/K.   q.e.d.

Satz 8.8 (Satz vom primitiven Element)
*Ist L/K eine endliche und separable Körpererweiterung, so gibt es ein Element $\alpha \in L$ mit $L = K(\alpha)$. Das Element α heißt ein **primitives** Element von L/K. Eine solche Erweiterung nennen wir **einfach**.*

▶ **Beweis** Wir unterscheiden zwei Fälle.

- Sei zunächst K ein endlicher Körper. Dann ist auch L endlich und man kann für α einen zyklischen Erzeuger von L^* wählen, denn wir haben gesehen, dass die multiplikative Gruppe eines endlichen Körpers zyklisch ist (Satz 6.15).

- Habe nun K unendlich viele Elemente. Da L/K endlich ist, können wir endlich viele Erzeuger $a_1, \ldots, a_r$ wählen, das heißt, es gilt $L = K(a_1, \ldots, a_r)$. Wir müssen zeigen, dass wir schon mit einem Erzeuger, also $r = 1$, auskommen. Dafür betrachten wir den Fall $r = 2$ und zeigen, dass wir dann nur einen Erzeuger brauchen. Damit können wir induktiv die Anzahl der Erzeuger auf 1 reduzieren. Wir nehmen also $L = K(\alpha, \beta)$ an. Sei f das Minimalpolynom von α und g das von β (jeweils über K). Über dem algebraischen Abschluss $\overline{K}$ zerfallen f und g in

$$f = \prod_{i=1}^{n}(x - \alpha_i), \qquad g = \prod_{j=1}^{m}(x - \beta_j)$$

mit $\alpha_i, \beta_j \in \overline{K}$. Sei o.B.d.A. $\alpha = \alpha_1$ und $\beta = \beta_1$. Da L separabel ist, sind es auch f und g, also gilt $\alpha_i \neq \alpha_j$ und $\beta_i \neq \beta_j$ für $i \neq j$. Da der Körper K nach Annahme unendlich viele Elemente besitzt, gibt es ein $c \in K$ mit

$$\gamma := \alpha + c\beta \neq \alpha_i + c\beta_j, \text{ für alle } i = 1, \ldots, n, \text{ und } j = 2, \ldots, m,$$

denn es sind nur die endlich vielen Elemente $c = -\frac{\alpha - \alpha_i}{\beta - \beta_j}$ zu vermeiden. Wir wollen zeigen, dass $L = K(\gamma)$ gilt. Dazu sei $M := K(\gamma)$. Da γ eine Linearkombination von α und β ist, folgt $M \subset L$. Wir setzen

$$h := f(\gamma - cx) = \prod_{i=1}^{n}(\gamma - (\alpha_i + cx)) \in M[x].$$

Nach Wahl von c und γ gilt

$$h(\beta) = 0, \qquad h(\beta_j) = \prod_{i=1}^{n}(\gamma - (\alpha_i + c\beta_j)) \neq 0, \, j > 1.$$

Es folgt also

$$\gcd(h, g) = x - \beta.$$

Da der größte gemeinsame Teiler von h und g in dem Polynomring $M[x]$ berechnet werden kann, folgt $x - \beta \in M[x]$, also $\beta \in M$.

Dann gilt aber auch $\alpha = \gamma - c\beta \in M$. Da also die beiden Erzeuger von L bereits im M liegen, gilt $L \subset M$, also $M = L$.   q.e.d.

Satz 8.9

Sei $\tau : K \xrightarrow{\sim} K'$ ein Körperisomorphismus, L/K und L'/K' Körpererweiterungen und $g \in K[x]$ ein irreduzibles Polynom. Dann gilt:

- *Das Polynom $h := g^\tau \in K'[x]$ ist irreduzibel über K'.*
- *Ist α eine Nullstelle von g in L und β eine Nullstelle von h in L', so gibt es einen eindeutig bestimmten Körperisomorphismus $\sigma : K(\alpha) \xrightarrow{\sim} K'(\beta)$ mit $\sigma_{|K} = \tau$ und $\sigma(\alpha) = \beta$.*

▶ **Beweis**
- Der erste Teil ist eine Übung für euch.
- Ist τ ein Isomorphismus von K nach K', so ist $g \mapsto g^\tau$ ein Isomorphismus von $K[x]$ nach $K'[x]$. Dieser induziert dann einen Isomorphismus

$$\tau_0 := K[x]/(g) \xrightarrow{\sim} K'[x]/(h), (f \mod g) \mapsto (f^\tau \mod h).$$

Den gesuchten Isomorphismus σ erhält man als Verkettung von τ_0 mit den Stammkörperisomorphismen aus Satz 5.7,

$$\sigma_1 : K(\alpha) \xrightarrow{\sim} K[x]/(g), \qquad \sigma_2 : K'(\beta) \xrightarrow{\sim} K'[x]/(h),$$

das heißt

$$\sigma := \sigma_2^{-1} \circ \tau_0 \circ \sigma_1 : K(\alpha) \to K(\beta).$$

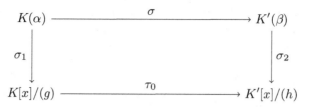

Es gilt dann für $a \in K$

$$\sigma(a) = \sigma_2^{-1} \circ \tau_0 \circ \sigma_1(a) = \sigma_2^{-1} \circ \tau_0(a) = \sigma_2^{-1}(\tau_0(a)) = \tau_0(a),$$

denn σ_1 lässt K fest, τ_0 entspricht für ein Element aus K genau dem Isomorphismus τ und σ_2^{-1} lässt K' fest. Überlegt euch nun, warum $\sigma(\alpha) = \beta$ gilt und warum σ eindeutig ist.   q.e.d.

Satz 8.10 (Fortsetzungslemma)
Seien K ein Körper, $f \in K[x]$ und M/K, M'/K zwei Zerfällungskörper von f. Sei L ein Zwischenkörper von M/K und L' ein Zwischenkörper von M'/K. Sei außerdem $\tau : L \overset{\sim}{\to} L'$ ein K-Isomorphismus. Dann gilt:

- *Es gibt eine Fortsetzung von τ zu einem K-Isomorphismus $\sigma : M \overset{\sim}{\to} M'$.*
- *Ist f separabel über L, so gibt es genau $[M : L]$ verschiedene Fortsetzungen σ von τ.*

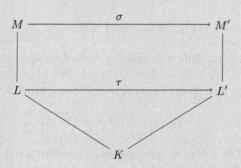

▶ **Beweis**
- Wir benutzen vollständige Induktion über $d := [M : L]$. Beim Induktionsanfang, also $d = 1$, gilt $M = L$ und dann auch $M' = \tau(L) = L'$. Also ist $\sigma := \tau$ die einzige mögliche Fortsetzung von τ und es gelten beide obigen Aussagen.

  Wir wollen nun zunächst beweisen, dass es tatsächlich auch für $d > 1$ eine Fortsetzung gibt. Über die Anzahl im separablen Fall machen wir uns erst danach Gedanken.

Sei also nun $d > 1$. Dann hat f eine Nullstelle $\alpha \in M$, die nicht in L liegt, denn sonst wäre L bereits der Zerfällungskörper von f. Sei $g := \min_L(\alpha) \in L[x]$ das Minimalpolynom von α über L. Dann ist g ein irreduzibler Faktor von f über L, welcher α als Nullstelle hat. Wir erhalten eine Zerlegung $f = gq$ mit einem Polynom $q \in L[x]$. Wir setzen $h := g^\tau \in L'[x]$. Aus Satz 8.9 folgt, dass $h \in L'[x]$ irreduzibel über L' ist. Da τ die Koeffizienten von f festlässt (denn $f \in K[x]$ und τ ist ein K-Isomorphismus), folgt aus

$$f = f^\tau = g^\tau q^\tau = hq^\tau,$$

dass h ein irreduzibler Faktor von f über dem Körper L' ist. Da M' ein Zerfällungskörper von f ist, zerfällt h über M' in Linearfaktoren. Sei $\beta \in M'$ eine Nullstelle von h. Dann gibt es wegen Satz 8.9 eine Fortsetzung von τ zu einem K-Isomorphismus

$$\tilde{\tau} : L(\alpha) \overset{\sim}{\to} L'(\beta).$$

Wegen $n := [L(\alpha) : L] > 1$ gilt $[M : L(\alpha)] < d$. Jetzt können wir also die Induktionsannahme benutzen, nach der sich $\tilde{\tau}$ zu einem K-Automorphismus $\sigma : M \overset{\sim}{\to} M'$ fortsetzen lässt. Dieses σ ist dann auch eine Fortsetzung von τ und damit folgt der erste Teil des Satzes.

- Für den zweiten Teil müssen wir nun noch genau betrachten, wie viele Fortsetzungen es gibt.

Ist f separabel über L, so sind die Nullstellen $\alpha_1, \ldots, \alpha_n \in M$ des irreduziblen Faktors g von oben (von denen eine die Nullstelle α ist) paarweise verschieden. Ist $\sigma : M \overset{\sim}{\to} M'$ eine Fortsetzung von τ, so sind die Elemente

$$\beta_i := \sigma(\alpha_i) \in M'$$

paarweise verschieden, denn σ ist bijektiv. Außerdem sind dies genau die Nullstellen von $g^\tau = h$. Wir erhalten deshalb $n = [L(\alpha) : L]$ paarweise verschiedene Fortsetzungen von τ zu einem Körperisomorphismus, nämlich

$$\tilde{\tau}_i : L(\alpha) \overset{\sim}{\to} L'(\beta_i), i = 1, \ldots, n$$

mit $\tilde{\tau}_i(\alpha) = \beta_i$. Da f über L separabel ist, ist es über $L(\alpha)$ ebenfalls separabel. Aus der Induktionsannahme folgt nun, dass es für jedes i genau $[M : L(\alpha)]$ verschiedene Fortsetzungen von $\tilde{\tau}_i$ zu einem K-Isomorphismus $M \overset{\sim}{\to} M'$ gibt. Insgesamt erhalten wir so

$$[M : L] = [M : L(\alpha)][L(\alpha) : L]$$

verschiedene Fortsetzungen von σ.

q.e.d.

Satz 8.11 (Zerfällungskörper ist eindeutig und Anzahl Automorphismen)

- *Der Zerfällungskörper eines Polynoms $f \in K[x]$ ist bis auf Isomorphie eindeutig bestimmt.*
- *Sei $f \in K[x]$ ein separables Polynom und L/K ein Zerfällungskörper von f. Dann gilt:*

$$|\mathrm{Aut}(L/K)| = [L : K].$$

Satz 8.12 (Gradsatz für Separabilitätsgrad)

Sei L/K eine algebraische Erweiterung und M ein Zwischenkörper. Dann gilt

$$[L : K]_s = [L : M]_s \cdot [M : K]_s$$

Satz 8.13 (Separabilitätsgrad einfacher Erweiterungen)

Sei α algebraisch über K, $L := K(\alpha)$ und $\overline{K}$ der algebraische Abschluss von K. Dann gilt

$$[L : K]_s = \left| \{\beta \in \overline{K} : (\min_K(\alpha))(\beta) = 0\} \right| \leq [L : K]$$

und α ist genau dann separabel über K, wenn $[L : K] = [L : K]_s$ gilt.

▶ **Beweis** Wir benutzen Satz 8.9 mit $K = K'$ und $\tau = \mathrm{id}$. Dann gibt es also für jede Nullstelle β von $\min_K(\alpha)$ genau einen K-Homomorphismus $\sigma : L \to \overline{K}$ mit $\sigma(\alpha) = \beta$. Das zeigt die Gleichung für den Separabilitätsgrad. Ist nun $n = [L : K]$, so hat das Minimalpolynom von α genau Grad n, kann also höchstens n verschiedene Nullstellen haben. Damit folgt die Ungleichung. Es gilt genau dann $[L : K] = [L : K]_s$, wenn $\min_K(\alpha)$ genau n verschiedene Nullstellen hat, das heißt genau dann, wenn $\min_K(\alpha)$, und damit auch α, separabel ist. q.e.d.

Satz 8.14 (äquivalenzen zu Separabilität)

Sei L/K eine endliche Erweiterung. Dann gilt $[L : K]_s \leq [L : K]$ und die folgenden Aussagen sind äquivalent:

1. *L/K ist separabel*
2. *Es gibt eine Menge $A \subset L$ mit $L = K(A)$ und jedes $\alpha \in A$ ist separabel über K.*
3. $[L : K]_s = [L : K]$.

▶ **Beweis** Wir zeigen zuerst, dass $[L : K]_s \leq [L : K]$ gilt. L entsteht aus K durch endliche viele einfache Erweiterungen M_i, das heißt

$$K = M_0 \subset M_1 \subset M_2 \subset \cdots \subset M_{n-1} \subset M_n = L,$$

wobei M_{i+1}/M_i einfache Erweiterungen sind. Dann folgt

$$[L : K]_s = \prod_{i=0}^{n-1} [M_{i+1} : M_i]_s \overset{\text{Satz 8.13}}{\leq} \prod_{i=0}^{n-1} [M_{i+1} : M_i] = [L : K],$$

wobei die erste Gleichung aus dem Gradsatz für Separabilitätsgrade und die zweite Gleichung aus dem Gradsatz für Körpergrade folgt. Nun zeigen wir die Äquivalenzen.

1. $\Rightarrow$ 2. Das ist klar (schließlich können wir ja einfach $A = L$ wählen).
2. $\Rightarrow$ 3. Sei $M_i := K(\alpha_1, \ldots, \alpha_i)$, wobei $\alpha_i \in A$ und $\alpha_i \notin M_j$ für $j < i$. Da L/K endlich ist, erreichen wir nach endlich vielen Schritten $M_n = L$. Sei nun $\alpha \in L$ separabel über K und M ein Zwischenkörper von L/K. Dann ist (mit der selben Begründung wie in Satz 8.15) α auch separabel über M. Also sind die Erweiterungen M_{i+1}/M_i separabel. Da dies einfache Erweiterungen sind, gilt nach Satz 8.13 $[M_{i+1} : M_i]_s = [M_{i+1} : M_i]$, wegen der Multiplikativität also $[L : K]_s = [L : K]$.
3. $\Rightarrow$ 1. Sei $\alpha \in L$ beliebig. Wir zeigen, dass $[K(\alpha) : K]_s = [K(\alpha) : K]$ gilt, dann folgt die Aussage aus Satz 8.13. Wegen der Multiplikativität der Grade und der Voraussetzung folgt

$$[L : K(\alpha)]_s [K(\alpha) : K]_s = [L : K]_s = [L : K] = [L : K(\alpha)][K(\alpha) : K]$$

Nun gilt einerseits wegen dem schon gezeigten $[L : K(\alpha)]_s \leq [L : K(\alpha)]$, wegen der obigen Gleichheit also $[K(\alpha) : K]_s \geq [K(\alpha) : K]$. Da aber auch $[K(\alpha) : K]_s \leq [K(\alpha) : K]$ gilt, folgt insgesamt Gleichheit.   q.e.d.

Satz 8.15 (Separabilität von Zwischenkörpern)
Sei L/K algebraisch und M ein Zwischenkörper. Dann ist L/K genau dann separabel, wenn L/M und M/K separabel sind.

▶ **Beweis** Sei zunächst L/K separabel. Dann ist also jedes Element aus L separabel über K. Dann ist aber auch jedes Element aus $M \subset L$ separabel über K, also ist M/K separabel. Ist außerdem $\alpha \in L$, so ist $\min_K(\alpha) \in K[x]$, also auch $\min_K(\alpha) \in M[x]$. Dieses Polynom hat α als Nullstelle, ist also ein Vielfaches des Minimalpolynoms von α über M. Mit anderen Worten, $\min_M(\alpha)$ ist ein Teiler von $\min_K(\alpha)$. Also ist nach Satz 8.3 auch $\min_M(\alpha)$ separabel, also ist L/M separabel.

Sei nun umgekehrt $\alpha \in L$ beliebig. Dann ist α separabel über M. Sei $\min_M(\alpha) = a_n x^n + \cdots + a_0$ und $N := K(a_0, \ldots, a_n)$. Dann ist N ein Zwischenkörper von L/K und es gilt $\min_M(\alpha) = \min_N(\alpha)$. Also ist α separabel über N, das heißt $N(\alpha)/N$ ist separabel und endlich. Da nach Voraussetzung M/K separabel ist, ist auch N/K separabel (denn $N \subset M$ ist ein Teilkörper) und endlich. Es folgt dann

$$[N(\alpha) : K]_s = [N(\alpha) : N]_s[N : K]_s = [N(\alpha) : N][N : K] = [N(\alpha) : K]$$

also ist α separabel über K. Da α beliebig war, folgt die Aussage.   q.e.d.

Satz 8.16
Sei L/K algebraisch. Dann gilt

1. *$K(A_L)$ ist ein Körper.*
2. *Die Erweiterung $K(A_L)/K$ ist separabel.*
3. *Der separable Abschluss von $K(A_L)$ in L ist $K(A_L)$ selbst.*
4. *Es gilt $[K(A_L) : K] = [L : K]_s$.*

▶ **Beweis** Wir betrachten nur die ersten beiden Punkte.

1. Als Teilmenge von L hat $K(A_L)$ eine Addition und Multiplikation, die alle benötigten Gesetze erfüllt; wir müssen noch zeigen, dass $K(A_L)$ abgeschlossen ist, das heißt, dass mit $a, b \in K(A_L)$ auch $a + b$, $a \cdot b$ und a^{-1} (falls $a \neq 0$) in $K(A_L)$ liegen. Seien also $a, b \in K(A_L)$. Wir betrachten den Körper $K(a, b)$. Da a und b nach Voraussetzung separabel über K sind, ist die Erweiterung $K(a, b)/K$ nach Satz 8.14 separabel. Da aber $a + b$, $a \cdot b$ und a^{-1} (für $a \neq 0$) in $K(a, b)$ liegen, sind diese auch separabel, also in $K(A_L)$. Also ist $K(A_L)$ ein Körper.
2. Dies folgt direkt aus der Definition.   q.e.d.

Satz 8.17

Ist K ein Körper mit $\mathrm{char}(K) = p \in \mathbb{P}$ und L/K eine endliche Erweiterung, dann gibt es ein $r \in \mathbb{N}_0$ mit $[L : K] = p^r [L : K]_s$.

Satz 8.18

Sei L/K eine endliche Erweiterung.

1. *Ist L/K separabel und N die normale Hülle von L/K, dann ist auch N/K separabel.*
2. *Ist L/K normal, dann ist auch $K(A_L)/K$ normal.*

▶ **Beweis**

1. Sei $L = K(\alpha_1, \ldots, \alpha_n)$. Nach dem Beweis von Satz 7.3 ist die normale Hülle gegeben durch den Zerfällungskörper des Polynomes $F = \prod_{k=1}^n f_k$, wobei f_k das Minimalpolynom von α_k ist. Dann ist L/K genau dann separabel, wenn F separabel ist, und dies ist genau dann der Fall, wenn alle f_k separabel sind. Da jedes α_k separabel ist, gilt nach Satz 8.13

$$[K(\alpha) : K] = [K(\alpha) : K]_s = \left| \{ \beta \in \overline{K} : (f_k)(\beta) = 0 \} \right|.$$

Also hat f_k keine mehrfachen Nullstellen, und damit ist L/K separabel.

2. Sei $f \in K[x]$ ein irreduzibles Polynom, das eine Nullstelle α in $K(A_L)$ hat. Dann ist α also separabel und wie oben folgt, dass f keine mehrfachen Nullstellen hat. Also ist auch jede andere Nullstelle von f separabel, das heißt, f zerfällt über $K(A_L)$ in Linearfaktoren, also ist $K(A_L)/K$ normal.   q.e.d.

8.3 Erklärungen zu den Definitionen

Erklärung

Erweiterungen von $\mathbb{F}_q(t)$ Bevor wir hier „richtig" mit den Erklärungen anfangen, wollen wir zunächst mal eine Art von Körpererweiterung betrachten, die wir hier öfters in Beispielen sehen werden. In Satz 8.7 werden wir sehen, dass Separabilität nur dann Schwierigkeiten macht, wenn man unendliche Körper mit positiver Charakteristik betrachtet. Das Standardbeispiel für einen solchen Körper ist $\mathbb{F}_q(t)$, das heißt der Körper der rationalen Funktionen, also Funktionen der Form

$$\frac{\sum_{k=0}^n a_k t^k}{\sum_{k=0}^m b_k t^k}$$

mit $a_k, b_k \in \mathbb{F}_q$ und $q = p^s$ für eine Primzahl p. Dies wird also nicht der Erweiterungskörper sein, sondern der Grundkörper. Zum Beispiel ist also $t^2 - t + 1$ ein Element des Körpers und kein Polynom über diesem Körper.

Über $\mathbb{F}_q(t)$ wollen wir dann Polynome betrachten. Wir treffen dabei für dieses Kapitel die Vereinbarung, dass x immer die Unbestimmte des Polynoms ist. Zum Beispiel ist also dann $t^2x^2 + tx + 1$ ein Polynom in x mit Koeffizienten in $\mathbb{F}_q(t)$ und kein Polynom in zwei Variablen.

Wenn wir nun Erweiterungen von $\mathbb{F}_q(t)$ betrachten (dies werden hier immer algebraische Erweiterungen sein), dann gibt es verschiedene Möglichkeiten, diese zu schreiben, zum Beispiel

$$\mathbb{F}_q(t)(\alpha), \mathbb{F}_q(t, \alpha), \mathbb{F}_q(\alpha)(t), \mathbb{F}_q(t)[\alpha], \ldots$$

All diese Notationen sind äquivalent. Da wir hier aber hervorheben wollen, dass wir eine Erweiterung von $\mathbb{F}_q(t)$ betrachten und diese Erweiterung von dem Polynomring über $\mathbb{F}_q(t)$ abgrenzen wollen, werden wir hier immer die Notation $\mathbb{F}_q(t)(\alpha)$ benutzen.

In einigen Fällen mag dann die Adjunktion von t obsolet sein. Ist zum Beispiel α ein Element im algebraischen Abschluss mit $\alpha^4 = t$, so schreiben wir $\alpha = \sqrt[4]{t}$ und betrachten den Körper $\mathbb{F}_q(t)(\sqrt[4]{t})$. Dies ist natürlich dasselbe wie $\mathbb{F}_q(\sqrt[4]{t})$. Da wir aber auch hier hervorheben wollen, dass $\mathbb{F}_q(t)$ unser Grundkörper ist, schreiben wir $\mathbb{F}_q(t)(\sqrt[4]{t})$.

Erklärung

Zur Definition 8.1 der formalen Ableitung Hier müssen wir wieder ein wenig aufpassen. Denn das, was wir hier definieren, hat zunächst einmal wenig mit der Ableitung zu tun, die wir aus der Analysis kennen. Natürlich sind die Formeln dieselben (ihr braucht also zum Glück dahingehend nichts Neues zu lernen), aber die Bedeutungen sind zwei völlig verschiedene. In der Analysis wird die Ableitung einer Funktion ja mit Grenzwertprozessen definiert. Daraus kann man dann für Polynomfunktionen die spezielle Form folgern. Hier bewegen wir uns in der Algebra, also in allgemeinen Körpern. Da sind Grenzwerte im Allgemeinen gar nicht definiert. Außerdem ist unser f hier keine Funktion, sondern ein Polynom im algebraischen Sinne (auf den Unterschied haben wir euch in Kap. 3 ja aufmerksam gemacht). Die formale Ableitung ist hier nichts anderes als eine Formel, mit der man aus einem gegebenen Polynom ein neues Polynom gewinnt.

▶ **Beispiel 105**

- Sei $K = \mathbb{Q}$, $f = x^3 + 5x^2 + 7x + 3$. Dann ist $f' = 3x^2 + 10x + 7$.
- Sei $K = \mathbb{F}_3$, $f = x^4 + 2x^3 + 7x^2 + x + 7$. Dann ist $f' = 4x^3 + 14x + 1$.
- Sei $K = \mathbb{F}_4$, $f = 3x^4 + 7x^2 + 9$. Dann ist $f' = 0$.

Erklärung

Zur Definition 8.2 des Frobeniushomomorphismus Diese Definition kennen
wir schon aus Kap. 6, genauer aus Definition 6.4. Dort haben wir den Frobeniushomomorphismus allerdings nur für Körper eingeführt. Hier wiederholen wir ihn
noch einmal kurz, da er in diesem Kapitel noch eine wichtige Rolle spielen wird.

▶ **Beispiel 106** Sei zum Beispiel $p = 5$ und $K = \mathbb{F}_{25}$. Dann ist

$$\Phi(0) = 0, \, \Phi(1) = 1, \, \Phi(2) = 2^5 = 32 = 2,$$
$$\Phi(3) = 3^5 = 243 = 3, \, \Phi(4) = 4^5 = 1024 = 4,$$

also $\Phi(x) = x$ für $x \in \mathbb{F}_5$. Sei γ eine Nullstelle des Polynoms $x^2 + 3$ (es gilt also
$\gamma^2 + 3 = 0$). Dieses Polynom ist irreduzibel über $\mathbb{F}_5$, also ist $\mathbb{F}_{25} \approx \mathbb{F}_5(\gamma)$. Es
gilt

$$\Phi(\gamma) = \gamma^5 = \gamma^5 + 3\gamma^3 - 3\gamma^3 = \gamma^3(\gamma^2 + 3\gamma) - 3\gamma^3$$
$$= -3\gamma^3 = -3\gamma^3 - 9\gamma + 9\gamma = 9\gamma$$
$$= 4\gamma = -\gamma.$$

∎

Erklärung

Zur Definition 8.3 der Separabilität Wir möchten die Erklärung zur Separabilität damit beginnen, zu beschreiben, wozu man diesen neuen Begriff überhaupt
braucht. Dazu ein Beispiel (dafür werden wir teilweise auf Begriffe vorgreifen,
die wir erst im nächsten Kapitel kennenlernen werden. Diese werden ansonsten in
diesem Kapitel noch nicht gebraucht und dienen nur der Motivation. Falls euch die
Galoisgruppe also noch nichts sagt, könnt ihr dieses Beispiel auch überspringen).

▶ **Beispiel 107** Sei p eine Primzahl. Wir betrachten den Körper $K := \mathbb{F}_p(t)$ und
dort das Polynom

$$f := x^p - t \in K[x].$$

Man kann nun mit dem Eisensteinkriterium (das wir nur für $K = \mathbb{Q}$ eingeführt
haben, aber auch in anderen Körpern funktioniert) zeigen, dass f irreduzibel ist.
Wir betrachten nun eine geeignete Körpererweiterung von K, sodass f dort eine
Nullstelle α hat. Dann gilt $\alpha^p = t$ und somit wegen Satz 6.8

$$f = (x - \alpha)^p.$$

Es gilt also:

• Der Stammkörper $L := K(\alpha)$ ist bereits der Zerfällungskörper von f.

- Das Polynom hat über den Zerfällungskörper nur eine einzige Nullstelle.
- Die Galoisgruppe $G(f) = \text{Aut}(L/K)$ besteht nur aus dem neutralem Element, denn es gibt nur eine Möglichkeit, die Nullstelle α auf sich selbst abzubilden. ■

Was wir hier also sehen ist, dass ein irreduzibles Polynom eine Galoisgruppe hat, die nur aus dem neutralen Element besteht. So etwas möchten wir aber vermeiden. Dies führt uns auf den Begriff der Separabilität. Denn wenn ein irreduzibles Polynom mehrere verschiedene Nullstellen hat (was ja die Separabilität fordert), gibt es auch Elemente neben dem neutralen Element.

Natürlich ist es nur mit dieser Definition meist unmöglich zu zeigen, dass eine Körpererweiterung separabel ist, denn man müsste das Minimalpolynom von jedem Element untersuchen. In Satz 8.7 lösen wir allerdings dieses Problem. Hier wollen wir noch einige Tatsachen über Separabilität aufzählen. Die Tatsachen, die wir hier nicht begründen, solltet ihr euch einmal selbst überlegen. Sie folgen sofort nach Einsetzen der Definition.

- Ob ein Polynom separabel ist oder nicht, hängt von dem gewählten Grundkörper K ab. Zum Beispiel ist das oben betrachtete Polynom $f = x^p - t$ inseparabel über $K = \mathbb{F}_p(t)$, aber separabel über der Körpererweiterung $L = K(\alpha)$.
- Ist $f \in K[x]$ separabel über K, so ist f auch über jeder Körpererweiterung von K ebenfalls separabel.

▶ **Beispiel 108** Sei L/K beliebig. Dann ist jedes $\alpha \in K$ separabel über K, denn das Minimalpolynom von α ist $x - \alpha$ und dies hat natürlich nur einfache Nullstellen (da es nur eine Nullstelle hat). ■

Zum Schluss noch ein kurzes Wort der Warnung: In der Literatur findet man noch eine andere Definition von separabel. Nach dieser ist ein Polynom dann separabel, wenn das Polynom selbst (und nicht jedes seiner irreduziblen Faktoren) keine mehrfachen Nullstellen hat. Zum Beispiel ist nach dieser Definition $(x^2 + 1)^2$ nicht separabel, nach unserer Definition ist es aber separabel. Hier müsst ihr also aufpassen, welche Definition ihr benutzt.

Wie wir noch sehen werden, hat die Definition mit den irreduziblen Faktoren etwas schönere Eigenschaften. Dafür müssen wir aber jedes Mal, wenn wir ein Polynom auf Separabilität prüfen wollen, dieses zuerst in irreduzible Faktoren zerlegen. Das ist auch der Grund, warum wir die meisten Sätze in diesem Kapitel nur für irreduzible Polynome formulieren.

Erklärung

Zur Definition 8.4 **der Vollkommenheit** Wir wir schon erwähnt haben, ist es für eine gegebene Körpererweiterung meistens nicht so leicht, streng nach Definition zu überprüfen, ob diese separabel ist. Hier helfen uns vollkommene Körper sehr weiter, denn ist der Grundkörper vollkommen, so muss man die Separabilität nicht mehr prüfen. Wie wir noch sehen werden, gibt es gar nicht so wenige vollkommene Körper, wie es der Name vermuten lässt.

Weiteres zur Vollkommenheit werden wir unter anderem in Satz 8.7 sehen.

▶ **Beispiel 109**

• Ist K algebraisch abgeschlossen, dann ist K auch vollkommen, da es nur eine algebraische Erweiterung von K gibt (nämlich K selbst) und diese ist separabel.

• Ist K ein Körper mit $\mathrm{char}(K) \neq 0$, dann ist $K(t)$ nicht vollkommen. Zum Beispiel ist für $\mathrm{char}(K) = p$ das Polynom $x^p - t$ immer inseparabel. ■

Erklärung

Zur Definition 8.5 des Separabilitätsgrades

▶ **Beispiel 110**

• Wir wollen den Separabilitätsgrad der Erweiterung $\mathbb{Q}(i)/\mathbb{Q}$ bestimmen. Wir müssen also untersuchen, wie viele $\mathbb{Q}$-Homomorphismen φ es von $\mathbb{Q}(i)$ in den algebraischen Abschluss von $\mathbb{Q}$ gibt. Ein solcher $\mathbb{Q}$-Homomorphismus ist insbesondere eine lineare Abbildung zwischen $\mathbb{Q}(i)$ und $\overline{\mathbb{Q}}$ aufgefasst als Vektorräume. Eine solche lineare Abbildung ist durch die Bilder der Basis eindeutig bestimmt. Eine Basis von $\mathbb{Q}(i)$ ist $\{1, i\}$. Da die lineare Abbildung $\mathbb{Q}$ festlassen soll, muss 1 auf 1 abgebildet werden. Es ist also nur zu untersuchen, was $\varphi(i)$ ist. Da φ ein Körperhomomorphismus ist, muss $\varphi(i) \cdot \varphi(i) = \varphi(i \cdot i) = \varphi(-1) = -1$ gelten. Das geht nur für $\varphi(i) = i$ und $\varphi(i) = -i$ und beide Wahlen ergeben tatsächlich $\mathbb{Q}$-Homomorphismen. Also ist $[\mathbb{Q}(i) : \mathbb{Q}]_s = 2$.

• Sei $K = \mathbb{F}_4(t)$ und $L = \mathbb{F}_4(t)(\sqrt[4]{t})$. Das Minimalpolynom von $\sqrt[4]{t}$ ist $x^4 - t$. Nach Satz 8.5 ist dieses Polynom inseparabel (da es irreduzibel ist), der Separabilitätsgrad wird also nach Satz 8.13 kleiner als der Körpergrad sein. Sei $\beta := \alpha^2 := \sqrt{t}$ und sei $\varphi : L \to \overline{K}$ ein K-Homomorphismus. Dann muss gelten

$$\varphi(\beta) \cdot \varphi(\beta) = \varphi(\beta^2) = \varphi(t) = t,$$

also ist $\varphi(\beta) = \pm\sqrt{t}$. Es ist weiter

$$\varphi(\alpha) \cdot \varphi(\alpha) = \varphi(\alpha^2) = \varphi(\beta) = \pm\sqrt{t},$$

also ist $\varphi(\alpha) = \pm\sqrt{\pm\sqrt{t}}$ und durch den Wert $\varphi(\alpha)$ ist φ eindeutig bestimmt. In $\mathbb{F}_4(x)$ gilt allerdings $-1 = 1$, das heißt alle diese vier Werte sind gleich. Es gibt also nur einen K-Homomorphismus von L nach $\overline{K}$, nämlich die Identität, also ist $[L : K]_s = 1$. ■

Erklärung

Zur Definition 8.6 des separablen Abschlusses Der separable Abschluss eines Körpers K enthält also alle Elemente des algebraischen Abschlusses, die über K separabel sind.

▶ **Beispiel 111**

- Sei K ein beliebiger Körper. Dann ist $\overline{K}$ separabel abgeschlossen. Der separable Abschluss ist separabel abgeschlossen.
- Ein Körper K ist genau dann vollkommen, wenn der separable Abschluss gerade der algebraische Abschluss ist.
- Sei L/K eine separable Erweiterung. Dann ist jedes $\alpha \in L$ separabel über K, also ist $K(A_L) = L$ und es gilt $[K(A_L) : K] = [L : K] = [L : K]_s$. Dabei folgt die letzte Gleichung aus Satz 8.14, da L/K separabel ist. Dass immer $[K(A_L) : K]) [L : K]_s$ gilt, werden wir in Satz 8.16 noch sehen.
- Sei $K = \mathbb{F}_4(t)$ und $L = \mathbb{F}_4(t)(\beta)$ mit $\beta := \sqrt[4]{t}$ wie in Beispiel 110. Wir haben schon gesehen, dass β über K nicht separabel ist. Sei nun $\alpha \in L \setminus K$ beliebig. Dann gilt also $\alpha = \sum_{i=0}^{3} a_i \beta^i$ mit $a_i \in K$ und $(a_1, a_2, a_3) \neq (0, 0, 0)$. Angenommen, es gilt $a_1 = a_3 = 0$, also $\alpha = a_0 + a_2 \sqrt{t}$. Dann ist das Minimalpolynom von α gerade $x^2 + a_0^2 + a_2^2 t$ und dies ist nicht separabel. Gilt $a_1 \neq 0$ oder $a_3 \neq 0$, dann ist

$$\alpha^2 = (a_0^2 + a_2^2 t) + (a_1^2 a_3^2 t)\beta^2$$

und damit

$$(\alpha^2 - (a_0^2 + a_2^2 t))^2 = (a_1^2 a_3^2 t)^2 t$$

und dadurch erhält man das Minimalpolynom von α. Damit sind alle vorkommenden Potenzen in diesem Minimalpolynom Vielfache von 2, das Minimalpolynom ist also von der Form $g(x^2)$ und damit nach Satz 8.5 nicht separabel, also ist α nicht separabel. Die einzigen separablen Elemente in L sind also die Elemente, die schon in K liegen. Es gilt also $K(A_L) = K$. ∎

8.4 Erklärungen zu den Sätzen und Beweisen

Erklärung

Zum Satz 8.1 **über die Eigenschaften der formalen Ableitung** Diese Regeln sollten euch größtenteils bekannt vorkommen, es sind genau dieselben wie auch für die Ableitung in der Analysis. Beachtet aber, dass die Ableitung dennoch hier etwas anderes ist.

Erklärung

Zum Satz 8.2 **über die Eigenschaften des Frobeniushomomorphismus** Diesen Satz (vor allem den Teil, dass K^p für einen Körper K ein Körper ist) werden wir später brauchen, wenn wir vollkommene Körper betrachten. An dieser Stelle nur noch kurz eine Anmerkung zur Notation K^p: Wir haben in Definition 8.6 K^s definiert als den separablen Abschluss von K. Diese beiden Notationen könnten also Probleme bereiten, wenn man nicht aufpasst. Wir vereinbaren daher, dass wird mit s nie eine Primzahl meinen, dass dann also K^s immer der separable Abschluss ist.

Zum Satz 8.3 Dieser Satz ist einer der Gründe, warum wir die Separabilität mit Hilfe von irreduziblen Faktoren definieren und nicht sagen, dass ein Polynom mit verschiedenen Nullstellen separabel ist. Denn mit dieser anderen Definition gilt der zweite Teil des Satzes nicht mehr. Die Polynome $f = g = (x^2 + 1)$ haben verschiedene Nullstellen, aber fg hat nicht mehr verschiedene Nullstellen, hier haben nur noch die irreduziblen Faktoren von fg verschiedene Nullstellen.

Zu den Sätzen 8.4 **und** 8.5 **über separable Polynome** Diese beiden Sätze helfen uns sehr, ein Polynom f auf Separabilität zu untersuchen. Man muss also nur noch die Ableitung von f bestimmen oder überprüfen, ob f von der Form $g(x^p)$ ist.

▶ **Beispiel 112**
- Sei $f = x^9 + 12x^7 + 4x^6 + 2x^3 + 6x + 10$ und $K = \mathbb{Q}$. In dem Fall ist also nur der erste Satz anwendbar. Wir müssen f zuerst in irreduzible Faktoren zerlegen. Nach dem Eisensteinkriterium mit $p = 2$ ist f irreduzibel. Es gilt $f' = 9x^8 + 84x^6 + 24x^5 + 6x + 6 \neq 0$, also ist f separabel.
- Sei wieder $f = x^9 + 12x^7 + 4x^6 + 2x^3 + 6x + 10$ und diesmal $K = \mathbb{F}_3$. Dann ist $f = x^9 + x^6 + 2x^3 + 1$, also ist f von der Form $g(x^3)$. Allerdings ist f trotzdem separabel. Die Sätze sind nämlich auf f nicht anwendbar, da f nicht irreduzibel ist, es gilt $f = (x^3 + x^2 - x + 1)^3$. Wendet man nun die Kriterien auf das Polynom $x^3 + x^2 - x + 1$ an, so sieht man, dass dieses separabel ist, also ist auch f separabel. Deswegen ist es wichtig, immer am Anfang zu prüfen, ob f irreduzibel ist. ■

Im Beispiel 107 war $f'(x) = px^{p-1} = 0$, man erkennt also mit diesem Kriterium sofort, dass das Polynom nicht separabel ist. Auch das zweite Kriterium ist hier anwendbar. Warum das Polynom (beziehungsweise der Körper, über dem wir das Polynom betrachten) relativ kompliziert sein muss, um das zweite Kriterium anzuwenden, sagt uns Satz 8.7. Nach diesem Satz kann nämlich ein Polynom über einem endlichen Körper gar nicht inseparabel sein.

Es ist wichtig, dass beide Sätze nur gelten, wenn f irreduzibel ist. Für Satz 8.5 hatten wir das im obigen Beispiel schon gesehen, für Satz 8.4 zeigt das das folgende Beispiel:

▶ **Beispiel 113**
- Sei $K = \mathbb{F}_2$, $f = (x^2 + x + 1)^2 = x^4 + x^2 + 1$. Dann ist $f' = 0$, aber f ist separabel, da jeder irreduzible Faktor separabel ist.

- Sei $K = \mathbb{F}_p(t)$ für eine Primzahl p und $f = (x^p - t)(x - t) = x^{p+1} - tx^p - tx + t^2$. Dann ist $f' = (p+1)x^p - ptx^{p-1} - t = x^p - t \neq 0$, aber f ist inseparabel, da $\sqrt[p]{t}$ p-fache Wurzel ist. ∎

Erklärung

Zum Satz 8.6 Dieser Satz hilft uns bei der Erkennung (in)separabler Erweiterungen. Für den Fall von endlichen Körpern brauchen wir ihn nicht (denn dafür wird Satz 8.7 reichen), für unendliche Körper ist er aber ein nettes Werkzeug.

▶ **Beispiel 114** Sei $K = \mathbb{F}_3(t)$ und $L = \mathbb{F}_3(\sqrt[4]{t})$. Dann ist $p \nmid 4 = [L : K]$, also ist L/K separabel. ∎

Erklärung

Zum Satz 8.7 **über vollkomene Körper** Dieser Satz zeigt uns nun, dass wir, zumindest in den meisten Fällen, die wir hier untersuchen werden, keine Probleme mit Separabilität haben werden, da wir oft den Körper $\mathbb{Q}$ betrachten werden, welcher Charakteristik null hat.

Beispiele wie das Beispiel 107 können also nur in Körpern mit Primzahlcharakteristik auftreten und auch dort nur, wenn der Körper unendlich viele Elemente hat (deshalb konnten wir das Beispiel nicht einfach im Körper $\mathbb{F}_p$ betrachten).

An dieser Stelle wollen wir einmal kurz Teile von dem zusammenfassen, was wir schon gesehen oder auch nur angedeutet haben.

Wir betrachten einen Körper K mit positiver Charakteristik p. Sei nun f ein Polynom in $K[x]$, dessen Koeffizienten in einem endlichen Teilkörper M liegen. Dies ist zum Beispiel der Fall, wenn $K = \mathbb{F}_q(t)$ und alle Koeffizienten in $\mathbb{F}_q$ liegen. Ist $K = \mathbb{F}_q$, so ist diese für jedes Polynom der Fall. Da M ein endlicher Körper mit Charakteristik p ist, ist der Frobeniushomomorphismus auf M surjektiv. Das heißt, für jedes $a \in M$ (also auch für jeden Koeffizienten unseres Polynomes) gibt es ein $b \in M$ mit $a = b^p$. Angenommen, wir haben nun ein Polynom f der Form $g(x^p)$. Wir wollen nun f auf Separabilität überprüfen. Um Satz 8.5 anwenden zu können, muss f irreduzibel sein. Da allerdings f von der Form $g(x^p)$ ist, jeder der Koeffizienten eine p-te Potenz ist und der Frobeniushomomorphismus ein Homomorphismus ist, gilt $g(x^p) = h(x)^p$ für ein Polynom h. Damit kann f also nicht irreduzibel sein. In der Tat ist f dann sogar separabel, denn f ist genau dann separabel, wenn h separabel ist. Für h können wir aber dieselbe Prozedur wie für f durchführen:

- Zerlegen in irreduzible Faktoren
- Überprüfen, ob diese von der Form $g(x^p)$ sind
- Wenn nein, dann ist h separabel
- Wenn ja, dann kann man h schreiben als $k(x)^p$

Der letzte Fall kann nicht unendlich oft eintreten, da der Grad der Polyome immer kleiner wird. Also ist f separabel.

Um inseparable Polynome (und damit inseparable Körpererweiterungen) zu bekommen, reicht es also nicht, wenn man alleine unendliche Körper betrachtet, man muss auch sicherstellen, dass die Koeffizienten der Polynome nicht schon in endlichen Teilkörpern liegen. Das ist der Grund, warum wir hier so oft Polynome der Form $x^p - t$ betrachten anstatt Polynome der Form $x^p - a$ mit $a \in \mathbb{F}_q$, denn letztere sind immer separabel.

Zum Satz vom primitiven Element (Satz 8.8) Dieser Satz sagt uns, dass die meisten endlichen Körpererweiterungen L/K, die wir untersuchen werden, von der einfachsten möglichen Form sind (denn wir haben ja gesehen, dass Körpererweiterungen von $\mathbb{Q}$ stets separabel sind und der Fall $K = \mathbb{Q}$ ist für uns der wichtigste). Es genügt nämlich, statt r Elementen ein einziges zu adjungieren. Dies ist oft in Beweisen sehr nützlich, da dann die Elemente aus L besonders einfache Form haben.

Im Falle von unendlichen Körpern, wie zum Beispiel $\mathbb{Q}$, lässt sich in konkreten Fällen einfach durch das Ausschlusskriterium im Satz ein primitives Element finden. Im Falle von endlichen Körpern ist dies jedoch nicht einfach, denn man kann nur durch Ausprobieren einen Erzeuger der multiplikativen Gruppe finden.

Ist der Grundkörper $\mathbb{Q}$ und adjungieren wir zwei Wurzelausdrücke $\sqrt[n]{a}$, $\sqrt[m]{b}$ mit $a, b, m, n \in \mathbb{N}$, so ist ein primitives Element immer durch die Summe dieser beiden Wurzeln gegeben. Sind weiterhin a und b teilerfremd und durch keine Quadratzahl teilbar, so ist der Grad der Körpererweiterung gleich mn. Dies im Allgemeinen zu zeigen ist nicht ganz einfach. In konkreten Fällen geht es aber, und wir haben dies sogar schon getan, nämlich im Beispiel 90.

Im Beweis ist noch eine Sache besonders zu erwähnen. Man unterscheidet ja danach, ob K endlich oder unendlich ist. Beide Wege erfordern eine ganz unterschiedliche Vorgehensweise, die im jeweils anderen Fall nicht funktionieren würde (überlegt euch einmal, warum).

Zum Satz 8.9 Dieser Satz ist eine leichte Verallgemeinerung des Satzes 5.7, denn die Aussage aus Satz 5.7 erhält man einfach, wenn $K(\alpha)$ ein Stammkörper von g ist und wir für τ die Identität auf K wählen.

Hier wollen wir nun noch denjenigen, die den Beweis nicht zu Ende geführt haben, ein paar Tipps geben. Aber bitte zuerst selbst versuchen. Im ersten Teil solltet ihr nutzen, dass τ einen Isomorphismus von $K[x]$ nach $K'[x]$ induziert. Dann nehmt ihr an, dass h nicht irreduzibel ist, also eine Zerlegung besitzt. Zeigt dann, dass auch g nicht irreduzibel sein kann.

Im zweiten Teil haben wir euch zwei Teile zur Lösung überlassen. Der erste Teil funktioniert einfach durch Einsetzen von α in die Definition von σ. Beachtet dabei, dass per Definition zum Beispiel $\sigma_1(\alpha) = \overline{x}$ gilt.

Der letzte Teil des Beweises folgt, da ein Isomorphismus σ schon eindeutig bestimmt ist, wenn er für jeden Erzeuger definiert ist. σ ist also auf $K(\alpha)$ eindeutig, wenn wir sagen, was σ mit K macht und was σ mit α macht. Und das ist ja beides vorgegeben.

Zum Fortsetzungslemma (Satz 8.10) Dieser Satz ist sehr nützlich, wenn wir einen vorhandenen K-Automorphismus auf eine Körpererweiterung von K erweitern wollen.

Für den Beweis zerlegen wir f über dem Zwischenkörper L und erhalten dadurch auch eine Zerlegung über L'. Dann adjungieren wir eine Nullstelle zu diesen Körpern und erhalten folgendes Schema:

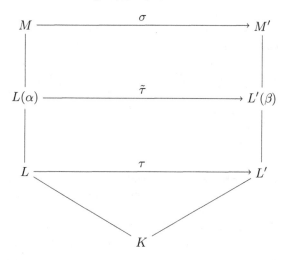

Den Automorphismus $\tilde{\tau}$ erhalten wir dann einfach durch Satz 8.9 und σ dann durch die Induktionsvoraussetzung.

Beim zweiten Teil nutzen wir dann, dass es n verschiedene Möglichkeiten für $\tilde{\tau}$ gibt, wenn die Nullstellen β_i verschieden sind.

Anwendungen dieses Satzes werden wir noch vielfach sehen.

Zum Satz 8.11 Diese beiden Aussagen folgen direkt aus dem Fortsetzungslemma. Bevor ihr weiterlest, überlegt euch selbst, wie ;-).

Die erste Aussage ist das, was wir bereits erwähnt hatten, nämlich, dass der Zerfällungskörper bis auf Isomorphie eindeutig ist. Deshalb können wir von „dem" Zerfällungskörper reden. Dies folgt aus dem Fortsetzungslemma direkt für $L = L' = K$.

▶ **Beispiel 115** Wir haben bereits gesehen, dass die beiden Körper $\mathbb{Q}(\sqrt[3]{2})$ und $\mathbb{Q}((\zeta_3^{(1)})^2 \sqrt[3]{2})$ Stammkörper von $f = x^3 - 2$ sind. Man sieht aber, dass f dort noch nicht zerfällt, man muss also eine weitere Nullstelle adjungieren. Wählen wir jeweils eine der noch verbleibenden aus, so erhalten wir zum Beispiel die beiden Zerfällungskörper $L_1 = \mathbb{Q}(\sqrt[3]{2}, \zeta_3^{(1)} \sqrt[3]{2})$ und $L_2 = \mathbb{Q}((\zeta_3^{(1)})^2 \sqrt[3]{2}, \zeta_3^{(1)} \sqrt[3]{2})$. Ein möglicher Isomorphismus σ von L_1 nach L_2 ist durch die Bedingungen $\sigma_\mathbb{Q} =$ id, $\sigma(\sqrt[3]{2}) = (\zeta_3^{(1)})^2 \sqrt[3]{2}$, $\sigma(\zeta_3^{(1)}) = (\zeta_3^{(1)})^2$ gegeben. Aber auch durch $\sigma(\sqrt[3]{2}) = \zeta_3^{(1)} \sqrt[3]{2}$, $\sigma(\zeta_3^{(1)}) = \zeta_3^{(1)}$ ist ein Isomorphismus gegeben. Der Isomorphismus ist also nicht eindeutig. ∎

Der zweite Teil sagt uns, dass es im separablen Fall genau $[L : K]$ verschiedene K-Automorphismen von L gibt. Diese Eigenschaft ist, wie wir sehen werden, eine sehr wichtige für Körpererweiterungen.

▶ **Beispiel 116** Sei f ein reelles separables Polynom, das eine nichtreelle Nullstelle hat. Dann ist natürlich der Zerfällungskörper gleich $\mathbb{C}$. Es gibt neben der Identität noch genau einen $\mathbb{R}$-Isomorphismus von $\mathbb{C}$, nämlich die komplexe Konjugation, es ist also $|\mathrm{Aut}(\mathbb{C}/\mathbb{R})| = 2$ und genauso gilt ja $[\mathbb{C} : \mathbb{R}] = 2$. ∎

Für den Beweis nutzt man den zweiten Teil des Fortsetzungslemmas mit $M = M'$ und $L = L' = K$.

Erklärung

Zum Gradsatz für Separabilitätsgrad (Satz 8.12) Dieser Satz ist das Analogon des Gradsatzes in Satz 5.4 für Separabilitätsgrade. Genauso wie Satz 5.4 werden wir auch Satz 8.12 in Beweisen häufig brauchen.

Auf den Beweis verzichten wir hier (da wir dafür noch mehr über Fortsetzungen von Homomorphismen wissen müssten). Wir erwähnen aber kurz, dass auch der Beweis in Teilen an den Beweis von Satz 5.4 erinnert. Dort ist der Grad definiert als Dimension eines Vektorraumes und wir konstruieren aus zwei Basen eine neue. Hier ist der Grad definiert als die Anzahl gewisser Homomorphismen und wir konstruieren aus zwei Homomorphismen einen neuen.

Erklärung

Zum Satz 8.13 **über den Separabilitätsgrad einfacher Erweiterungen** Dieser Satz gibt uns eine Möglichkeit, zumindest für einfache Erweiterungen den Separabilitätsgrad relativ einfach zu bestimmen, denn das Minimalpolynom (sowie die Anzahl dessen Nullstellen) zu bestimmen kann oftmals leichter sein, als die Anzahl gewisser Homomorphismen.

Hier sehen wir außerdem, wie Separabilitätsgrad und Körpergrad (vor allem im Fall separabler Erweiterungen) zusammenhängen.

▶ **Beispiel 117** Wir kehren nochmal zurück zu Beispiel 110.

• Im ersten Teil hatten wir die Erweiterung $\mathbb{Q}(i)/\mathbb{Q}$ betrachtet. Das Minimalpolynom von i über $\mathbb{Q}$ ist $x^2 + 1$. Dieses hat genau zwei Nullstellen (nämlich i

und $-i$), also folgt auch auf diese Weise, dass $[\mathbb{Q}(i) : \mathbb{Q}]_s = 2$. Hier gilt also $[\mathbb{Q}(i) : \mathbb{Q}]_s = [\mathbb{Q}(i) : \mathbb{Q}]$.

- Im zweiten Teil hatten wir die Erweiterung $\mathbb{F}_4(t)(\sqrt[4]{t})/\mathbb{F}_4(t)$ betrachtet. Das Minimalpolynom von $\sqrt[4]{t}$ ist $x^4 - t$. Über $\mathbb{F}_4(t)(\sqrt[4]{t})$ zerfällt dies in $(x - \sqrt[4]{t})^4$. Das Minimalpolynom hat also nur eine Nullstelle und wir erhalten auch so $[L : K]_s = 1$. Hier gilt also $[L : K]_s < [L : K]$. ∎

Erklärung

Zu den äquivalenzen zu Separabilität (Satz 8.14) Dieser Satz (vor allem die Äquivalenz der ersten beiden Punkte) ist sehr hilfreich beim Untersuchen einer Erweiterung auf Separabilität. Hat man nämlich eine Erweiterung der Form $L = K(\alpha_1, \ldots, \alpha_n)$, so muss nur jedes der α_i einzeln und unabhängig voneinander auf Separabilität geprüft werden. Der dritte Punkt ist nun die Verallgemeinerung des Resultates aus Satz 8.13, das wir dort nur für endliche Erweiterungen hatten. Um euch mit dem Satz vertraut zu machen, solltet ihr einmal die Beispiele, die wir in diesem Kapitel betrachtet haben, nochmals ansehen. Alle drei Punkte des Satzes sind an unseren Beispielen leicht nachzuprüfen. Damit könnt ihr dann die Erweiterungen (erneut) auf Separabilität prüfen.

Erklärung

Zum Satz 8.15 über Separabilität von Zwischenkörpern Nach diesem Satz können wir bei einem Körperturm $L/M/K$ die Separabilität der gesamten Erweiterung zeigen, indem wir die Separabilität der einzelnen Erweiterungen zeigen, und umgekehrt. Das folgende Beispiel verdeutlicht nochmal die Schritte im Beweis:

▶ **Beispiel 118** Seien $K = \mathbb{F}_7$, $M = \mathbb{F}_7(i)$, $L = \mathbb{F}_7(i, \alpha)$, wobei $i := \sqrt{-1}$ und $\alpha := \sqrt{4\sqrt{5} + 2}$. Dabei sind dies natürlich keine komplexen Zahlen, sondern i ist ein Element in $\overline{K}$ mit $i^2 = -1$, $\sqrt{5}$ ist ein Element in $\overline{K}$ mit $\sqrt{5}^2 = 5 \in \mathbb{F}_7$ und analoges gilt für α.

Wir zeigen zuerst direkt, dass die Erweiterungen L/M, M/K und L/K jeweils separabel sind. Das Minimalpolynom von i über $\mathbb{F}_7$ ist $x^2 + 1$. Die Ableitung dieses Polynoms ist $2x \neq 0$, damit ist das Polynom und damit i separabel. Also ist M/K separabel. Weiter gilt $\alpha^2 = 4\sqrt{5} + 2$, also $(\alpha^2 - 2)^2 = 80 = 3$. Also ist α Nullstelle des Polynoms $f = x^4 - 4x^2 + 1 = x^4 + 3x^2 + 1$ und dies ist auch das Minimalpolynom von α. Es ist $f' = 4x^3 + 6x + 1 \neq 0$, also ist auch α separabel über K. Damit ist also L/K separabel. Über M zerfällt f in $(x^2 + ix + 1)(x^2 - ix + 1)$. Damit ist also α Nullstelle eines der Polynome $x^2 \pm ix + 1$ (dabei ist es ganz egal, von welchem Polynom α tatsächlich Nullstelle ist). Dieses Polynom ist dann das Minimalpolynom und die Ableitung ist $2x \pm i \neq 0$, also ist α separabel über M und damit ist L/M separabel.

Wir zeigen noch mit den Methoden aus dem Beweis die Separabilität von L/M aus der Separabilität von L/K sowie die Separabilität von L/K aus der Separabilität von L/M und M/K. Wir betrachten also das Minimalpolynom von α über K, das heißt $f = x^4 + 3x^2 + 1$, und fassen dieses als Polynom über M auf. Dann ist f Vielfaches des Minimalpolynoms von α über M und tatsächlich haben wir ja gesehen, dass $f = (x^2 + ix + 1)(x^2 - ix + 1)$. Da nach Voraussetzung f keine mehrfachen Nullstellen hat, kann also auch keiner der Faktoren von f mehrfache Nullstellen haben, und so folgt die Separabilität von α.

Sei nun bekannt, dass L/M und M/K separabel sind. Dann ist also α separabel über M. Wir wollen zeigen, dass α auch separabel über K ist. Sei also N der Zwischenkörper von L/K, der durch Adjunktion der Koeffizienten des Minimalpolynoms von α über M aus K entsteht, das heißt $N = K(i)$. Dann ist das Minimalpolynom von α über N das selbe wie über M, das heißt $x^2 \pm ix + 1$. Also ist α separabel über N. Außerdem ist $N = M$ nach Voraussetzung separabel über K und damit folgt

$$[N(\alpha) : K]_s = [N(\alpha) : N]_s[N : K]_s = [N(\alpha) : N][N : K](= 4),$$

so dass α auch separabel über K ist.   ∎

Erklärung

Zum Satz 8.16 Hier sehen wir nun, dass der separable Abschluss tatsächlich auch wieder ein Körper ist; damit ist es nun gerechtfertigt, nach dem Grad $[K(A_L) : K]$ zu fragen.

Dies ist außerdem eine weitere Möglichkeit, den Separabilitätsgrad einer Körpererweiterung zu bestimmen. Allerdings ist dies in der Praxis meist nicht einfach, da man zuerst den separablen Abschluss $K(A_L)$ von K in L bestimmen muss.

▶ **Beispiel 119**

- Sei L/K separabel. Dann ist $K(A_L) = L$ und $[K(A_L) : K] = [L : K] = [L : K]_s$. Dies war im ersten Teil von Beispiel 110 der Fall.

- Sei L/K eine Erweiterung, so dass alle Elemente $\alpha \in L \setminus K$ inseparabel sind. Dann ist $K(A_L) = K$ und $[K(A_L) : K] = [K : K] = 1 = [L : K]_s$. Dies war im zweiten Teil von Beispiel 110 der Fall.   ∎

Erklärung

Zum Satz 8.17 Dieser Satz stellt eine weitere Verbindung zwischen Körpergrad und Separabilitätsgrad dar. Auch dieses Resultat hatten wir in einem Beispiel bereits gesehen.

▶ **Beispiel 120** In Beispiel 110 hatten wir gesehen, dass für $K = \mathbb{F}_4(t)$ und $L = \mathbb{F}_4(t)(\sqrt[4]{t})$ tatsächlich $[L : K] = 4 = 2^2[L : K]_s$ gilt.   ∎

Erklärung

Zum Satz 8.18 Dieser Satz schafft nun eine kleine Brücke zum letzten Kapitel über Normalität. In beiden Kapiteln hatten wir ein Konstrukt eingeführt, um aus einer Erweiterung entweder eine normale Erweiterung (normale Hülle) oder eine separable Erweiterung (separabler Abschluss) zu machen. Bevor wir ein Beispiel zum Satz betrachten, wollen wir deshalb an dieser Stelle nochmal kurz auf einen wesentlichen Unterschied der beiden Konzepte aufmerksam machen.

Um eine beliebige Erweiterung normal beziehungsweise separabel zu machen, hat man im Wesentlichen zwei Möglichkeiten: Entweder, man entfernt Elemente, die zu viel sind und die Eigenschaft zerstören, oder man nimmt Elemente hinzu, um die Eigenschaft zu erhalten.

Bei der normalen Hülle von L/K nimmt man Elemente hinzu, die Erweiterung wird also größer. Beim separablen Abschluss von L/K hingegen nimmt man Elemente weg, die Erweiterung wird also kleiner. Hier wird die Erweiterung nicht größer gemacht, da Elemente in L, die über K inseparabel sind, auch noch inseparabel bleiben, wenn man L erweitert. Auf diese Weise kann man also keine separable Erweiterung erhalten, es sei denn, L/K war schon separabel.

▶ **Beispiel 121**

- Sei $K = \mathbb{Q}$, $M = \mathbb{Q}(\sqrt[3]{2})$. Dann ist M/K separabel, aber nicht normal. Die normale Hülle von M/K ist $L = \mathbb{Q}(\sqrt[3]{2}, \zeta)$ mit $\zeta = e^{\frac{2\pi i}{3}}$ und L/K ist auch separabel.

- Sei $K = \mathbb{F}_4(t)$, $L = \mathbb{F}_4(x)(\sqrt[4]{t})$. Dann ist L/K normal, aber nicht separabel. Der separable Abschluss von K in L ist K selbst und K/K ist normal. ∎

Erklärung

Schema zur Untersuchung einer Körpererweiterung auf Separabilität Zum Abschluss dieses Kapitels wollen wir, wie schon im Kapitel über normale Erweiterungen, euch auch hier ein Schema an die Hand geben, mit der ihr eine gegebene Körpererweiteurng auf Separabilität untersuchen könnt. Dabei belassen wir es wieder bei endlichen Erweiterungen.

Ist char(K) $= 0$ oder K ein endlicher Körper, so ist K vollkommen und damit ist L/K separabel. Es bleibt also noch der Fall zu untersuchen, dass K unendlich ist und char(K) $= p$ für eine Primzahl p gilt.

Auch hier betrachten wir die beiden folgenden „Typen" von Erweiterungen L/K:

- L entsteht aus K durch Adjunktion von gewissen Elementen α_i, das heißt $L = K(\alpha_1, \ldots, \alpha_n)$.
- L ist der Zerfällungskörper eines Polynoms $f \in K[x]$.

Im zweiten Fall sind wir auch hier recht schnell fertig, die Erweiterung ist genau dann separabel, wenn f separabel ist. Im ersten Fall wissen wir, dass die Erweiterung genau dann separabel ist, wenn jedes α_i separabel ist. Hier sind also die Minimalpolynome der α_i zu bestimmen (wie das geht wissen wir ja inzwischen)

und diese dann auf Separabilität zu überprüfen. In beiden Fällen müssen wir
also ein Polynom (oder mehrere Polynome) auf Separabilität überprüfen. Das
geht recht leicht, denn wir wissen, dass ein Polynom über einem Körper der
Charakteristik p genau dann inseparabel ist, wenn es von der Form $g(x^p)$ ist.
Auch hier nochmal als Schaubild, siehe Abb. 8.1.

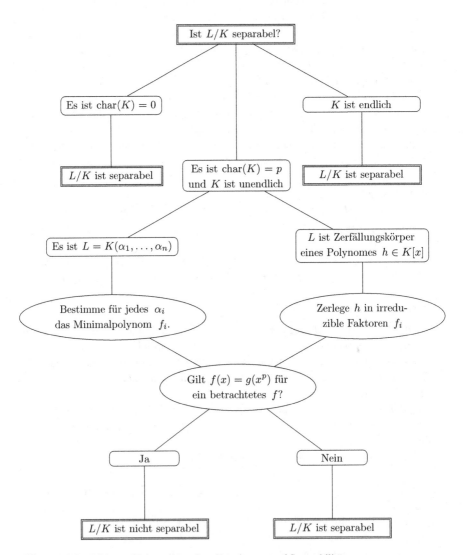

Abb. 8.1 Schaubild zum Untersuchen einer Erweiterung auf Separabilität

Galoiserweiterungen und der Hauptsatz der Galoistheorie

9

Inhaltsverzeichnis

Nun wollen wir die bereits angesprochene Verbindung zwischen Untergruppen und Körpererweiterungen vollständig kennenlernen und untersuchen. Dabei werden wir vor allem den wichtigen Begriff der Galoiserweiterung brauchen. Dies sind gerade diejenigen Erweiterungen, die sowohl normal als auch separabel sind. Hier werden wir also nun auf unser Wissen aus den letzten beiden Kapitel zurückgreifen. Als kleines Highlight werden wir in diesem Kapitel dann auch den Fundamentalsatz der Algebra beweisen.

9.1 Definitionen

Definition 9.1 (Galoisgruppe)
Sei K ein Körper. Die **Galoisgruppe** eines Polynoms $f \in K[x]$ ist definiert als die Automorphismengruppe

$$\mathrm{Gal}(f) := \mathrm{Aut}(L/K)$$

des Zerfällungskörpers L/K von f.

© Springer-Verlag GmbH Deutschland, ein Teil von Springer Nature 2019
F. Modler und M. Kreh, *Tutorium Algebra*,
https://doi.org/10.1007/978-3-662-58690-7_9

Definition 9.2 (Galoiserweiterung und Galoisgruppe)
Sei L/K eine endliche Körpererweiterung. Dann heißt L/K **galoissch,** wenn gilt

$$|\mathrm{Aut}(L/K)| = [L : K].$$

In diesem Fall nennt man die Automorphismengruppe von L/K die **Galoisgruppe** von L/K und man schreibt

$$\mathrm{Gal}(L/K) := \mathrm{Aut}(L/K).$$

9.2 Sätze und Beweise

Satz 9.1 (Operation der Galoisgruppe)
Sei K ein Körper, $f \in K[x]$ ein normiertes Polynom, L/K ein Zerfällungskörper von f und

$$X_f := \{\alpha_1, \ldots, \alpha_n\} \subset L$$

die Menge der Nullstellen von f. Dann gilt

- *Die Galoisgruppe $\mathrm{Gal}(f) = \mathrm{Aut}(L/K)$ operiert treu auf der Menge X_f.*
- *Ist f über K irreduzibel, so operiert $\mathrm{Gal}(f)$ transitiv auf X_f.*

▶ **Beweis** Wir wollen zunächst zeigen, dass die Galoisgruppe überhaupt auf der Menge der Nullstellen operiert. Wir schreiben $f = x^n + a_{n-1}x^{n-1} + \cdots + a_0$ mit $a_i \in K$. Sei nun $\alpha \in X_f$ eine Nullstelle von f in L und σ ein K-Automorphismus von L. Dann gilt

$$
\begin{aligned}
f(\sigma(\alpha)) &= \sigma(\alpha)^n + a_{n-1}\sigma(\alpha)^{n-1} + \cdots + a_0 \\
&= \sigma(\alpha^n + a_{n-1}\alpha^{n-1} + \cdots + a_0) \\
&= \sigma(f(\alpha)) = 0.
\end{aligned}
$$

Also ist auch $\sigma(\alpha)$ wieder eine Nullstelle von f. Dies bedeutet, dass $\mathrm{Gal}(f)$ auf X_f operiert.

Der Zerfällungskörper L wird von den Elementen aus X_f erzeugt. Ein K-Automorphismus σ von L, der jedes Element aus X_f fest lässt, lässt also ganz L fest und ist deshalb die Identität auf L, also das neutrale Element von $\mathrm{Gal}(f)$. Dies bedeutet, dass die Operation von $\mathrm{Gal}(f)$ auf X_f treu ist.

Angenommen, f ist über K irreduzibel. Wir wollen zeigen, dass dann $\mathrm{Gal}(f)$ transitiv auf X_f operiert. Seien also $\alpha, \beta \in X_f$ zwei Nullstellen von f. Wir müssen zeigen, dass es ein Element $\sigma \in \mathrm{Gal}(f)$ mit $\sigma(\alpha) = \beta$ gibt. Da f irreduzibel ist, ist f das Minimalpolynom über K sowohl von α als auch von β. Der Satz 5.7 über die Eindeutigkeit des Stammkörpers liefert dann einen eindeutigen K-Isomorphismus

$$\tau : K(\alpha) \overset{\sim}{\to} K(\beta)$$

mit $\tau(\alpha) = \beta$. Das Fortsetzungslemma zeigt, dass sich τ fortsetzen lässt. Es gibt also einen K-Automorphismus σ von L mit $\sigma_{|K(\alpha)} = \tau$.

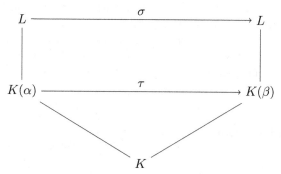

Nach Konstruktion ist σ dann ein Element von $\mathrm{Aut}(L/K)$, also aus der Galoisgruppe $\mathrm{Gal}(f)$ mit $\sigma(\alpha) = \beta$. Deshalb ist die Operation transitiv. q.e.d.

Satz 9.2
Sei K ein Körper, $k \in K$ und $f \in K[x]$ separabel. Dann haben f und $\tau_k(f)$ mit $\tau_k(f)(x) := f(x + k)$ die gleiche Galoisgruppe.

▶ **Beweis** Sei L/K ein Zerfällungskörper von f. Dann gilt $f(x) = \prod_{i=1}^{n}(x - \alpha_i)$ mit $\alpha_i \in L$ und L/K ist galoissch. Dann gilt $f(x + k) = \prod(x - (\alpha_i - k))$. Es gilt $\alpha_i - k \in L$. Wir wollen zeigen, dass nicht alle dieser Zahlen schon in einem Zwischenkörper M von L/K liegen. Angenommen, das gilt aber. Dann ist wegen $K \subset M$ auch α_i als Differenz zweier Elemente aus M wieder in M. Das ist ein Widerspruch dazu, dass L Zerfällungskörper ist. Also zerfällt auch $f(x + k)$ über L und nicht schon über einem Zwischenkörper. Damit gilt dann (mit der Bemerkung in der Erklärung zur Definition 9.2)

$$\mathrm{Gal}(f) = \mathrm{Gal}(L/K) = \mathrm{Gal}(\tau_k(f)).$$

q.e.d.

Satz 9.3 (Zerfällungskörper sind galoissch)
Sei K ein Körper, $f \in K[x]$ separabel und L/K der Zerfällungskörper von f. Dann ist L/K galoissch.

▶ **Beweis** Dies folgt direkt aus Satz 8.11.

Satz 9.4
Sei L/K eine endliche separable Körpererweiterung. Dann gibt es eine endliche Erweiterung M/L, sodass M/K galoissch ist.

▶ **Beweis** Nach dem Satz vom primitiven Element (Satz 8.8) gilt $L = K(\alpha)$ für ein $\alpha \in L$. Wir betrachten das Minimalpolynom f von α über K. Da L separabel ist, ist f separabel. Sei M der Zerfällungskörper von f über K. Dann ist $L \subset M$, denn L wird von einer Nullstelle von f erzeugt und M/L ist endlich. Da M/K Zerfällungskörper eines separablen Polynoms ist, ist dann M/K wegen des Satzes 9.3 galoissch.   q.e.d.

Satz 9.5 (endlich + normal + separabel = galoissch)
Eine Körpererweiterung L/K die endlich, normal und separabel ist, ist eine Galoiserweiterung.

▶ **Beweis** Ist L/K endlich und normal, so folgt aus Satz 7.1, dass L/K Zerfällungskörper eines Polynoms $f \in K[x]$ ist. Aus der Separabilität von L/K folgt aber auch die Separabilität von f. Damit folgt die Aussage aus Satz 9.3.   q.e.d.

Satz 9.6 (Satz von Artin)
Sei L ein Körper und $G \subset \mathrm{Aut}(L)$ eine endliche Untergruppe der Automorphismengruppe von L. Sei

$$K = L^G := \{a \in L : \sigma(a) = a \; \forall \sigma \in G\}$$

der Fixkörper von G. Dann gilt:

- *L/K ist endlich, normal und separabel, also galoissch.*
- *$G = \mathrm{Gal}(L/K)$.*

▶ **Beweis** Zunächst ist klar, dass K ein Teilkörper von L ist. Außerdem ist direkt per Definition $G \subset \mathrm{Aut}(L/K)$. Wir beweisen nun im Wesentlichen zwei Hauptaussagen, aus denen wir dann den Satz folgern.

- 1. Aussage: Sei $\alpha \in L$. Dann gilt:
  - α ist algebraisch und separabel über K.
  - Das Minimalpolynom $\min_K(\alpha)$ zerfällt über L in Linearfaktoren.
  - $[K(\alpha) : K] = \deg(f)$ ist ein Teiler von $|G|$.

  Wir betrachten die G-Bahn von $\alpha \in L$, also

$$G(\alpha) = \{\alpha_1, \ldots, \alpha_n\}.$$

Seien hier die α_i paarweise verschieden, also $n = |G(\alpha)|$. Sei außerdem o.B.d.A. $\alpha = \alpha_1$. Sei

$$f := \prod_{i=1}^{n}(x - \alpha_i) = x^n + \ldots + a_0.$$

Dies ist nun wegen $\alpha_i \neq \alpha_j$ für $i \neq j$ ein separables Polynom, dessen Nullstellen genau die Elemente von $G(\alpha)$ sind. Wir wollen zeigen, dass f das Minimalpolynom von α ist. Zunächst einmal wissen wir über die Koeffizienten a_i von f nur, dass sie in dem Körper L liegen. Tatsächlich liegen sie aber in dem Fixkörper $K = L^G$, denn für jedes $\sigma \in G$ gilt

$$f^\sigma = \prod_{i=1}^{n}(x - \sigma(\alpha_i)) = \prod_{i=1}^{n}(x - \alpha_i) = f.$$

Also folgt durch Koeffizientenvergleich $\sigma(a_i) = a_i$ für $i = 0, \ldots, n-1$, also $a_i \in L^G = K$ und damit $f \in K[x]$. Sei $g := \min_K(\alpha)$ das Minimalpolynom von α. Da jedes α_i in der G-Bahn von α liegt, gibt es für alle $i = 1, \ldots, n$ ein Element $\sigma \in G \subset \mathrm{Aut}(L/K)$ mit $\alpha_i = \sigma(\alpha)$. Aus $g(\alpha) = 0$ folgt dadurch auch $g(\alpha_i) = 0$ für alle i. Da die α_i paarweise verschieden sind, folgt $f | g$ und wegen der Irreduzibilität von g sogar $f = g$. Wir haben also ein Minimalpolynom von α gefunden, das separabel ist. Damit ist α algebraisch und separabel. Dass f über L in Linearfaktoren zerfällt, haben wir auch gezeigt. Der Bahnensatz (Satz 4.5) sagt uns außerdem, dass $|G(\alpha)| = n = [K(\alpha) : K]$ ein Teiler von $|G|$ sein muss. Damit ist die 1. Aussage gezeigt. Aus dieser folgt insbesondere sofort, dass L/K algebraisch und separabel ist.

Wir können hieraus aber auch folgern, dass L/K normal ist. Sei nämlich f ein irreduzibles Polynom in $K[x]$, das in L eine Nullstelle β hat. Dann ist $f = k \cdot f_0$, wobei $k \in K$ und f_0 das Minimalpolynom von β über K ist. Wir betrachten wie oben das Polynom g, das als Nullstellen die Elemente der Bahn von β hat. Aus Satz 5.1 folgt dann $f_0 | g$. Da g über L in Linearfaktoren zerfällt, gilt dasselbe dann auch für f_0 und damit natürlich auch für f. Also ist L/K normal.

- 2. Aussage: Es gilt $[L : K] \leq |G|$.

  Angenommen, es gilt $[L : K] > |G|$. Wir wollen zeigen, dass es dann auch eine endliche Erweiterung L'/K mit $[L' : K] > |G|$ gibt. Ist L/K schon eine endliche Erweiterung, so ist das klar. Ist $[L : K] = \infty$, so können wir eine Folge $(\alpha_i)_{i \in \mathbb{N}}$

mit $\alpha_i \in L$ und $K(\alpha_1, \ldots, \alpha_i) \subsetneq K(\alpha_1, \ldots, \alpha_{i+1})$ für alle $i \in \mathbb{N}$ wählen. Dann gilt aber für $L' := K(\alpha_1, \ldots, \alpha_{|G|})$

$$[L' : K] = [K(\alpha_1, \ldots, \alpha_{|G|}) : K] \geq 2^{|G|} > |G|,$$

und damit haben wir ein gesuchtes L' gefunden. Da L/K separabel ist, ist dann L'/K ebenfalls separabel. Aus dem Satz vom primitiven Element (Satz 8.8) folgt $L' = K(\alpha)$ für ein $\alpha \in L$. Dann muss aber nach der 1. Aussage $[L' : K]$ ein Teiler von $|G|$ sein, also insbesondere $[L' : K] \leq |G|$. Dies ist ein Widerspruch. Damit ist die 2. Aussage gezeigt, aus der folgt, dass L/K endlich ist.

Also ist L/K endlich, normal und separabel und damit nach Satz 9.5 eine Galoiserweiterung. Wir erhalten damit

$$|G| \leq |\mathrm{Aut}(L/K)| = [L : K].$$

Zusammen mit der Ungleichung aus der zweiten Aussage haben wir dann aber $|G| = |\mathrm{Aut}(L/K)|$, also wegen $G \subset \mathrm{Aut}(L/K)$ auch $G = \mathrm{Aut}(L/K)$.   q.e.d.

Satz 9.7 (Folgerungen aus dem Satz von Artin)

- *Sei L/K eine Galoiserweiterung und $G := \mathrm{Gal}(L/K)$ ihre Galoisgruppe. Dann ist $K = L^G$.*
- *Eine endliche Körpererweiterung L/K ist genau dann galoissch, wenn sie normal und separabel ist. Insbesondere ist jede Galoiserweiterung Zerfällungskörper eines separablen Polynoms.*
- *Sei L/K eine endliche Körpererweiterung und M ein Zwischenkörper von L/K. Wenn L/K galoissch ist, so ist auch L/M galoissch.*
- *Ist L/K eine endliche Körpererweiterung, so gilt $|\mathrm{Aut}(L/K)| \leq [L : K]$.*

▶ **Beweis**

- Sei $K' := L^G$ der Fixkörper von G. Nach Definition gilt dann $K \subset K'$ und nach dem Satz von Artin

$$[L : K'] = |G| = [L : K].$$

Aus dem Gradsatz folgt $K' = K$.

- Eine Richtung ist die Aussage von Satz 9.5. Für die andere Richtung sei L/K galoissch. Dann ist L/K natürlich auch endlich. Das Minimalpolynom eines jeden Elementes $\alpha \in L$ ist separabel. Ist $\alpha \in L$ Nullstelle eines beliebigen Polynoms g in K, so ist $g = \min_K(\alpha)h$ in $K[x]$ und $\min_K(\alpha)$ zerfällt über L. Da dann $\deg h < \deg g$ gilt, können wir dies so lange fortführen, bis $h \in K$ gilt. Damit ist gezeigt, dass jedes Polynom g, das eine Nullstelle in L hat, auch über L zerfällt. Also ist L/K normal.

- Da L/K galoissch ist, ist es wegen Satz 9.3 Zerfällungskörper eines separablen Polynoms $f \in K[x]$. Wegen $K \subset M$ kann f als Polynom in $M[x]$ aufgefasst werden. Dann ist L/M Zerfällungskörper von $f \in M[x]$. Die Separabilität von f über K impliziert die Separabilität über M. Also ist L/M als Zerfällungskörper eines separablen Polynoms ebenfalls galoissch.
- Im Satz von Artin wählen wir $G = \mathrm{Aut}(L/K)$. Dann ist zunächst $K \subset L^G$ und nach dem Satz von Artin $|G| = [L : L^G]$. Mit dem Gradsatz (Satz 5.4) folgt dann $[L : K] = [L : L^G][L^G : K]$, also

$$|\mathrm{Aut}(L/K)| = |G| = [L : L^G] = \frac{[L : K]}{[L^G : K]} \leq [L : K].$$

q.e.d.

Satz 9.8 (Hauptsatz der Galoistheorie)
Sei L/K eine endliche Galoiserweiterung und $G := \mathrm{Gal}(L/K)$ ihre Galois-gruppe. Wir bezeichnen mit

$$\mathcal{G} := \{H \subset G\}$$

die Menge aller Untergruppen von G und mit

$$\mathcal{F} := \{M : K \subset M \subset L\}$$

die Menge aller Zwischenkörper von L/K. Dann gilt:

- *Die Abbildung*

$$\mathcal{G} \to \mathcal{F}, \quad H \mapsto L^H,$$

die einer Untergruppe $H \subset G$ den Fixkörper L^H zuordnet, ist bijektiv. Die Umkehrabbildung ist

$$\mathcal{F} \to \mathcal{G}, \quad M \mapsto \mathrm{Aut}(L/M) \subset G.$$

- *Die Bijektionen sind inklusionsumkehrend, das heißt, für $H_1, H_2 \in \mathcal{G}$ gilt*

$$H_1 \subset H_2 \Leftrightarrow L^{H_1} \supset L^{H_2}$$

und für $M_1, M_2 \in \mathcal{F}$

$$M_1 \subset M_2 \Leftrightarrow \mathrm{Aut}(L/M_1) \supset \mathrm{Aut}(L/M_2).$$

- *Für alle $H \in \mathcal{G}$ gilt*

$$[L : L^H] = |H|, \quad [L^H : K] = (G : H).$$

▶ **Beweis** Dieser Satz folgt nun fast direkt aus den bereits gezeigten Sätzen.

- Sei zunächst $H \subset G$ eine Untergruppe und $M := L^H$ ihr Fixkörper. Dann folgt aus dem Satz von Artin sofort $H = \text{Aut}(L/M)$. Mit anderen Worten ist die Hintereinanderausführung der zwei Abbildungen

$$\mathcal{G} \to \mathcal{F} \to \mathcal{G}, \qquad H \mapsto L^H \mapsto \text{Aut}(L/L^H)$$

die Identität auf der Menge $\mathcal{G}$. Ist andererseits M ein Zwischenkörper von L/K, so ist L/M nach Satz 9.7 galoissch. Die Galoisgruppe $H := \text{Gal}(L/M)$ ist nach Definition eine Untergruppe von G, und es gilt $M = L^H$ nach Satz 9.7. Also ist die Hintereinanderausführung

$$\mathcal{F} \to \mathcal{G} \to \mathcal{F} \qquad M \mapsto \text{Aut}(L/M) \mapsto L^{\text{Aut}(L/M)}$$

die Identität auf der Menge $\mathcal{F}$. Das zeigt die Bijektivität samt Umkehrabbildung.
- Gilt nun $H_1 \subset H_2$, so folgt daraus sofort $L^{H_1} \supset L^{H_2}$ und genauso $M_1 \subset M_2 \Rightarrow \text{Aut}(L/M_1) \supset \text{Aut}(L/M_2)$. Aufgrund der Bijektion folgt aber aus der ersten Implikation die Umkehrung der zweiten und aus der zweiten Implikation die Umkehrung der ersten.
- Aus Satz 9.7 folgt, dass L/L^H galoissch ist. Deshalb gilt $[L : L^H] = \left|\text{Gal}(L/L^H)\right|$. Nach dem oben Gezeigten ist aber $\text{Gal}(L : L^H) = H$, also gilt

$$[L : L^H] = \left|\text{Gal}(L : L^H)\right| = |H|.$$

Die andere Formel folgt dann aus dem Gradsatz (Satz 5.4) und dem Bahnensatz (Satz 4.5).

q.e.d.

Satz 9.9 (Minimalpolynom und Bahn)
Sei L/K eine Galoiserweiterung und $\alpha \in L$. Sei $\{\alpha_1, \ldots, \alpha_n\}$ mit $\alpha_i \neq \alpha_j$ $(i \neq j)$ die Bahn von α unter der Operation von $\text{Gal}(L/K)$. Dann ist

$$f = (x - \alpha_1) \cdots (x - \alpha_n)$$

das Minimalpolynom von α über K.

▶ **Beweis** Ist L/K galoissch, so gilt nach dem Hauptsatz der Galoistheorie (Satz 9.8) $L^{\text{Gal}(L/K)} = K$. Damit folgt die Aussage aus dem Satz von Artin (Satz 9.6). q.e.d.

Satz 9.10
Sei L/K eine Galoiserweiterung, $H \subset G := \mathrm{Gal}(L/K)$ eine Untergruppe und $M = L^H$. Sei $\sigma \in G$ und $M' := \sigma(M)$. Dann gilt:

$$M' = L^{H'}, \quad mit \ H' := \sigma H \sigma^{-1}.$$

▶ **Beweis** Wir zeigen zunächst $M' \subset L^{H'}$. Sei also $\alpha' \in M'$ und $\tau' \in H'$. Es gilt $\alpha' = \sigma(\alpha)$ für ein $\alpha \in M$ und $\tau' = \sigma\tau\sigma^{-1}$ für ein $\tau \in H$. Dann gilt wegen $\alpha \in M = L^H$ und $\tau \in H$ auch $\tau(\alpha) = \alpha$ und damit

$$\tau'(\alpha') = (\sigma\tau\sigma^{-1})(\sigma(\alpha)) = \sigma(\tau(\alpha)) = \sigma(\alpha) = \alpha'.$$

Da $\alpha' \in M'$ und $\tau' \in H'$ beliebig waren, gilt $M' \subset L^{H'}$. Wir vergleichen nun noch die Körpergrade $[M' : K]$ und $[L^{H'} : K]$. Die Abbildung

$$H \to H', \quad \tau \mapsto \sigma\tau\sigma^{-1}$$

ist ein Gruppenisomorphimus, deshalb gilt insbesondere $|H| = |H'|$. Wegen $M' = \sigma(M)$ und $M \subset L$ ist $\sigma_{|M} : M \xrightarrow{\sim} M'$ ein K-Isomorphismus, deshalb gilt $[M' : K] = [M : K]$. Aus dem Hauptsatz der Galoistheorie (Satz 9.8) folgt nun

$$[M' : K] = [M : K] = (G : H) = (G : H') = [L^{H'} : K]$$

und damit folgt $M' = L^{H'}$. \hfill q.e.d.

Satz 9.11 (Galoiserweiterungen und Normalteiler)
Sei L/K eine Galoiserweiterung mit Galoisgruppe $G := \mathrm{Gal}(L/K)$, $H \subset G$ eine Untergruppe und $M := L^H$ der Fixkörper von H. Dann gilt:

- *M/K ist genau dann galoissch, wenn H ein Normalteiler von G ist.*
- *Ist $H \lhd G$ ein Normalteiler, so ist die Abbildung*

$$G/H \to \mathrm{Gal}(M/K), \quad \overline{\sigma} \mapsto \sigma_{|M}$$

ein Gruppenisomorphismus.

▶ **Beweis** Angenommen, $H \lhd G$ ist ein Normalteiler. Aus Satz 9.10 folgt dann $\sigma(M) = M$ für alle $\sigma \in G$, denn $\sigma H \sigma^{-1} = H$. Also lässt sich σ zu einem K-Automorphismus $\sigma_{|M} : M \xrightarrow{\sim} M$ einschränken, das heißt, wir erhalten eine Abbildung

$$\phi : G \to \mathrm{Aut}(M/K), \quad \sigma \mapsto \sigma_{|M}.$$

Es ist klar, dass ϕ ein Gruppenhomomorphismus ist. Aus dem Fortsetzungslemma (Satz 8.10) folgt, dass ϕ surjektiv ist, denn ist $\tau \in \mathrm{Aut}\,(M/K)$ beliebig, so lässt sich τ zu einem K-Automorphismus von L fortsetzen, also hat jedes $\tau \in \mathrm{Aut}\,(L/M)$ ein Urbild und damit ist ϕ surjektiv. Da L/M nach dem Hauptsatz der Galoistheorie eine Galoiserweiterung mit Galoisgruppe $\mathrm{Gal}(L/M) = H$ ist, gilt

$$\ker \phi = \{\sigma \in G : \sigma_{|M} = \mathrm{id}_M\} = \mathrm{Aut}(L/M) = H.$$

Nach dem Isomorphiesatz (1.17) induziert ϕ dann einen Gruppenisomorphismus

$$\overline{\phi} : G/H \tilde{\to} \mathrm{Aut}(M/K), \qquad \overline{\sigma} \mapsto \sigma_{|M}.$$

Insbesondere gilt

$$|\mathrm{Aut}(M/K)| = |G/H| = (G : H) = [M : K],$$

das heißt, M/K ist galoissch.

Nun nehmen wir an, dass M/K galoissch ist und wollen zeigen, dass dann H ein Normalteiler sein muss. Ist M/K galoissch, so ist M/K insbesondere normal. Sei $\sigma \in G$. Satz 7.1 zeigt nun, dass $\sigma(M) = M$. Aus Satz 9.10 folgt deshalb

$$L^H = M = L^{H'}, \qquad H' = \sigma H \sigma^{-1}.$$

Aus dem Hauptsatz der Galoistheorie folgt $\sigma H \sigma^{-1} = H$, also ist H ein Normalteiler von G.   q.e.d.

Satz 9.12 (Fundamentalsatz der Algebra)
Der Körper $\mathbb{C}$ ist algebraisch abgeschlossen.

▶ **Beweis** Wir wollen zuerst zeigen, dass jedes Polynom zweiten Grades über $\mathbb{C}$ zerfällt, das heißt, dass es Nullstellen in $\mathbb{C}$ hat. Wegen der p-q-Formel reicht es dafür zu zeigen, dass jede komplexe Zahl eine Quadratwurzel hat. Dies gilt (wie man leicht nachrechnen kann).

Nun betrachten wir einen Körperturm $L/\mathbb{C}/\mathbb{R}$ mit einer endlichen Erweiterung $L/\mathbb{C}$. Wir müssen zeigen, dass dann $L = \mathbb{C}$ gilt. Nach Satz 9.4 dürfen wir annehmen, dass $L/\mathbb{C}$ galoissch ist. Es ist dann

$$[L : \mathbb{R}] = |\mathrm{Gal}(L/\mathbb{R})| = 2^k m$$

mit einem ungeraden m und $k \in \mathbb{N}$, denn L enthält $\mathbb{C}$. Nach dem ersten Satz von Sylow (Satz 4.12) enthält $\mathrm{Gal}(L/\mathbb{R})$ dann eine 2-Sylowgruppe P, das heißt eine Gruppe der Ordnung 2^k. Dann gilt nach dem Hauptsatz der Galoistheorie

$$[L : L^P] = 2^k, \qquad [L^P : \mathbb{R}] = m.$$

Jedes $\alpha \in L^P$ hat also über $\mathbb{R}$ Grad j mit $j|m$. Da jedes reelle Polynom mit ungeradem Grad größer 1 nach dem Zwischenwertsatz aber eine Nullstelle in $\mathbb{R}$ hat, kann ein solches Polynom nicht irreduzibel und damit nicht Minimalpolynom sein. Dann muss also jedes α über $\mathbb{R}$ den Grad 1 haben und deshalb gilt $m = 1$.

Also ist $[L : \mathbb{R}] = 2^k$ und damit $[L : \mathbb{C}] = 2^{k-1}$ und $L/\mathbb{C}$ ist galoissch. Angenommen, es gilt $k \geq 2$. Dann hat $\mathrm{Gal}(L/\mathbb{C})$ nach dem Satz von Frobenius (Satz 4.10) eine Untergruppe H der Ordnung 2^{k-2}. Dann gilt aber

$$[L : L^H] = 2^{k-2} \text{ und } [L^H : \mathbb{C}] = 2.$$

Das kann aber nicht sein, denn jedes Polynom zweiten Grades zerfällt über $\mathbb{C}$ in Nullstellen. Also gilt $k = 1$ und damit $L = \mathbb{C}$.   q.e.d.

9.3 Erklärungen zu den Definitionen

Erklärung

Zur Definition 9.1 **der Galoisgruppe eines Polynoms** Elemente von $\mathrm{Gal}(f)$ sind also per Definition Körperautomorphismen $\sigma : L \xrightarrow{\sim} L$, die die Elemente von K festlassen.

▶ **Beispiel 122** Sei $K = \mathbb{R}$ und f ein reelles Polynom, das eine nicht reelle Nullstelle besitzt. Dann ist $\mathbb{C}$ der Zerfällungskörper von f. Der einzige $\mathbb{R}$-Automorphismus von $\mathbb{C}$ ist die komplexe Konjugation $\tau : \mathbb{C} \to \mathbb{C}, z \mapsto \bar{z}$. Also ist

$$\mathrm{Gal}(f) = \mathrm{Aut}(\mathbb{C}/\mathbb{R}) = \langle \tau \rangle = \{\mathrm{id}_{\mathbb{C}}, \tau\}.$$

■

Diese Definition ist eine sehr wichtige. Ist nämlich σ eine Element von $\mathrm{Gal}(f)$ und α eine Nullstelle von f, so ist

$$f(\sigma(\alpha)) = \sigma(f(\alpha)) = \sigma(0) = 0,$$

denn σ hält Elemente von K fest. Das bedeutet, dass die Elemente der Galoisgruppe gerade Permutationen der Nullstellen von f sind. Da die Nullstellen eines Polynoms genau das sind, was uns in der Galoistheorie interessiert, ist die Galoisgruppe also ein wichtiges Konzept.

Erklärung

Zur Definition 9.2 **der Galoiserweiterung** Aus der Definition 9.2 folgt sofort, dass $\mathrm{Gal}(f) = \mathrm{Gal}(L/K)$ ist, wenn $f \in K[x]$ gilt und L/K der Zerfällungskörper von f ist.

Im letzten Kapitels haben wir die Galoisgruppe eines Polynoms definiert. Besser ist es meist, wenn man die Galoisgruppe einer Körpererweiterung studiert. Den Großteil dieses Kapitels wollen wir nun untersuchen, was es für eine Körpererweiterung bedeutet, galoissch zu sein und was diese Eigenschaft mit sich bringt.

▶ **Beispiel 123** Wir wollen zeigen, dass jede Körpererweiterung vom Grad 2 in Charakteristik ungleich 2 galoissch ist. Sei also $[L : K] = 2$ und $\operatorname{char}(K) \neq 2$. Dann wird L erzeugt von einem Element α mit Minimalpolynom $f = x^2 + px + q$. Nach der p-q-Formel gilt dann $\alpha = -\frac{p}{2} \pm \sqrt{(\frac{p}{2})^2 - q}$. (Streng genommen kennen wir die p-q-Formel nur für Körper mit Charakteristik 0. Aber sie gilt auch für beliebige Körper mit Charakteristik ungleich 2 und der Beweis läuft auch genauso ab. In der Formel bezeichnet dann 2 das Element $2 := 1 + 1 \in K$.) Das heißt aber, dass der Körper $K(\alpha)$ mit dem Körper $K(\sqrt{(\frac{p}{2})^2 - q})$ übereinstimmt. Deshalb können wir uns bei der Untersuchung von Erweiterungen vom Grad 2 auf den Fall $L = K(\sqrt{d})$ für ein $d \in K$ beschränken.

Wir können aber noch mehr sagen, denn hat d eine Quadratzahl (ungleich 1) als Teiler, so kann man diese aus der Wurzel herausziehen und erhält dann wieder dieselbe Erweiterung. Führen wir dies durch, so können wir uns auf den Fall beschränken, dass d keine Quadratzahl ungleich 1 als Teiler hat. Man sagt dann, dass d quadratfrei ist.

Sei also d quadratfrei und $L = K(\sqrt{d})$. Dann ist $f = x^2 - d$ das Minimalpolynom. Es ist nun einfach zu zeigen, dass dies separabel ist und dann ist L/K galoissch, da es Zerfällungskörper eines separablen irreduziblen Polynoms ist. In diesem Fall können wir jedoch noch einfach mit der Definition argumentieren, denn die Abbildung $a + b\sqrt{d} \mapsto a - b\sqrt{d}$ ist ein K-Automorphismus von L, der nicht die Identität ist. Zusammen mit dem vierten Teil von Satz 9.7 folgt dann $[L : K] = \operatorname{Aut}(L/K)$, also liegt eine Galoiserweiterung vor und die Galoisgruppe ist zyklisch der Ordnung 2. ■

9.4 Erklärung zu den Sätzen und Beweisen

Erklärung

Zum Satz 9.1 Hier sehen wir nun zum ersten Mal, wie Gruppenoperationen bei Körpern von Nutzen sein können.

Wir wollen den Satz an einem Beispiel verdeutlichen und untersuchen die Galoisgruppe eines kubischen Polynoms.

▶ **Beispiel 124** Sei K ein Körper und $f = x^3 + ax^2 + bx + c \in K[x]$. Wir nehmen an, dass f keine mehrfachen Nullstellen hat. Über einem geeignet gewählten Zerfällungskörper L zerfällt f dann in paarweise verschiedene Linearfaktoren, also

$$f = x^3 + ax^2 + bx + c = (x - \alpha_1)(x - \alpha_2)(x - \alpha_3)$$

mit $\alpha_i \in L, \alpha_i \neq \alpha_j$ für $i \neq j$. Es ist also

$$X_f = \{\alpha_1, \alpha_2, \alpha_3\}.$$

Die Frage ist nun, welche Permutationen von X_f auch K-Automorphismen des Zerfällungskörpers $L := K(\alpha_1, \alpha_2, \alpha_3)$ entsprechen. Wir haben gesehen, dass $\mathrm{Gal}(f)$ auf X_f treu operiert. Wir haben also einen injektiven Gruppenhomomorphismus $\phi : \mathrm{Gal}(f) \hookrightarrow S_3$. Ist $\sigma \in \mathrm{Gal}(f)$ und $\pi := \phi(\sigma)$, so gilt nach Definition

$$\sigma(\alpha_i) = \alpha_{\pi(i)}, i = 1, 2, 3.$$

Wir haben hier also einmal die Bezeichnung σ, die wir für Automorphismen benutzen. Das π steht für die zugeordnete Permutation der Nullstellen.

Wir wollen nun durch eine Fallunterscheidung zeigen, dass die Bahnen der G-Operation auf X_f den irreduziblen Faktoren von f entsprechen.

- Sei $X_f \subset K$, das heißt, f zerfällt bereits über K in Linearfaktoren. In diesem Fall gilt $L = K$ und somit $\mathrm{Gal}(f) = \{1\}$, denn der einzige K-Automorphismus, der K festhält, ist die Identität. Jede der drei Nullstellen erzeugt also eine eigene Bahn und das Polynom hat drei irreduzible Faktoren, die den Bahnen entsprechen.
- Habe nun f genau eine Nullstelle in K. Wir nehmen o.B.d.A. $\alpha_1 \in K$ und $\alpha_2, \alpha_3 \notin K$ an. Die Zerlegung von f in irreduzible Faktoren über K ist dann

$$f = (x - \alpha_1)g, \qquad g = x^2 + px + q = (x - \alpha_2)(x - \alpha_3)$$

mit $p = -\alpha_2 - \alpha_3 \in K, q = \alpha_2\alpha_3 \in K$. Der Zerfällungskörper L/K von f ist dann der Stammkörper $L = K(\alpha_2) = K(\alpha_3)$ von g, und es gilt $[L : K] = 2$. Das außer der Identität einzige Element von $\mathrm{Gal}(f)$ ist der K-Automorphismus $\sigma : L \to L$, der α_2 und α_3 vertauscht. Das Bild von ϕ (also die zugehörigen Permutationen) ist also die von der Transposition (23) erzeugte Untergruppe von S_3,

$$\phi(\mathrm{Gal}(f)) = \langle(23)\rangle \subset S_3.$$

Hier haben wir zwei Bahnen. Eine wird von α_1 erzeugt, die dem irreduziblen Faktor $(x - \alpha_1)$ entspricht, die andere besteht aus den Nullstellen α_2 und α_3 und entspricht dem Polynom g.

- Sei nun im letzten Fall f irreduzibel über K.

  Für $i = 1, 2, 3$ bezeichnen wir mit $L_i := K(\alpha_i) \subset L$ den von α_i erzeugten Stammkörper von f. Es gilt $[L_i : K] = 3$ und für jedes Paar $i, j \in \{1, 2, 3\}$ existiert ein eindeutiger K-Isomorphismus $\tau_{i,j} : L_i \xrightarrow{\sim} L_j$ mit $\tau_{i,j}(\alpha_i) = \alpha_j$. Nach dem Gradsatz gilt $[L : K] = 3[L : L_i]$. Es gibt nun zwei Möglichkeiten:

  - $[L : K] = 3$.

    Dieser Fall tritt genau dann ein, wenn einer der Stammkörper bereits ein Zerfällungskörper von f ist, das heißt, wenn sich die anderen beiden Nullstellen α_2, α_3 durch α_1 ausdrücken lassen. Es gilt dann sogar $L = L_1 = L_2 = L_3$. Wir wollen nun die Galoisgruppe $\mathrm{Gal}(f)$ bestimmen. Sei $\sigma := \tau_{2,3} : L \xrightarrow{\sim} L$ der K-Automorphismus von L der α_2 und α_3 vertauscht. Dann muss entweder $\sigma(\alpha_1) = \alpha_1$ oder $\sigma(\alpha_1) = \alpha_2$ gelten. Im ersten Fall würde σ jeden rationalen Ausdruck in α_1 und insbesondere α_2 und α_3 fixieren. Dies widerspricht aber der Wahl von σ und der Annahme $\alpha_2 \neq \alpha_3$. Es gilt also $\sigma(\alpha_1) = \alpha_2$ und damit

    $$\phi(\sigma) = (123).$$

    So zeigt man, dass die Galoisgruppe keine Transposition enthält. Daraus folgt

    $$\phi(\mathrm{Gal}(f)) = A_3 = \{1, (123), (132)\}.$$

  - $[L : K] > 3$.

    In diesem Fall zerfällt das Polynom f nicht über dem Stammkörper $L_1 = K(\alpha_1)$ in Linearfaktoren. Die Zerlegung in irreduzible Faktoren über L_1 ist dann

    $$f = (x - \alpha_1)g, \qquad g = x^2 + px + q = (x - \alpha_2)(x - \alpha_3)$$

    mit $p, q \in L_1$ und g irreduzibel über L_1. L_1/L ist dann ein Zerfällungskörper von g und insbesondere gilt $[L : L_1] = 2$. Mit dem Gradsatz erhält man nun $[L : K] = 6$ und $[L_i : K] = 3, [L : L_i] = 2$ für $i = 1, 2, 3$.

    Wie sieht nun die Galoisgruppe aus? Da L/L_1 der Zerfällungskörper des irreduziblen quadratischen Polynoms g ist, gibt es einen eindeutigen L_1-Automorphismus σ von L mit $\sigma(\alpha_2) = \alpha_3$. Fasst man σ als Element von $\mathrm{Gal}(f) = \mathrm{Aut}(L/K)$ auf, so gilt $\phi(\sigma) = (23)$, denn σ lässt α_1 fest. Betrachtet man nun statt dem Körper L_1 den Körper L_3, so findet man auf demselben Weg ein Element $\sigma' \in \mathrm{Gal}(f)$ mit $\phi(\sigma') = (12)$. Da die symmetrische Gruppe S_3 von zwei verschiedenen Transpositionen erzeugt wird, folgt

    $$\phi(\mathrm{Gal}(f)) = \langle (12), (23) \rangle = S_3.$$

In beiden Fällen gibt es nur eine Bahn, die zu dem einzigen irreduziblen Faktor von f, nämlich f selbst, korrespondiert. $\blacksquare$

Erklärung

Zum Satz 9.2 Dieser Satz erlaubt es uns, die Galoisgruppe eines Polynoms einfacher bestimmen zu können. So kann man (wie wir in Beispiel 68 gesehen haben) für jedes Polynom n-ten Grades durch eine Transformation erreichen, dass der Term x^{n-1} verschwindet, und es reicht dann, für diese Form die Galoisgruppe zu bestimmen. Dies werden wir in Beispiel 135 tun.

Auch hier benutzen wir wieder $\tau_k(f)$, um anzudeuten, dass wir das Argument von f um k verschieben. Wir dürften nicht einfach $f(x + k)$ schreiben und sagen, dass wir $x + k$ einsetzen, da wir f als Polynom und nicht als Polynomfunktion auffassen.

Erklärung

Zum Satz 9.3 Hier haben wir schon ein recht einfaches Kriterium, um festzustellen, ob ein Körper eine Galoiserweiterung ist. Dies folgt direkt aus dem Fortsetzungslemma (Satz 8.10) mit dem Diagramm

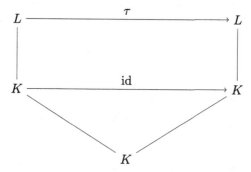

wenn ihr noch beachtet, dass das Polynom separabel ist. Dann gibt es nämlich deg $f = [L : K]$ Möglichkeiten für τ, also gilt $|\mathrm{Aut}(L/K)| = [L : K]$.

Erklärung

Zum Satz 9.5 Dieser Satz gibt uns schon mal eine Möglichkeit festzustellen, wann eine Erweiterung galoissch ist. Da wir später aber ein wichtigeres und noch etwas einfacheres Kriterium kennenlernen werden, wollen wir es hier erstmal dabei belassen.

Erklärung

Zum Satz von Artin (Satz 9.6) Dieser Satz (und vor allem seine Folgerungen) ist einer der wichtigsten in der Galoistheorie. Damit können wir nun von vielen Körpern bestimmen, ob sie galoissch sind.

Im Beweis zeigen wir erstmal eine alternative Darstellung des Minimalpolynoms (die ihr auch nochmal in Satz 9.9 findet). Damit sieht man sofort, dass ein separables Polynom über L/K zerfällt. Danach zeigen wir nur noch, dass diese Erweiterung auch endlich ist.

Zu den Folgerungen aus dem Satz von Artin (Satz 9.7) Viel wichtiger als der Satz von Artin an sich sind für die Anwendung diese Folgerungen. Die erste wird für den Hauptsatz der Galoistheorie sehr wichtig sein. Hier sieht man, dass es eine gewisse Abhängigkeit zwischen Gruppen und Fixkörpern zu geben scheint. Mehr dazu in den Erklärungen des Hauptsatzes der Galoistheorie (Satz 9.8).

Die zweite Folgerung ist nun die für uns sehr wichtige Charakterisierung von Galoiserweiterungen. Wir müssen von einer endlichen Erweiterung also nur wissen, ob sie normal und separabel ist, um zu entscheiden, ob sie galoissch ist. Noch einfacher geht es, wenn wir L/K als Zerfällungskörper eines separablen Polynoms erkennen können.

▶ **Beispiel 125** Nach Beispiel 102 ist $\mathbb{C}/\mathbb{R}$ galoissch, während $\mathbb{Q}(\sqrt[n]{p})/\mathbb{Q}$ für eine Primzahl p und $n > 2$ nicht galoissch sein kann. Im Falle $n = 2$ liegt genau das Gegenteil vor. Ist p eine Primzahl, so ist $\mathbb{Q}(\sqrt{p})/\mathbb{Q}$ galoissch, denn es ist Zerfällungskörper des separablen Polynoms $x^2 - p$, welches die Nullstellen $\pm\sqrt{p} \notin \mathbb{Q}$ hat. ∎

Insgesamt haben wir also durch diesen Satz und die Sätze 9.3 und 9.5 gesehen, dass für endliche Erweiterungen L/K gilt:

L/K ist galoissch $\Leftrightarrow$ L/K ist normal und separabel.

$\Leftrightarrow$ L/K ist Zerfällungskörper eines separablen Polynoms $f \in K[x]$.

Die dritte Folgerung sagt etwas über das Verhalten der Eigenschaft „galoissch" in Körpertürmen aus. Dabei wird die Charaktersierung von Galoiserweiterungen als Zerfällungskörper genutzt. Beispiele werden wir nach dem Hauptsatz noch sehen. Die Frage, die sich nun stellen könnte (und sollte), ist die, ob denn auch M/K galoissch ist. Diese Frage wird in Satz 9.11 beantwortet.

Die letzte Aussage ist sehr nützlich bei der Untersuchung, ob eine Erweiterung galoissch ist oder nicht. Für eine Galoiserweiterung L/K muss ja die Gleichheit $[L : K] = |(L/K)|$ gelten. Nach diesem Satz gilt auf jeden Fall immer die eine Ungleichung. Um die Gleichheit zu zeigen, reicht es also, $[L : K]$ K-Automorphismen von L zu finden. Dies benutzen wir zum Beispiel in Beispiel 123 (hört sich komisch an, ist aber so ;-)).

Zum Hauptsatz der Galoistheorie (Satz 9.8) Aus dem letzten Teil des Satzes erhält man durch Setzen von $H = G$ oder $H = \{e\}$ sofort

$$[L^G : K] = (G : G) = 1 \Rightarrow L^G = K, \qquad [L : L^{\{e\}}] = |\{e\}| = 1 \Rightarrow L^{\{e\}} = L.$$

Obwohl der Satz an sich sehr lang und kompliziert wirkt, ist die Hauptaussage sehr einfach: Wenn man die Struktur einer Körpererweiterung studieren will, kann man sich stattdessen einfach mit der Struktur der Galoisgruppe beschäftigen. Es gibt also eine 1 : 1-Korrespondenz zwischen Untergruppen der Galoisgruppe und Zwischenkörpern der Erweiterung, die noch viele schöne Eigenschaften hat. Dazu wollen wir nun mal ein ausführliches Beispiel behandeln.

▶ **Beispiel 126** Sei K ein beliebiger Körper der Charakteristik ungleich 2, also zum Beispiel $\mathbb{Q}$, und $f = x^3 + ax^2 + bx + c \in K[x]$ ein normiertes und separables Polynom. Seien $\alpha_1, \alpha_2, \alpha_3$ die Nullstellen von f und $L = K(\alpha_1, \alpha_2, \alpha_3)$ der Zerfällungskörper von f (also ist L/K nach Satz 9.3 galoissch). Wir schreiben nun noch zur Abkürzung $G = \mathrm{Gal}(L/K)$ für die Galoisgruppe von f, beziehungsweise von L/K. Wir nehmen an, dass $[L : K] = 6$ ist, insbesondere ist also f wegen Beispiel 124 irreduzibel. Da G die drei Nullstellen permutiert, ist G isomorph zu einer Untergruppe von S_3 mit $[L : K] = 6$ Elementen. Da aber S_3 selbst genau sechs Elemente besitzt, gilt $G \cong S_3$, das heißt, jede Permutation der Menge $X_f = \{\alpha_1, \alpha_2, \alpha_3\}$ wird durch einen K-Automorphismus von L realisiert. Anstatt wie in Beispiel 124 mit π die zugeordnete Permutation zu beschreiben, wollen wir im Folgenden der Einfachheit halber die Galoisgruppe G mit der symmetrischen Gruppe S_3 identifizieren. Wir fassen also Elemente von G gleichzeitig als K-Automorphismen von L und als Permutationen auf und schreiben σ sowohl für das eine als auch das andere. Die Menge $\mathcal{G}$ aller Untergruppen von G besteht aus den folgenden 6 Elementen

- der trivialen Untergruppe $\{1\}$,
- drei Untergruppen der Ordnung 2, jeweils erzeugt von einer Transposition,
- der alternierenden Gruppe A_3, erzeugt von einem 3-Zykel,
- der vollen symmetrischen Gruppe S_3.

Ordnet man diese Untergruppen danach, welche Gruppe eine jeweils andere enthält, so erhalten wir

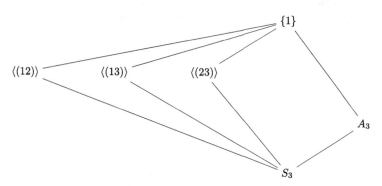

Warum dieses Diagramm „auf dem Kopf steht" werden wir gleich sehen.
Nach dem Hauptsatz der Galoistheorie (Satz 9.8) entsprechen die Untergruppen $H \subset G$ nun genau den Zwischenkörpern von L/K. Dafür müssen wir nun die

Fixkörper der einzelnen Untergruppen bestimmen. Es ist klar, dass der Fixkörper der trivialen Untergruppe der gesamte Körper L ist. Nach Satz 9.7 ist der Fixkörper der vollen Gruppe G der Grundkörper K.

Betrachten wir nun die Untergruppe $H = \langle (23) \rangle$. Das einzige nichttriviale Element $\sigma \in H$ ist die Permutation (23), also der K-Automorphismus von L mit

$$\sigma(\alpha_1) = \alpha_1, \quad \sigma(\alpha_2) = \alpha_3, \quad \sigma(\alpha_3) = \alpha_2.$$

σ lässt also α_1 und damit den Stammkörper $L_1 := K(\alpha_1)$ fest. Es gilt also $L_1 \subset L^H$. Wegen

$$[L_1 : K] = \deg(f) = 3 = \frac{|G|}{|H|} = (G : H) = [L^H : K]$$

gilt sogar $L^H = L_1$. Ganz genauso folgt

$$L_2 := K(\alpha_2) = L^{\langle (13) \rangle}, \quad L_3 := K(\alpha_3) = L^{\langle (12) \rangle}.$$

Es bleibt also nur noch der Fixkörper $M := L^{A_3}$ der alternierenden Gruppe zu bestimmen. Dazu setzen wir

$$\delta := (\alpha_1 - \alpha_2)(\alpha_1 - \alpha_3)(\alpha_2 - \alpha_3) \in L.$$

Dann gilt für alle $\sigma \in G$

$$\sigma(\delta) = \text{sign}(\text{œ}).$$

Also gilt $\sigma(\delta) = \delta$ genau dann, wenn $\sigma \in A_3$. Es ist also $\delta \in M \backslash K$, also $K \subsetneqq K(\delta) \subset M$. Da aber $[M : K] = (G : A_3) = 2$ ist, muss $K(\delta) = M$ gelten.

Damit haben wir alle Zwischenkörper bestimmt. Wir haben folgendes Schema wobei eine Untergruppe und ein Zwischenkörper genau dann zusammengehören, wenn sie an derselben Stelle im Diagramm stehen.

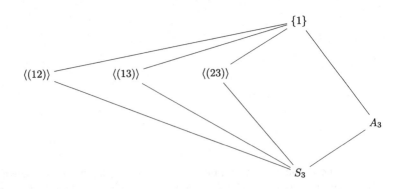

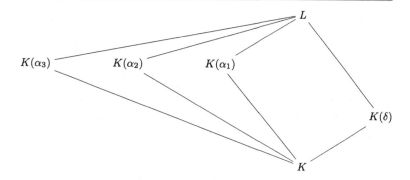

Jetzt sehen wir auch, warum das Schema der Untergruppen auf dem Kopf stand, damit wir nämlich die Korrespondenz zu den Zwischenkörpern so schön zeigen können.

Zum Schluss wollen wir noch kurz auf das δ zu sprechen kommen, das vom Himmel zu fallen scheint. Setzen wir

$$D := \delta^2 = (\alpha_1 - \alpha_2)^2(\alpha_1 - \alpha_3)^2(\alpha_2 - \alpha_3)^2,$$

so ist $\sigma(D) = D$ für alle $\sigma \in G$. Also ist $D \in K = L^G$. Dieses D hängt nicht von der Nummerierung der Nullstellen ab. Im folgenden Kapitel werden wir uns näher mit diesem D beschäftigen. ∎

Erklärung

Zum Satz 9.9 Dieser Satz hat eine ähnliche Aussage wie der erste Teil des Beweises im Satz von Artin. Dass wir dies hier nochmal schreiben, hat den Grund, dass die Voraussetzungen der beiden Sätze verschieden sind. Mit dem Hauptsatz der Galoistheorie können wir allerdings die Voraussetzungen aus dem Satz von Artin herstellen und diesen dann direkt anwenden.

Mit diesem Satz können wir nun viel einfacher als vorher Minimalpolynome bestimmen.

▶ **Beispiel 127** Seien p und q verschiedene Primzahlen und $\alpha = \sqrt{p} + \sqrt{q}$. Dies liegt in dem Körper $\mathbb{Q}(\sqrt{p}, \sqrt{q})$, der galoissch über $\mathbb{Q}$ ist. Die vier Automorphismen ändern jeweils die Vorzeichen der Wurzeln (genauer wird jede mit einer zweiten Einheitswurzel multipliziert). Die Bahn von α unter der Operation der Galoisgruppe ist also

$$\{\sqrt{p} + \sqrt{q}, \sqrt{p} - \sqrt{q}, -\sqrt{p} + \sqrt{q}, -\sqrt{p} - \sqrt{q}\}.$$

Damit ist das Minimalpolynom

$$f = (x - (\sqrt{p} + \sqrt{q}))(x - (\sqrt{p} - \sqrt{q}))(x - (-\sqrt{p} + \sqrt{q}))(x - (-\sqrt{p} - \sqrt{q}))$$
$$= x^4 - 2(p + q)x^2 + (p + q)^2,$$

wie wir auch schon in Beispiel 90 gesehen haben.

Ebenfalls in Beispiel 90 haben wir gesehen, dass für $\gamma := \sqrt{3} + \sqrt[3]{2}$ gilt $\min_{\mathbb{Q}}(\gamma)$ $= x^6 - 9x^4 - 4x^3 + 27x^2 - 36x - 23$. Dies folgt nun auch viel einfacher. Analog zu oben werden auch hier die Wurzeln mit Einheitswurzeln multipliziert, die Bahn von γ ist dann

$$\{\sqrt{3} + \sqrt[3]{2}, -\sqrt{3} + \sqrt[3]{2}, \sqrt{3} + \zeta_3^{(1)}\sqrt[3]{2}, -\sqrt{3} + \zeta_3^{(1)}\sqrt[3]{2}, \sqrt{3} + (\zeta_3^{(1)})^2\sqrt[3]{2}, -\sqrt{3} + (\zeta_3^{(1)})^2\sqrt[3]{2}\}$$

und es ist damit das Minimalpolynom

$$f = (x - (\sqrt{3} + \sqrt[3]{2}))(x - (-\sqrt{3} + \sqrt[3]{2}))(x - (\sqrt{3} + \zeta_3^{(1)}\sqrt[3]{2}))$$
$$\cdot (x - (-\sqrt{3} + \zeta_3^{(1)}\sqrt[3]{2}))(x - (\sqrt{3} + (\zeta_3^{(1)})^2\sqrt[3]{2}))(x - (-\sqrt{3} + (\zeta_3^{(1)})^2\sqrt[3]{2}))$$
$$= -23 - 36x + 27x^2 - 4x^3 - 9x^4 + x^6.$$

∎

Erklärung

Zum Satz 9.10 Diesen Satz brauchen wir als Hilfssatz für den nächsten Satz, um eine Aussage treffen zu können, wann bei einer Galoiserweiterung L/K und einem Zwischenkörper M auch M/K galoissch ist.

Erklärung

Zum Satz 9.11 Dieser Satz ist nun eine Art Pendant zu dem Hauptsatz 9.8. Haben wir eine Galoiserweiterung L/K, so können wir nun nicht nur sagen, dass für jede Zwischenerweiterung M auch L/M galoissch ist, sondern haben auch ein Kriterium gefunden, wie wir anhand der zu M gehörigen Untergruppe von $\mathrm{Gal}(L/K)$ entscheiden können, ob M/K galoissch ist.

Der Beweis beruht zum Teil auf dem Isomorphiesatz für Normalteiler. Wir zeigen die Äquivalenz, also den ersten Teil des Satzes, in zwei Schritten. Der zweite Teil folgt dann direkt durch die Rechnungen der Hinrichtung.

▶ **Beispiel 128** Wir haben in Beispiel 126 bereits den Zerfällungskörper L/K eines irreduziblen, separablen kubischen Polynoms $f = x^3 + ax^2 + bx + c \in K[x]$ mit maximaler Galoisgruppe $G := \mathrm{Gal}(L/K) \cong S_3$ samt seiner Zwischenkörper untersucht und alle Untergruppen sowie Zwischenkörper M bestimmt. Wir wollen nun untersuchen, für welche dieser Zwischenkörper die Erweiterung M/K galoissch ist. Da die Untergruppen der Ordnung 2 alle keine Normalteiler sind, sind die Erweiterungen $K(\alpha_i)/K$, $i = 1, 2, 3$ nicht galoissch (wir benennen hier wieder, wie immer, die Nullstellen von f mit $\alpha_1, \alpha_2, \alpha_3$). In diesem speziellen Fall gilt sogar

$$\mathrm{Aut}(K(\alpha_i)/K) = \{1\},$$

denn für jeden K-Automorphismus $\sigma : K(\alpha_1) \xrightarrow{\sim} K(\alpha_1)$ ist $\sigma(\alpha_1)$ wieder eine Nullstelle von f, das heißt $\sigma(\alpha_1) \in \{\alpha_1, \alpha_2, \alpha_3\}$. Da aber die drei Körper $K(\alpha_i)$ paarweise verschieden sind, liegen α_2, α_3 nicht in $K(\alpha_1)$, also ist $\sigma(\alpha_1) = \alpha_1$ und damit, da die Erweiterung von α_1 erzeugt wird, $\sigma = \mathrm{id}_{K(1)}$. Dasselbe folgt natürlich auch für α_2 und α_3.

Die alternierende Gruppe $A_3 \subset G$ ist jedoch ein Normalteiler, und die Zwischenerweiterung $K(\delta) = K^{A_3}/K$ ist deshalb eine Galoiserweiterung. Die Galoisgruppe $\mathrm{Gal}(K(\delta)/K) \cong G/A_3$ ist eine zyklische Gruppe der Ordnung 2 und wird erzeugt von der Einschränkung auf $K(\delta)$ eines beliebigen Elementes $\sigma \in G$ der Ordnung 2, zum Beispiel der Transposition $\sigma = (12)$. Da σ nicht in A_3 liegt, gilt $\sigma(\delta) = -\delta \neq \delta$. ∎

Erklärung

Zum Fundamentalsatz der Algebra (Satz 9.12) Dieser sehr schöne Satz sagt nun aus, was man meistens schon im ersten Semester hört, aber nicht bewiesen bekommt, nämlich, dass jedes reelle Polynom über $\mathbb{C}$ in Linearfaktoren zerfällt. Dabei benutzen wir im Beweis fast die gesamte bis hierhin entwickelte Theorie.

Symmetrische Funktionen und Gleichungen vom Grad 3 und 4

10

Inhaltsverzeichnis

Hier wollen wir nun noch genauer untersuchen, wie wir die Galoisgruppe eines Polynoms bestimmen können. Dies werden wir vor allem für Grad 3 und 4 untersuchen. Dabei wird das D aus Beispiel 126 hier eine große Rolle spielen.

10.1 Definitionen

> **Definition 10.1 (symmetrische Funktionen)**
> Sei $n \in \mathbb{N}$ und R ein kommutativer Ring. Wir betrachten den Ring $R[t_1, \ldots, t_n]$, wobei $t_1, \ldots, t_n$ Variablen sein sollen. Wir werden im Folgenden immer $A := R[t_1, \ldots, t_n]$ setzen. Die symmetrische Gruppe S_n operiert auf A durch
>
> $$\sigma \left(\sum_{i_1, \ldots, i_n} a_{i_1, \ldots, i_n} t_1^{i_1} \cdots t_n^{i_n} \right) = \sum_{i_1, \ldots, i_n} a_{i_1, \ldots, i_n} t_{\sigma(1)}^{i_1} \cdots t_{\sigma(n)}^{i_n}$$
>
> für $\sigma \in S_n$. Eine **symmetrische Funktion** s ist ein Element von A, für das $\sigma(s) = s$ für alle $\sigma \in S_n$ gilt. Die Teilmenge der symmetrischen Funktionen bezeichnen wir mit A^{S_n}.

© Springer-Verlag GmbH Deutschland, ein Teil von Springer Nature 2019
F. Modler und M. Kreh, *Tutorium Algebra*,
https://doi.org/10.1007/978-3-662-58690-7_10

Definition 10.2 (Diskriminante)

Sei K ein Körper und $f \in K[x]$ normiert vom Grad n. Sei L/K ein Zerfällungskörper von f und $\alpha_1, \ldots, \alpha_n$ die Nullstellen von f in L. Dann heißt

$$D_f := \prod_{i<j}(\alpha_i - \alpha_j)^2$$

die **Diskriminante** von f.

Definition 10.3 (kubische Resolvente)

Sei K ein Körper und $f \in K[x]$ ein normiertes, separables und irreduzibles Polynom vierten Grades. Wir bezeichnen mit α_1, α_2, α_3 und α_4 die Nullstellen von f in einer geeigneten Erweiterung L/K. Dann setzen wir

$$\beta_1 := (\alpha_1 + \alpha_2)(\alpha_3 + \alpha_4),$$
$$\beta_2 := (\alpha_1 + \alpha_3)(\alpha_2 + \alpha_4),$$
$$\beta_3 := (\alpha_1 + \alpha_4)(\alpha_2 + \alpha_3)$$

und

$$g := (x - \beta_1)(x - \beta_2)(x - \beta_3) = x^3 + Ax^2 + Bx + C.$$

Wir nennen g die **kubische Resolvente** von f.

10.2 Sätze und Beweise

Satz 10.1

Sei $f = \prod_{i=1}^{n}(x - \alpha_i) \in K[x]$. Dann gilt:

$$D_f = (-1)^{\frac{1}{2}n(n-1)} \prod_{i=1}^{n} f'(\alpha_i).$$

▶ **Beweis**   Nach der Produktregel ist

$$f'(x) = \sum_{i=1}^{n}(x - \alpha_1) \cdots (x - \alpha_{i-1})(x - \alpha_{i+1}) \cdots (x - \alpha_n)$$

und damit $f'(\alpha_i) = (\alpha_i - \alpha_1) \cdots (\alpha_i - \alpha_{i-1})(\alpha_i - \alpha_{i+1}) \cdots (\alpha_i - \alpha_n)$ also

$$\prod_{i=1}^{n} f'(\alpha_i) = \prod_{i \neq j} (\alpha_i - \alpha_j) = (-1)^{\frac{1}{2}n(n-1)} D_f.$$

(Hierbei haben wir eine Gleichung aus den Erklärungen zur Definition 10.2 genutzt.) q.e.d.

Satz 10.2
Sei

$$F := (x - t_1) \cdots (x - t_n) \in A[x]$$

das normierte Polynom mit den Nullstellen $t_1, \ldots, t_n$. Dann sind die Koeffizienten von F symmetrische Funktionen. Genauer gilt:

$$F = x^n + s_1 x^{n-1} + s_2 x^{n-2} + \cdots + s_n$$

mit

$$s_k = (-1)^k \sum_{i_1 < \cdots < i_k} t_{i_1} \cdots t_{i_k} \in A^{S_n}.$$

*Die s_k nennt man **elementarsymmetrische Funktionen.***

▶ **Beweis** Dies folgt direkt durch Nachrechnen. Wieder mal was für euch ;-). q.e.d.

Satz 10.3 (Hauptsatz über symmetrische Funktionen)
Sei R ein nullteilerfreier Ring und $f \in A^{S_n}$ eine symmetrische Funktion. Dann gibt es ein eindeutiges Polynom $P \in R[z_1, \ldots, z_n]$ so, dass

$$f = P(s_1, \ldots, s_n).$$

Mit anderen Worten ist der Einsetzungshomomorphismus

$$R[z_1, \ldots, z_n] \to A^{S_n}, \qquad z_i \mapsto s_i$$

ein Isomorphismus.

▶ **Beweis** Wir beweisen den Satz mit vollständiger Induktion. Im Fall $n = 1$ ist $s_1 = t_1$ das elementarsymmetrische Polynom und jedes symmetrische Polynom in einer Variable ist von der Form $\sum a_k t_1^k = \sum a_k s_1^k$, also ein Polynom in s_1. Nun nehmen wir an, der Satz gilt für $n - 1$ und f sei ein symmetrisches Polynom in den n Variablen $t_1, \ldots, t_n$. Dann sei

$$f^0(t_1, \ldots, t_{n-1}) = f(t_1, \ldots, t_{n-1}, 0).$$

Es fallen hier also einfach alle Summanden weg, die ein t_n enthalten, also ist f^0 ein symmetrisches Polynom in $n - 1$ Variablen. Nach Induktionsannahme können wir deshalb f^0 als Polynom in den elementarsymmetrischen Funktionen $s_1^0, \ldots, s_{n-1}^0$ in $n - 1$ Variablen schreiben, das heißt $f^0 = p(s_1^0, \ldots, s_{n-1}^0)$. Nach Definition der elementarsymmetrischen Funktionen ist aber für $i = 1, \ldots, n - 1$

$$s_i^0(t_1, \ldots, t_{n-1}) = s_i(t_1, \ldots, t_{n-1}, 0).$$

Wir betrachten nun die Differenz

$$\delta(t_1, \ldots, t_n) = f(t_1, \ldots, t_n) - p(s_1, \ldots, s_{n-1}).$$

Dies ist nun als Differenz zweier symmetrischer Polynome wieder ein symmetrisches Polynom in $t_1, \ldots, t_n$ und es gilt $\delta(t_1, \ldots, t_{n-1}, 0) = 0$. Das kann aber nur sein, wenn entweder $\delta = 0$ ist (dann wären wir fertig) oder man in δ eine Potenz von t_n ausklammern kann. Dann ist also jedes Monom durch t_n teilbar und wegen der Symmetrie dann durch alle t_i und damit durch das elementarsymmetrische Polynom $s_n = \pm \prod t_i$. Es gilt also

$$f(t_1, \ldots, t_n) = p(s_1, \ldots, s_{n-1}) + s_n r(t_1, \ldots, t_n)$$

mit einem symmetrischen Polynom r. Es gilt dann auf jeden Fall $\deg r < \deg f$ oder r ist konstant. Ist $\deg r < \deg f$, so wiederholen wir die obige Prozedur mit dem Polynom r so lange, bis nach Division von s_n ein konstantes Polynom bleibt.

Wir müssen nun noch die Injektivität zeigen. Dafür müssen wir zeigen, dass der Kern des Einsetzungshomormorphismus

$$\sigma : R[z_1, \ldots, z_n] \to A^{S_n}, \qquad z_i \mapsto s_i$$

nur $\{0\}$ ist. Angenommen, es gilt $\varphi(s_1, \ldots, s_n) = 0$ für ein $\varphi \in R[z_1, \ldots, z_n]$. Für $t_n = 0$ gilt dann ja

$$\varphi(s_1^0, \ldots, s_{n-1}^0, 0) = 0.$$

Führen wir dies nun induktiv weiter, so erhalten wir

$$\varphi(z_1, \ldots, z_{n-1}, 0) = 0,$$

also ist z_n ein Teiler von φ, also $\varphi(z_1, \ldots, z_n) = z_n \psi(z_1, \ldots, z_n)$. Dann folgt aber

$$\varphi(s_1, \ldots, s_n) = s_n \psi(s_1, \ldots, s_n) = t_1 \ldots t_n \psi(s_1, \ldots, s_n).$$

Da R nullteilerfrei ist, gilt dies auch für $A^{S_n} \subset R[t_1, \ldots, t_n]$, also folgt hieraus $\psi(s_1, \ldots, s_n) = 0$ und der Grad von ψ ist kleiner als der Grad von φ. Wie beim Beweis vom ersten Teil gilt nun nach Induktion über den Grad von φ, dass $\varphi = 0$. Damit ist alles gezeigt. q.e.d.

Satz 10.4 (Diskriminante besitzt explizite Formel)

- *Sei R ein kommutativer Ring, K der Quotientenkörper von R. Dann gibt es für alle $n \in \mathbb{N}$ ein eindeutig bestimmtes Polynom $\Delta_n \in R[z_1, \ldots, z_n]$ in n Unbestimmten mit der folgenden Eigenschaft. Ist*

$$f = x^n + a_1 x^{n-1} + \cdots + a_n \in K[x]$$

ein normiertes Polynom vom Grad n, so gilt

$$D_f = \Delta_n(a_1, \ldots, a_n).$$

Insbesondere ist $D_f \in K$.

- *Δ_n ist multihomogen vom Grad $n(n-1)$, wobei die Grade der Unbestimmten z_i durch die Bedingung $\deg(z_i) = i$ definiert sind. Das heißt, es gilt*

$$\Delta_n = \sum_{|k| = n(n-1)} c_k z_1^{k_1} \cdots z_n^{k_n}$$

mit $c_k \in R$, wobei

$$|k| := k_1 + 2k_2 + \cdots + nk_n.$$

▶ **Beweis**

- Wir gehen aus von der Diskriminante D_n aus Beispiel 129. Dies ist gerade die Diskriminante des Polynoms

$$F = (x - t_1) \cdots (x - t_n) = x^n + s_1 x^{n-1} + \cdots + s_n \in A[x].$$

Die Diskriminante ist ein symmetrisches Polynom, nach dem Hauptsatz (Satz 10.3) gibt es also ein eindeutig bestimmtes Polynom $\Delta_n \in R[z_1, \ldots, z_n]$ so, dass

$$D_n = \Delta_n(s_1, \ldots, s_n)$$

gilt. Sei nun $f \in K[x]$ ein normiertes Polynom vom Grad n und L/K der Zerfällungskörper von f. Wir schreiben wie üblich

$$f = x^n + a_1 x^{n-1} + \cdots + a_n = (x - \alpha_1) \cdots (x - \alpha_n)$$

mit $\alpha_i \in L$ und betrachten den Einsetzungshomomorphismus

$$\phi : A = R[t_1, \ldots, t_n] \to L, \quad t_i \mapsto \alpha_i.$$

Aus den Darstellungen von f und F und der Tatsache, dass ϕ ein Homomorphismus ist, ergibt sich dann sofort $\phi(s_i) = a_i$ und

$$\phi(D_n) = \prod_{i<j}(\alpha_i - \alpha_j)^2 = D_f.$$

Zusammen also:

$$D_f = \phi(D_n) = \phi(\Delta_n(s_1, \ldots, s_n)) = \Delta_n(a_1, \ldots, a_n).$$

- Da $D_n = \prod_{i<j}(t_i - t_j)^2$ gilt und dies genau $\frac{n}{2}(n-1)$ quadratische Faktoren sind, ist D_n homogen vom Grad $n(n-1)$. Da aber auch $D_n = \Delta_n(s_1, \ldots, s_n)$ gilt und die s_i homogen vom Grad i sind, folgt daraus, dass Δ_n multihomogen vom Grad $n(n-1)$ mit den angegebenen Bedingungen ist.

q.e.d.

Satz 10.5

Sei K ein Körper der Charakteristik und $f = x^4 + px^2 + qx + r \in K[x]$ separabel und irreduzibel. Dann gilt für die kubische Resolvente

$$g = x^3 - 2px^2 + (p^2 - 4r)x + q^2$$

und

$$D_f = D_g = 4p^4r - 4p^3q^2 - 8p^2r^2 + 36pq^2r + 12r^3 - 27q^4.$$

▶ **Beweis**

- Wir wollen zunächst die Formel für die kubische Resolvente bestimmen. Sei $g = (x - \beta_1)(x - \beta_2)(x - \beta_3) = x^3 + Ax^2 + Bx + C$. Dann gilt:

$$A = -(\beta_1 + \beta_2 + \beta_3),$$
$$B = \beta_1\beta_2 + \beta_1\beta_3 + \beta_2\beta_3,$$
$$C = -\beta_1\beta_2\beta_3.$$

Dies wollen wir nun statt durch die β_i durch die α_i und damit durch die Koeffizienten von f ausdrücken. Dabei bezeichnen wir hier die elementarsymmetrischen Polynome in den α_i mit e_j. Zunächst gilt dann:

$$e_2^2 = \left(\sum_{i<j} \alpha_i \alpha_j\right)^2$$

$$= \sum_{i<j} \alpha_i^2 \alpha_j^2 + 2 \sum_{\substack{i \neq j,k \\ j<k}} \alpha_i^2 \alpha_j \alpha_k + 6\alpha_1\alpha_2\alpha_3\alpha_4$$

$$e_1 e_3 = (\alpha_1 + \alpha_2 + \alpha_3 + \alpha_4) \sum_{i<j<k} \alpha_i \alpha_j \alpha_k$$

$$= \sum_{\substack{i \neq j,k \\ j<k}} \alpha_i^2 \alpha_j \alpha_k + 4\alpha_1\alpha_2\alpha_3\alpha_4$$

$$e_1 e_2 e_3 = (\alpha_1 + \alpha_2 + \alpha_3 + \alpha_4)\left(\sum_{i<j} \alpha_i \alpha_j\right)\left(\sum_{i<j<k} \alpha_i \alpha_j \alpha_k\right)$$

$$= \sum_{\substack{i \neq j,k \\ j \neq k}} \alpha_i^3 \alpha_j^2 \alpha_k + 3 \sum_{\substack{i \neq j,k,l \\ j<k<l}} \alpha_i^3 \alpha_j \alpha_k \alpha_l + 3 \sum_{i<j<k} \alpha_i^2 \alpha_j^2 \alpha_k^2$$

$$+ 8 \sum_{\substack{i,j \neq k,l \\ i<j,k<l}} \alpha_i^2 \alpha_j^2 \alpha_k \alpha_l$$

$$e_1^2 e_4 = (\alpha_1 + \alpha_2 + \alpha_3 + \alpha_4)^2 \alpha_1\alpha_2\alpha_3\alpha_4$$

$$= \sum_{\substack{i \neq j,k,l \\ j<k<l}} \alpha_i^3 \alpha_j \alpha_k \alpha_l + 2 \sum_{\substack{i,j \neq k,l \\ i<j,k<l}} \alpha_i^2 \alpha_j^2 \alpha_k \alpha_l$$

$$e_3^2 = \left(\sum_{i<j<k} \alpha_i \alpha_j \alpha_k\right)^2$$

$$= \sum_{i<j<k} \alpha_i^2 \alpha_j^2 \alpha_k^2 + 2 \sum_{\substack{i,j \neq k,l \\ i<j,k<l}} \alpha_i^2 \alpha_j^2 \alpha_k \alpha_l.$$

Nutzen wir jetzt noch Satz 10.2, so erhalten wir:

$$A = -(\beta_1 + \beta_2 + \beta_3)$$
$$= -((\alpha_1 + \alpha_2)(\alpha_3 + \alpha_4) + (\alpha_1 + \alpha_3)(\alpha_2 + \alpha_4) + (\alpha_1 + \alpha_4)(\alpha_2 + \alpha_3))$$
$$= -2\left(\sum_{i<j} \alpha_i \alpha_j\right) = -2e_2 = -2p.$$

$$B = \beta_1\beta_2 + \beta_1\beta_3 + \beta_2\beta_3$$
$$= \sum_{i<j} \alpha_i^2 \alpha_j^2 + 3 \sum_{\substack{i \neq j,k \\ j<k}} \alpha_i^2 \alpha_j \alpha_k + 6\alpha_1\alpha_2\alpha_3\alpha_4$$
$$= e_2^2 + e_1 e_3 - 4e_4 = p^2 - 4r.$$

$$C = -\beta_1\beta_2\beta_3$$
$$= -(\alpha_1 + \alpha_2)(\alpha_3 + \alpha_4)(\alpha_1 + \alpha_3)(\alpha_2 + \alpha_4)(\alpha_1 + \alpha_4)(\alpha_2 + \alpha_3)$$
$$= -(\sum_{\substack{i\neq j,k \\ j\neq k}} \alpha_i^3\alpha_j^2\alpha_k + 2\sum_{\substack{i\neq j,k,l \\ j<k<l}} \alpha_i^3\alpha_j\alpha_k\alpha_l$$
$$+ 2\sum_{i<j<k} \alpha_i^2\alpha_j^2\alpha_k^2 + 4\sum_{\substack{i,j\neq k,l \\ i<j,k<l}} \alpha_i^2\alpha_j^2\alpha_k\alpha_l)$$
$$= -e_1e_2e_3 + e_1^2e_4 + e_3^2 = q^2.$$

Also gilt zusammen:

$$g = x^3 - 2px^2 + (p^2 - 4r)x + q^2.$$

- Mit dieser Formel und Beispiel 133 folgt nun einfach

$$D_g = -4(-2p)^3q^2 + (-2p)^2(p^2 - r)^2 + 18(-2p)(p^2 - r)(q^2)$$
$$- 4(p^2 - r)^3 - 27q^4$$
$$= 4p^4r - 4p^3q^2 - 8p^2r^2 + 36pq^2r + 12r^3 - 27q^4.$$

- Wegen

$$D_g = (\beta_1 - \beta_2)^2(\beta_1 - \beta_3)^2(\beta_2 - \beta_3)^2$$
$$= ((\alpha_1 + \alpha_2)(\alpha_3 + \alpha_4) - (\alpha_1 + \alpha_3)(\alpha_2 + \alpha_4))^2 \cdot$$
$$((\alpha_1 + \alpha_2)(\alpha_3 + \alpha_4) - (\alpha_1 + \alpha_4)(\alpha_2 + \alpha_3))^2 \cdot$$
$$((\alpha_1 + \alpha_3)(\alpha_2 + \alpha_4) - (\alpha_1 + \alpha_4)(\alpha_2 + \alpha_3))^2$$
$$= (\alpha_1\alpha_3 + \alpha_2\alpha_4 - \alpha_1\alpha_2 - \alpha_3\alpha_4)^2 \cdot$$
$$(\alpha_1\alpha_4 + \alpha_2\alpha_3 - \alpha_1\alpha_2 - \alpha_3\alpha_4)^2 \cdot$$
$$(\alpha_1\alpha_4 + \alpha_2\alpha_3 - \alpha_1\alpha_3 - \alpha_2\alpha_4)^2$$
$$= (\alpha_1 - \alpha_4)^2(\alpha_3 - \alpha_2)^2(\alpha_1 - \alpha_3)^2(\alpha_4 - \alpha_2)^2(\alpha_4 - \alpha_3)^2(\alpha_1 - \alpha_2)^2$$
$$= \prod_{i<j}(\alpha_i - \alpha_j)^2 = D_f$$

stimmen die Diskriminanten überein.

q.e.d.

Satz 10.6 (Diedergruppe und Nullstellen der kubischen Resolvente)
Die Gruppe S_4 operiert auf der Menge $X = \{\beta_1, \beta_2, \beta_3\}$ und es gilt

$$\sigma(\beta_i) = \beta_i \Leftrightarrow \sigma \in D_i.$$

▶ **Beweis** Die Operation ist gegeben durch

$$\sigma * \beta_i = \sigma * (\alpha_k + \alpha_l)(\alpha_m + \alpha_n) := (\alpha_{\sigma(k)} + \alpha_{\sigma(l)})(\alpha_{\sigma(m)} + \alpha_{\sigma(n)}).$$

Diese Operation ist transitiv. Deshalb gilt nach dem Bahnensatz (Satz 4.5)

$$3 = |Gx| = \frac{|G|}{|G_x|} = \frac{24}{|G_x|}$$

für jedes $x \in X$. Für jedes β_i ist also $|G_{\beta_i}| = 8$. Nun gilt $|S_4| = 4! = 24 = 2^3 \cdot 3$ und $8 = 2^3$. Nach den Sätzen von Sylow (Sätze 4.12 und 4.13) ist die Anzahl der Untergruppen von Ordnung 8 ungerade und ein Teiler von 3, also entweder 1 oder 3. Da wir in Satz 4.7 bereits drei solcher Gruppen gesehen haben, folgt $G_{\beta_i} = D_i$.   q.e.d.

Satz 10.7 (Diskriminante und Galoisgruppe)
Sei K ein Körper und $f \in K[x]$ normiert vom Grad n. Wir nehmen an, dass f keine mehrfachen Nullstellen hat, also $D_f \neq 0$ gilt. Dann gilt:

$$\mathrm{Gal}(f) \subset A_n \Leftrightarrow \exists a \in K : D_f = a^2.$$

▶ **Beweis** Sei L/K der Zerfällungskörper von f und $\alpha_1, \ldots, \alpha_n \in L$ die Nullstellen von f. Wir setzen

$$\delta = \prod_{i<j}(\alpha_i - \alpha_j).$$

Dann gilt für alle $\sigma \in \mathrm{Gal}(f)$

$$\sigma(\delta) = \prod_{i<j}(\sigma(\alpha_i) - \sigma(\alpha_j)) = (-1)^r \prod_{i<j}(\alpha_i - \alpha_j) = \mathrm{sign}(\sigma)\delta,$$

wobei r die Anzahl der Fehlstände von σ bezeichnet. Es gilt also genau dann $\mathrm{Gal}(f) \subset A_n$, wenn $\delta \in L^G = K$ gilt. Die Aussage folgt dann wegen $D_f = \delta^2$.   q.e.d.

Satz 10.8 (Der Fall $n = 3$)
Sei K ein Körper und $f \in K[x]$ normiert, irreduzibel, separabel und vom Grad 3. Dann gilt:

$$\mathrm{Gal}(f) \cong A_3 \Leftrightarrow \exists a \in K : D_f = a^2$$

und

$$\mathrm{Gal}(f) \cong S_3 \Leftrightarrow \nexists a \in K : D_f = a^2.$$

▶ **Beweis** Da f irreduzibel ist, muss die Galoisgruppe von f eine transitive Untergruppe von S_3 sein. Die einzigen solchen Untergruppen sind aber A_3 und S_3. Deshalb folgt die Aussage aus Satz 10.7.   q.e.d.

Satz 10.9 (Galoisgruppe und kubische Resolvente)
Sei K ein Körper und $f = x^4 + ax^2 + bx + c \in K[x]$ ein normiertes, separables und irreduzibles Polynom vom Grad 4 und g die kubische Resolvente von f. Dann gilt:

* *Die Galoisgruppe $\mathrm{Gal}(f)$ ist genau dann in einer der drei Diedergruppen D_i enthalten, wenn die kubische Resolvente g eine Nullstelle in K besitzt.*
* *Es gilt genau dann $\mathrm{Gal}(f) = V$, wenn g über K in Linearfaktoren zerfällt.*

▶ **Beweis** Die Nullstellen von g sind die drei β_i. Sei L/K Zerfällungskörper von f. Dann ist $K = L^{\mathrm{Gal}(f)}$. Satz 10.6 sagt uns aber $\sigma(\beta_i) = \beta_i \Leftrightarrow \sigma \in D_i$, also zusammen

$$\beta_i \in K = L^{\mathrm{Gal}(f)} \Leftrightarrow \mathrm{Gal}(f) \subset D_i$$

für $i = 1, 2, 3$. Daraus folgt die erste Aussage. Die zweite folgt nun direkt daraus, da V die einzige transitive Untergruppe von S_4 ist, die in allen Diedergruppen D_i enthalten ist, das heißt

$$\beta_i \in K \ \forall i \Leftrightarrow \mathrm{Gal}(f) \subset D_i \ \forall i \Leftrightarrow \mathrm{Gal}(f) \subset V.$$

q.e.d.

Tab. 10.1 Die Galoisgruppe eines Polynoms von Grad 4

	$\exists a \in K : D_f = a^2$	$\nexists a \in K : D_f = a^2$
g *irreduzibel*	A_4	S_4
g *reduzibel*	V	C_i oder D_i

Satz 10.10 (Der Fall $n = 4$)
Sei K ein Körper und $f = x^4 + ax^2 + bx + c \in K[x]$ ein normiertes, separables und irreduzibles Polynom vom Grad 4 und g die kubische Resolvente von f. Sei außerdem $D_f = D_g \in K$ die Diskriminante von f und g. Dann lässt sich die Galoisgruppe von f wie in Tab. 10.1 bestimmen.

▶ **Beweis** Ist D_f ein Quadrat in K, so gilt nach Satz 10.7 $G \subset A_4$. Wegen Satz 4.7 und wegen $D_i, C_i \not\subset A_4$ sind V, A_4 die einzigen transitiven Untergruppen von S_4, die in A_4 enthalten sind, wobei V in allen drei Diedergruppen und A_4 in keiner Diedergruppe enthalten ist. Die erste Spalte der Tabelle folgt dann mit Satz 10.9. Ist D_f kein Quadrat, so kommen nur die Gruppen C_i, D_i, S_4 in Frage und damit folgt die zweite Spalte auch aus Satz 10.9. q.e.d.

10.3 Erklärungen zu den Definitionen

Erklärung

Zur Definition 10.1 **der symmetrischen Funktionen** Versuchen wir einmal, Licht in diese abstrakte Definition zu bringen. Wir gehen zunächst von einem kommutativen Ring R aus, in dem die Koeffizienten a_i liegen. Wir werden hierfür später $R = \mathbb{Z}$ nehmen, wer mag, kann sich die a_i, also als ganze Zahlen, vorstellen. Wir betrachten dann zunächst einfach Polynome in n Unbestimmten, also im Fall $n = 4$ zum Beispiel so etwas wie

$$f = 2t_1^3 + 14t_4^3 - 42t_1t_2^2t_3^3 + 1337t_1^3t_3t_4.$$

Hier wollen wir nun Permutationen wirken lassen. Dabei wirkt eine Permutation einfach auf den Indizes der Unbestimmten. Ist zum Beispiel $\sigma = (13)(24) \in S_4$, so gilt:

$$\sigma(f) = 2t_3^3 + 14t_2^3 - 42t_3t_4^2t_1^3 + 1337t_3^3t_1t_2.$$

Eine Funktion heißt nun symmetrisch, wenn für jedes σ am Ende wieder dieselbe Funktion herauskommt, wie am Anfang. Das gilt genau dann, wenn die Funktion in den Variablen „symmetrisch" ist, das heißt zum Beispiel jeder Summand von

t_1 auch mit demselben Koeffizienten bei jeder anderen Variable vorkommt. Zum Beispiel ist

$$t_1^2 + t_2^2 + t_3^3 + 3t_1t_2t_3 + 2t_1t_2 + 2t_1t_3 + 2t_2t_3$$

eine symmetrische Funktion.

Ein weiteres und sehr wichtiges Beispiel für symmetrische Funktionen ist das folgende:

▶ **Beispiel 129** Sei

$$D_n := \prod_{i<j} (t_i - t_j)^2 \in A^{S_n}.$$

Dass dies tatsächlich symmetrisch ist, folgt direkt aus der Definition, denn jede Permutation ändert nur die Reihenfolge der Faktoren, aber nicht die Faktoren selbst. Es gilt zum Beispiel

$$D_2 = (t_1 - t_2)^2 = t_1 - 2t_1t_2 + t_2^2.$$

Das Element D_n nennen wir Diskriminante. Wir sollten dies aber nicht mit der Diskriminante von f verwechseln. Zwar sieht die Definition genau gleich aus, allerdings ist D_n eine Funktion, während D_f eine Zahl ist. Also kann das nicht das Gleiche sein. Allerdings hängen sie natürlich zusammen. Dies werden wir in Satz 10.4 sehen. ■

Als Letztes erwähnen wir noch, dass die Teilmenge A^{S_n} ein Ring ist. Dies könnt ihr als Übung nachweisen. Es ist vom Prinzip her nicht schwierig, trainiert aber das Umgehen mit Indizes und formalen Summen.

Erklärung

Zur Definition 10.2 **der Diskriminante** Eine alternative Formel für die Diskriminante ist

$$D_f = (-1)^{n \frac{n-1}{2}} \prod_{i \neq j} (\alpha_i - \alpha_j),$$

denn es gilt

$$\prod_{i \neq j} (\alpha_i - \alpha_j) = \prod_{i<j} (\alpha_i - \alpha_j) \prod_{i>j} (\alpha_i - \alpha_j) = \prod_{i<j} -(\alpha_i - \alpha_j)^2 = (-1)^{n \frac{n-1}{2}} D_f,$$

da das Produkt genau $n \frac{n-1}{2}$ Faktoren enthält.

Aus der Definition folgt zudem sofort, dass f genau dann mehrfache Nullstellen hat, wenn $D_f = 0$ ist.

► **Beispiel 130** Sei $n = 2$. Dann gilt nach der p-q-Formel

$$f = x^2 + a_1 x + a_2 = (x - \frac{-a_1 + \sqrt{a_1^2 - 4a_2}}{2})(x - \frac{-a_1 - \sqrt{a_1^2 - 4a_2}}{2})$$

und daraus folgt

$$D_f = a_1^2 - 4a_2.$$

∎

Es gibt also im Fall $n = 2$ eine geschlossene Formel, sodass man an den Koeffizienten des Polynoms f die Diskriminante ablesen kann. Wir werden im Satz 10.4 sehen, dass dies für alle n gilt.

Den großen Nutzen der Diskriminante für die Galoistheorie zeigen die Sätze 10.7, 10.8 und 10.10.

Erklärung

Zur Definition 10.3 Die Definition dieser β_i und der kubischen Resolvente dient nun in gewisser Weise dazu, das Problem von Polynomen vierten Grades auf Polynome dritten Grades zurückzuführen. Das wird vor allem im nächsten Kapitel deutlich werden. Die Koeffizienten der kubischen Resolvente hängen von den β_i wie folgt ab:

$$A = -(\beta_1 + \beta_2 + \beta_3), \qquad B = \beta_1 \beta_2 + \beta_1 \beta_3 + \beta_2 \beta_3, \qquad C = -\beta_1 \beta_2 \beta_3.$$

10.4 Erklärungen zu den Sätzen und Beweisen

Erklärung

Zum Satz 10.2 **über elementarsymmetrische Funktionen** Hier sollte man aufpassen, denn F ist ein Polynom über A und nicht über R, das heißt, die Koeffizienten dieser Funktion sind selbst wieder Funktionen in den t_i.

► **Beispiel 131** Für $n = 3$ ist

$$s_1 = -(t_1 + t_2 + t_3), s_2 = t_1 t_2 + t_1 t_3 + t_2 t_3, s_3 = -t_1 t_2 t_3.$$

∎

Erklärung

Zum Hauptsatz über symmetrische Funktionen (Satz 10.3**)** Die elementarsymmetrischen Funktionen bilden also eine Art Basis, dadurch erhalten wir eine sehr einfache Struktur. Den Beweis des Satzes wollen wir einmal an einem Beispiel illustrieren.

▶ **Beispiel 132** Sei $n = 4$ und

$$f = \sum_{i<j<k} t_i^2 t_j^2 t_k^2 + \sum_{\substack{i,j,k,l \\ i<j}} t_i t_j t_k^2 t_l^2.$$

Zuerst müssen wir t_n, also hier t_4, gleich 0 setzen. Tun wir das, so erhalten wir $f^0 = t_1^2 t_2^2 t_3^2$. Nun besagt der Satz, dass dies nach Induktionsvoraussetzung eine Darstellung durch elementarsymmetrische Funktionen besitzt. Diese müssen wir nun rausfinden. Im Allgemeinen müssen wir hier also wieder $t_3 = 0$ setzen und so weiter. In diesem Fall geht es jedoch einfacher, man sieht sofort $f^0 = (s_3^0)^2$.

Als Nächstes behandeln wir die Differenz $f - s_3^2$. Dies ist gerade

$$f - s_3^2 = t_1 t_2 t_3 t_4 \left(\sum_{i,j} t_i t_j^2 - \sum_{i<j} t_i t_j \right).$$

Wie im Satz gilt also, dass die Differenz durch s_4 teilbar ist. Sei nun $g := \frac{f - s_3^2}{s_4}$. Es gilt dann $\deg g < \deg f$. Nach dem Satz folgt hier eine weitere Induktion. Wir führen jetzt nämlich alle Schritte nocheinmal mit g durch.

Zuerst ist

$$g^0 = t_1 t_2^2 + t_1^2 t_2 + t_1 t_3^2 + t_1^2 t_3 + t_2 t_3^2 + t_2^2 t_3 - (t_1 t_2 + t_1 t_3 + t_2 t_3).$$

Die letzte Klammer ist gerade s_2^0. Für den Rest kann man zunächst nicht auf den ersten Blick eine symmetrische Funktion finden. Hier müssen wir also das durchführen, was bei f nicht nötig war, nämlich $t_3 = 0$ zu setzen. Dann erhalten wir

$$g^{00} = t_1 t_2^2 + t_2 t_1^2 = t_1 t_2 (t_1 + t_2) = s_1^{00} s_2^{00}.$$

Nun müssen wir zunächst von zwei Variablen auf drei kommen. Dort gilt

$$s_1^0 s_2^0 = (t_1 + t_2 + t_3)(t_1 t_2 + t_1 t_3 + t_2 t_3)$$

und

$$g^0 + s_2^0 - s_1^0 s_2^0 = 3 t_1 t_2 t_3 = 3 s_3^0.$$

Als nächstes ist wieder die Differenz $g - 3 s_3 + s_2 - s_1 s_2$ zu bilden. Dies ist gerade $-6 s_3$. Damit folgt zusammen

$$f = s_3^2 + s_4 (s_1 s_2 - s_2 - 3 s_3) = s_3^2 + s_1 s_2 s_4 - s_2 s_4 - 3 s_3 s_4.$$

■

Erklärung

Zum Satz 10.4 Hier zeigen wir nun, dass es tatsächlich für jedes Polynom eine geschlossene Formel für die Diskriminante gibt, die nur von den Koeffizienten abhängt. Dieser Satz ist eine direkte Folgerung aus dem Hauptsatz, die Diskriminante D_n lässt sich nämlich durch die elementarsymmetrischen Polynome ausdrücken und die Diskriminante D_f ist einfach nichts anders, als wenn wir die tatsächlichen Nullstellen in der Formel für D_n einsetzen.

Auch wenn es eine Formel gibt, so ist diese im Allgemeinen sehr kompliziert und auch nicht ganz einfach herzuleiten. Dafür muss man den zweiten Teil des Satzes mit nutzen.

Dieser bedeutet gerade, dass, wenn wir den Exponenten jedes Monoms gewichten (der erste zählt einfach, der zweite doppelt, der letzte n-fach), die so gewichtete Summe aus den Exponenten immer $n(n-1)$ ergibt. An dieser Stelle wollen wir noch erwähnen, dass wir hierfür nur in diesem Kontext $|k|$ schreiben. Sonst ist es häufiger üblich, $|k|$ für die ungewichtete Summe der k_i zu schreiben. Hier müsst ihr also immer vorher nachdenken oder nachsehen, was gemeint ist.

Der Beweis dieses Teiles folgt direkt, indem wir die beiden Darstellungen, die wir für D_n nun haben, verbinden.

▶ **Beispiel 133 (Diskriminante von kubischen Polynomen)**
Wir wollen die explizite Formel für die Diskriminante von kubischen Polynomen $f = x^3 + bx^2 + cx + d \in \mathbb{Q}[x]$ bestimmen. Die Diskriminante hat dann die Form

$$\sum_{\substack{n=(n_1,n_2,n_3) \\ n_1+n_2+n_3=6}} x_n b^{n_1} c^{n_2} d^{n_3},$$

wobei wegen der Multihomogenität $n_1 + 2n_2 + 3n_3 = 6$ gelten muss. Ist $n_1 = 6$, so muss deshalb $n_2 = n_3 = 0$ gelten. Für $n_1 = 5$ gibt es gar keine Möglichkeit, bei $n_1 = 4$ folgt $n_2 = 1, n_3 = 0$. Ist $n_1 = 3$, so ist $n_2 = 0, n_3 = 1$, bei $n_1 = 2$ muss $n_2 = 2, n_3 = 0$ gelten und bei $n_1 = 1$ folgt $n_2 = n_3 = 3$. Ist schließlich $n_1 = 0$, so gibt es die beiden Möglichkeiten $n_2 = 3, n_3 = 0$ und $n_2 = 0, n_3 = 2$. Die Formel ist also von der Form

$$x_1 b^6 + x_2 b^4 c + x_3 b^3 d + x_4 b^2 c^2 + x_5 bcd + x_6 c^3 + x_7 d^2.$$

Da diese Formel für alle Polynome dritten Grades gilt, können wir nun einfach spezielle Polynome benutzen, um die x_i zu berechnen.
Sei als erstes

$$f_1 := x(x-1)(x+1) = x^3 - x.$$

Dann gilt $b = 0, c = -1, d = 0$ und direkt aus der Definition folgt $D_{f_1} = 4$. Es gilt also eingesetzt in die Formel $-x_6 = 4$, also $x_6 = -4$. Als Nächstes betrachten wir

$$f_2 = (x-1)^2(x+2) = x^3 - 3x + 2.$$

Hier ist $b = 0$, $c = -3$, $d = 2$ und $D_{f_2} = 0$. Durch Einsetzen erhält man $-27x_6 + 4x_7 = 0$ und mit $x_6 = -4$ dann $x_7 = -27$. Wählen wir $f = x^3 + x^2$, so ist $b = 1$, $c = d = 0$, $D_f = 0$. Es folgt damit $x_1 = 0$. Sei nun $f = x(x + 1)^2 = x^3 + 2x^2 + x$, so ist $b = 2$, $c = 1$, $D_f = 0$ und damit folgt $4x_2 + x_4 = 1$. Mit $f = x(x + 1)(x + 2) = x^3 + 3x^2 + 2x$ gilt $b = 3$, $c = 2$ und $D_f = 4$. Damit folgt $162x_2 + 36x_4 - 32 = 4$. Die eindeutige Lösung dieser beiden Gleichungen ist $x_2 = 0$, $x_4 = 1$. Wir sind also bisher bei der Form

$$x_3 b^3 d + b^2 c^2 + x_5 bcd - 4c^3 - 27d^2.$$

Mit $f = (x + 1)^3 = x^3 + 3x^2 + 3x + 1$ haben wir $b = c = 3$, $d = 1$ und $D_f = 0$ und damit $27x_3 + 81 + 9x_5 = 135$. Als Letztes sei $f = (x + 1)(x + 2)^2 = x^3 + 5x^2 + 8x + 4$. Hier ist $b = 5$, $c = 8$, $d = 4$, $D_f = 0$. Wir erhalten die Gleichung $500x_3 + 1600 + 160x_5 - 2480 = 0$. Zusammen mit der vorigen Gleichung ergibt das $x_3 = -4$, $x_5 = 18$.
Es gilt also für $f = x^3 + bx^2 + cx + d$:

$$D_f = -4b^3 d + b^2 c^2 + 18bcd - 4c^3 - 27d^2.$$

∎

Erklärung

Zum Satz 10.5 Dieser Satz sagt uns, wie die kubische Resolvente in Abhängigkeit des Polynoms f aussieht und dass die Diskriminanten übereinstimmen. Die Voraussetzung char$(K) \neq 3$ machen wir hier, da wir dann bei jedem Polynom vierten Grades mit Hilfe einer Substitution den Term mit dem x^3 beseitigen können und dies vereinfacht die Form der Diskriminante sehr. Deshalb nehmen wir in der Form von f auch schon an, dass dieser Term nicht existiert. In dem für uns wichtigen Fall von $K = \mathbb{Q}$ ist dies natürlich erlaubt.
Nach dem Hauptsatz über symmetrische Funktionen (Satz 10.3) ist es auch ohne Berechnung klar, dass es eine geschlossene Formel für die kubische Resolvente geben muss, denn diese ist symmetrisch in den α_i.

Erklärung

Zum Satz 10.6 Hier zeigen wir, dass die symmetrische Gruppe S_4 nicht nur auf den Nullstellen eines Polynoms vierten Grads, sondern auch auf den Nullstellen dessen kubischer Resolvente operiert, und zwar durch vertauschen der Indizes. Man sieht dann leicht, dass diese Operation transitiv ist, man kann ja zu zwei der Nullstellen einfach eine Permutation angeben, die die Indizies passend vertauscht. Dann kann man den Bahnensatz anwenden. Am Schluss nutzen wir die Sätze von Sylow, und es bleiben nur noch drei Möglichkeiten für den Stabilisator übrig. Hier wissen wir zuerst nur, dass $G_{\beta_i} = D_j$ ist, also nicht unbedingt mit denselben Indizes. Dann kann man aber (und das solltet ihr tun) einfach durch Ausprobieren feststellen, dass die passende Gruppe genau D_i ist, denn die anderen beiden Gruppen lassen β_i nicht fest.

Hier bekommen wir schon einen Hinweis darauf, wie man erkennen kann, ob die Galoisgruppe in einer Diedergruppe enthalten ist. Genaueres dazu findet ihr in Satz 10.10.

Erklärung

Zu den Sätzen 10.7 **und** 10.8 **über den Zusammenhang von Diskriminante und Galoisgruppe** Die Frage, die sich zunächst mal stellen könnte ist, warum wir unterscheiden wollen, ob D_f ein Quadrat in K ist, denn D_f ist das Produkt von Faktoren aus L, also ein Element von L. Allerdings sagt uns Satz 10.4, dass es eine Formel für D_f aus den Koeffizienten von f gibt, dass also sogar $D_f \in K$ gilt. Deshalb ist es sinnvoll zu fragen, ob D_f ein Quadrat in K ist oder nicht.

Mit Hilfe dieses Satzes können wir nun, wenn wir die Diskriminante von f kennen, schon einige wichtige Aussagen über die Galoisgruppe treffen. Besonders stark ist diese Aussage natürlich im Fall $n = 3$, da sie uns genau sagt, was die Galoisgruppe ist.

▶ **Beispiel 134**
- Sei $f = x^3 - 7x + 7$. Nach dem Eisensteinkriterium ist dies irreduzibel. Die Diskriminante ist $D_f = 49$, also ist f separabel. Da D_f ein Quadrat ist, gilt also $\mathrm{Gal}(f) = A_3$. Der Zerfällungskörper L von f hat also Grad 3 über $\mathbb{Q}$, das heißt, jede Nullstelle von f erzeugt L.
- Sei $f = x^3 - 3x^2 + 18x + 6$. Betrachten wir die Reduktion modulo 3, so erkennen wir, dass f irreduzibel ist. Wir wollen nun die Galoisgruppe bestimmen. Hier ist $D_f = -9072$, also ist die Galoisgruppe gleich S_3 und der Zerfällungskörper von f hat Grad 6 über $\mathbb{Q}$.

∎

Erklärung

Zu den Sätzen 10.9 **und** 10.10 Der erste Satz sagt uns nun, wie wir entscheiden können, ob $\mathrm{Gal}(f) \subset D_i$ gilt. Mit Hilfe der Diskriminante D_f von f können wir außerdem entscheiden, ob $\mathrm{Gal}(f)$ in A_4 enthalten ist. Zusammen erhalten wir also die schöne Tabelle aus dem zweiten Satz.

Wie kann man nun aber im Fall, wenn $D_f = D_g$ kein Quadrat in K und g reduzibel ist, entscheiden, ob $\mathrm{Gal}(f) = C_i$ oder $\mathrm{Gal}(f) = D_i$ gilt? Wir betrachten dafür $M := K(\sqrt{D_f})$, also die quadratische Erweiterung von K, in der D_f ein Quadrat wird. Dann gilt:

$$\mathrm{Gal}(f) = D_i \Leftrightarrow f \text{ ist irreduzibel über } M$$

und $\mathrm{Gal}(f) = C_i$ sonst.

Übrigens ist es unwichtig, ob $\mathrm{Gal}(f)$ nun D_1 oder D_2 ist. Die Unterschiede der beiden Gruppen liegen ja nur in der Nummerierung der Nullstellen, die ja willkürlich ist. Das, was uns interessiert, nämlich die Struktur, ist bei beiden gleich.

▶ **Beispiel 135**

- Was tun wir nun genau, wenn bei f der x^3-Term nicht fehlt? Sei $f^* = 256x^4 + 256x^3 + 128x^2 + 12544x + 6203$. Normieren wir dieses und führen die Substitution $x \mapsto x - \frac{1}{4}$ durch, so erhalten wir $f = x^4 + 2x^2 + 6x + 12$. Um die Galoisgruppe von f^* zu bestimmen, reicht es nach Satz 9.2 aus, die Galoisgruppe von f zu bestimmen. Nach Satz 3.17 gilt dasselbe für die Irreduzibilität. Durch Reduktion modulo 5 erkennt man, dass f irreduzibel ist. Die kubische Resolvente ist $g = x^3 - 4x^2 - 8x + 36$. Betrachten wir die Reduktion modulo 7, so hat dies keine Nullstellen, also ist g irreduzibel. Es gilt $D_f = D_g = 11856 = 2^4 \cdot 3 \cdot 13 \cdot 19$ und dies ist keine Quadratzahl, also ist $\mathrm{Gal}(f) = S_4$.

- Sei $f = x^4 + x + 3$. Durch Reduktion modulo 2 sehen wir, dass dies irreduzibel ist. Die kubische Resolvente ist $x^3 - 3x + 1$. Auch diese ist irreduzibel, wie man modulo 2 erkennt. Die Diskriminante ist $D_f = D_g = 81 = 9^2$. Damit gilt also $\mathrm{Gal}(f) = A_4$.

- Sei $x^4 + 3x^2 + 3$. Nach Eisenstein mit $p = 3$ ist dies irreduzibel. Die kubische Resolvente ist $x^3 - 6x^2 + 6x$ und man sieht sofort, dass diese reduzibel ist. Außerdem ist $D_g = 432$ und dies ist kein Quadrat in K, denn $432 = 3 \cdot 12^2$. Damit wissen wir zuerst nur, dass die Galoisgruppe C_i oder D_i ist. Sei also nun $M := \mathbb{Q}(\sqrt{432}) = \mathbb{Q}(\sqrt{3})$. Wir müssen überprüfen, ob f irreduzibel über M ist.

Wir könnten also überprüfen, ob f über einem „passenden" Ring irreduzibel ist. Dafür müssten wir uns aber zuerst überlegen, welcher Ring passt, ob dieser Ring denn auch ein faktorieller Ring ist und vor allem, welche Elemente dort prim sind. Dies sind die Aufgaben der algebraischen Zahlentheorie, die wir hier nicht benutzen wollen. Deshalb verwenden wir hier einen Trick.

Angenommen, f ist über M reduzibel. Dann gibt es zwei Fälle:

- f hat eine Nullstelle über M, hat also einen linearen Teiler. In diesem Fall kann man eine Kurvendiskussion durchführen. Es gilt $f'(x) = 4x^3 + 6x$. f' hat also die Nullstellen $0, \pm \frac{1}{2}\sqrt{6}$. Davon ist nur 0 reell. Es gilt außerdem $f''(0) = 6 > 0$. Also hat f an der Stelle 0 ein Minimum. Dieses hat den Wert 3, also hat f keine reelle Nullstelle. Deshalb kann (wegen $M \subset \mathbb{R}$) f auch über M keine Nullstelle haben. (Hier geht natürlich auch noch mit ein, dass f vom Grad 4 ist, dass also $\lim\limits_{x \to \pm\infty} f(x) = \infty$ ist. Für ein Polynom vom Grad 5 würde dieses Argument also nicht funktionieren.)

- f hat keine Nullstelle über M. Dann zerfällt f in das Produkt aus zwei quadratischen Faktoren, also

$$x^4 + 3x^2 + 3 = (ax^2 + bx + c)(dx^2 + ex + f), \ a, b, c, d, e, f \in M = \mathbb{Q}(\sqrt{3}).$$

Mit Koeffizientenvergleich folgt

$$ad = 1, \ ae + bd = 0, \ af + be + cd = 3, \ bf + ce = 0, \ cf = 3.$$

Ähnlich wie beim Satz von Gauß kann man auch hier o. B. d. A. $a = d = 1$ annehmen, also gilt:

$$e + b = 0, \, f + be + c = 3, \, bf + ce = 0, \, cf = 3.$$

Also ist $e = -b$ und eingesetzt in die dritte Gleichung ergibt das $b(f - c) = 0$. Nun ist M ein Körper, also nullteilerfrei. Deshalb gilt $b(f - c)$ genau dann, wenn $b = 0$ oder $(f - c) = 0$.

Ist $b = 0$, so folgt $f + c = 3$. Da aber auch $cf = 3$ gilt, erhalten wir durch Einsetzen die quadratische Gleichung $c^2 - 3c + 3 = 0$. Nach der $p - q$-Formel hat diese die Lösungen $c = \frac{3}{2} \pm \sqrt{\frac{9}{4} - 3}$. Wegen $\frac{9}{4} - 3 < 0$ ist dann aber c nichtreell, was ein Widerspruch zu $c \in M = \mathbb{Q}(\sqrt{3}) \in \mathbb{R}$ ist.

Ist $f - c = 0$, also $f = c$, so gilt wegen $cf = 3$ dann $c = f = \pm\sqrt{3}$. Eingesetzt in die zweite Gleichung ergibt das $b^2 = -3 \mp 2\sqrt{3}$. Ist nun $b = \alpha + \beta\sqrt{3}$ mit $\alpha, \beta \in \mathbb{Q}$, so folgt $b^2 = \alpha^2 + 3\beta^2 + 2\alpha\beta\sqrt{3}$. Also muss $-3 = \alpha^2 + 3\beta^2$ mit $\alpha, \beta \in \mathbb{Q}$ gelten. Das kann natürlich nicht sein.

Es ergibt sich also ein Widerspruch, deswegen kann f keinen quadratischen Teiler haben.

Insgesamt haben wir damit gezeigt, dass f keinen nichttrivialen Teiler hat, also ist f über M irreduzibel und es folgt $\mathrm{Gal}(f) = D_i$.

Wie man sieht, braucht man also nicht unbedingt Irreduzibilitätskriterien. Was man allerdings sofort merkt, ist, dass unser Verfahren hier doch sehr kompliziert ist, weswegen man froh sein kann, gewisse Kriterien zu haben.

■

Auflösbarkeit von Gleichungen

11

Inhaltsverzeichnis

In diesem Kapitel werden wir nun eine der wichtigsten Anwendungen der Galoistheorie kennenlernen. Wie schon in der Einleitung beschrieben, wollen wir ja Polynome auf Auflösbarkeit untersuchen. Genau das soll nun hier geschehen.

Dabei verstehen wir unter „auflösen" eine explizite Formel für die Nullstellen von f, in der nur die Grundrechenarten und das n-te Wurzelziehen vorkommt.

Wir werden dafür im Wesentlichen zwei Methoden kennenlernen, die sich beide als äquivalent herausstellen werden. Die erste basiert auf Körpererweiterungen, die zweite auf Untergruppen.

Wir wollen hier an dieser Stelle jedoch eine sehr wichtige Sache erwähnen: Natürlich ist es schön, Formeln zum Auflösen zu haben. Wichtig wird aber nicht die Form dieser Formeln sein, sondern eher, dass es welche gibt. In der Galoistheorie kommt es weniger darauf an, die Nullstellen eines Polynoms zu bestimmen, sondern mehr darauf, die Relationen zwischen den Nullstellen zu kennen, also auf das, was wir im Kapitel über symmetrische Polynome entwickelt haben.

Wir werden hier ab und zu Einheitswurzeln benutzen. Die wenigen benötigten Ergebnisse könnt ihr im Kap. 12 nachlesen.

© Springer-Verlag GmbH Deutschland, ein Teil von Springer Nature 2019
F. Modler und M. Kreh, *Tutorium Algebra*,
https://doi.org/10.1007/978-3-662-58690-7_11

11.1 Definitionen

Definition 11.1 (radikale und auflösbare Köpererweiterungen)
Sei L/K eine endliche Körpererweiterung.

- Wir nennen L/K **radikal,** wenn es $\alpha_1, \ldots, \alpha_r \in L$ und $n_1, \ldots, n_r \in \mathbb{N}$ gibt mit

$$L = K(\alpha_1, \ldots, \alpha_r)$$

und

$$\alpha_i^{n_i} \in K(\alpha_1, \ldots, \alpha_{i-1}), i = 1, \ldots, r.$$

- Wir nennen L/K **auflösbar,** wenn es eine endliche Erweiterung M/L gibt, für die M/K radikal ist.
- Ein Polynom $f \in K[x]$ heißt **auflösbar,** wenn der Zerfällungskörper von f auflösbar ist.

Definition 11.2 (auflösbare Gruppen)
Sei G eine endliche Gruppe.

- G heißt **einfach,** wenn es keinen Normalteiler $N \lhd G$ mit $N \neq \{1\}, G$ gibt.
- Eine **Subnormalreihe** von G ist eine aufsteigende Kette von Untergruppen von G der Form

$$\{1\} = N_0 \subset N_1 \subset \cdots \subset N_r = G,$$

wobei N_i ein Normalteiler von N_{i+1} ist für $i = 0, \ldots, r$. Wir schreiben dafür auch

$$N_1 \lhd N_2 \lhd \cdots \lhd G$$

oder einfach (N_i). Die Quotientengruppen N_{i+1}/N_i heißen die **Subquotienten** der Reihe (N_i).
- Eine **Kompositionsreihe** von G ist eine Subnormalreihe (N_i), in der jeder Subquotient N_{i+1}/N_i einfach ist.
- Die Gruppe G heißt **auflösbar,** wenn es eine Kompositionsreihe (N_i) gibt, in der jeder Subquotient N_{i+1}/N_i eine abelsche Gruppe ist.

Definition 11.3 (Kommutator)
Sei G eine Gruppe.

- Sind $a, b \in G$, so heißt

$$[a, b] := aba^{-1}b^{-1}$$

  der Kommutator von a und b.
- Seien $H_1, H_2 \subset G$ Untergruppen. Der **Kommutator** von H_1 und H_2 ist definiert als

$$[H_1, H_2] := \{h_1 h_2 h_1^{-1} h_2^{-1} : h_1 \in H_1, h_2 \in H_2\}.$$

Definition 11.4 (iterierter Kommutator)
Sei G eine Gruppe. Dann ist der **iterierte Kommutator** $D^i G$ definiert durch

$$D^0 G = G, \qquad D^{i+1} G = [D^i G, D^i G].$$

11.2 Sätze und Beweise

Satz 11.1 (abelsche einfache Gruppen)
Sei G eine endliche abelsche Gruppe. Dann ist G genau dann einfach, wenn G zyklisch von Primzahlordnung ist.

▶ **Beweis** Sei zunächst $|G| = p$. Da die Ordnung jeder Untergruppe U nach dem Satz von Lagrange ein Teiler von p ist, gilt $|U| = 1$ oder $|U| = p$. Also hat G keine echten Untergruppen.

Sei nun G einfach und abelsch. Dann gilt für jedes $a \neq e$ schon $\langle a \rangle = G$, denn $\langle a \rangle$ ist eine Untergruppe von G, und davon kann es nach Voraussetzung keine geben. Da eine solche zyklische Gruppe aber für jeden echten Teiler von a eine echte Untergruppe besitzt, muss $a = p$ eine Primzahl sein.   q.e.d.

Satz 11.2
Eine Gruppe ist genau dann auflösbar, wenn es eine Subnormalreihe gibt, in der jeder Subquotient abelsch ist.

▶ **Beweis** Es ist klar, dass jede auflösbare Gruppe eine solche Reihe hat, denn es muss eine Kompositionsreihe geben und diese ist dann auch eine Subnormalreihe.

Für die andere Richtung nutzen wir, dass nach Satz 11.1 die einfachen abelschen Gruppen genau die zyklischen Gruppen von Primzahlordnung sind.

Habe G also nun eine Subnormalreihe mit abelschen Subquotienten. Wir betrachten dann alle Subquotienten N_{i+1}/N_i, die nicht zyklisch von Primzahlordnung sind. Sei nun $a \in N_{i+1}/N_i$ mit $\mathrm{ord}(a) > 1$ kein Erzeuger. Indem wir gegebenenfalls Potenzen von a betrachten, können wir o. B. d. A. annehmen, dass $\mathrm{ord}(a)$ eine Primzahl ist.

Dann ist die zyklische Gruppe $\langle a \rangle$ eine echte Untergruppe von N_{i+1}/N_i. Betrachten wir dessen Urbild bezüglich des Homomorphismus

$$N_{i+1} \to N_{i+1}/N_i, \qquad g \mapsto g \bmod N_i,$$

so muss dies eine Gruppe H sein, für die $N_i \subsetneq H \subsetneq N_{i+1}$ gilt. Da N_{i+1}/N_i abelsch ist, ist $\langle a \rangle$ dort ein Normalteiler. Deshalb ist auch $H \triangleleft N_{i+1}$ ein Normalteiler. Da N_i Normalteiler von N_{i+1} ist, ist es auch Normalteiler von H.

Damit erhalten wir, durch Einfügen der Gruppe H, eine neue Subnormalreihe für G.

Wegen $N_i \subset H \subset N_{i+1}$ gibt es eine Monomorphismus $H/N_i \to N_{i+1}/N_i$ und einen Epimorphismus $N_{i+1}/N_i \to N_i/H$. Da N_{i+1}/N_i abelsch ist, folgt hieraus auch, dass H/N_i und N_{i+1}/H abelsch sind.

Wir haben damit eine neue Subnormalreihe für G, in der wieder alle Subquotienten abelsch sind und wir haben die Ordnung einer Quotientengruppe reduziert. Das können wir nun einfach so lange weiterführen, bis man nichts mehr reduzieren kann. Das ist aber genau dann der Fall, wenn wir keine echte Untergruppe mehr finden können, wenn also jedes $a \in N_{i+1}/N_i$ mit $\mathrm{ord}(a) > 1$ bereits die gesamte Gruppe erzeugt. Das bedeutet aber, dass dann N_{i+1}/N_i zyklisch von Primzahlordnug ist und dann haben wir eine Kompositionsreihe mit abelschen Subquotienten vorliegen, also ist G auflösbar.   q.e.d.

Satz 11.3

Sei K ein Körper der Charakteristik 0, der eine primitive p-te Einheitswurzel ζ_p enthält, und $f = x^p - a$, wobei $a \in K$ keine p-te Potenz sei, das heißt, das Polynom $f = x^p - a$ besitzt keine Nullstelle in K. Dann gilt:

- *Die Galoisgruppe $\mathrm{Gal}(f)$ von f ist zyklisch der Ordnung p.*
- *Es gibt einen eindeutig bestimmten Erzeuger $\sigma \in \mathrm{Gal}(f)$ mit $\sigma(\alpha) = \zeta_p \alpha$.*
- *f ist irreduzibel über K.*

▶ **Beweis**

- Sei α eine Nullstelle von f im Zerfällungskörper L/K von f und $\sigma_0 \in \mathrm{Gal}(f)$. Da $\mathrm{Gal}(f)$ auf den Nullstellen von f operiert und diese Nullstellen genau die Zahlen $\zeta_p^k \alpha$ mit $k \in \{0, \ldots, p-1\}$ sind, gibt es eine eindeutig bestimmte Restklasse $k \bmod p \in \mathbb{Z}/p\mathbb{Z}$ mit

$$\sigma_0(\alpha) = \zeta_p^k \alpha.$$

Wir haben also eine Abbildung

$$\phi : \mathrm{Gal}(f) \to \mathbb{Z}/p\mathbb{Z}, \qquad \sigma \mapsto k \bmod p.$$

Nach Annahme gilt $\zeta_p \in K = L^{\mathrm{Gal}(f)}$, also ist $\zeta_p^k \in K$ für alle k. Das heißt, L wird von α erzeugt, also $L = K(\alpha)$. Ein K-Automorphismus σ von L ist also durch den Wert bei α eindeutig bestimmt, also ist ϕ injektiv. Sei nun $\tau \in \mathrm{Gal}(f)$ ein Element mit $\tau(\alpha) = \zeta_p^l \alpha$. Dann gilt wegen $\sigma_0(\zeta_p) = \zeta_p$

$$(\sigma_0 \tau)(\alpha) = \sigma_0(\zeta_p^l \alpha) = \zeta_p^l \sigma_0(\alpha) = \zeta_p^{k+l} \alpha,$$

also ist ϕ ein Gruppenhomomorphismus. Da die Gruppe $\mathbb{Z}/p\mathbb{Z}$ keine echte Untergruppe enthält, ist das Bild von ϕ entweder $\{1\}$ oder ganz $\mathbb{Z}/p\mathbb{Z}$. Im ersten Fall hätten wir $\mathrm{Gal}(f) = \{1\}$, also $L = K$. Das kann aber nicht sein, denn es gilt $\alpha \in L \setminus K$. Also ist ϕ bijektiv und damit ein Gruppenisomorphismus. Damit ist $\mathrm{Gal}(f)$ isomorph zu $\mathbb{Z}/p\mathbb{Z}$, also zyklisch der Ordnung p.

- Das Element $\sigma := \phi^{-1}(\overline{1})$ ist ein Erzeuger von $\mathrm{Gal}(f)$ mit

$$\sigma(\alpha) = \zeta_p^{\phi(\phi^{-1}(\overline{1}))} \alpha = \zeta_p \alpha.$$

- Aus der Bijektivität von ϕ folgt, dass die Galoisgruppe transitiv auf den Nullstellen von f operiert. Das heißt, die Operation hat genau eine Bahn. Da die Bahnen genau den irreduziblen Faktoren von f entsprechen, ist f also irreduzibel.   q.e.d.

Satz 11.4

Sei p eine Primzahl und K ein Körper der Charakteristik 0, der eine primitive p-te Einheitswurzel $\zeta_p \in K$ enthält. Sei weiter L/K eine Galoiserweiterung mit zyklischer Galoisgruppe $\mathrm{Gal}(L/K)$ der Ordnung p. Sei $\sigma \in \mathrm{Gal}(L/K)$ ein Erzeuger. Dann gibt es ein $\alpha \in L$ mit folgenden Eigenschaften:

- *$\sigma(\alpha) = \zeta_p \alpha$.*
- *$a := \alpha^p \in K$.*
- *$L = K(\alpha)$.*

Das heißt, L/K ist der Zerfällungskörper des Polynoms $f := x^p - a$.

▶ **Beweis**

• Wir beweisen zunächst die erste Aussage und zeigen dann, dass die anderen beiden daraus folgen.

Dafür fassen wir L als K-Vektorraum auf. Dieser hat dann die Dimension

$$\dim_K L = [L : K] = |\mathrm{Gal}(L/K)| = p.$$

Jeder K-Automorphismus σ ist dann einfach ein K-linearer Endomorphismus von L. Aus dem Hauptsatz der Galoistheorie (Satz 9.8) folgt $L^{\mathrm{Gal}(f)} = K$. In Vektorraumsprache bedeutet das einfach, dass K genau die Elemente x enthält, für die $\sigma(x) = x$ gilt, also genau der Eigenraum von σ zum Eigenwert 1,

$$\mathrm{Eig}\,(\sigma, 1) = L^G = K.$$

Für die erste Aussage reicht es, zu zeigen, dass σ einen Eigenvektor $\alpha \in L$ mit Eigenwert ζ_p besitzt, denn dann gilt ja gerade $\sigma(\alpha) = \zeta_p \alpha$.

Dafür wählen wir eine K-Basis von L und können σ bezüglich dieser Basis dann als Matrix $A \in \mathrm{GL}_p(K)$ darstellen (A ist invertierbar, da σ ein Automorphismus, also insbesondere bijektiv ist). Da σ ein Erzeuger von $\mathrm{Gal}(f)$ ist, gilt $\sigma^p = 1$, also gilt $A^p = E_p$. Dann gilt aber für jeden Eigenwert λ von A und jeden zugehörigen Eigenvektor v

$$v = E_p(v) = A^p(v) = \lambda^p(v),$$

also sind alle Eigenwerte von A p-te Einheitswurzeln. Da K ζ_p, und damit auch alle anderen p-ten Einheitswurzeln, enthält, zerfällt das charakteristische Polynom von σ über K in Linearfaktoren. Wir nehmen also an, dass wir unsere Basis so gewählt haben, dass A in Jordan-Normalform ist.

Angenommen, $\lambda = 1$ ist der einzige Eigenwert von A. Da der Eigenraum zum Eigenwert 1 wegen $\mathrm{Eig}\,(\sigma, 1) = K$ eindimensional ist, gibt es für die Jordan-Normalform dann nur eine Möglichkeit, nämlich

$$A = \begin{pmatrix} 1 & 1 & 0 & \cdots & 0 \\ 0 & 1 & 1 & \ddots & \vdots \\ 0 & 0 & 1 & \ddots & 0 \\ \vdots & \ddots & 0 & \ddots & 1 \\ 0 & \cdots & \cdots & 0 & 1 \end{pmatrix}.$$

Die Einheitsvektoren $e_1, e_2 \in K^p$ entsprechen dann gewissen Elementen $\beta_1, \beta_2 \in L^*$, für die

$$\sigma(\beta_1) = \beta_1, \qquad \sigma(\beta_2) = \beta_2 + \beta_1$$

gilt. Wir zeigen nun mit vollständiger Induktion, dass

$$\sigma^k(\beta_2) = \beta_2 + k\beta_1$$

gilt. Der Induktionsanfang ist schon gemacht. Es gelte also $\sigma^{k-1}(\beta_2) = \beta_2 + (k-1)\beta_1$ für ein k. Dann gilt

$$
\begin{aligned}
\sigma^k(\beta_2) &= \sigma(\sigma^{k-1}(\beta_2)) = \sigma(\beta_2 + (k-1)\beta_1) \\
&= \sigma(\beta_2) + (k-1)\sigma(\beta_1) = \beta_2 + \beta_1 + (k-1)\beta_1 \\
&= \beta_2 + k\beta_1,
\end{aligned}
$$

also stimmt die behauptete Formel und wegen $\beta_1 \neq 0$ dann insbesondere $\sigma^p(\beta_2) = \beta_2 + p\beta_1 \neq \beta_2$. Dies widerspricht aber der Annahme $\sigma^p = 1$. Daraus folgt, dass σ einen Eigenwert $\lambda \neq 1$ haben muss. Es gibt also ein $\gamma \in L^*$ mit $\sigma(\gamma) = \lambda\gamma$. Da der Eigenwert λ eine p-te Einheitswurzel ist, gilt $\lambda^k = \zeta_p$ für ein $k \in (\mathbb{Z}/p\mathbb{Z})^*$. Wir setzen $\alpha := \gamma^k$. Dann gilt

$$
\sigma(\alpha) = \sigma(\gamma)^k = \lambda^k\gamma^k = \zeta_p\alpha,
$$

und hieraus folgt der erste Teil des Satzes.

- Sei nun $a := \alpha^p$. Dann gilt

$$
\sigma(a) = \sigma(\alpha^p) = \sigma(\alpha)^p = \zeta_p^p\alpha^p = a.
$$

Da σ ein Erzeuger von $\mathrm{Gal}(L/K)$ ist, folgt daraus $a \in L^{\mathrm{Gal}(L/K)} = K$.

- Das Polynom

$$
f := x^p - a = (x - \alpha)(x - \zeta_p\alpha)\cdots(x - \zeta_p^{p-1}\alpha)
$$

hat Koeffizienten in K und zerfällt über L in Linearfaktoren. Der Zerfällungskörper $K(\alpha)/K$ von f ist also eine Zwischenerweiterung von L/K. Da

$$
[L : K] = |G| = p
$$

eine Primzahl ist und weil $K(\alpha) \neq K$ gilt, muss $L = K(\alpha)$ sein.   q.e.d.

Satz 11.5
Sei G eine Gruppe und $H \subset G$ eine Untergruppe.

- *Ist G auflösbar, so ist auch H auflösbar.*
- *Ist G auflösbar und $\varphi : G \to G'$ ein Gruppenhomomorphismus in eine Gruppe, so ist auch G' auflösbar. Genauer gilt $D^i(\varphi(G)) = \varphi(D^i G)$.*
- *Ist H ein Normalteiler, so ist G genau dann auflösbar, wenn H und G/H auflösbar sind.*

▶ **Beweis**

- Ist G auflösbar, so gilt $D^n G = \{1\}$. Wegen $D^i H \subset D^i G$ gilt dann auch $D^n H = \{1\}$, also ist auch H auflösbar.

- Wir müssen nur die Gleichung beweisen, die Auflösbarkeit von G' folgt dann daraus.

  Zunächst folgt direkt aus der Homomorphiseigenschaft von φ, dass $\varphi([a, b]) = [\varphi(a), \varphi(b)]$. Wir wollen nun Induktion durchführen. Für $i = 0$ ist der Satz klar. Für $i > 0$ ist dann

$$
\begin{aligned}
D^i(\varphi(G)) &= [D^{i-1}\varphi(G), D^{i-1}\varphi(G)] \\
&= [\varphi(D^{i-1}G), \varphi(D^{i-1}G)] \\
&= \varphi([D^{i-1}G, D^{i-1}G]) \\
&= \varphi(D^i G).
\end{aligned}
$$

- Ist H ein Normalteiler, so betrachten wir den Homomorphismus $\pi : G \to G/H, \pi(x) = \overline{x}$. Nach dem zweiten Teil ist wegen der Auflösbarkeit von G auch $G/H = \pi(G)$ auflösbar. Sind H und G/H auflösbar, so gibt es also ein n mit $D^n H = \{1\}$ und $D^n(G/H) = \{1\}$. Dann ist aber

$$
\pi(D^n G) = D^n(G/H) = \{1\},
$$

  also ist $D^n G \subset H$ und damit $D^{2n} G \subset D^n H = \{1\}$, also ist G auflösbar.

                                                                        q.e.d.

Satz 11.6

Sei L/K eine radikale Erweiterung. Dann gibt es eine endliche Erweiterung M/L so, dass M/K radikal und galoissch ist.

▶ **Beweis** Sei $L = K(\alpha_1, \ldots, \alpha_r)$ mit natürlichen Zahlen $n_1, \ldots, n_r$ wie in Definition 11.1. Sei $f_i \in K[x]$ das Minimalpolynom von α_i über K und $f := \prod f_i$. Da f_i Koeffizienten in K hat, gilt dies auch für f. Sei nun M/K der Zerfällungskörper von f. Dann ist M/K also galoissch und da L von den α_i erzeugt wird gilt $L \subset M$. Dass M/L endlich ist, ist klar. Es bleibt also noch zu zeigen, dass M/K radikal ist.

Für ein $i \in \{1, \ldots, r\}$ seien dafür $\alpha_{i,j} \in M$ die Nullstellen von f_i, das heißt

$$
f_i = \prod_j (x - \alpha_{i,j}).
$$

Da M/K der Zerfällungskörper von $f = \prod f_i$ ist, gilt $M = K(\alpha_{i,j})$. Als Minimal-polynom ist f_i irreduzibel über K, das heißt, die Galoisgruppe $\mathrm{Gal}(f_i)$ operiert transitiv auf den $\alpha_{i,j}$. Da eine dieser Nullstellen außerdem α_i ist, gibt es also für jedes Paar i, j einen K-Isomorphismus

$$\tau : K(\alpha_i) \to K(\alpha_{i,j}), \qquad \tau(\alpha_i) = \alpha_{i,j}.$$

Das Fortsetzungslemma (Satz 8.10) sagt nun, dass es eine Fortsetzung von τ zu einem K-Automorphismus $\sigma : M \to M$ gibt. Da L/K radikal ist, gilt für jedes Paar i, j

$$\alpha_{i,j}^{n_i} = \sigma(\alpha_i)^{n_i} \in K(\sigma(\alpha_1), \dots, \sigma(\alpha_{i-1})) = K(\alpha_{1,j_1}, \dots, \alpha_{i-1,j_{i-1}})$$

für bestimmte j_k. Also ist M/K radikal. q.e.d.

Satz 11.7
Sei L/K eine Galoiserweiterung und $\mathrm{char}(K) = 0$. Wenn L/K radikal ist, so ist $\mathrm{Gal}(L/K)$ auflösbar.

▶ **Beweis** Wir beweisen dies mit vollständiger Induktion nach dem Körpergrad $n = [L : K] = |\mathrm{Gal}(L/K)|$. Der Fall $n = 1$ ist einfach, denn dann ist $L = K$ und K/K ist natürlich auflösbar, genauso wie die Gruppe $\mathrm{Gal}(K/K) = \{1\}$ auflösbar ist. Sei also $n > 1$. Dann gibt es ein $\alpha \in L \setminus K$ und eine Primzahl p mit $a := \alpha^p \in K$. Dann ist das Minimalpolynom $f \in K[x]$ von α ein Teiler von $x^p - a \in K[x]$. Da L/K galoisch und damit insbesondere normal ist, zerfällt f über L in Linearfaktoren. Sei $\beta \in L$ eine von α verschiedene Nullstelle von f und $\zeta_p := \frac{\beta}{\alpha}$. Dann gilt $\zeta_p^p = 1$, aber $\zeta_p \neq 1$. L enthält also eine primitive p-te Einheitswurzel. Wir betrachten nun die Teilkörper

$$K' := K(\zeta_p) \subset K_1' := K(\zeta_p, \alpha) \subset L$$

und wollen zuerst zeigen, dass K_1'/K eine Galoiserweiterung mit auflösbarer Galois-gruppe ist. Zunächst ist K_1'/K der Zerfällungskörper von

$$x^p - a = \prod_{i=0}^{p-1} (x - \zeta_p^i \alpha),$$

also eine Galoiserweiterung. Deshalb ist nach dem Hauptsatz der Galoistheorie (Satz 9.8) auch K_1'/K' galoisch und $\mathrm{Gal}(K_1'/K')$ ist eine Untergruppe von $\mathrm{Gal}(K_1'/K)$.

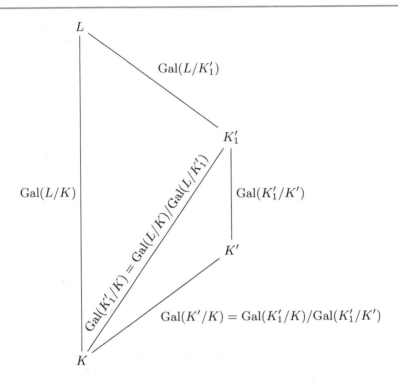

Wegen $\alpha^p = a \in K'$ und $\zeta_p \in K'$ gibt es für die Galoisgruppe nur zwei Möglichkeiten. Entweder ist $\mathrm{Gal}(K_1'/K') = \{1\}$, nämlich wenn schon alle Nullstellen in K' sind, das heißt, falls $\alpha \in K'$. Gilt dies nicht, so folgt wie in Satz 12.4, dass $\mathrm{Gal}(K_1'/K')$ zyklisch der Ordnung p ist. In jedem Fall ist also $\mathrm{Gal}(K_1'/K')$ abelsch und auflösbar.

Nun betrachten wir die Erweiterung K'/K. Wieder wie in Satz 12.4 zeigt man, dass diese galoissch ist und es einen injektiven Gruppenhomomorphismus

$$\mathrm{Gal}(K'/K) \hookrightarrow (\mathbb{Z}/p\mathbb{Z})^*$$

gibt. Weil K'/K galoissch ist, folgt aus Satz 9.11, dass $\mathrm{Gal}(K_1'/K') \lhd \mathrm{Gal}(K_1'/K)$ ein Normalteiler ist und es gilt

$$\mathrm{Gal}(K_1'/K)/\mathrm{Gal}(K_1'/K') = \mathrm{Gal}(K'/K)$$

und $\mathrm{Gal}(K'/K)$ ist als Untergruppe der abelschen auflösbaren Gruppen $\mathbb{Z}/p\mathbb{Z}$ wieder abelsch und auflösbar. Da nun sowohl $\mathrm{Gal}(K_1'/K)/\mathrm{Gal}(K_1'/K')$ als auch $\mathrm{Gal}(K_1'/K')$ auflösbar sind, ist nach Satz 11.5 auch $\mathrm{Gal}(K_1'/K)$ auflösbar.

Wir müssen hieraus jetzt noch zeigen, dass $\mathrm{Gal}(L/K)$ auflösbar ist. Da L/K galoissch und radikal ist, ist es auch L/K_1' und für die Körpergrade gilt $[L : K_1'] < [L : K]$. Nach Induktionsannahme ist deshalb $\mathrm{Gal}(L/K_1')$ auflösbar. Da K_1'/K galoissch ist, ist nach Satz 9.11 $\mathrm{Gal}(L/K_1') \lhd \mathrm{Gal}(L/K)$ ein Normalteiler. Da $\mathrm{Gal}(K_1'/K) = \mathrm{Gal}(L/K)/\mathrm{Gal}(L/K_1')$ auflösbar ist, folgt dann mit Satz 11.5, dass auch $\mathrm{Gal}(L/K)$ auflösbar ist.   q.e.d.

Satz 11.8 (Auflösbarkeit)
Eine Galoiserweiterung L/K ist genau dann auflösbar, wenn ihre Galois-gruppe $\mathrm{Gal}(L/K)$ auflösbar ist.

▶ **Beweis** Sei zuerst L/K galoissch und auflösbar. Dann gibt es nach Definition 11.1 und wegen Satz 9.4 eine endliche Erweiterung, die radikal und galoissch ist. Sei M/K diese radikale Galoiserweiterung. Da L/K nach Voraussetzung galoissch ist, folgt aus Satz 9.11, dass $\mathrm{Gal}(L/K) = \mathrm{Gal}(M/K)/\mathrm{Gal}(M/L)$. Man kann also $\mathrm{Gal}(L/K)$ als Untergruppe von $\mathrm{Gal}(M/K)$ auffassen und da $\mathrm{Gal}(M/K)$ auflösbar ist, ist nach Satz 11.5 auch $\mathrm{Gal}(L/K)$ auflösbar.

$$
\begin{array}{l}
M \\
\;\Big|\;\mathrm{Gal}(M/L) \\
L \\
\;\Big|\;\mathrm{Gal}(L/K) = \mathrm{Gal}(M/K)/\mathrm{Gal}(M/L) \\
K
\end{array}
$$

Sei nun L/K galoissch und $\mathrm{Gal}(L/K)$ auflösbar. Sei weiter $n = [L : K] = |\mathrm{Gal}(L/K)|$ und L'/L der Zerfällungskörper von $x^n - 1$. Wir wollen zeigen, dass L'/K radikal ist. Damit würde auch dieser Teil des Satzes folgen, da L'/L eine endliche Erweiterung ist.

Nach Definition enthält L' eine primitive n-te Einheitswurzel ζ_n und es gilt $L' = L(\zeta_n)$. Sei $K' := K(\zeta_n)$. Dann ist K'/K natürlich radikal, denn $\zeta_n^n = 1 \in K$. Deshalb reicht es zu zeigen, dass L'/K' radikal ist.

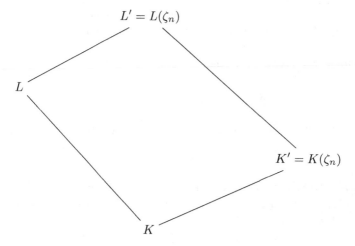

Da L/K galoissch ist, ist es Zerfällungskörper eines separablen Polynoms $f \in K[x]$. Dann ist aber auch L'/K' Zerfällungskörper desselben Polynoms. Zunächst können wir nämlich $f \in K[x]$ natürlich als Polynom über K' betrachten. Dieses hat nun Nullstellen in L. Da aber L nicht zwingend eine Körpererweiterung von K' ist, müssen wir zu L noch alle Elemente aus K' hinzufügen, die nicht in L enthalten sind, um den Zerfällungskörper zu erhalten. Dies geschieht genau durch Adjunktion von ζ_n, also ist $L(\zeta_n) = L'$ Zerfällungskörper von f über K'. Also ist L'/K' als Zerfällungskörper eines separablen Polynoms (denn wenn f über K separabel ist, ist es auch über K' separabel) wieder eine Galoiserweiterung.

L'/K' wird von den Nullstellen von f erzeugt, das heißt von denselben Elementen wie auch L/K. Deshalb ist die Abbildung

$$\mathrm{Gal}(L'/K') \to \mathrm{Gal}(L/K), \qquad \sigma \mapsto \sigma_{|L}$$

ein injektiver Gruppenhomomorphismus. Da $\mathrm{Gal}(L/K)$ auflösbar ist, folgt mit Satz 11.5, dass also auch $\mathrm{Gal}(L'/K')$ auflösbar ist. Also gibt es eine Kompositionsreihe (N_i) von $\mathrm{Gal}(L'/K')$, bei der alle Subquotienten zyklisch von Primzahlordnung sind, also

$$N_{i+1}/N_i \cong \mathbb{Z}/p_i\mathbb{Z}$$

für alle i und gewisse Primzahlen p_i. Diese Folge von Untergruppen $N_i \subset \mathrm{Gal}(L'/K')$ entspricht nach dem Hauptsatz der Galoistheorie und nach Satz 9.11, weil $N_i \lhd N_{i+1}$ Normalteiler sind, einer Folge von Zwischenkörpern

$$K' = K'_r \subset K'_{r-1} \subset \cdots \subset K'_0 = L'$$

mit

$$\mathrm{Gal}(K'_i/K'_{i+1}) = N_{i+1}/N_i \cong \mathbb{Z}/p_i\mathbb{Z}.$$

Die p_i sind dabei Teiler von $|\mathrm{Gal}(L'/K')|$, also auch Teiler von $n = \mathrm{Gal}(L/K)$. Da K' eine n-te Einheitswurzel enthält, enthält es auch die d-ten Einheitswurzeln für alle Teiler d von n, also insbesondere für alle p_i. Damit enthält aber auch der Oberkörper K'_{i+1} eine p_i-te Einheitswurzel.

Dann folgt aber aus Satz 11.4, dass es $\alpha_i \in K'_i$ gibt mit

$$K'_i = K'_{i+1}(\alpha_i), \qquad \alpha_i^{p_i} \in K'_{i+1},$$

also ist L'/K' radikal. Dies war alles, was noch zu zeigen war.   q.e.d.

Satz 11.9
Sei G eine Gruppe. Dann ist $[G, G]$ der kleinste Normalteiler N in G, sodass G/N abelsch ist (in dem Sinne, dass für jeden anderen solchen Normalteiler N die Inklusion $[G, G] \subset N$ gilt).

▶ **Beweis** Für $a, b, g \in G$ ist

$$
g[a,b]g^{-1} = gaba^{-1}b^{-1}g^{-1}
$$
$$
= (gag^{-1})(gbg^{-1})(gag^{-1})^{-1}(gbg^{-1})^{-1}
$$
$$
= [gag^{-1}, gbg^{-1}] \in [G,G],
$$

also ist $[G,G] \lhd G$ ein Normalteiler.

Sei $x \in G$ und $\overline{x} \in G/[G,G]$ die zugehörige Restklasse. Dann ist

$$
\overline{a}\overline{b}\overline{a}^{-1}\overline{b}^{-1} = \overline{aba^{-1}b^{-1}} = 1
$$

in $G/[G,G]$, also ist $G/[G,G]$ abelsch.

Ist $N \lhd G$ ein beliebiger Normalteiler, sodass G/N abelsch ist, dann muss auf jeden Fall obige Gleichung auch gelten, das heißt, N muss alle Kommutatoren $[a,b]$ enthalten. Also ist $[G,G] \subset N$ und damit $[G,G]$ der kleinste Normalteiler mit dieser Eigenschaft.   q.e.d.

Satz 11.10 (Auflösbarkeitskriterium)
Sei G eine Gruppe. Dann ist G genau dann auflösbar, wenn es ein $n \in \mathbb{N}$ gibt mit $D^n G = \{1\}$.

▶ **Beweis** Sei zunächst G auflösbar und

$$
G = N_0 \supset N_1 \supset \cdots \supset N_n = \{1\}
$$

eine Kompositionsreihe mit abelschen Subquotienten. Wir wollen mit vollständiger Induktion zeigen, dass dann $D^i G \subset N_i$ gilt. Für $i = 0$ gilt dies natürlich. Angenommen, diese Behauptung stimmt für ein i. Da N_i/N_{i+1} abelsch ist, folgt aus Satz 11.9, dass $[N_i, N_i] \subset N_{i+1}$ und damit nach Induktionsvoraussetzung

$$
D^{i+1} G = [D^i G, D^i G] \subset [N_i, N_i] \subset N_{i+1}.
$$

Für $i = n$ folgt damit

$$
D^n G = N_n = \{1\}.
$$

Gelte nun $D^n G = \{1\}$. Dann ist bereits

$$
G = D^0 G \supset D^1 G \supset \cdots D^n G = \{1\}
$$

eine Kompositionsreihe mit abelschen Subquotienten.   q.e.d.

Satz 11.11 (Kommutatoren in symmetrischen Gruppen)
Es gilt

$$[S_n, S_n] = A_n \quad n \geq 2,$$

$$[A_n, A_n] = \begin{cases} \{1\}, & n = 2, 3 \\ V, & n = 4 \\ A_n, & n \geq 5 \end{cases}.$$

▶ **Beweis** Sei sign $: S_n \to \{-1, 1\}$ die Abbildung, die jeder Permutation ihr Signum zuordnet. Der Kern dieser Abbildung ist A_n, also gilt nach dem Isomorphiesatz

$$S_n / A_n = S_n / \ker(\text{sign}) \cong \mathbb{Z}/2\mathbb{Z}$$

und dies ist eine abelsche Gruppe. Nach Satz 11.9 muss also $[S_n, S_n] \subset A_n$ gelten. Im Fall $n = 2$ folgt hieraus wegen $A_2 = \{1\}$ schon die Behauptung. Für $n \geq 3$ wissen wir aus Satz 4.8, dass jedes Element in A_n das Produkt von 3-Zykeln ist. Für jeden 3-Zyklus $(xyz) \in S_n$ gilt aber

$$(xyz) = (xz)(yz)(xz)^{-1}(yz)^{-1} \in [S_n, S_n],$$

also folgt $A_n \subset [S_n, S_n]$ und zusammen mit oben dann die Gleichheit.

Die Aussagen für A_2 und A_3 folgen sofort, da diese Gruppen Ordnung 1 beziehungsweise 3 haben, also zyklisch und damit auch abelsch sind.

Betrachten wir nun A_4. A_4/V hat Ordnung 3, ist also abelsch und damit folgt wieder mit Satz 11.9 $[A_4, A_4] \subset V$. Seien nun $w, x, y, z \in \{1, 2, 3, 4\}$ verschieden. Dann ist

$$(wx)(yz) = (wxy)(wxz)(wxy)^{-1}(wxz)^{-1} \in [A_4, A_4].$$

Wegen

$$V = \{1, (12)(34), (13)(24), (14)(23)\}$$

folgt damit $V \subset [A_4, A_4]$, also wieder Gleichheit.

Sei nun $n \geq 5$ und $(xyz) \in A_n$ ein beliebiger 3-Zyklus. Wählt man dann noch $v, w \in \{1, 2, 3, 4, 5\}$, sodass v, w, x, y, z verschieden sind, ist

$$(xyz) = (xyv)(xzw)(xyv)^{-1}(xzw)^{-1} \in [A_n, A_n],$$

also $A_n \subset [A_n, A_n]$. Weil für jede Gruppe immer $[G, G] \subset G$ gilt, folgt auch hier Gleichheit.   q.e.d.

Satz 11.12 (Auflösbarkeit von S_n)
Die symmetrische Gruppe S_n ist genau dann auflösbar, wenn $n \leq 4$.

▶ **Beweis** Für $n \leq 4$ haben wir bereits in Beispiel 139 gesehen, dass S_n auflösbar ist. Für $n \geq 5$ gilt aber

$$[S_n, S_n] = A_n \text{ und } [A_n, A_n] = A_n,$$

also ist $D^n = A_n \neq \{1\}$ für $n \geq 1$. Damit kann S_n wegen Satz 11.10 nicht auflösbar sein.   q.e.d.

Satz 11.13 (Polynome vom Grad $p \geq 5$ sind im Allgemeinen nicht auflösbar)
Sei p eine Primzahl, $K \subset \mathbb{R}$ ein Teilkörper der reellen Zahlen und

$$f = x^p + a_1 x^{p-1} + \cdots + a_p \in K[x]$$

irreduzibel über K. Wir nehmen an, dass f genau $p - 2$ reelle Nullstellen besitzt. Dann gilt $\mathrm{Gal}(f) = S_p$. Gilt außerdem $p \geq 5$, so ist die Gleichung $f(x) = 0$ nicht durch Radikale über K auflösbar.

▶ **Beweis** Sei $f = (x - \alpha_1) \cdots (x - \alpha_p)$ die Zerlegung von f in Linearfaktoren über $\mathbb{C}$. Dann ist $L := K(\alpha_i) \subset \mathbb{C}$ Zerfällungskörper von f. Sei o. B. d. A. $\alpha_1, \alpha_2 \notin \mathbb{R}$ und $\alpha_i \in \mathbb{R}$ für $i = 3, \ldots, p$.

Da f irreduzibel ist, ist $\mathrm{Gal}(f)$ eine transitive Untergruppe von S_p. Der Bahnensatz (Satz 4.5) liefert

$$|\mathrm{Gal}(f)| = p|H|, \ H := \{\sigma \in \mathrm{Gal}(f) : \sigma(p) = p\}.$$

Also ist $|\mathrm{Gal}(f)|$ durch p teilbar. Der Satz von Cauchy (Satz 4.11) sagt, dass $\mathrm{Gal}(f)$ ein Element σ der Ordnung p enthält. Das kann dann aber nur ein p-Zykel sein. Da $K \subset \mathbb{R}$ und L/K eine normale Erweiterung ist, induziert die komplexe Konjugation einen K-Automorphismus von L, wir erhalten ein Element $\tau \in \mathrm{Gal}(f)$ mit $\tau(\alpha) = \overline{\alpha}$. Aus unserer Annahme über die Nullstellen α_i folgt $\tau = (12)$. Also ist nach Satz 4.9 $\mathrm{Gal}(f) = \langle \sigma, \tau \rangle = S_p$.

Wenn $p \geq 5$, so ist $\mathrm{Gal}(f)$ nach Satz 11.12 nicht auflösbar. Aus Satz 11.8 folgt dann, dass die Erweiterung L/K nicht auflösbar ist.   q.e.d.

Satz 11.14 (Auflösbarkeit von Gleichungen)

Ist $f \in \mathbb{Q}[x]$ ein Polynom vom Grad $n \leq 4$, so kann man f durch Radikale auflösen. Ist N_f die Nullstellenmenge von f, so gilt:

- *Die Gleichung $f : x + p = 0$ hat die Lösungsmenge*

$$N_f = \{-p\}.$$

- *Die Gleichung $f : x^2 + px + q = 0$ hat die Lösungsmenge*

$$N_f = \left\{ -\frac{p}{2} \pm \sqrt{\left(\frac{p}{2}\right)^2 - q} \right\}.$$

- *Die Gleichung $f : x^3 + px + q = 0$ hat die Lösungsmenge*

$$N_f = \left\{ \sqrt[3]{-\frac{q}{2} + \sqrt{\left(\frac{q}{2}\right)^2 + \left(\frac{p}{3}\right)^3}} + \sqrt[3]{-\frac{q}{2} - \sqrt{\left(\frac{q}{2}\right)^2 + \left(\frac{p}{3}\right)^3}} \right.$$

$$\left. mit \; \sqrt[3]{-\frac{q}{2} + \sqrt{\left(\frac{q}{2}\right)^2 + \left(\frac{p}{3}\right)^3}} \cdot \sqrt[3]{-\frac{q}{2} - \sqrt{\left(\frac{q}{2}\right)^2 + \left(\frac{p}{3}\right)^3}} = -\frac{p}{3} \right\}.$$

- *Die Gleichung $f : x^4 + px^2 + qx + r$ hat die Lösungsmenge*

$$N_f = \left\{ \frac{1}{2}(\sqrt{-y_1} + \sqrt{-y_2} + \sqrt{-y_3}), \frac{1}{2}(\sqrt{-y_1} - \sqrt{-y_2} - \sqrt{-y_3}), \right.$$

$$\left. \frac{1}{2}(-\sqrt{-y_1} + \sqrt{-y_2} - \sqrt{-y_3}), \frac{1}{2}(-\sqrt{-y_1} - \sqrt{-y_2} + \sqrt{-y_3}) \right.$$

$$\left. mit \; y_i \in N_g, \sqrt{-y_1}\sqrt{-y_2}\sqrt{-y_3} = -q \right\},$$

wobei g die kubische Resolvente von f ist, das heißt

$$g = x^3 - 2px^2 + (p^2 - r)x + q^2.$$

Eine polynomiale Gleichung vom Grad $n \geq 5$ ist im Allgemeinen nicht auflösbar.

▶ **Beweis** Die Formeln für Grad 1 und 2 sind bereits aus der Schule bekannt (zumindest sollten sie das sein ;-)). Die Formel für Grad 3 haben wir in Beispiel 142 hergeleitet, die Formel für Grad 4 in Beispiel 143. Dort haben wir die Formeln nur für die volle Galoisgruppe hergeleitet. Indem wir den Ausdruck $\prod(x - \alpha)$ (wobei hier

α die Nullstellen bezeichnet) einfach ausmultiplizieren, sehen wir, dass die Formeln auch für beliebige Polynome von Grad 3 beziehungsweise 4 gelten.

In Satz 11.12 haben wir gezeigt, dass die symmetrische Gruppe für $n \geq 5$ nicht auflösbar ist. Nun gibt es tatsächlich für jedes n Polynome, die als Galoisgruppe S_n haben (dies wollen wir hier nicht zeigen, aber in Satz 11.13 sehen wir dies schon für jede Primzahl). Also ist im Allgemeinen eine Gleichung von Grad $n \geq 5$ nicht auflösbar. q.e.d.

11.3 Erklärungen der Definitionen

Erklärung

Zur Definition 11.1 von radikalen und auflösbaren Körpererweiterungen Diese Definition ist sehr wichtig für uns, denn was bedeutet es denn, dass wir die Nullstellen eines Polynoms mit Wurzelausdrücken aufschreiben können? Das erklärt das folgende Beispiel.

▶ **Beispiel 136** Angenommen, $\alpha = \sqrt{3 + \sqrt[3]{2 + \sqrt{5}}}$ ist eine Nullstelle eines Polynoms. Dann ist

$$\beta := \alpha^2 = 3 + \sqrt[3]{2 + \sqrt{5}},$$
$$\gamma := (\beta - 3)^3 = 2 + \sqrt{5},$$
$$\delta := (\gamma - 2)^2 = 5.$$

Also können wir durch wiederholtes Potenzieren im Grundkörper (hier: $\mathbb{Q}$) landen. Wir können also die Nullstellen hinschreiben, wenn sie in einer auflösbaren Körpererweiterung stehen. Da die Nullstellen im Zerfällungskörper von f liegen, bedeutet das, dass wir die Nullstellen genau dann in verschachtelten Wurzeltermen hinschreiben können, wenn f nach dieser Definition auflösbar ist. ∎

Zunächst folgt aus der Definition sofort, dass eine radikale Erweiterung auflösbar ist. Die Umkehrung dieser Aussage gilt aber im Allgemeinen nicht.

Die Definition ist gleichbedeutend damit, dass man statt natürlichen Zahlen Primzahlen fordert. Das schafft man, indem man nacheinander geringer werdende Potenzen adjungiert. Dies wollen wir anhand eines Beispiels illustrieren.

▶ **Beispiel 137** Sei $K = \mathbb{Q}$, $L = \mathbb{Q}(\sqrt[12]{2})$. Nach Definition folgt sofort, dass L/K radikal ist. Setzen wir nun $K_1 = \mathbb{Q}(\sqrt[3]{2})$ und $K_2 = \mathbb{Q}(\sqrt[6]{2})$, so gilt:

$$\sqrt[12]{2}^2 = \sqrt[6]{2} \in K_2, \quad \sqrt[6]{2}^2 = \sqrt[3]{2} \in K_1, \quad \sqrt[3]{2}^3 = 2 \in \mathbb{Q}.$$

∎

▶ **Beispiel 138** Sei K ein Körper der Charakteristik 0 und $f = x^3 + px + q \in K[x]$. Dann ist f auflösbar, denn die Cardano-Formel aus Beispiel 142 zeigt, dass der Zerfällungskörper L von f in einer Erweiterung der Form

$$M := K(\sqrt{-3}, \sqrt{\left(\frac{q}{2}\right)^2 + \left(\frac{p}{3}\right)^3}, (\beta, \beta')$$

liegt. Es gilt außerdem:

$$\beta^3 = \frac{q}{2} + \sqrt{\left(\frac{q}{2}\right)^2 + \left(\frac{p}{3}\right)^3}, (\beta')^3 = \frac{q}{2} - \sqrt{\left(\frac{q}{2}\right)^2 + \left(\frac{p}{3}\right)^3},$$

also ist M/K radikal, also auflösbar.   ■

Diese Stelle erscheint außerdem passend, um noch etwas Anderes zu erwähnen. Wir werden später Formeln kennenlernen, um Gleichungen aufzulösen. Diese werden, wie man schon erwarten kann, Wurzelausdrücke enthalten. Nun ist es aber so, dass die Wurzel einer (komplexen) Zahl nicht eindeutig bestimmt ist. Zum Beispiel gilt ja schon im einfachsten Fall $1^2 = 1$, aber auch $(-1)^2 = 1$. Anders als bei reellen Zahlen, wo die n-te Wurzel aus x ja als die eindeutige positive Lösung y von $x = y^n$ definiert ist, lassen wir bei komplexen Zahlen alle Lösungen zu. Wer dies genauer verstehen will, dem sei das Buch [MK18b] wärmstens ans Herz gelegt. Wir werden uns bei diesen Formeln also auch damit beschäftigen müssen, wie die Wurzeln zu wählen sind.

Erklärung

Zur Definition 11.2 **von auflösbaren Gruppen** Na das ist mal eine lange Definition ;-). Das, was uns hier interessiert, ist der Begriff einer auflösbaren Gruppe. Eine erste Idee von der Wichtigkeit dieses Begriffes kann man leicht bekommen, indem man eine Gruppe G betrachtet, die außer $\{1\}$ noch genau einen Normalteiler H hat. Denn ist dann L/K eine Galoiserweiterung mit Galoisgruppe G und M der zu H gehörige Zwischenkörper, so sind sowohl L/M als auch M/K galoissch. Haben wir also eine Subnormalreihe, so sind alle möglichen Zwischenkörper wieder galoissch. Wollen wir nun noch, dass die zugehörigen Galoisgruppen möglichst einfach sind, so kommen wir zum Begriff der auflösbaren Gruppe, denn wie wir in Satz 11.1 sehen werden, sind einfache abelsche Gruppen genau die zyklischen Gruppen von Primzahlordnung. Einfacher geht es ja nicht mehr ;-). Zusammenfassend erhalten wir also durch auflösbare Gruppen besonders viele Galoiserweiterungen, die auch noch möglichst einfache Galoisgruppen haben.

Es scheint also, dass es tatsächlich einen Zusammenhang zwischen auflösbaren Gruppen und auflösbaren Körpererweiterungen gibt. Dies zeigen die Sätze 11.7 und 11.8.

▶ **Beispiel 139** Für $n \leq 4$ ist S_4 auflösbar.

- Für $n = 1$ ist dies wegen $S_1 = \{1\}$ klar.
- Für $n = 2$ ist $A_n = \{1\}$, also ist

$$N_0 := A_2 = \{1\}, \ N_1 = S_2$$

eine Kompositionsreihe, denn natürlich ist N_0 ein Normalteiler von N_1 und es ist $N_1/N_0 \cong \mathbb{Z}/2\mathbb{Z}$.

- Für $n = 3$ ist eine Kompositionsreihe gegeben durch

$$N_0 := \{1\}, \ N_1 := A_3, \ N_2 := S_3.$$

Nach Beispiel 81 ist das eine Subnormalreihe. Hier ist $N_1/N_0 \cong \mathbb{Z}/3\mathbb{Z}$, $N_2/N_1 \cong \mathbb{Z}/2\mathbb{Z}$.

- Eine Kompositionsreihe für S_4 ist

$$N_0 := \{1\}, \ N_1 := \langle (12)(34) \rangle, \ N_2 := V, \ N_3 := A_4, \ N_4 := S_4.$$

Nach Satz 4.6 ist auf jeden Fall immer $N_i \triangleleft N_{i+1}$ ein Normalteiler, außer für $i = 2$. Außerdem haben wir ja in Beispiel 84 gesehen, dass V ein Normalteiler in A_4 ist.

Also ist die obige Reihe eine Subnormalreihe. Hier gilt dann weiter

$$N_4/N_3 \cong \mathbb{Z}/2\mathbb{Z}, \ N_3/N_2 \cong \mathbb{Z}/3\mathbb{Z}, \ N_2/N_1 \cong \mathbb{Z}/2\mathbb{Z}, \ N_1/N_0 \cong \mathbb{Z}/2\mathbb{Z}.$$

Alle Subquotienten sind also zyklisch von Primzahlordnung und damit einfache abelsche Gruppen.   ∎

Dabei haben wir im vorigen Beispiel implizit noch wesentliche Tatsachen benutzt. Nachdem wir erkannt haben, dass $N_i \triangleleft N_{i+1}$ Normalteiler sind, ist die Faktorgruppe jeweils definiert. Dann kann man mit dem Bahnensatz (Satz 4.5) und Satz 4.3 einfach bestimmen, wie viele Elemente diese Faktorgruppen haben, nämlich $\frac{|N_{i+1}|}{|N_i|}$. Da das jeweils Primzahlen sind, wissen wir, dass diese Gruppen zyklisch sind, also so aussehen wie $\mathbb{Z}/p\mathbb{Z}$.

Nun noch ein weiteres einfaches Beispiel:

▶ **Beispiel 140** Jede zyklische Gruppe ist auflösbar, denn ist G zyklisch der Ordnung n und ist $n = \prod_i p_i$ (hier kann auch $p_i = p_j$ gelten) die Primfaktorzerlegung, so betrachten wir zuerst die Gruppe, die von einem Element a_1 der Ordnung p_1 erzeugt wird, dann die Gruppe, die von einem Element der Ordnung $p_1 p_2$ erzeugt wird, und so weiter. Die Quotienten sind dann immer zyklisch von Primzahlordnung, also nach Satz 11.1 einfache abelsche Gruppen. Da G zyklisch ist, sind diese Untergruppen auch alle Normalteiler.   ∎

Zur Definition 11.3 des Kommutators Grob könnte man sagen, dass der Kommutator dazu da ist, um zu erkennen, welche der Elemente einer Gruppe G eine abelsche Untergruppe bilden, das heißt, welche kommutieren. Daher auch der Name. Wie genau das funktioniert, sieht man in Satz 11.9.

▶ **Beispiel 141**
- Sei G eine abelsche Gruppe. Dann gilt $aba^{-1}b^{-1} = e$ für alle $a, b \in G$, deshalb gilt $[G, G] = \{e\}$.
- Wir betrachten die Gruppe

$$D := \left\{ \begin{pmatrix} a & b \\ 0 & c \end{pmatrix} : a, b, c \in \mathbb{R} \right\}$$

der oberen Dreiecksmatrizen bezüglich der Multiplikation (bezüglich der Addition würde das nicht viel bringen, denn die Addition von Matrizen ist ja kommutativ). Für den Kommutator zweier solcher Matrizen gilt

$$\begin{pmatrix} a & b \\ 0 & c \end{pmatrix} \begin{pmatrix} d & e \\ 0 & f \end{pmatrix} \begin{pmatrix} a & b \\ 0 & c \end{pmatrix}^{-1} \begin{pmatrix} d & e \\ 0 & f \end{pmatrix}^{-1} = \begin{pmatrix} 1 & \frac{ae+bf-bd-ec}{cf} \\ 0 & 1 \end{pmatrix}.$$

Also ist $[D, D]$ enthalten in der Gruppe

$$K := \left\{ \begin{pmatrix} 1 & \lambda \\ 0 & 1 \end{pmatrix} : \lambda \in \mathbb{R} \right\}.$$

Wir wollen zeigen, dass sogar Gleichheit gilt. Dafür nehmen wir uns ein Element aus K und müssen zeigen, dass es als Kommutator zweier Elemente aus D dargestellt werden kann. Sei $\begin{pmatrix} 1 & \lambda \\ 0 & 1 \end{pmatrix} \in K$. Dann muss also die Gleichung $\lambda = \frac{ae+bf-bd-ec}{cf}$ erfüllt sein. Dies gilt aber für $c = f = 1, e = d = a = 0, b = \lambda$. Also gilt $[D, D] = K$.

■

Ein weiteres wichtiges Beispiel für den Kommutator behandeln wir in Satz 11.11.

Zur Definition 11.4 des iterierten Kommutators Hier wenden wir einfach den Kommutator mehrmals hintereinander an. Damit erhalten wir eine Kette

$$G = D^0 G \supset D^1 G \supset \cdots,$$

wobei stets $D^{i+1}G \lhd D^i G$ gilt und $D^i G/D^{i+1}G$ abelsch ist.

Eine solche Reihe kennen wir aus der Definition 11.2, es gibt also einen Zusammenhang zwischen Auflösbarkeit und dem Kommutator. Mehr dazu in Satz 11.10.

11.4 Erklärungen zu den Sätzen und Beweisen

Erklärung

Zum Satz 11.1 Dieser Satz ist eine schöne Charakterisierung von einfachen abelschen Gruppen. Diese werden wir öfters brauchen, wenn wir Gruppen auf Auflösbarkeit überprüfen.

Erklärung

Zum Satz 11.2 Eine Gruppe ist also schon dann auflösbar, wenn die Subquotienten abelsch und nicht einfach sind.

Dieser Satz ist sehr nützlich für Beweise. So kann man, wenn man aus der Auflösbarkeit von Gruppen etwas folgern möchte, davon ausgehen, dass die Subquotienten abelsch und einfach (also zyklisch von Primzahlordnung) sind. Wenn man auf Auflösbarkeit schließen will, muss man aber die Einfachheit nicht zeigen.

Im Beweis dieses Satzes verfeinern wir eine gegebene Subnormalreihe einfach immer weiter, bis die Subquotienten zyklisch von Primzahlordnung sind.

Erklärung

Zum Satz 11.3 Wir werden hier immer $\mathrm{char}(K) = 0$ annehmen, da dies den für uns wichtigen Fall $K = \mathbb{Q}$ beinhaltet. Als Erstes betrachten wir hier Polynome der Form $x^p - a$. Diese Polynome sind alle separabel.

Dies ist der Anfang der eingangs erwähnten ersten Methode, Polynome aufzulösen. Dies werden wir im nächsten Satz präzisieren.

Erklärung

Zum Satz 11.4 Dieser Beweis ist ein wenig zum Entspannen von dem ganzen abstrakten Algebra-Kram, denn hier benutzen wir fast nur Lineare Algebra. Der Satz, der in gewissem Sinne eine Umkehrung des Satzes 11.3 ist, ist deshalb ein sehr schönes Beispiel dafür, wie die Lineare Algebra mit der Algebra zusammenhängt. Der Hauptteil des Beweises funktioniert nämlich sehr einfach, wenn man die Gegebenheiten in die Sprache der Linearen Algebra übersetzt, die Theorie der Jordan-Normalform anwendet, und das Ganze dann wieder zurückübersetzt.

Aber was haben diese Sätze, oder speziell dieser Satz, nun mit dem Auflösen von Gleichungen zu tun? Das seht ihr im folgenden Beispiel, das nun (endlich ;-)) eine sehr nützliche Anwendung der Galoistheorie liefert, nämlich eine Formel zur Berechnung der Nullstellen eines kubischen Polynoms.

▶ **Beispiel 142 (Die Cardano-Formeln)** Mit Satz 11.4 können wir nun nämlich die Cardano-Formeln herleiten. Wir betrachten eine kubische Gleichung

$$f = x^3 + px + q = 0$$

über einem Körper K der Charakteristik ungleich 2,3 und wollen explizite Formeln für die Nullstellen von f herleiten. Um den Satz anwenden zu können, treffen wir die folgenden Annahmen:

- K enthält eine primitive 3-te Einheitswurzel ζ_3,
- $D_f = -4p^3 - 27q^3$ ist ein Quadrat in K,
- f ist irreduzibel über K.

In dem wichtigen Fall eines Polynoms über $\mathbb{Q}$, wenn also p, q rationale Zahlen sind, so sind für den Körper $K := \mathbb{Q}(\sqrt{-3}, \sqrt{D_f}) \subset \mathbb{C}$ die ersten beiden Bedingungen erfüllt. Die Formel, die wir erhalten, wird dann auch gelten, wenn f nicht irreduzibel ist. Zur Herleitung müssen wir dies aber zunächst annehmen.

Sei L/K der Zerfällungskörper von f. Dann ist L/K eine Galoiserweiterung und nach Satz 10.8 ist die Galoisgruppe gerade A_3, also gilt $[L : K] = 3$. Sei $\alpha \in L$ eine Nullstelle von f und σ ein Erzeuger von $\mathrm{Gal}(L/K)$. Dann ist

$$f = (x - \alpha)(x - \sigma(\alpha))(x - \sigma^2(\alpha)).$$

Nach Satz 11.4 gibt es nun ein $\beta \in L$ mit $\sigma(\beta) = \zeta_3\beta$ und $b := \beta^3 \in K$. Es gilt weiter

$$\sigma(1) = 1, \quad \sigma(\beta) = \zeta_3\beta, \quad \sigma(\beta^{-1}) = \sigma(\beta)^{-1} = \zeta_3^{-1}\beta^{-1},$$

also sind $1, \beta, \beta^{-1} \in L$ Eigenvektoren von σ mit den Eigenwerten $1, \zeta_3, \zeta_3^{-1} = \zeta_3^2$. Da die Eigenwerte alle verschieden sind, bildet also $(1, \beta, \beta^{-1})$ eine K-Basis von L, also gibt es eindeutige $u, v, w \in K$ mit

$$\alpha = u + v\beta + w\beta^{-1},$$
$$\sigma(\alpha) = u + \zeta_3 v\beta + \zeta_3^2 w\beta^{-1},$$
$$\sigma^2(\alpha) = u + \zeta_3^2 v\beta + \zeta_3 w\beta^{-1}.$$

Da mit β auch jedes K-Vielfache von β Eigenvektor von σ zum Eigenwert ζ_3 ist, können wir β durch $v^{-1}\beta$ ersetzen. Deshalb können wir hier o. B. d. A. $v = 1$ annehmen. Dann ist einerseits $-(\alpha + \sigma(\alpha) + \sigma^2(\alpha))$ der Koeffizient vor dem x^2 in f, also 0, und andererseits nach den obigen Gleichungen

$$\alpha + \sigma(\alpha) + \sigma^2(\alpha) = 3u + \beta \underbrace{(1 + \zeta_3 + \zeta_3^2)}_{=0} + w\beta^{-1} \underbrace{(1 + \zeta_3 + \zeta_3^2)}_{=0} = 3u,$$

also zusammen $u = 0$. Also gilt $\alpha = \beta + w\beta^{-1}$ für ein $w \in K$. Aus $f(\alpha) = 0$ und $\beta^3 = b$ erhalten wir aber auch

$$0 = \alpha^3 + p\alpha + q = \beta^3 + 3w\beta + 3w^2\beta^{-1} + w^3\beta^{-3} + p(\beta + w\beta^{-1}) + q$$
$$= (b + w^3b^{-1} + q) + (3w + p)\beta + (3w^2 + pw)\beta^{-1}.$$

Da $(1, \beta, \beta^{-1})$ aber eine Basis ist, sind $1, \beta, \beta^{-1}$ linear unabhängig über K, deswegen folgt hieraus

$$b + w^3b^{-1} + q = 0, \qquad 3w + p = 0, \qquad 3w^2 + pw = 0.$$

Die beiden letzten Gleichungen sind äquivalent zu $w = -\frac{p}{3}$, und da $b \neq 0$ ist, ist die erste Gleichung damit äquivalent zu

$$b^2 + qb - \left(\frac{p}{3}\right)^3 = 0.$$

b ist also eindeutig durch das Polynom f bestimmt und b ist eine von zwei möglichen Lösungen einer quadratischen Gleichung. Die Diskriminante von $x^2 + qx - \left(\frac{p}{3}\right)^3$ ist

$$\left(\frac{q}{2}\right)^2 + \left(\frac{p}{3}\right)^3 = \frac{-3D_f}{18^2}$$

und aus unseren Annahmen an K folgt, dass dies ein Quadrat in K ist. Wir wählen nun die Wurzel so, dass

$$b = -\frac{q}{2} + \sqrt{\left(\frac{q}{2}\right)^2 + \left(\frac{p}{3}\right)^3} = -\frac{q}{2} + \frac{\sqrt{-3D_f}}{18}$$

gilt. Nennen wir die andere Lösung der quadratischen Gleichung nun b', so gilt wegen $bb' = w^3$:

$$w^3b^{-1} = b' = -\frac{q}{2} - \sqrt{\left(\frac{q}{2}\right)^2 + \left(\frac{p}{3}\right)^3}.$$

Mit $\beta' := w\beta^{-1}$ gilt dann $\alpha = \beta + \beta'$, wobei β, β' die Lösungen von

$$\beta^3 = b, \qquad (\beta')^3 = b', \qquad \beta\beta' = -\frac{p}{3}$$

sind. Damit erhalten wir insgesamt die Cardano-Formel

$$\alpha = \sqrt[3]{-\frac{q}{2} + \sqrt{\left(\frac{q}{2}\right)^2 + \left(\frac{p}{3}\right)^3}} + \sqrt[3]{-\frac{q}{2} - \sqrt{\left(\frac{q}{2}\right)^2 + \left(\frac{p}{3}\right)^3}}.$$

Da es von einer komplexen Zahl jedoch mehrere dritte Wurzeln gibt (das gilt ja auch schon für zweite Wurzeln, es gilt ja sowohl $i^2 = -1$ als auch $(-i)^2 = -1$), muss man hier ein wenig aufpassen. Diese Formel liefert nur dann die korrekte Lösung, wenn man die dritten Wurzeln so wählt, dass bei $\alpha = \beta + \beta'$ die Gleichung $\beta\beta' = -\frac{p}{3}$ gilt. ∎

Wir sehen, dass wir uns hier sehr am Beweis des Satzes orientieren. Dies ist die „Körpermethode" zum Auflösen.

Es ist außerdem wichtig zu bemerken, dass wir hier die Gleichung dritten Grades auf eine Gleichung zweiten Grades zurückführen, die wir bereits lösen können. Diese Methode wird uns später nochmal begegnen.

Erklärung

Zum Satz 11.5 Hiermit können wir von der Auflösbarkeit einer Gruppe auf die Auflösbarkeit jeder Untergruppe schließen. Im Falle von Normalteilern gilt sogar noch mehr, was für uns vor allem deshalb wichtig ist, da wir in Satz 9.11 gesehen haben, dass Normalteiler etwas mit Galoiserweiterungen zu tun haben.

In dem Beweis haben wir eine Tatsache einfach hingeschrieben, ohne sie zu beweisen. Wir hoffen, das ist euch aufgefallen und ihr habt die Beweise ergänzt ;-) Für die, die das übersehen haben, hier noch einmal, was genau zu tun ist:

Wir behaupten an einer Stelle, dass $D^i H \subset D^i G$ gilt. Dies kann man leicht per Induktion beweisen. Der Fall $i = 0$ ist klar, ansonsten ist

$$D^i H = [D^{i-1} H, D^{i-1} H] \subset [D^{i-1} G, D^{i-1} G] = D^i G.$$

Erklärung

Zum Satz 11.6 So, wozu das nun wieder? Wie schon erwähnt, gibt es mehrere Methoden, um Auflösbarkeit zu untersuchen, nämlich eine, die Körper benutzt und eine, die Gruppen benutzt. Wie wir nun schon wissen, gibt es ja eine sehr schöne Korrespondenz von Körpererweiterungen und Untergruppen. Dafür brauchen wir jedoch eine Galoiserweiterung.

Erklärung

Zum Satz 11.7 Hiermit fangen wir nun an, die beiden verschiedenen Definitionen von Auflösbarkeit, nämlich eine gruppentheoretische und eine körpertheoretische, zu vereinen. Dabei nutzen wir wie schon erwähnt, dass man bei radikalen Körpern nur Primzahlpotenzen braucht. Wir wollen hier Zwischenkörper einführen, um dann Satz 11.5 nutzen zu können. Dafür zeigen wir zunächst, dass L eine primitive Einheitswurzel enthält, denn dann sind die eingeführten Körper wirklich in L enthalten. Zum besseren Verständnis hier auch nochmal das Diagramm aus dem Satz.

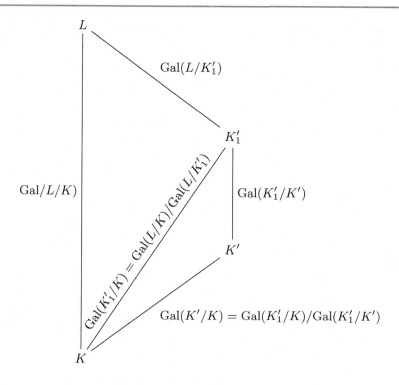

Wir vollführen dann mehrere Schritte:

- Wir zeigen, dass K_1'/K' galoissch und die zugehörige Galoisgruppe auflösbar ist.
- Danach zeigen wir, dass auch K'/K galoissch ist. Deshalb ist dann $\mathrm{Gal}(K_1'/K')$ $\lhd \mathrm{Gal}(K_1'/K)$. Da außerdem $\mathrm{Gal}(K'/K) \subset \mathbb{Z}/p\mathbb{Z}$ gilt, ist $\mathrm{Gal}(K_1'/K)$ auflösbar.
- Mit Satz 11.5 können wir nun auf die Auflösbarkeit von $\mathrm{Gal}(K_1'/K)$ schließen.

Diese drei Schritte sind in folgendem Diagramm zusammengefasst:

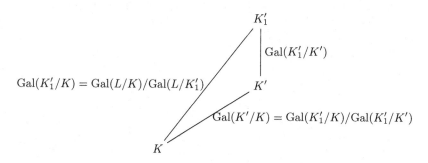

Nun können wir endlich die Induktionsvoraussetzung benutzen, um das Diagramm von oben zu vollenden. In diesem letzten Teil des Beweises betrachten wir das Diagramm

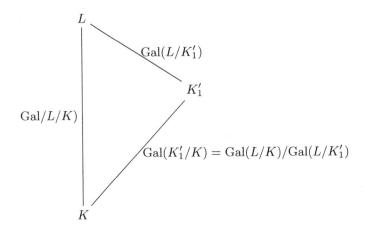

und zeigen ähnlich wie oben mit Hilfe von Normalteilern die Auflösbarkeit von $\mathrm{Gal}(L/K)$.

Erklärung

Zum Satz 11.8 über Auflösbarkeit Hier vollenden wir nun in gewisser Weise den letzten Satz, indem wir zeigen, dass seine Aussage schon für auflösbare Körpererweiterungen gilt und dass dann auch die Umkehrung gilt.

Die eine Richtung des Satzes kann dabei mit Hilfe von Normalteilern leicht auf den Satz 11.7 zurückgeführt werden. Für die andere Richtung führen wir wieder zwei neue Körper ein. Dadurch reicht es, den Satz für den Fall zu beweisen, in dem Grund- und Erweiterungskörper die n-ten Einheitswurzeln enthalten.

Dafür zeigen wir zuerst, dass mit L/K auch L'/K' galoissch ist und wir die Galoisgruppen miteinander in Verbindung bringen können.

Hier arbeiten wir dann ausnahmsweise einmal nicht mit Kommutatoren, sondern tatsächlich mit der Definition von Auflösbarkeit. Wir haben nämlich eine Kompositionsreihe, die einer Folge von Zwischenkörpern entspricht.

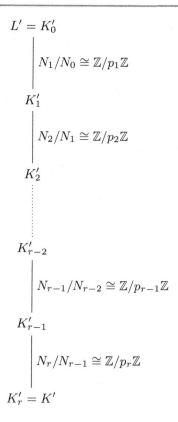

Aus der Eigenschaft, dass K' n-te Einheitswurzeln enthält, schaffen wir dann die Voraussetzungen um Satz 11.4 anwenden zu können, aus dem das Gewünschte sofort folgt.

Wir wollen nun einmal die zweite Methode, Gleichungen aufzulösen, auf den Fall $n = 4$ anwenden.

▶ **Beispiel 143 (Formel für Grad 4)** Ähnlich zu der Formel von Cardano für kubische Polynome wollen wir nun eine Formel herleiten, um die Nullstellen eines Polynoms vom Grad 4 bestimmen zu können.

Sei K ein Körper, $\mathrm{char}(K) \neq 2, 3$ und $f = x^4 + px^2 + qx + r = \prod_{i=1}^{4}(x - \alpha_i) \in K[x]$. Wir betrachten hier nur den Fall der vollen Galoisgruppe. Die Formel gilt dann für alle Fälle. Die Kompositionsreihe von S_4 enthält die Kleinsche Vierergruppe V. V ist nun genau die Gruppe, die die Nullstellen $\beta_1, \beta_2, \beta_3$ der kubischen Resolvente g von f festlässt. Ist L ein Zerfällungskörper von f, so gilt also $\mathrm{Gal}(L/K(\beta_1, \beta_2, \beta_3)) = V$. Da die kubische Resolvente Grad 3 hat, können wir die Nullstellen β_i nach der Formel von Cardano bestimmen. Um nun von dem Körper $K(\beta_1, \beta_2, \beta_3)$ zu L zu kommen, sind zwei Quadratwurzeln zu adjungieren, denn der Grad $[L : K(\beta_1, \beta_2, \beta_3)]$ ist 4. Dafür müssen wir nun Untergruppen von V betrachten. Es ist $\alpha_1 + \alpha_2$ invariant unter der Untergruppe $\langle (12)(34) \rangle$ von

V, allerdings nicht unter den anderen beiden Untergruppen von V. Das bedeutet, dass $\alpha_1 + \alpha_2$ über $K(\beta_1, \beta_2, \beta_3)$ den Grad 2 hat. In der Tat gilt explizit wegen der speziellen Form von f

$$\alpha_1 + \alpha_2 + \alpha_3 + \alpha_4 = 0 \text{ und } (\alpha_1 + \alpha_2)(\alpha_3 + \alpha_4) = \beta_1,$$

also

$$\alpha_1 + \alpha_2 = \sqrt{-\beta_1}, \qquad \alpha_3 + \alpha_4 = -\sqrt{-\beta_1},$$

wenn die Wurzel von $-\beta_1$ geeignet gewählt wird. Analog gilt

$$\alpha_1 + \alpha_3 = \sqrt{-\beta_2}, \qquad \alpha_2 + \alpha_4 = -\sqrt{-\beta_2},$$
$$\alpha_1 + \alpha_4 = \sqrt{-\beta_3}, \qquad \alpha_2 + \alpha_3 = -\sqrt{-\beta_3}.$$

Löst man diese Gleichungen nach den α_i auf, so erhalten wir

$$\alpha_1 = \frac{1}{2}\left(\sqrt{-\beta_1} + \sqrt{-\beta_2} + \sqrt{-\beta_3}\right),$$
$$\alpha_2 = \frac{1}{2}\left(\sqrt{-\beta_1} - \sqrt{-\beta_2} - \sqrt{-\beta_3}\right),$$
$$\alpha_3 = \frac{1}{2}\left(-\sqrt{-\beta_1} + \sqrt{-\beta_2} - \sqrt{-\beta_3}\right),$$
$$\alpha_4 = \frac{1}{2}\left(-\sqrt{-\beta_1} - \sqrt{-\beta_2} + \sqrt{-\beta_3}\right).$$

Damit sind wir fertig, wenn wir wissen, welche Wurzeln zu wählen sind. Es ist

$$\sqrt{-\beta_1}\sqrt{-\beta_2}\sqrt{-\beta_3} = (\alpha_1 + \alpha_2)(\alpha_1 + \alpha_3)(\alpha_1 + \alpha_4)$$
$$= \alpha_1^2(\alpha_1 + \alpha_2 + \alpha_3 + \alpha_4) + \alpha_1\alpha_3\alpha_4$$
$$+ \alpha_2\alpha_1\alpha_4 + \alpha_2\alpha_3\alpha_4 + \alpha_2\alpha_3\alpha_1$$
$$= -q.$$

∎

Wie schon bei den Formeln von Cardano führen wir die Auflösung auf einen schon bekannten Fall zurück, hier auf den Fall $n = 3$, den wir inzwischen lösen können.

Erklärung

Zum Satz 11.9 Hier sehen wir das, was wir schon erwähnt hatten, nämlich dass wir mit Hilfe des Kommutators diejenigen Elemente einer Gruppe identifizieren können, die eine abelsche Untergruppe bilden. Die Charakteriesierung des Kommutators ist wichtig, denn wenn wir wissen, dass G/N abelsch ist, so folgt daraus dann $[G, G] \subset N$.

Erklärung

Zum Auflösbarkeitskriterium (Satz 11.10) Mit diesem Satz kommen wir unserem Ziel schon immer näher. Wir haben ja in Satz 11.8 gesehen, dass wir alleine durch Betrachtung der Galoisgruppe entscheiden können, ob ein Polynom auflösbar ist. Dieser Satz sagt uns nun, wie wir entscheiden können, wann eine Gruppe auflösbar ist. Dafür müssen wir nur die iterierten Kommutatoren betrachten.

Erklärung

Zum Satz 11.11 **über den Kommutator von symmetrischen Gruppen** Hier sehen wir eines der wichtigsten Beispiele von Kommutatoren. Besonders wichtig ist hierbei, dass im Falle $n \geq 5$ der Kommutator der Untergruppe A_n wieder ganz A_n ist.

Erklärung

Zum Satz 11.12 **über die Auflösbarkeit der symmetrischen Gruppen** Hier führen wir nun die letzten beiden Sätze zu diesem wichtigen Resultat zusammen. Wir haben gesehen, dass wir nur den Kommutator brauchen, um zu entscheiden, ob eine Gruppe auflösbar ist, und genau das nutzen wir hier.

Erklärung

Zum Satz 11.13 Hier zeigen wir nun, dass Polynome von Primzahlgrad größer gleich 5 nicht immer aufgelöst werden können. Dafür müssen wir nur ein Polynom finden, dessen Galoisgruppe ganz S_p ist. Dafür reicht es nach Satz 4.9 aus, zu zeigen, dass die Gruppe einen p-Zykel und eine Transposition enthält. Dies wird durch die Voraussetzungen an f gewährleistet.

▶ **Beispiel 144** Das Polynom

$$f := x^5 + 3x^3 - 30x + 6 \in \mathbb{Q}[x]$$

ist irreduzibel über $\mathbb{Q}$ nach dem Eisensteinkriterium. Eine Kurvendiskussion zeigt, dass f genau 3 reelle Nullstellen besitzt. Aus dem Satz folgt $G(f) = S_5$. Die Gleichung

$$x^5 + 3x^3 - 30x + 6 = 0$$

lässt sich also nicht durch Radikale auflösen. ◼

Erklärung

Zur Auflösbarkeit von Gleichungen (Satz 11.14) Das ist das Hauptergebnis, auf das wir so lange hingearbeitet haben ;-). Die ersten beiden Formeln sollten bekannt sein ;-). Leider sind die Formeln für Grad 3 und 4 so kompliziert, dass man die Nullstellen meist nicht per Hand bestimmen kann. Wir wollen hier dennoch einige Beispiele betrachten. Dabei werden wir allerdings, wenn es darum geht,

Wurzeln von komplexen Zahlen (also zum Beispiel $\sqrt[3]{2 + 7i}$) zu bestimmen, ein Computer-Algebra-System zu Hilfe nehmen.

Obwohl wir die Formeln immer nur für die volle Galoisgruppe gezeigt haben, gelten sie, wie schon erwähnt, in jedem Fall, also egal, was die Galoisgruppe ist. Dies werden wir am Beispiel auch sehen.

▶ **Beispiel 145**

- Sei $f = (x - 1)^2(x + 2) = x^3 - 3x + 2$. Hier kennen wir also die Nullstellen und wollen einmal prüfen, ob unsere Formeln stimmen ;-). Wir erhalten

$$\alpha = \sqrt[3]{-1 + \sqrt{1 - 1}} + \sqrt[3]{-1 - \sqrt{1 - 1}} = \sqrt[3]{-1} + \sqrt[3]{-1}.$$

Die möglichen Wurzeln sind jeweils $-1, -\frac{1}{2} \pm \frac{i}{2}\sqrt{3}$. Diese müssen wir nun so wählen, dass $\sqrt[3]{-1}\sqrt[3]{-1} = 1$ gilt. Falsch wäre also zum Beispiel die Wahl -1 und $-\frac{1}{2} + \frac{i}{2}\sqrt{3}$. Die richtigen Wahlen sind

$$(-1, -1), \quad \left(\frac{1}{2} + \frac{i}{2}\sqrt{3}, \frac{1}{2} - \frac{i}{2}\sqrt{3}\right) \quad \left(\frac{1}{2} - \frac{i}{2}\sqrt{3}, \frac{1}{2} + \frac{i}{2}\sqrt{3}\right).$$

Damit erhalten wir als Nullstellen

$$-2 = -1 - 1,$$
$$1 = \frac{1}{2} + \frac{i}{2}\sqrt{3} + \frac{1}{2} - \frac{i}{2}\sqrt{3},$$
$$1 = \frac{1}{2} - \frac{i}{2}\sqrt{3} + \frac{1}{2} + \frac{i}{2}\sqrt{3},$$

also stimmen unsere Formeln in diesem Fall.

- Betrachten wir das Polynom $f = x^3 - 3x^2 - 12x + 36$, so können wir unsere Formeln zunächst nicht anwenden, da das Polynom einen x^2-Term enthält. Mit der Substitution $x = y + 1$ wird dieses Polynom aber zu $y^3 - 15y + 22$. Hier können wir nun die Formel anwenden. Wir erhalten

$$\alpha = \sqrt[3]{-11 + \sqrt{121 - 125}} + \sqrt[3]{-11 - \sqrt{121 - 125}}$$
$$= \sqrt[3]{-11 + 2i} + \sqrt[3]{-11 - 2i}.$$

Die Möglichkeiten für die Wurzeln sind hier $\pm\sqrt{3} - \frac{1}{2} + i(\pm\frac{1}{2}\sqrt{3} + 1)$, $1 - 2i$ beziehungsweise $\pm\sqrt{3} - \frac{1}{2} + i(\mp\frac{1}{2}\sqrt{3} + 1)$, $1 + 2i$. Die Wurzeln sind hier so zu wählen, dass das Produkt 5 ergibt. Man erhält damit als Nullstellen die Werte $-1 + 2\sqrt{3}, -1 - 2\sqrt{3}$ und 2. Da wir aber noch die Substitution rückgängig machen müssen, erhalten wir als Nullstellen des Polynoms f die Zahlen $2\sqrt{3}, -2\sqrt{3}, 3$.

- Ist $f = (x - 2)(x - 1)(x + 1)(x + 2) = x^4 - 5x^2 + 4$, so bestimmen wir zuerst die kubische Resolvente. Diese ist nach Satz 10.5 gegeben durch $x^3 + 10x^2 + 9x$. Für die Nullstellen brauchen wir hier nicht die Formeln von Cardano, man erhält durch Ausklammern von x und mit der p-q-Formel die Lösungen $0, -1, -9$.

  Hier müssen wir nun die Wurzeln von $0, 1$ und 9 so wählen, dass das Produkt 0 ergibt. Dies ist aber immer der Fall. In so einem Fall haben wir Glück, wir wählen für 1 und 9 einfach irgendeine der beiden möglichen Wurzeln, also zum Beispiel $+1$ und -3. Damit sind die vier Lösungen der Gleichung die Zahlen

$$\frac{1}{2}(1 - 3) = -1, \quad \frac{1}{2}(-1 + 3) = 1, \quad \frac{1}{2}(-1 - 3) = -2, \quad \frac{1}{2}(1 + 3) = 2,$$

  wir erhalten also das Richtige.

- Für $f = x^4 - 3x^2 + 3$ ist die kubische Resolvente $x^3 + 6x^2 - 3x$. Diese hat die Nullstellen $0, -3 - 2\sqrt{3}, -3 + 2\sqrt{3}$. Wieder müssen wir bei der Wahl nichts beachten und wählen als Wurzeln $0, \sqrt{3 + 2\sqrt{3}}, \sqrt{3 - 2\sqrt{3}}$. Damit sind die Nullstellen von f

$$\frac{\sqrt{3 + 2\sqrt{3}} + \sqrt{3 - 2\sqrt{3}}}{2},$$

$$\frac{\sqrt{3 + 2\sqrt{3}} - \sqrt{3 - 2\sqrt{3}}}{2},$$

$$\frac{-\sqrt{3 + 2\sqrt{3}} + \sqrt{3 - 2\sqrt{3}}}{2},$$

$$\frac{-\sqrt{3 + 2\sqrt{3}} - \sqrt{3 - 2\sqrt{3}}}{2}.$$

- Kommen wir nun einmal zu dem ultimativen Beispiel. Wir betrachten die Funktion

$$f(x) = x^4 + 4x^3 + 8x^2 + 12x + 9.$$

  Hier haben wir einen Term mit x^3, den wir zunächst mal weg bekommen müssen. Dafür substituieren wir $y = x + 1$. Damit erhalten wir

$$f(y) = y^4 + 2y^2 + 4y + 2.$$

  Die kubische Resolvente von f ist $g(y) = y^3 - 4y^2 - 4y + 16$. Auch hier müssen wir eine Substitution durchführen. Mit der Substitution $y = z + \frac{4}{3}$ kommt man nach kurzer Rechnung auf $g(z) = z^3 - \frac{28}{3}z + \frac{160}{27}$. Hier können wir nun endlich die Formel von Cardano anwenden. Setzen wir in die Formel ein und formen um, so erhalten wir

$$\alpha = \frac{2}{3}\left(\sqrt[3]{\frac{-10\sqrt{3} + 27i}{\sqrt{3}}} + \sqrt[3]{\frac{-10\sqrt{3} - 27i}{\sqrt{3}}}\right).$$

Die möglichen Wurzeln des ersten Summanden sind $\frac{1}{2} - \frac{3}{2}i\sqrt{3}, 2 + i\sqrt{3}, -\frac{5}{2}$ $+ \frac{1}{2}i\sqrt{3}$, die des zweiten sind $\frac{1}{2} + \frac{3}{2}i\sqrt{3}, 2 - i\sqrt{3}, -\frac{5}{2} - \frac{1}{2}i\sqrt{3}$. Wir müssen daraus jetzt Paare (x, y) finden, so dass $\frac{2}{3}x \cdot \frac{2}{3}y = \frac{28}{9}$ gilt, also so, dass $xy = 7$. Die drei möglichen Paarungen sind

$$\left(\frac{1}{2} - \frac{3}{2}i\sqrt{3}, \frac{1}{2} + \frac{3}{2}i\sqrt{3}\right), (2 + i\sqrt{3}, 2 - i\sqrt{3}), \left(-\frac{5}{2} + \frac{1}{2}i\sqrt{3}, -\frac{5}{2} - \frac{1}{2}i\sqrt{3}\right).$$

Dies ergibt die Nullstellen $\frac{2}{3}, \frac{8}{3}$ und $-\frac{10}{3}$ von $g(z)$. Durch Rücksubstitution erhalten wir dann als Nullstellen von $g(y)$ die Zahlen $2, 4, -2$.

Wir haben also bis hierhin zunächst die Nullstellen der kubischen Resolvente bestimmt. Als Nächstes müssten wir die Wurzeln aus dem Negativen dieser Zahlen geeignet wählen. Die möglichen Wurzeln sind $\pm i\sqrt{2}, \pm 2i, \pm\sqrt{2}$. Das Gute ist nun, dass wir die Wurzeln nur einmal wählen müssen, dass das Produkt $-q = -4$ ergibt. Dann können wir diese Wurzeln zur Berechnung aller vier Nullstellen von f verwenden. In diesem Fall wählen wir überall das $+$ Zeichen, dann ist $i\sqrt{2} \cdot 2i \cdot \sqrt{2} = -4$. Damit sind die vier Nullstellen von $f(y)$

$$\frac{1}{2}\left(\sqrt{2} + i(2 + \sqrt{2})\right), \frac{1}{2}\left(-\sqrt{2} + i(-2 + \sqrt{2})\right),$$
$$\frac{1}{2}\left(-\sqrt{2} + i(2 - \sqrt{2})\right), \frac{1}{2}\left(\sqrt{2} + i(-2 - \sqrt{2})\right).$$

Damit sind wir nun fast fertig. Um die Nullstellen von $f(x)$ zu erhalten, müssen wir nun nur noch rücksubstituieren. Das sollten wir noch schaffen. Die Nullstellen von $f(x)$ sind dann (nachdem wir noch einmal schön umgeformt haben ;-)):

$$\frac{1}{2}(2 + \sqrt{2})(1 + i) - 2,$$
$$\frac{1}{2}(2 - \sqrt{2})(1 - i) - 2,$$
$$\frac{1}{2}(2 - \sqrt{2})(1 + i) - 2,$$
$$\frac{1}{2}(2 + \sqrt{2})(1 - i) - 2.$$

Wir haben es also durch unsere entwickelte Theorie tatsächlich geschafft, die Nullstellen eines Polynoms vierten Grades zu bestimmen. Yeah! ∎

Obwohl die Formeln teils sehr kompliziert sind, ist es dennoch sehr nützlich zu wissen, dass es überhaupt Formeln gibt, egal wie diese dann im Endeffekt aussehen.

Eine wichtige Anmerkung wollen wir an dieser Stelle noch machen. Wie man an den Ergebnissen des letzten Beispiels sieht, gibt es immer, wenn nichtrationale

Zahlen auftauchen, eine gewisse Symmetrie in den Nullstellen. Im letzten Beispiel taucht ja immer fast der gleich Term auf, nur dass die Vorzeichen sich ändern. Das ist natürlich kein Zufall, denn f ist das Minimalpolynom jeder Nullstelle. Die anderen Nullstellen erhalten wir dann ja durch die restlichen Elemente der Bahn der ersten Nullstelle unter der Operation der Galoisgruppe. Und die Galoisgruppe ist gerade erzeugt durch die beiden $\mathbb{Q}$-Automorphismen

$$\sigma_1(\sqrt{2}) = \sqrt{2}, \quad \sigma_1(i) = -i,$$
$$\sigma_2(\sqrt{2}) = -\sqrt{2}, \quad \sigma_2(i) = i.$$

Kreisteilungskörper 12

Inhaltsverzeichnis

Wir wollen nun als Anwendung und Beispiel das Gelernte auf besondere Polynome und Körper anwenden, die sogenannten Kreisteilungskörper. Die Grundidee hierbei ist, für gegebenes $n \in \mathbb{N}$ die Zerlegung von $x^n - 1 \in \mathbb{Q}[x]$ in irreduzible Faktoren zu bestimmen.

12.1 Definitionen

Definition 12.1 (Einheitswurzeln)

- Sei $n \in \mathbb{N}$. Dann nennen wir

$$\mu_n := \{z \in \mathbb{C} : z^n = 1\}$$

die Gruppe der n-ten **Einheitswurzeln.** Einheitswurzeln werden wir mit ζ_n bezeichnen (siehe dazu auch noch die Erklärungen).

- $\zeta_n \in \mu_n$ heißt **primitive n-te Einheitswurzel,** falls ord $(\zeta_n) = n$. Die Menge der primitiven n-ten Einheitswurzeln bezeichnen wir mit

$$\mu_n^* := \{\zeta_n \in \mu_n : \text{ord}\,(\zeta_n) = n\}.$$

© Springer-Verlag GmbH Deutschland, ein Teil von Springer Nature 2019
F. Modler und M. Kreh, *Tutorium Algebra,*
https://doi.org/10.1007/978-3-662-58690-7_12

Anmerkung: Den Grund, warum wir im Folgenden manchmal ζ_n und manchmal $\zeta_n^{(k)}$ schreiben, findet ihr in den Erklärungen zu dieser Definition.

Definition 12.2 (Kreisteilungspolynom)
Für $n \in \mathbb{N}$ heißt

$$\Phi_n := \prod_{\zeta_n \in \mu_n^*} (x - \zeta_n)$$

das n-te **Kreisteilungspolynom.**

Definition 12.3 (Kreisteilungskörper)
Sei $n \geq 3$ und ζ_n eine primitive n-te Einheitswurzel. Dann nennen wir $K_n := \mathbb{Q}(\zeta_n)$ den n-ten **Kreisteilungskörper.**

12.2 Sätze und Beweise

Satz 12.1 (über Kreisteilungspolynome)
Sei $n \in \mathbb{N}$. Dann gilt:

1. $\deg \Phi_n = \varphi(n)$.
2. $x^n - 1 = \prod_{d \mid n} \Phi_d$.
3. $\Phi_n \in \mathbb{Z}[x]$ *und* Φ_n *ist normiert.*
4. Für eine Primzahl p gilt $\Phi_p = \sum_{i=0}^{p-1} x^i$.

▶ **Beweis**
1. Folgt aus $\left| \mu_n^* \right| = \varphi(n)$.
2. Folgt sofort aus $\mu_n = \dot{\bigcup}_{d \mid n} \mu_d^*$.
3. Wir beweisen dies mit vollständiger Induktion. Für $n = 1$ gilt die Aussage, denn dann ist $\Phi_1 = x - 1$. Für $n > 1$ folgt nun aus Teil 2:

$$\Phi_n = \frac{x^n - 1}{\prod_{\substack{d \mid n \\ d < n}} \Phi_d}.$$

Aufgrund der Induktionsannahme ist der Nenner normiert und in $\mathbb{Z}[x]$. Daraus folgt sofort $\Phi_n \in \mathbb{Z}[x]$, weil man für den Algorithmus der Polynomdivision nur durch den führenden Koeffizienten teilt (dieser ist ja nach Induktionsannahme 1) und sonst nur die drei Grundrechenarten $+, -, \cdot$ und nicht die Division benötigt. Dann muss Φ_n aber auch normiert sein.

4. Für $n = p$ gilt $\Phi_p = \frac{x^p - 1}{x - 1} = \sum_{i=0}^{p-1} x^i$.

q.e.d.

Satz 12.2
Sei $\Phi_n = gh$ eine Zerlegung mit $g, h \in \mathbb{Z}$ und seien g, h normiert. Sei weiter g irreduzibel und $\zeta = \zeta_{n^a}^{(1)} \in \mathbb{C}$ eine Nullstelle von g und p eine Primzahl mit $p \nmid n$. Dann ist auch ζ^p eine Nullstelle von g.

▶ **Beweis** Angenommen, es gilt $g(\zeta^p) \neq 0$. Dann muss $h(\zeta^p) = 0$ gelten. Also ist ζ Nullstelle von $h(x^p) \in \mathbb{Z}[x]$. Da g irreduzibel ist und ebenfalls ζ als Nullstelle hat, folgt also $g | h(x^p)$ in $\mathbb{Z}[x]$. Seien $\overline{g}, \overline{h}$ die Reduktionen modulo p. Dann ist also nach Satz 6.8 $\overline{g} | \overline{h}(x^p) = \overline{h}(x)^p$. Deshalb gilt $\gcd(\overline{g}, \overline{h}) \neq 1$. Damit hat $\overline{\Phi}_n = \overline{g}\overline{h}$ mehrfache Nullstellen. Es gilt aber $\overline{\Phi}_n | x^n - 1$ in $\mathbb{F}_p[x]$ und $(x^n - 1)' = \overline{n}x^{n-1} \in \mathbb{F}_p[x]$, also $\gcd(x^n - 1, \overline{n}x^{n-1}) = 1$. Wenn aber $\overline{\Phi}_n$ eine mehrfache Nullstellen α in einer Körpererweiterung $K/\mathbb{F}_p$ hat, dann folgt $(x - \alpha)^2 | \overline{\Phi}_n$, also auch $(x - \alpha)^2 | x^n - 1$. Dann ist aber $x - \alpha | x^n - 1$ und $x - \alpha | nx^{n-1}$. Dies ist ein Widerspruch, also folgt wie behauptet $g(\zeta^p) = 0$.

q.e.d.

Satz 12.3 (Kreisteilungspolynome sind irreduzibel)
Für jedes $n \in \mathbb{N}$ ist Φ_n irreduzibel.

▶ **Beweis** Angenommen, wir haben eine Zerlegung $\Phi_n = gh$. Dann kann diese Zerlegung nach dem Satz von Gauß (Satz 3.12) in $\mathbb{Z}[x]$ erfolgen. Dann müssen aber, da Φ_n normiert ist, auch g und h normiert sein. Sei o. B. d. A. g irreduzibel und ζ_n eine Nullstelle von g. Jedes $a \in (\mathbb{Z}/n\mathbb{Z})^*$ lässt sich schreiben als $a = p_1 \cdots p_r$ mit $p_i \nmid n$. Dann folgt sukzessive mit Satz 12.2

$$g(\zeta_n) = 0 \Rightarrow g(\zeta_n^{p_1}) = 0 \Rightarrow \cdots \Rightarrow g(\zeta_n^a) = 0,$$

also

$$g = \prod_{a \in (\mathbb{Z}/n\mathbb{Z})^*} (x - \zeta_n^a) = \Phi_n, \qquad h = 1.$$

q.e.d.

Satz 12.4 (Kreisteilungskörper sind galoissch)
Die Erweiterung $K_n/\mathbb{Q}$ ist galoissch. Schreiben wir $G_n := \mathrm{Gal}(K_n/\mathbb{Q})$ für die Galoisgruppe, so gibt es einen eindeutig bestimmten Gruppenisomorphismus

$$(\mathbb{Z}/n\mathbb{Z})^* \overset{\sim}{\to} G_n, \qquad a \mod n \mapsto \sigma_a$$

mit $\sigma_a(\zeta_n^{(1)}) = (\zeta_n^{(1)})^a$. Insbesondere ist G_n eine abelsche Gruppe der Ordnung $\varphi(n)$.

▶ **Beweis** Da alle Nullstellen $(\zeta_n^{(1)})^a$ von Φ_n in dem Körper $K_n = \mathbb{Q}(\zeta_n)$ liegen und diesen erzeugen, ist K_n der Zerfällungskörper von Φ_n. Da Φ_n als Teiler von $X^n - 1$ separabel ist, ist $K_n/\mathbb{Q}$ also wegen Satz 9.3 eine Galoiserweiterung. Da die Galoisgruppe G_n die Nullstellen von Φ_n permutiert, gibt es für jedes Element $\sigma \in G_n$ eine eindeutig bestimmte prime Restklasse $a \mod n$ mit $\sigma(\zeta_n^{(1)}) = (\zeta_n^{(1)})^a$. Wir erhalten also eine Abbildung

$$G_n \to (\mathbb{Z}/n\mathbb{Z})^*, \qquad \sigma \mapsto a \mod n.$$

Weil Φ_n irreduzibel über $\mathbb{Q}$ ist, operiert nach Satz 9.1 G_n transitiv auf den Nullstellen, deshalb ist die Abbildung surjektiv. Da $K_n/\mathbb{Q}$ galoissch ist, gilt aber auch

$$|G_n| = [K_n : \mathbb{Q}] = \varphi(n) = \left|(\mathbb{Z}/n\mathbb{Z})^*\right|.$$

Also ist die Abbildung sogar bijektiv und deswegen existiert die Umkehrabbildung. Für jede prime Restklasse $a \mod n$ gibt es also ein eindeutiges Element $\sigma_a \in G_n$ mit $\sigma_a(\zeta_n^{(1)}) = (\zeta_n^{(1)})^a$. Damit haben wir gezeigt, dass die geforderte Abbildung $G_n \to (\mathbb{Z}/n\mathbb{Z})$ tatsächlich existiert. Wir zeigen nun noch, dass dies auch ein Gruppenhomomorphismus ist.

Seien $a, b \in (\mathbb{Z}/n\mathbb{Z})^*$. Dann ist

$$\sigma_a \circ \sigma_b(\zeta_n^{(1)}) = \sigma_a((\zeta_n^{(1)})^b) = (\zeta_n^{(1)})^{ab} = \sigma_{ab}(\zeta_n^{(1)}).$$

Da ζ_n den Körper K_n erzeugt, folgt also

$$\sigma_a \circ \sigma_b = \sigma_{ab}$$

für alle a, b. Dies zeigt, dass die Abbildung $a \mapsto \sigma_a$ ein Gruppenhomomorphismus ist. Wegen der Bijektivität ist sie dann auch ein Gruppenisomorphismus. Da $(\mathbb{Z}/n\mathbb{Z})$ abelsch ist, ist also G_n abelsch.   q.e.d.

Satz 12.5

Sei p eine ungerade Primzahl und $L = \mathbb{Q}(\zeta_p)$. Dann hat $L/\mathbb{Q}$ genau einen Zwischenkörper M vom Grad $\frac{1}{2}(p-1)$ über $\mathbb{Q}$. Es ist $M = \mathbb{Q}(z)$ mit

$$z = \zeta_p^{(1)} + \zeta_p^{(p-1)} = 2\cos\frac{2\pi}{p}$$

und $M = L \cap \mathbb{R}$.

▶ **Beweis** Die Existenz von genau einem solchen Körper folgt direkt aus dem Hauptsatz der Galoistheorie (Satz 9.8), denn $\mathrm{Gal}\,(L/\mathbb{Q}) = (\mathbb{Z}/p\mathbb{Z})^*$ ist zyklisch der Ordnung $p-1$ und hat deshalb genau eine Untergruppe für alle Teiler von $p-1$. Wir zeigen noch, dass tatsächlich M der gesuchte Zwischenkörper ist. $\zeta_p^{(1)}$ ist Nullstelle von $x^2 - zx + 1 \in M[x]$. Damit folgt sofort $[L : M] \leq 2$. Da

$$z = \zeta_p^{(1)} + \zeta_p^{(p-1)} = \zeta_p^{(1)} + \overline{\zeta_p^{(1)}} = 2\mathrm{Re}(\zeta_p^{(1)}) = 2\cos\frac{2\pi}{p}$$

reell ist und $\zeta_p^{(1)}$ nicht reell ist, ist $M \neq L$, also $[L : M] = 2$ und nach dem Gradsatz dann $[M : \mathbb{Q}] = \frac{1}{2}(p-1)$. Da $z \in \mathbb{R}$ gilt, ist $M \subset L \cap \mathbb{R}$ klar. Da $L \cap \mathbb{R}$ aber wegen $\zeta_p^{(1)} \notin \mathbb{R}$ ein echter Teilkörper von L ist und M schon der größte echte Teilkörper von L, gilt $M = L \cap \mathbb{R}$.   q.e.d.

Satz 12.6

Sei p eine ungerade Primzahl und $L = \mathbb{Q}(\zeta_p)$. Dann gibt es genau einen Teilkörper $M/\mathbb{Q}$ von L mit Grad 2 über $\mathbb{Q}$ und es ist $M = \mathbb{Q}(\sqrt{(-1)^{\frac{1}{2}(p-1)}p})$.

▶ **Beweis** Wieder folgt die Existenz von genau einem solchen Körper mit dem Hauptsatz der Galoistheorie. L ist Zerfällungskörper des Polynoms $\Phi_p = x^{p-1} + \cdots + 1$, wegen $1 \in \mathbb{Q}$ und $(x^{p-1} + \cdots + 1)(x-1) = x^p - 1$ ist dann L auch Zerfällungskörper von $f := x^p - 1$. Es gilt $f'(x) = px^{p-1}$, also

$$D_f = (-1)^{\frac{1}{2}p(p-1)}\prod_{i=1}^{p} p(\zeta_p^{(i)})^{(p-1)} = (-1)^{\frac{1}{2}p(p-1)}\zeta^N p^p$$

für ein $N \in \mathbb{N}$. Als Erstes können wir nun bei $(-1)^{\frac{1}{2}p(p-1)}$ das p weglassen, denn der Exponent hängt nur davon ab, ob $(\frac{1}{2}(p-1))p$ gerade oder ungerade ist. Dies ist genau dann gerade, wenn einer der Faktoren p und $\frac{1}{2}(p-1)$ gerade ist, also können ungerade Faktoren weggelassen werden und p ist ungerade. Als Nächstes wollen wir ζ^N bestimmen. Da $f \in \mathbb{Z}[x]$ ist, ist D_f nach Satz 10.4 eine ganze Zahl, also muss auch ζ^N eine ganze Zahl sein, dass geht nur, wenn $\zeta^N = 1$ gilt, denn -1 kommt nur dann als n-te Einheitswurzel vor, wenn n gerade ist. Es folgt

$$D_f = (-1)^{\frac{1}{2}(p-1)} p^p.$$

Sei nun $\delta := \sqrt{D_f}$. Wegen

$$\delta = \sqrt{D_f} = \sqrt{\prod_{i<j}(\alpha_i - \alpha_j)^2} = \prod_{i<j}(\alpha_i - \alpha_j)$$

ist $\delta \in L$. Nun gilt weiter

$$\delta = \sqrt{\pm p^p} = \sqrt{\pm p^{p-1}}\sqrt{\pm p} = x\sqrt{\pm p}$$

für ein $x \in \mathbb{Q}$. Also ist

$$\mathbb{Q}(\delta) = \mathbb{Q}\left(\sqrt{(-1)^{\frac{1}{2}(p-1)}p}\right).$$

Dieser Körper ist nun ein Teilkörper von L mit Grad 2 über $\mathbb{Q}$, also der, den wir suchen.   q.e.d.

12.3 Erklärungen zu den Definitionen

Erklärung

Zur Definition 12.1 **der Einheitswurzeln** Wir werden hier mit ζ_n eine beliebige (manchmal primitive) n-te Einheitswurzel bezeichnen und bezeichnen mit $\zeta_n^{(k)} = e^{\frac{2\pi i k}{n}}$ diese spezielle n-te Einheitswurzel.

▶ **Beispiel 146** Wenn wir schreiben „Sei ζ_3 eine dritte Einheitswurzel", so können damit die drei Zahlen

$$e^{\frac{2\pi i}{3}} = -\frac{1}{2} + \frac{i}{2}\sqrt{3}, \quad e^{\frac{4\pi i}{3}} = -\frac{1}{2} - \frac{i}{2}\sqrt{3}, \quad e^{\frac{6\pi i}{3}} = 1$$

gemeint sein. Sprechen wir von primitiven dritten Einheitswurzeln, so können

$$e^{\frac{2\pi i}{3}} = -\frac{1}{2} + \frac{i}{2}\sqrt{3}, \quad e^{\frac{4\pi i}{3}} = -\frac{1}{2} - \frac{i}{2}\sqrt{3}$$

gemeint sein.   ■

Es gilt dann immer $\zeta_n^{(k)} = (\zeta_n^{(1)})^k$.

Wir wollen hier einige Tatsachen über Einheitswurzeln erwähnen, die einfach zu zeigen sind. Ihr solltet euch jeweils überlegen, warum das gilt.

Zunächst ist μ_n zyklisch der Ordnung n, ein Erzeuger ist zum Beispiel $\zeta_n^{(1)} = e^{\frac{2\pi i}{n}}$. Ist $\zeta_n \in \mu_n$ eine beliebige n-te Einheitswurzel, so ist $\langle z \rangle \subset \mu_n$ eine zyklische Untergruppe mit Erzeuger z. Es gilt dann mit $d = \mathrm{ord}\,(\zeta_n)$, dass $d | n$ und

$$\langle \zeta_n \rangle = \{1, \ldots, \zeta_n^{d-1}\},$$

das heißt $\zeta_n^d = 1$.

Außerdem ist, da jede Einheitswurzel eine eindeutige Ordnung besitzt,

$$\mu_n = \dot{\bigcup}_{d | n} \mu_d^*$$

und es gilt $|\mu_n^*| = \varphi(n)$.

▶ **Beispiel 147** Es gilt:

$$\mu_1^* = \{1\}, \qquad \varphi(1) = 1,$$
$$\mu_2^* = \{-1\}, \qquad \varphi(2) = 1,$$
$$\mu_3^* = \{\zeta_3^{(1)}, (\zeta_3^{(1)})^2\}, \qquad \varphi(3) = 2,$$
$$\mu_4^* = \{i, -i\}, \qquad \varphi(4) = 2,$$
$$\mu_5^* = \{\zeta_5^{(1)}, (\zeta_5^{(1)})^2, (\zeta_5^{(1)})^3, (\zeta_5^{(1)})^4\}, \qquad \varphi(5) = 4$$

mit $\zeta_3^{(1)} = -\frac{1}{2} + \frac{i}{2}\sqrt{3}$ und $\zeta_5^{(1)} = \frac{\sqrt{5}-1}{4} + \sqrt{\frac{\sqrt{5}+5}{8}}$. ∎

Graphisch sind die Einheitswurzeln einfach die Ecken eines regulären n-Ecks, siehe Abb. 12.1.

Abb. 12.1 Die siebten Einheitswurzeln graphisch dargestellt.

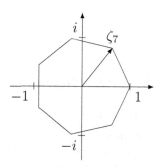

Über Einheitswurzeln gibt es noch eine interessante Eigenschaft zu erwähnen. Ist ζ_{mn} eine mn-te Einheitswurzel, so ist $(\zeta_{mn}^m)^n = \zeta_{mn}^{mn} = 1$, also ist ζ_{mn}^m eine n-te Einheitswurzel. Außerdem bedeutet das, dass, wenn ein Körper die n-ten Einheitswurzeln enthält, er dann auch die d-ten Einheitswurzeln für $d|n$ enthält.

Außerdem folgt direkt aus der Definition, dass jede p-te Einheitswurzel $\zeta_p \neq 1$ auch eine primitive p-te Einheitswurzel ist.

Erklärung

Zur Definition 12.2 der Kreisteilungspolynome Die Bedeutung der Kreisteilungspolynome werden wir in Satz 12.4 noch sehen. In Satz 12.1 sehen wir, was diese mit der eingangs gestellten Fragestellung der Zerlegung von $x^n - 1$ zu tun haben.

▶ **Beispiel 148** Wir berechnen die Kreisteilungspolynome für $n \in \{1, 2, 3, 4, 5\}$. Es ist:

$$\Phi_1 = x - 1,$$
$$\Phi_2 = x + 1,$$
$$\Phi_3 = (x - \zeta_3^{(1)})(x - \zeta_3^{(2)}) = x^2 - (\zeta_3^{(1)} + \zeta_3^{(2)})x + \zeta_3^3 = x^2 + x + 1,$$
$$\Phi_4 = (x - i)(x + i) = x^2 + 1,$$
$$\Phi_5 = (x - \zeta_5^{(1)})(x - \zeta_5^{(2)})(x - \zeta_5^{(3)})(x - \zeta_5^{(4)}) = x^4 + x^3 + x^2 + x + 1.$$

∎

Erklärung

Zur Definition 12.3 des Kreisteilungskörpers Die Kreisteilungskörper sind eine besonders wichtige und auch einfache Erweiterung. In diesem Kapitel werden wir einiges ihrer Eigenschaften kennenlernen. Zunächst wollen wir hier einige Sachen erwähnen, die ihr euch leicht selbst klarmachen könnt.

Zunächst ist das Minimalpolynom von jeder primitiven n-ten Einheitswurzel ζ_n über $\mathbb{Q}$ das n-te Kreisteilungspolynom Φ_n. Daraus folgt sofort

$$[K_n : \mathbb{Q}] = \deg(\Phi_n) = \varphi(n).$$

12.4 Erklärungen zu den Sätzen und Beweisen

Erklärung

Zum Satz über Kreisteilungspolynome (Satz 12.1) Wir haben die Beweise hier bewusst kurz gehalten. Die Details solltet ihr euch überlegen. Im Anschluss an das Beispiel werden wir aber noch etwas genauer argumentieren.

▶ **Beispiel 149** Wir wollen hier einmal die Zerlegung von $x^n - 1$ in irreduzible Faktoren für kleine n untersuchen.

$n = 1$: Hier ist nichts zu tun.

$n = 2$: Es gilt $x^2 - 1 = (x + 1)(x - 1)$.

$n = 3$: Es ist $x^3 - 1 = (x - 1)(x^2 + x + 1)$ und $x^2 + x + 1$ ist irreduzibel, denn die Reduktion modulo 2 ist irreduzibel.

$n = 4$: Hier ist $x^4 - 1 = (x + 1)(x - 1)(x^2 + 1)$ und $x^2 + 1$ ist irreduzibel, denn die Reduktion modulo 3 ist irreduzibel.

$n = 5$: Es ist $x^5 - 1 = (x - 1)(x^4 + x^3 + x^2 + x + 1)$ und $x^4 + x^3 + x^2 + x + 1$ ist irreduzibel, denn die Reduktion modulo 2 hat keine Nullstellen, und nach Beispiel 70 ist das einzige nicht irreduzible Polynom modulo 2 vom Grad 4, das keine Nullstellen hat, $x^4 + x^2 + 1$.

Wir sehen also in jedem Fall, dass $x^n - 1$ das Produkt der d-ten Kreisteilungspolynome ist mit $d \mid n$. ∎

Nun noch etwas genauer zum Beweis.

Der erste Teil folgt, da Φ_n offensichtlich aus $\varphi(n)$ Faktoren jeweils mit Grad 1 besteht. Beim zweiten Teil ist

$$x^n - 1 = \prod_{\zeta_n \in \mu_n} (x - \zeta_n) = \prod_{d \mid n} \prod_{\zeta_n \in \mu_d^*} (x - \zeta_n) = \prod_{d \mid n} \Phi_d.$$

Nachdem man im dritten Teil erkannt hat, dass $\Phi_n \in \mathbb{Z}[x]$, folgt daraus die Normiertheit. Wäre nämlich Φ_n nicht normiert, so könnte $x^n - 1 = \prod_{d \mid n} \Phi_d$ nicht 1 als führenden Koeffizienten haben, denn bei Φ_d können keine Brüche als Koeffizienten auftreten. Der letzte Teil folgt schließlich sofort aus dem zweiten, da eine Primzahl außer sich selbst nur den Teiler 1 hat.

Erklärung

Zum Satz 12.2 Dieser Satz dient nur als Hilfe, um die Irreduzibilität der Kreisteilungspolynome zu zeigen.

Erklärung

Zum Satz über die Irreduzibilität von Kreisteilungspolynomen (Satz 12.3) Wir benutzen hier nur induktiv immer wieder das vorangegangene Lemma. Dabei können wir g als irreduzibel voraussetzen, da wir einfach die Zerlegung $\Phi_n = g_1 \cdots g_k$ in irreduzible Faktoren über $\mathbb{Z}[x]$ bestimmen und dann $g := g_1$ und $h := g_2 \cdots g_k$ setzen.

Im Falle, dass $n = p$ eine Primzahl ist, kann man die Irreduzibilität auch einfacher zeigen.

Dafür nutzt man, dass $\Phi_p(x)$ genau dann irreduzibel in $\mathbb{Z}[x]$ ist, wenn $\Phi_p(y + 1)$ irreduzibel in $\mathbb{Z}[y]$ ist. Nun folgt aber aus $(x - 1)\Phi_p(x) = x^p - 1$:

$$y\Phi_p(y + 1) = (y + 1)^p - 1 = \sum_{k=0}^{p} \binom{p}{k} y^k - 1 \Rightarrow \Phi_p(y + 1) = \sum_{k=1}^{p} \binom{p}{k} y^{k-1}.$$

Mit Satz 6.7 und dem Eisensteinkriterium folgt dann die Irreduzibilität von $\Phi_p(y + 1)$ und damit auch die von $\Phi_n(x)$.

Erklärung

Zum Satz 12.4, dass Kreisteilungskörper galoissch sind Dieser Satz sagt uns also, dass alle Kreisteilungskörper über $\mathbb{Q}$ Galoiserweiterungen sind. Und noch mehr: Wir haben hier die Struktur der Galoisgruppe bestimmt und diese ist sehr einfach. Das werden wir ausnutzen können, um Zwischenkörper zu studieren.

▶ **Beispiel 150** Es sei $p = 5$. Die Restklasse $2 \mod 5$ ist ein Erzeuger von $(\mathbb{Z}/5\mathbb{Z})^*$ (nachrechnen!). Das zugehörige Element $\sigma_2 \in G_5 = \text{Gal}\,(\mathbb{Q}(\zeta_5)/\mathbb{Q})$ der Galoisgruppe ist bestimmt durch

$$\zeta_5^{(1)} \mapsto \zeta_5^{(2)}, \qquad \zeta_5^{(2)} \mapsto \zeta_5^{(4)}, \qquad \zeta_5^{(3)} \mapsto \zeta_5^{(1)}, \qquad \zeta_5^{(4)} \mapsto \zeta_5^{(3)}.$$

■

Wie wir an dem Satz 12.4 sehen, gilt hier sogar etwas Besonderes: Die Galoisgruppe eines Kreisteilungskörpers ist abelsch. Man sagt in dem Fall auch, dass die Erweiterung abelsch ist. Eine große Fragestellung ist nun umgekehrt die abelschen Erweiterungen L/K zu klassifizieren. Für allgemeine K ist dies noch ungelöst. Für $K = \mathbb{Q}$ gilt tatsächlich eine Art Umkehrung des Satzes, es ist nämlich jede abelsche Erweiterung $L/\mathbb{Q}$ in einem Kreisteilungskörper enthalten. Dies zu zeigen ist allerdings sehr schwierig und erfordert viel mehr Hilfsmittel als wir hier zur Verfügung haben.

Erklärung

Zu den Sätzen 12.5 und 12.6 Wir wollen hier einmal diese beiden Sätze an einigen Beispielen darstellen.

▶ **Beispiel 151**

- Sei $p = 3$. Dann ist $\frac{1}{2}(p - 1) = 1$ und der dazugehörige Zwischenkörper ist $M = \mathbb{Q}(2\cos\frac{2\pi}{3}) = \mathbb{Q}(-1) = \mathbb{Q}$. Die Erweiterung vom Grad 2 ist dann $\mathbb{Q}(\sqrt{-3}) = \mathbb{Q}(2\zeta_3^{(1)} + 1) = \mathbb{Q}(\zeta_3)$. In diesem Fall gibt es also keine echten Zwischenkörper.

$\mathbb{Q}(\zeta_3)$

2

$\mathbb{Q}$

- Ist $p = 5$, so ist $\frac{1}{2}(p-1) = 2$, die beiden Zwischenkörper fallen also zusammen. Auf dem einen Wege erhalten wir $M = \mathbb{Q}(2\cos\frac{2\pi}{5})$, auf dem anderen $M = \mathbb{Q}(\sqrt{5})$. In beiden Fällen sieht man schon mal, dass die Körper reell sind. Außerdem gilt $\cos\frac{2\pi}{5} = \mathrm{Re}(\zeta_5^{(1)}) = \frac{1}{4}(\sqrt{5}-1)$, man sieht also, dass beide Körper identisch sind.

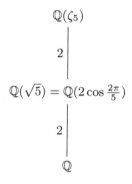

$\mathbb{Q}(\zeta_5)$

2

$\mathbb{Q}(\sqrt{5}) = \mathbb{Q}(2\cos\frac{2\pi}{5})$

2

$\mathbb{Q}$

- Sei nun $p = 11$. Hier ist $\frac{1}{2}(p-1) = 5$. Wir erhalten in dem Fall also zwei echte Zwischenkörper.

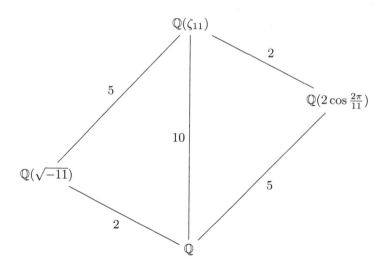

$\mathbb{Q}(\zeta_{11})$

2

$\mathbb{Q}(2\cos\frac{2\pi}{11})$

5

10

$\mathbb{Q}(\sqrt{-11})$

5

2

$\mathbb{Q}$

■

▶ **Beispiel 152** Das Resultat aus Satz 12.6 können wir auch noch für etwas anderes nutzen. Wir haben in Beispiel 123 gesehen, dass jede Erweiterung $L/\mathbb{Q}$ vom Grad 2 über $\mathbb{Q}$ galoissch ist. Die Ordnung der Galoisgruppe ist also 2. Damit ist die Gruppe zyklisch und insbesondere abelsch. Nach unserer Bemerkung bei Satz 12.4 sollte also L in einem der Körper K_n enthalten sein. Dies wollen wir nun zeigen. Dafür können wir, wie schon in Beispiel 123 gesehen, davon ausgehen, dass $L = \mathbb{Q}(\sqrt{d})$ mit quadratfreiem $d \in \mathbb{Q}$ gilt. Sei zunächst einmal $d = p$ eine Primzahl.

Dann ist entweder $\sqrt{p}$ oder $\sqrt{-p}$ in einem Teilkörper von K_p enthalten, also auch in K_p selbst. Im Falle, dass $\sqrt{-p}$ in K_p enthalten ist, ist $\sqrt{p} = i\sqrt{-p} = \zeta_4^{(1)}\sqrt{-p} \in \mathbb{Q}(\zeta_4, \zeta_p)$.

Sei jetzt d nicht mehr unbedingt eine Primzahl. Da d quadratfrei ist, ist die Primfaktorzerlegung von d von der Form

$$d = p_1 \cdots p_r$$

mit $p_i \neq p_j$. Dann gilt aber

$$\sqrt{n} = \sqrt{p_1} \cdots \sqrt{p_r} \in K(\zeta_4, \zeta_{p_1}, \ldots, \zeta_{p_r}).$$

Nun gilt aber $\zeta_{4n}^n = \zeta_4$ und für jedes i ist

$$\zeta_{4n}^{\frac{4n}{p_i}} = \zeta_{p_i},$$

also ist $\mathbb{Q}(\zeta_4, \zeta_{p_1}, \ldots, \zeta_{p_r}) \subset \mathbb{Q}(\zeta_{4n}) = K_{4n}$. Da also der Erzeuger von L bereits in K_{4n} liegt, muss auch $L \subset K_{4n}$ gelten.

Damit haben wir gezeigt, dass im Falle $[L : \mathbb{Q}] = 2$ tatsächlich jede Galoiserweiterung mit abelscher Galoisgruppe (das sind hier ja einfach alle Erweiterungen) in einem Kreisteilungskörper enthalten ist. ◼

Konstruktion mit Zirkel und Lineal

13

Inhaltsverzeichnis

In diesem Kapitel geht es im Wesentlichen darum, mit Hilfe der Theorie, die wir in den letzten Kapiteln mühsam aufgebaut haben, einige Anwendungen zu betrachten, indem wir zeigen, dass gewisse Konstruktionen mit Lineal und Zirkel möglich oder sogar unmöglich sind. „Konstruktion mit Lineal und Zirkel" bedeutet in diesem Fall, dass man Lineal und Zirkel nur benutzen darf, um gerade Linien zu ziehen, und nicht, um irgendwelche Abmessungen vorzunehmen. Unser Lineal besitzt also keine Zentimerangabe oder Ähnliches. Ihr könnt euch auch einfach ein Objekt denken, mit dem ihr nur gerade Striche durch zwei Punkte zeichnen könnt. Nicht mehr und nicht weniger.

Im Vordergrund werden folgende Probleme stehen: Verdopplung eines Würfels, die berühmte Quadratur des Kreises (mit Hilfe von Kap. 14) und die Dreiteilung des Winkels.

Wir werden erstaunlicherweise feststellen, dass alle drei Probleme mit Hilfe von Lineal und Zirkel nicht zu schaffen sind. Interessant, oder? Wenn ihr jetzt wissen wollt, wie wir so etwas beweisen, dann müsst ihr das Kapitel lesen! Denn, zu zeigen, dass so eine Konstruktion funktioniert, ist ja leicht. Dazu gibt man die Konstruktion einfach an. Aber zu beweisen, dass es nicht geht, scheint schwieriger zu sein, oder?

Eine entscheidende Frage wird auch sein, welche n-Ecke konstruierbar sind und welche nicht.

© Springer-Verlag GmbH Deutschland, ein Teil von Springer Nature 2019
F. Modler und M. Kreh, *Tutorium Algebra*,
https://doi.org/10.1007/978-3-662-58690-7_13

13.1 Definitionen

Definition 13.1 (Eulersche ϕ-Funktion)
Die Funktion

$$\phi(m) := |\{a \in \mathbb{N} : 1 \le a \le m, \gcd(a, m) = 1\}|$$

heißt **Eulersche ϕ-Funktion.**

Definition 13.2 (Konstruierbarkeit)
Seien E die euklidische Ebene und P_0, $P_1 \in E$ zwei Punkte, die nicht dieselben sind, das heißt $P_0 \ne P_1$. **Konstruierbarkeit** bedeutet dann:

i) P_0, P_1 sind konstruierbar.
ii) Sind P_m und P_n konstruierbar, so ist die Gerade l durch P_m und P_n und der Kreis um P_m durch P_n konstruierbar.
iii) Die Schnittpunkte zweier verschiedener, konstruierbarer Geraden oder Kreise sind konstruierbar.

Anmerkung: Wann Punkte konstruierbar genannt werden, wird in den Erklärungen ausgeführt.

Definition 13.3 (Konstruierbarkeit einer reellen Zahl)
Eine reelle Zahl $a \in \mathbb{R}$ heißt **konstruierbar,** wenn $|a| = d(P_m, P_n)$ mit konstruierbaren P_m, $P_n \in E$ ist (siehe Definition 13.2), wobei

$$d : E \times E \to \mathbb{R}_{\ge 0}, \ d(P_0, P_1) = 1$$

die eindeutige euklidische Metrik (Abstandsbegriff) auf E ist, das heißt, der „Abstand" der beiden Punkte ist gleich 1.
Die Menge aller konstruierbaren Zahlen bezeichnen wir mit $\mathcal{K}$, das heißt:

$$\mathcal{K} := \{a \in \mathbb{R} : a \text{ ist konstruierbar}\} \subset \mathbb{R}.$$

Definition 13.4 (Konstruierbarkeit eines Winkels)
Wir nennen einen Winkel α konstruierbar, wenn die Zahl $\cos(\alpha)$ konstruierbar ist.

Definition 13.5 (Konstruierbarkeit einer komplexen Zahl)
Eine komplexe Zahl $z = x + i \cdot y$ heißt konstruierbar, wenn der Realteil x und der Imaginärteil y konstruierbar sind. Die Menge aller komplexen Zahlen, die konstruierbar sind, bezeichnen wir mit $\mathcal{K}_{\mathbb{C}}$.

Definition 13.6 (Fermatzahl)
Für $k \geq 0$ heißt

$$F_k := 2^{2^k} + 1$$

die **k-te Fermatzahl.**

Definition 13.7 (Konstruierbarkeit Vieleck)
Ein regelmäßiges Vieleck mit n-Ecken, auch n-Eck genannt, heißt konstruierbar (in unserem Sinne mit Zirkel und Lineal), falls die Zahl

$$e^{\frac{2\pi i}{n}} = \cos\left(\frac{2\pi}{n}\right) + i \cdot \sin\left(\frac{2\pi}{n}\right)$$

konstruierbar ist.

13.2 Sätze und Beweise

Satz 13.1
Es gelten die folgenden Aussagen:

i) *$\mathcal{K}$, also die Menge aller konstruierbarer Zahlen, ist ein Körper.*
ii) *Eine Zahl $a \in \mathbb{R}$ liegt genau dann in $\mathcal{K}$, wenn es eine aufsteigende Kette $\mathbb{Q} = F_0 \subset F_1 \subset \ldots \subset F_n \subset \mathbb{R}$ von Körpererweiterungen gibt mit der Eigenschaft, dass*

$$[F_i : F_{i-1}] = 2, \quad i = 1, \ldots, n, \ a \in F_n.$$

▶ **Beweis**   Bei i) geben wir „nur" die Beweisidee:

i) Es muss gezeigt werden, dass für zwei positive konstruierbare Zahlen a und b
   auch die Summe $a + b$, die Differenz $a - b$ ($a > b$), das Produkt ab und das
   Inverse a^{-1} konstruierbar sind. Die Fälle $a < 0$ und $b < 0$ folgen dann leicht.

   - Addition und Subtraktion ergeben sich durch Abtragen mit dem Zirkel auf
     eine Linie.
   - Bei der Multiplikation werden ähnliche Dreiecke mit einem rechten Winkel
     verwendet. Diese haben die Ankatheten- und Gegenkathetenseiten r, s bzw.
     $\tilde{r}, \tilde{s}$. Damit wir das Produkt ab konstruieren können, setzen wir einfach $r = 1$,
     $s = a$ und $\tilde{r} = b$. Aus der Ähnlichkeitsbeziehung $\frac{r}{s} = \frac{\tilde{r}}{\tilde{s}}$ folgt dann sofort $\tilde{s} = ab$.
   - Es fehlt noch die Konstruierbarkeit von a^{-1}. Dazu wählen wir wieder mit den
     ähnlichen Dreiecken aus dem Punkt davor $r = a, s = 1$ und $\tilde{r} = 1$, womit sich
     dann $\tilde{s} = a^{-1}$ ergibt.

ii) Wir beweisen zunächst, dass ein Körperturm

$$\mathbb{Q} = F_0 \subset F_1 \subset \ldots \subset F_n \subset \mathbb{R}$$

existiert, bei dem $F_{i+1} = F_i(\sqrt{a_i})$ (für $i < n$) durch Adjunktion der Quadratwurzel von $a_i \in F_i$, $a_i \geq 0$ entsteht, sodass dann $a \in F_n = \mathbb{Q}(\sqrt{a_1}, \ldots, \sqrt{a_n})$.
Dazu beweisen wir also wie folgt:

„$\Rightarrow$": Es sei a konstruierbar, dann starten wir mit $F_0 = \mathbb{Q}$ und bauen schritt-
   weise den Körperturm auf. Dies ist alles gar kein Problem, da wir in
   Beispiel 156 und Abb. 13.4 sehen werden, dass Quadratwurzeln konstruierbar sind.

„$\Leftarrow$": Es sei nun der angegebene Körperturm gegeben und wir wollen zeigen,
   dass die Elemente aus F_n konstruierbar sind. Die Idee hierbei ist eine
   Induktion nach n. Der Induktionsanfang für $n = 0$ ist klar, denn alle Elemente aus $F_0 = \mathbb{Q}$ sind konstruierbar (denn diese haben ja gerade die
   Form p/q mit $p, q \in \mathbb{Z}$ und $q \neq 0$). Seien also nach Induktionsvoraussetzung die Elemente aus F_i konstruierbar und wir wollen zeigen, dass
   dann auch die Elemente aus F_{i+1} konstruierbar sind. Dies folgt aber,
   denn es ist ja gerade jedes Element $x + y\sqrt{z} \in F_{i+1}$ mit $x, y, z \in F_i$
   und $z > 0$ konstruierbar. Entscheidend ist, dass sämtliche Elemente in
   F_{i+1} diese Gestalt besitzen.

Es bleibt jetzt noch zu zeigen, dass

$$[F_i : F_{i-1}] = 2$$

gilt. Die Existenz solch eines Körperturms impliziert bereits, dass $[F_i : F_{i-1}] \leq$
2. Die Gleichheit folgt nun aus dem Gradsatz 5.4 durch

$$[F_n : \mathbb{Q}] = \prod_{i=1}^{n} [F_{i+1} : F_i] = 2^n.$$

Jetzt ist alles gezeigt.   q.e.d.

Satz 13.2
Es gelten die folgenden Aussagen.

i)   Jede konstruierbare Zahl ist algebraisch.
ii) $\mathcal{K}/\mathbb{Q}$ ist eine algebraische Körpererweiterung.
iii) Für alle $a \in \mathcal{K}$ gilt:

$$\deg(\min_{\mathbb{Q}}(a)) = [\mathbb{Q}(a) : \mathbb{Q}] = 2^n, \; n \geq 0.$$

▶ **Beweis**   Dieser Satz ist ein direktes Korollar aus Satz 13.1.   q.e.d.

Satz 13.3
Es sei K ein Körper, in dem $2 := 1 + 1 \neq 0$ gilt, das heißt, es ist $\mathrm{char}(K) \neq 2$.
Es sei L/K eine Körpererweiterung mit $[L : K] = 2$. Dann existiert ein $\alpha \in L$
mit $L = K(\alpha)$ und $\alpha^2 \in K$. Kurz: $L = K(\sqrt{a})$ mit $a := \alpha^2$.

▶ **Beweis**   Sei $\alpha \in L \setminus K$. Dann gilt:

$$1 < [K(\alpha) : K] | [L : K] = 2 \; \Rightarrow \; L = K(\alpha).$$

Weiter existieren $p, q \in K$ mit der Eigenschaft, dass $\alpha^2 + p\alpha + q = 0$. Mit $\beta :=$
$\alpha + \frac{p}{2} \in L$ ist $L = K(\alpha) = K(\beta)$.   q.e.d.

Satz 13.4
Für $n \in \mathbb{N}$ sind die folgenden vier Aussagen äquivalent:

i)   Das reguläre n-Eck ist konstruierbar.
ii) $\zeta_n \in \mathcal{K}_{\mathbb{C}} \Leftrightarrow K_n \subset \mathcal{K}_{\mathbb{C}}$.
iii) $K_n^+ := \mathbb{Q}(\cos(2\pi/n)) \subset K_n = \mathbb{Q}(\zeta_n) \subset \mathcal{K}$.
iv) Es existiert eine Körperkette

$$\mathbb{Q} = F_0 \subset F_1 \subset \ldots \subset F_{m-1} = K_n^+$$

mit $[F_i : F_{i-1}] = 2$.

Hierbei bezeichnet K_n den n-ten Kreisteilungskörper und ζ_n die n-te Einheits-
wurzel; vergleiche auch das Kap. 12.

Satz 13.5

Es seien $m, n \in \mathbb{N}$. Dann gelten die folgenden Aussagen:

i) $\zeta_{nm} \in \mathcal{K}_{\mathbb{C}} \Rightarrow \zeta_n, \zeta_m \in \mathcal{K}_{\mathbb{C}}$.
ii) *Für* $\gcd(n, m) = 1$ *gilt* $\zeta_n, \zeta_m \in \mathcal{K}_{\mathbb{C}} \Rightarrow \zeta_{nm}$.

▶ **Beweis** Als Beweisidee geben wir einige Hinweise:

i) Es ist $\zeta_n = (\zeta_{nm})^m$, da $\left(e^{\frac{2\pi i}{nm}}\right)^m = e^{\frac{2\pi i}{n}}$ und damit $\zeta_m = (\zeta_{nm})^n \in \mathcal{K}_{\mathbb{C}}$.
ii) Es sei $1 = an + mb$. Insbesondere ist dann

$$\zeta_{nm} = (\zeta_{nm})^{an} \cdot (\zeta_{nm})^{bm} = \zeta_m^a \cdot \zeta_n^b \in \mathcal{K}_{\mathbb{C}}.$$

q.e.d.

Satz 13.6 (Konstruierbarkeit Vieleck)

Das reguläre n-Eck ist genau dann konstruierbar (vergleiche auch Definition 13.7 und seine Erklärungen), wenn

$$n = 2^m \cdot p_1 \cdot \ldots \cdot p_r$$

ist mit $m \geq 0$ und $p_1, \ldots, p_r$ paarweise verschiedenen Fermatprimzahlen.

▶ **Beweis** Wir wollen folgenden Sachverhalt für die Hinrichtung nutzen:

Ist $n \in \mathbb{N}$ so gegeben, dass das n-Eck konstruierbar ist, so muss $\phi(n)$ (Eulersche-ϕ-Funktion) eine Zweierpotenz sein.

Dies sieht man recht fix: Da das n-Eck konstruierbar ist, ist die Zahl $e^{\frac{2\pi i}{n}}$ konstruierbar. Dies ist gerade die primitive Einheitswurzel, die wir mit $\zeta = e^{\frac{2\pi i}{n}}$ bezeichnen. Wir wissen weiter, dass das Minimalpolynom von ζ eine Zweierpotenz als Grad besitzen muss. Nun folgern wir mit dem Wissen aus Kap. 12 über die Kreiteilungskörper, dass das Minimalpolynom von ζ gerade das n-te Kreisteilungspolynom ist, welches den Grad $\phi(n)$ besitzt.

Wir beweisen jetzt jede Richtung getrennt.

„$\Rightarrow$":   Wir bemerken zunächst, dass jede natürliche Zahl n in seine Primfaktorzerlegung zerlegt werden kann (dies werdet ihr vielleicht mal in einer Zahlentheorievorlesung sehen). Also sei

$$n = 2^\alpha p_1^{k_1} \cdot \ldots \cdot p_r^{k_r}$$

die Primfaktorzerlegung mit verschiedenen Primzahlen $p_i, i = 1 \ldots, r$ und $k_i \geq 1$ sowie $\alpha \geq 0$. Wir wissen aus der obigen Tatsache, dass die Eulersche ϕ-Funktion eine Zweierpotenz ist und dass

$$\phi(n) = 2^{\alpha-1}(p_1 - 1)p_1^{k_1-1} \cdot \ldots \cdot (p_r - 1)p_r^{k_r-1}.$$

Es ergibt sich jetzt, dass die Primzahlen nur mit einem Exponenten 1 auftreten können, denn $\phi(n)$ muss eine Zweierpotenz ergeben. Also muss jede der Primzahlen die Gestalt $p = 2^{2^k} + 1$ besitzen, was ja gerade die Fermatzahlen sind. Damit ist die Hinrichtung gezeigt.

„$\Leftarrow$“: Sei $p = 2^m + 1 = 2^{2^k} + 1$ eine Primzahl. Dann gilt:

$$[K_p : \mathbb{Q}] = \deg(\phi_p) = p - 1 = 2^m + 1 - 1 = 2^m.$$

Wir müssen nun noch zeigen, dass so eine Erweiterung

$$\mathbb{Q} = F_0 \subset F_1 \subset \ldots \subset F_{m-1} = K_m^+ \subset F_m = K_n$$

mit $[F_i : F_{i-1}] = 2$ existiert. Die Behauptung ergibt sich jetzt aus dem Hauptsatz der Galoistheorie (Satz 9.8), und dort genauer aus dem dritten Punkt. Wir wollen dies aber noch einmal genauer ausführen: Die Idee ist, folgende Äquivalenz auszunutzen: Das n-Eck ist konstruierbar $\Leftrightarrow \zeta_n$ ist konstruierbar $\Leftrightarrow$ Es existiert ein Körperturm, wobei alle Körpergrade 2 sind und entsprechend ganz oben $\mathbb{Q}(\zeta_n)$ und ganz unten $\mathbb{Q}$ steht.

Dies bedeutet: In Kap. 12 haben wir gezeigt, dass $\mathbb{Q}(\zeta_n)$ galoissch mit Galoisgruppe $(\mathbb{Z}/n\mathbb{Z})^*$ ist. Sei nun n eine Fermatsche Primzahl. Da n also insbesondere eine Primzahl ist, bedeutet das nach Satz 2.8, dass $\mathbb{Z}/n\mathbb{Z}$ ein (endlicher) Körper ist. Nun wissen wir nach Satz 6.15, dass die multiplikative Gruppe eines endlichen Körpers zyklisch ist. Demnach muss $(\mathbb{Z}/n\mathbb{Z})^*$ zyklisch sein, und zwar mit der Ordnung $n - 1$. Zyklische Gruppen haben die Eigenschaft, dass sie für jeden Teiler der Gruppenordnung genau eine Untergruppe besitzen. Die Gruppenordnung ist hier aber gerade 2^m und wir erhalten damit Untergruppen für jede kleinere Zweierpotenz. Wir können nun also den Hauptsatz der Galoistheorie nutzen, um uns daraus einen passenden Körperturm zu konstruieren, der unsere Forderungen erfüllt.

q.e.d.

13.3 Erklärungen zu den Definitionen

Erklärung

Zur Definition 13.1 **der Eulerschen ϕ-Funktion** Die Definition der Eulerschen ϕ-Funktion benötigen wir später bei der Definition der Konstruierbarkeit. Die

Eulersche ϕ-Funktion zählt für jede natürliche Zahl $m \in \mathbb{N}$ die zu m teilerfremden positiven ganzen Zahlen, die kleiner als m sind. Dort nutzen wir sehr stark aus, dass ϕ multiplikativ ist, das heißt, für teilerfremde m und n

$$\phi(m \cdot n) = \phi(m) \cdot \phi(n)$$

gilt. Dies wollen wir kurz beweisen: Die Multiplikativität der Eulerschen ϕ-Funktion folgt im Wesentlichen aus dem Chinesischen Restsatz (Satz 2.12). Wichtig hierbei ist, dass $\gcd(m, n) = 1$, denn sonst ist der Chinesische Restsatz nicht anwendbar. Nach Definition der Eulerschen ϕ-Funktion gilt $\phi(m) = |(\mathbb{Z}/m\mathbb{Z})^*|$. Gilt nun für $l = m \cdot n$ mit $\gcd(m, n) = 1$, so erhalten wir mit Satz 2.12 die Isomorphie

$$(\mathbb{Z}/l\mathbb{Z})^* = (\mathbb{Z}/m\mathbb{Z})^* \times (\mathbb{Z}/n\mathbb{Z})^*.$$

Dies liefert dann aber gerade die Multiplikativität

$$\phi(m \cdot n) = \phi(m) \cdot \phi(n).$$

Erklärung

Zur Definition 13.2 der Konstruierbarkeit Die Definition 13.2 ist nicht unbedingt so interessant für uns, da sie sehr naheliegend ist und Sinn ergibt, denn

i) bedeutet, dass wir Punkte zeichnen können. Die Definition ist induktiv angelegt: Zunächst wird ein Fundament festgelegt, danach erklärt man, was wir im nächsten Schritt erreichen können, wenn wir vom Fundament aus bis in eine gewisse Höhe gebaut haben.

ii) bedeutet, dass wir einfach das Lineal und den Zirkel, so wie in der Einleitung angegeben, benutzen.

Was bedeutet es nun, dass Punkte konstruierbar sind? Wir erinnern, daran, dass wir Konstruktionen mit Zirkel und Lineal durchführen, das bedeutet:

i) Lineal: Sind zwei Punkte vorgegeben oder bereits konstruierte Punkte gegeben, dann kann man diese durch eine Gerade verbinden.

ii) Zirkel: Ist ein Punkt gegeben oder bereits konstruiert, so kann ein Kreis mit der Längeeiner vorher konstruierten Verbindungsstrecke als Radius verwendet, geschlagen werden.

Konstruierbare Punkte sind nun die Punkte, die man in endlich vielen Schritt mit Hilfe der beiden Methoden von oben mit Zirkel und Lineal bekommt.

Wir geben nun ein paar Konstruktionen an, die ihr hoffentlich alle mal in der Schule gesehen habt.

▶ **Beispiel 153 (Konstruktion einer Mittelsenkrechten)**
Wir wollen die Senkrechte auf einer konstruierten Geraden l durch einen konstruierten Punkt P ermitteln.

Dazu unterscheiden wir zwei Fälle: Fall 1: Punkt liegt nicht auf der Geraden und Fall 2: Punkt liegt auf der Geraden. Vergleiche dazu die Abb. 13.1 für den ersten Fall und Abb. 13.2 für den zweiten Fall:

1. Fall: Sei $P \notin l$. Dann schlagen wir zunächst einen Kreis um P mit Radius PQ durch einen Punkt $Q \in l$. Als Nächstes schlagen wir einen Kreis um Q mit Radius QP durch den Punkt P und erhalten den Punkt Q'. Und jetzt schlagen wir noch einen Kreis um Q' durch P mit Radius PQ. Verbinden wir jetzt die beiden Schnittpunkte, so erhalten wir sofort die gesuchte Mittelsenkrechte.

2. Fall: Nun sei $P \in l$, das heißt, P liegt auf der Geraden l. Dies ist noch einfacher: Wir schlagen zunächst einen Kreis um P durch Q mit Radius PQ und danach einen Kreis um Q mit Radius PQ. So ergibt sich Q'. Das Kreisschlagen führen wir ebenfalls um Q' aus. Fertig!

Insgesamt sollte der Radius des Kreises durch P nicht gleich dem Abstand des Punktes P von der Geraden l sein, da sonst Q und Q' identisch sein könnten.   ■

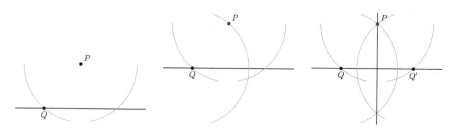

Abb. 13.1 Schlagt zunächst einen Kreis um P mit Radius PQ durch den Punkt Q und dann einen Kreis um Q mit Radius QP durch P und schließlich einen Kreis um Q' durch P mit Radius PQ

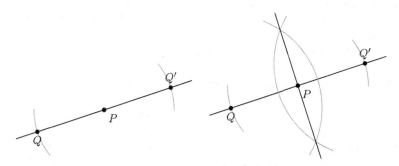

Abb. 13.2 Schlagt einen Kreis um P durch Q mit Radius PQ und danach einen Kreis um Q mit Radius PQ

Abb. 13.3 Konstruktion einer Parallele

▶ **Beispiel 154 (Konstruktion einer Parallele)**

Wir wollen uns anschauen, wie man nur mit Hilfe von Lineal und Zirkel eine Parallele zu einer konstruierten Geraden l durch einen konstruierten Punkt P ermitteln kann. Vergleiche auch die Abb. 13.3. Dies ist recht leicht!

Zunächst konstruieren wir wie im Beispiel 153 die Senkrechte l' zu l durch P und konstruieren in einem zweiten Schritt die Senkrechte l' zu P. ∎

▶ **Beispiel 155 (Abtragen von Strecken)**

Wir wollen die Länge der Verbindungsstrecke zwischen zwei konstruierbaren Punkten auf einer konstruierten Geraden l abtragen. Dazu sei also ein Winkel α und ein Punkt P auf der Geraden l gegeben. Dies geht dann so:

1. Schritt: Schlage mit dem Zirkel um den Scheitelpunkt S des Winkels α einen Bogen durch beide Schenkel. Dies liefert die Punkte A und B.

2. Schritt: Schlage den gleichen Bogen um den Punkt P. Dies liefert einen Punkt C.

3. Schritt: Schlage einen Bogen um Punkt C mit Durchmesser AB.

4. Schritt: Die Schnittpunkte D und E der Kreise sind die beiden möglichen Punkte auf dem anderen Schenkel.

5. Schritt: Strecke abgetragen.

Man darf also eine konstruierbare Zahl a an einer konstruierbaren Geraden l und einem konstruierbaren Punkt $P \in l$ abtragen. Es ergibt sich: Gegeben sei ein Koordinatensystem der Ebene E, für das die Koordinatenachsen und $P = (1, 0)$ konstruierbar sind. Es gilt $Q \in E$ ist genau dann konstruierbar, wenn seine Koordinaten konstruierbare Zahlen sind. ∎

▶ **Beispiel 156 (Wurzel aus einer konstruierbaren Zahl)**

Wir wollen die Wurzel aus einer konstruierbaren Zahl a konstruieren. Wir verwenden dazu ein in einem Kreis eingeschriebenes Dreieck, das auf einem Durchmesser des Kreises errichtet ist. Wir schlagen nun einen Kreis mit Durchmesser $1 + a$ und teilen so das Dreieck in zwei ähnliche Dreiecke auf, die die gewünschten Abmessungen besitzen. Vergleiche dazu auch die Abb. 13.4, wobei wir dann noch

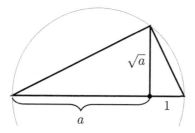

Abb. 13.4 So konstruiert man mit Zirkel und Lineal eine Wurzel $\sqrt{a}$ einer Zahl a. Dass die Höhe h des Dreiecks die Läge $\sqrt{a}$ besitzt, folgt daraus, dass sich aufgrund der Ähnlichkeit der Teildreiecke a zu h verhält wie h zu der Einheitsstrecke

den Satz von Thales und den Höhensatz verwenden. Die Länge 1 ist auf jeden Fall konstruierbar.   ∎

Zum Schluss noch eine Bemerkung: Außer den Kreis um P_m durch P_n kann auch der Kreis um P_n durch den Punkt P_m konstruiert werden.

Erklärung

Zur Definition 13.3 **der Konstruierbarkeit einer reellen Zahl** Viel wichtiger ist die Definition 13.3 der Konstruierbarkeit einer reellen Zahl. Wir geben dazu ein Beispiel.

▶ **Beispiel 157** Die Zahl

$$a = \sqrt{\frac{5 - \sqrt{5}}{2}}$$

ist konstruierbar. Woher kommt diese Zahl und wie kann man das beweisen? Nun, wir werden sehen, dass a die Seitenlänge eines im Einheitskreis eingeschriebenen regelmäßigen Fünfecks ist. Im Wesentlichen liegt die Konstruktion an Satz 13.7, welches besagt, dass die Konstruktion eines Fünfecks möglich ist.

Gegeben sei also ein regelmäßiges Fünfeck wie in der Abb. 13.5. Dann gilt sofort

$$a^2 = \sin^2(\alpha) + (1 - \cos(\alpha))^2 = 1 - \cos^2(\alpha) + 1 - 2\cos(\alpha) + \cos^2(\alpha)$$
$$= 2 - 2\cos(\alpha)$$

$$\Rightarrow a = \sqrt{2 - 2\cos(\alpha)} = \sqrt{2 - \frac{\sqrt{5} - 1}{2}} = \sqrt{\frac{5 - \sqrt{5}}{2}}.$$

Nun kann man also diese Wurzel (wie oben angedeutet) iterativ konstruieren, denn wir wissen, wie man Brüche und Wurzeln konstruiert.

Abb. 13.5 Ein regelmäßiges
Fünfeck mit Seiten a.
Übrigens: Der Winkel α
beträgt genau 72°

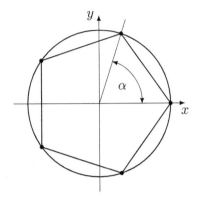

Es gibt eine konkrete Konstruktion des regelmäßigen Fünfecks mit Zirkel und Lineal. Dazu gehe man wie folgt vor (siehe auch [wik]):

i) Zunächst schlagen wir einen Kreis mit Radius r um den Mittelpunkt 0.

ii) Nun zeichnen wir durch 0 zwei zueinander senkrechte Durchmesser. Die vier Schnittpunkte der beiden Durchmesser bezeichnen wir (oben starten) mit A, B, C und D

iii) Jetzt teilen wir eine Radiusstrecke in zwei gleich große Teile. Beispielsweise die Strecke $D0$. Dies liefert einen Punkt E.

iv) Nun zeichnen wir einen Kreis um den Punkt E mit Radius EA. Dieser schneidet dann im Punkt F die Gerade $0B$.

v) Zum Schluss tragen wir auf dem Umkreis einen Kreisbogen um A mit Radius AF ein und sind fertig.

Übrigens: Auch der bekannte Goldene Schnitt tritt im regelmäßigen Fünfeck auf. Und zwar befindet sich jede Seite eines solchen Fünfecks im Goldenen Schnitt-Verhältnis zu den Diagonalen.

Für alle, die nicht (mehr) wissen, was der Goldene Schnitt ist: Betrachtet eine Strecke AB. Ein Punkt P auf dieser Strecke teilt diese im Goldenen Schnittverhältnis, wenn sich die größere Teilstrecke zur kleineren genauso verhält wie die Gesamtstrecke AB zu dem größeren Teil. ∎

Erklärung

Zur Definition 13.4 **der Konstruierbarkeit eines Winkels** Wir geben nur ein einfaches Beispiel.

▶ **Beispiel 158** Der Winkel 60° ist konstruierbar, da $\cos(60°) = \frac{1}{2}$ eine konstruierbare Zahl ist. Überlegt euch einmal selbst, wie man solch einen Winkel konstruieren könnte. ∎

Zur Definition 13.6 **der Fermatzahl** Fermat stellte im Jahr 1650 die Vermutung auf, dass alle Zahlen der Form $2^{2^k} + 1$, $k \geq 0$, Primzahlen seien. Er konnte dies aber mit damaligen Mitteln nur für die ersten fünf Fermatzahlen bestätigen. Diese lauten:

$$F_0 = 3, \quad F_1 = 5, \quad F_2 = 17, \quad F_3 = 257, \text{ und } F_4 = 65.537.$$

Das Problem ist, dass die Zahlen mit kleinem Anwachsen von k verdammt groß werden. Nun ist die fünfte Fermatzahl

$$F_5 = 2^{32} + 1 = 4.294.967.297$$

keine Primzahl mehr, da $4.294.967.297 = 641 \cdot 6.700.417$ gilt. Dies zeigte Euler im Jahr 1732 in St. Petersburg.

Damit ihr ein wenig Forschungsluft schnuppert, fassen wir die neuesten Erkenntnisse (Stand: Februar 2012) zu den Fermatzahlen zusammen:

- Außer $F_0, \ldots, F_4$ sind keine weiteren Fermatzahlen bekannt, die Primzahlen sind.
- Für $k = 5, \ldots, 32$ konnte man mit heutigen Computermethoden zeigen, dass F_k keine Primzahlen sind.
- Nur für $k = 0, \ldots, 11$ ist eine Primfaktorzerlegung von F_k bekannt.
- Man vermutet, dass es keine weiteren Primzahlen außer $F_0, \ldots, F_4$ gibt, die Primzahlen sind. Bewiesen hat man dies jedoch bis zum heutigen Tag (28.02.2012) nicht.
- Weitere interessante Fakten sind unter prothsearch.net/fermat.html nachzulesen.

Die Fermatzahlen benötigen wir später noch bei einigen wichtigen Sätzen.

Zur Definition 13.7 **der Konstruierbarkeit eines Vielecks** Diese Definition ergibt Sinn, denn die Menge der komplexen Einheitswurzeln $e^{\frac{2\pi i k}{n}}$ mit $k = 0, \ldots, n - 1$ sind gerade die Eckpunkte eines regelmäßigen n-Ecks. Nun muss nur gezeigt werden, dass die Ecke $e^{\frac{2\pi i}{n}}$ konstruierbar ist, denn daraus ergibt sich, dass die anderen Eckpunkte ebenfalls konstruierbar ist, da $e^{\frac{2\pi i}{n}}$ eine primitive Einheitswurzel ist.

▶ **Beispiel 159** Das regelmäßige Viereck ist beispielsweise konstruierbar (dies ist ja gerade ein Quadrat), da die Einheitswurzeln durch

$$e^{\frac{2\pi i \cdot 0}{4}} = 1,$$

$$e^{\frac{2\pi i \cdot 1}{4}} = \cos\left(\frac{\pi}{2}\right) + i \cdot \sin\left(\frac{\pi}{2}\right) = i,$$

$$e^{\frac{2\pi i \cdot 2}{4}} = \cos\left(\pi\right) + i \cdot \sin\left(\pi\right) = -1,$$

$$e^{\frac{2\pi i \cdot 3}{4}} = \cos\left(\frac{3\pi}{2}\right) + i \cdot \sin\left(\frac{3\pi}{2}\right) = -i$$

gegeben sind und dies konstruierbare Zahlen sind.   ■

Der Satz 13.6 gibt Auskunft, wann ein regelmäßiges n-Eck konstruierbar ist. Das n muss sich nämlich als Produkt einer Zweierpotenz und Fermatzahlen schreiben lassen, was bei $n = 4 = 2^2 \cdot 1$ offensichtlich der Fall ist.

Auch ohne diesen Satz können wir schon bei einigen n-Ecken sagen, wann diese konstruierbar sind.

Sei dazu $n = m \cdot k$ mit $m, k \in \mathbb{N}$. Es gelten dann die folgenden Aussagen, die sich alle sehr schnell beweisen lassen:

i) Sei $p \in \mathbb{N}$. Dann ist das regelmäßige 2^p-Eck konstruierbar.

ii) Ist das n-Eck konstruierbar, so auch das m- und k-Eck.

iii) sind m und k teilerfremd und das m- und k-Eck konstruierbar, so ist auch das n-Eck konstruierbar.

Die Beweise ergeben sich direkt aus der Definition 13.7 der Konstruierbarkeit eines Vielecks. Wir führen dies vor:

Zu i):   Dies ergibt sich sofort daraus, dass man beliebige Winkel halbieren kann.

Zu ii):   Wir wissen, dass nach Voraussetzung das n-Eck konstruierbar ist, das heißt die Zahl $e^{\frac{2\pi i}{n}} = e^{\frac{2\pi i}{mk}}$ ist konstruierbar. Dann sind aber auch $\left(e^{\frac{2\pi i}{mk}}\right)^m = e^{\frac{2\pi i}{k}}$ und $\left(e^{\frac{2\pi i}{mk}}\right)^k = e^{\frac{2\pi i}{m}}$ konstruierbar, was die Behauptung liefert.

Zu iii):   Wir wissen, dass das m-Eck und k-Eck konstruierbar sein sollen, also sind die Zahlen $e^{\frac{2\pi i}{m}}$ und $e^{\frac{2\pi i}{k}}$ konstruierbar. Da m und k ebenso nach Voraussetzung teilerfremd sind, existieren $r, s \in \mathbb{Z}$, sodass $rm + sk = 1$. Folglich erhalten wir, dass die folgende Zahl konstruierbar ist, woraus die Konstruierbarkeit des n-Ecks folgt:

$$\left(e^{\frac{2\pi i}{m}}\right)^s \cdot \left(e^{\frac{2\pi i}{k}}\right)^r = e^{\frac{2\pi i s k}{mk}} \cdot e^{\frac{2\pi i r m}{mk}} = e^{\frac{2\pi i}{mk}},$$

wobei im letzten Schritt $rm + sk = 1$ einging.

13.4 Erklärungen zu den Sätzen und Beweisen

> **Erklärung**

Zu den Sätzen 13.1 **und** 13.2 Die Konstruktion ganzer Zahlen stellt kein Problem dar, da man einfach wiederholt die 1 auf der Geraden durch zwei Punkte P_0 und P_1 abträgt. Für rationale Zahlen muss man sich der Division aus Satz 13.2 bedienen. Den Satz 13.1 benötigen wir nur, um Satz 13.2 herzuleiten, denn dieser ist der entscheidende. Denn gerade aus diesem Satz folgt die Unmöglichkeit der Würfelverdopplung, der Dreiteilung des Winkels und der Quadratur des Kreises. Wir schauen uns dies in einzelnen Beispielen an! Vorher bemerken wir, dass der Satz 13.1 nur sagt, dass jede konstruierbare Zahl eine algebraische Zahl ist. Algebraisch muss die Zahl auf jeden Fall sein, aber das reicht nicht aus. Aber es gilt: Jede (über $\mathbb{Q}$) transzendente Zahl ist also aber insbesondere nicht konstruierbar.

▶ **Beispiel 160 (Verdopplung des Würfels)** Die Frage, die man sich vor einigen hundert Jahren gestellt hat, war, ob man zu einem gegebenen Würfel einen Würfel mit doppeltem Volumen konstruieren kann. Damit meinen wir natürlich verdoppeln nach Konstruktion mit Lineal und Zirkel. Dass dies rechnerisch ohne Weiteres geht, ist uns bewusst. Vergleiche dazu auch Abb. 13.6.

Dahinter steckt auch eine kleine Geschichte: Die Bewohner der Insel Delos (daher nennt man das Problem der Würfelverdopplung auch ab und an das delische Problem) fragten ca. 430 v. Chr. das Orakel von Delphi um Hilfe, da die Stadt gerade von einer Pestepidemie heimgesucht wurde. Dieses Orakel forderte die Bewohner auf, den Altar im Tempel des Apollon vom Volumen her zu verdoppeln, welche eine Würfelform hatte. Tja, dumm gelaufen, denn wir werden sehen, dass diese Aufgabe (nach unseren Voraussetzungen) unmöglich ist.

Nehmen wir an, das Volumen des Ausgangswürfels sei 1 und die Seitenlänge des zu konstruierenden Würfels sei a. Dann müssen wir also eine Zahl a konstruieren, sodass das Volumen des Würfels 2 beträgt, also $a^3 = 2$, was gleichbedeutend mit der Konstruktion der Zahl $a = \sqrt[3]{2}$ ist. Nach Satz 13.1 wissen wir nun aber, dass dies nicht möglich ist, denn es gilt $\min_{\mathbb{Q}}(a) = a^3 - 2$ und daher gilt $[\mathbb{Q}(a) : \mathbb{Q}] = 3$, was keine Zweierpotenz ist. Also ist nach Satz 13.2 die Zahl $a = \sqrt[3]{2}$ nicht konstruierbar und folglich die Würfelverdopplung mit Lineal und Zirkel unmöglich. Verrückt, dass der Beweis so schnell geht, oder? Nun ja ... wir haben in mühsamer Arbeit aber auch eine sehr große Theorie in den letzten Ka-

Abb. 13.6 Rechnerisch und mit „anderen" Mitteln funktioniert die Verdopplung des Würfels. Aber nur allein mit Zirkel und Lineal ist dies unmöglich

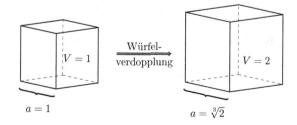

piteln aufgestellt. Irgendwann muss sich die Arbeit ja einmal lohnen; dies tut sie
jetzt!   ■

▶ **Beispiel 161 (Quadratur des Kreises)** Die Quadratur des Kreises ist ein sehr
berühmtes Problem und viele glaubten und glauben heute leider immer noch,
dass man ein Quadrat mit der Fläche π konstruieren könnte. Es gibt immer wieder Leute, die an die Universitäten in Deutschland (und nicht nur in Deutschland)
etliche lange Aufsätze schicken, auf denen sie behaupten, sie hätten eine Konstruktion der Quadratur des Kreises gefunden. Aber das muss gar nicht gelesen
werden. Denn wir beweisen jetzt, dass dies nicht möglich ist.
   Die Konstruktion eines Quadrats mit Fläche π würde bedeuten, dass man eine
Seitenlänge des Quadrats der Länge $a = \sqrt{\pi}$ konstruieren müsste, was gleichbedeutend damit ist, dass die Zahl π konstruierbar ist, was impliziert, dass π
algebraisch ist. Nach Lindemann wissen wir aber, dass π transzendent ist (wir
werden dies in Kap. 14, genauer in dem Satz von Lindemann-Weierstraß, Satz
14.5, noch beweisen!). Daher ist die Quadratur des Kreises unmöglich!   ■

▶ **Beispiel 162 (Dreiteilung des Winkels)** Nach Definition 13.4 ist ein Winkel
α genau dann konstruierbar, wenn die Zahl $\cos(\alpha)$ konstruierbar ist. Wir werden
noch sehen, dass es aber unmöglich ist, einen Winkel von $20°$ zu konstruieren und
damit ist es unmöglich, den Winkel von $60°$ zu dritteln, denn ein Winkel mit $60°$
ist konstruierbar. Wir müssen hierzu (so geht man meistens vor, um zu zeigen,
dass eine gewisse Konstruktion unmöglich ist) entweder zeigen, dass $\cos(20°)$
eine transzendente Zahl ist, oder, und diesen Weg schlagen wir hier ein, dass
$\cos(20°)$ eine algebraische Zahl von Grad 3 über $\mathbb{Q}$ ist. Daraus ergibt sich nun
wieder mit Satz 13.2, dass $\cos(20°)$ nicht konstruierbar ist und man daher den
Winkel von $60°$ nicht dritteln kann. Wie geht das nun?
   Mit Hilfe der Additionstheoreme folgt, dass

$$\cos(3\alpha) = 4\cos^3(\alpha) - 3\cos(\alpha).$$

Für $\alpha = 20°$ und $a = \cos(20°)$ folgt nun

$$\frac{1}{2} = 4a^3 - 3a \Leftrightarrow 8a^3 - 6a - 1 = 0.$$

Das Polynom $8a^3 - 6a - 1$ ist nun aber irreduzibel über $\mathbb{Q}$ (siehe Kap. 3). Daraus
folgt die Unmöglichkeit der Dreiteilung eines Winkels.   ■

Wir bemerken: Lassen wir zusätzliche Konstruktionsschritte zu, dann ist natürlich
ein Winkel mit einem markierten Lineal dreiteilbar. In der Literatur findet man
dies unter der Methode des Archimedes.

Zu den Sätzen 13.4 **und** 13.5 Die Sätze 13.4 und 13.5 benötigen wir, um den wichtigen Satz 13.6 der Konstruierbarkeit eines n-Ecks beweisen zu können. Für sich genommen und aus der Sicht der Algebra ist natürlich jeder Satz schon für sich interessant.

Der Satz 13.4 gibt natürlich auch an, wann ein reguläres n-Eck konstruierbar ist, aber die Bedingungen dort sind nicht so greifbar und nicht so leicht zu überprüfen.

Zum Satz 13.6 **der Konstruierbarkeit eines Vielecks** Dieser Satz beantwortet nun die in der Einleitung gestellt letzte Frage, wann ein n-Eck konstruierbar ist, nämlich genau dann, wenn sich n zerlegen lässt in ein Produkt aus einer Zweierpotenz und dem Produkt von Fermatzahlen.

Man kann weiter zeigen, dass für $n \in \mathbb{N}$ folgende Aussagen äquivalent sind:

- Das regelmäßige n-Eck ist konstruierbar.
- $\alpha = \frac{2\pi}{n}$ ist als Winkel konstruierbar.
- $\zeta_n := e^{\frac{2\pi i}{n}}$ ist als komplexe Zahl konstruierbar.

Wir wollen dies aber hier nicht beweisen, sondern uns vielmehr die Konstruktion eines 17-Ecks anschauen, denn es gilt $17 = 2^0 \cdot F_2 = 1 \cdot 17$, wobei F_2 die zweite Fermatzahl aus Definition 13.6 ist, und folglich ist das 17-Eck konstruierbar. Weitere konstruierbare n-Ecke sind gegeben durch

$$n = 3, 4, 5, 6, 8, 10, 12, 15, 17, 20, 24, 30, 32, 40, 48, 51, 60 \ldots$$

▶ **Beispiel 163 (Konstruktion des 17-Ecks)** Wir wollen direkt eine Konstruktionsvorschrift für das 17-Eck angeben und mit Bildern könnt ihr die einzelnen Schritte nachvollziehen. Wir haben alle Konstruktionsschritte in eine Abb. 13.7 gepackt. Wir orientieren uns an [Eng].

1. Zeichnet einen Kreis k_1 um den Nullpunkt 0.
2. Zeichnet den Durchmesser AB und konstruiert eine Mittelsenkrechte m_1, die den Kreis k_1 in den Punkten C und D schneidet.
3. Konstruiert den Mittelpunkt E der Strecke $C0$.
4. Konstruiert den Mittelpunkt F der Strecke $E0$ und zeichnet die Strecke FB.
5. Konstruiert die Winkelhalbierende w_1 des Winkels $BF0$.
6. Konstruiert die Winkelhalbierende w_2 des Winkels m_1 und w_1, die mit AB den Schnittpunkt G besitzt.
7. Konstruiert eine Senkrechte s_1 zu w_2 durch den Punkt F.
8. Konstruiert die Winkelhalbierende w_1 zwischen s_1 und w_2 mit dem Schnittpunkt H von w_3 und der Strecke AB.

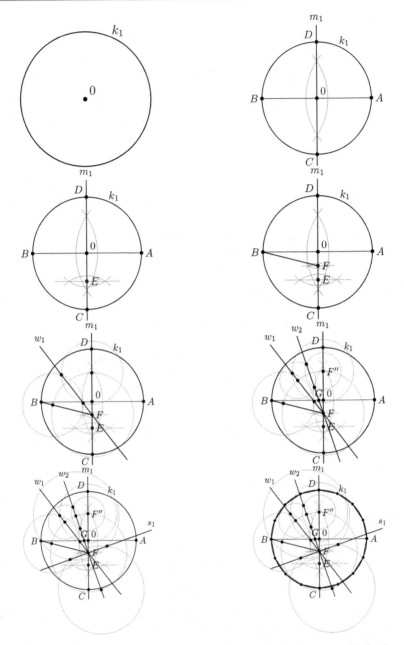

Abb. 13.7 Konstruktionsschritte für die Konstruktion eines regelmäßigen 17-Ecks. Zu lesen von links oben nach rechts

9. Konstruiert den Thaleskreis k_2 über die Strecke HB mit den Schnittpunkten J und K von k_2 und CD.
10. Konstruiert einen Kreis k_3 um den Punkt G, der durch J und K verläuft und der die Strecke AB in den Punkten L und N schneidet.
11. Konstruiert eine Tangente zu k_3 durch N. Konstruiert man zusätzlich die Tangente zu k_3 durch L, so schneidet diese k_1 in den Punkten P_5 und P_{12}. So kann der Punkt P_1 durch Abtragen der Strecke $P_3 P_5$ auf k_1 noch schneller gefunden werden.

Nach der siebten Skizze ist zunächst noch einmal die Winkelhalbierende zu s_1 und w_2 zu konstruieren, danach ein Thaleskreis und schließlich noch ein weiterer Kreis, dessen Tangenten parallel zu CD vier Punkte des regelmäßigen Siebzehnecks liefern.

Die Schnittpunkte der Tangente k_1 sind die Punkte P_3 und P_{14} des regelmäßigen 17-Ecks. Gehen wir von $P_0 = B$ aus, so lassen sich durch fortgesetztes Abtragen des Abstandes $P_0 P_3$ auf der Kreislinie k_1 alle weiteren Punkte des 17-Ecks konstruieren. Das fertige Ergebnis lässt sich in Abb. 13.8, rechts unten, bewundern. Die Fragen, die man sich stellen kann, sind,

1. ob man beweisen kann, dass diese Konstruktion wirklich ein regelmäßiges 17-Eck liefert und
2. wo in der Konstruktion eingeht, dass 17 eine Fermatzahl ist.

Bei der Beantwortung dieser Fragen hat uns Norbert Engbers (alias shadowking) vom Matheplaneten sehr weiter geholfen; von ihm ist ja auch die Konstruktion des 17-Ecks.

Zu 1.):   Es kann gezeigt werden, dass die geometrische Konstruktion von P_3 (diese entsteht, wenn man den Schnittpunkt der Tangente mit dem Kreis k_1 einzeichnet) einen algebraisch korrekten Zahlenwert liefert, nämlich den algebraischen Wert für $\cos\left(\frac{6\pi}{17}\right)$. Wie macht man dies? Man stellt

Abb. 13.8 Das fertige 17-Eck

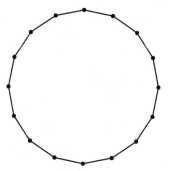

sukzessive die Geradengleichungen für die auftretenden Winkelhalbierenden und Kreise auf und berechnet die Schnittpunkte mit den anderen Geraden beziehungsweise Kreisen. Am Ende bekommt man so algebraische Ausdrücke für die Koordinaten des Punktes P_3 und dort lässt sich überprüfen, dass sie den algebraischen Ausdrücken für $\cos\left(\frac{6\pi}{17}\right)$ und $\sin\left(\frac{6\pi}{17}\right)$ entsprechen.

Zu 2.): Die Eigenschaft der Fermatzahl geht in die algebraische Berechnung des Zahlenwertes für $\cos\left(\frac{2\pi}{17}\right)$ ein, denn als Gruppenordnung für die Automorphismengruppe benötigen wir eine Zweierpotenz. Demnach hat diese Gruppe die Ordnung $p - 1$, wenn p prim ist. Also hat p die Form $2^n + 1$. Dies ist eine Fermatzahl, wenn n selbst eine Zweierpotenz ist. In die Konstruktion direkt geht diese Eigenschaft zwar nicht ein, denn sie versucht nur, den berechneten Zahlenwert zu konstruieren. Dennoch kann man zeigen, dass die Konstruktion (mit Zirkel und Lineal) nicht möglich wäre, wenn dieser Zahlenwert nicht diese ganz konkrete Form hätte, also 17 keine Fermatzahl wäre. Eine andere Möglichkeit, die Korrektheit der Konstruktion zu zeigen, funktioniert wie folgt: Die Bestimmung des Radikalausdrucks z muss zwar gemacht werden, aber statt $z + i \cdot \sqrt{1 - z^2}$ in $x^{17} - 1$ einzusetzen, bestimmt man einfach ein Polynom, welches z annulliert. Mit einer Methode über symmetrische Polynome geraden Grades ergibt sich dann für dieses Polynom

$$256x^8 + 128x^7 - 448x^6 - 192x^5 + 240x^4 + 80x^3 - 40x^2 - 8x + 1.$$

Dieses annulliert alle acht Realteile der 17. Einheitswurzeln. ■

Transzendente Zahlen

14

Inhaltsverzeichnis

Wir haben im Kap. 5 bereits kennengelernt, was man unter einer transzendenten Zahl versteht. Obwohl wir dort schon einige Beispiele von algebraischen Zahlen gesehen haben, kennen wir noch keine transzendente Zahl. Dies hat einen guten Grund, denn obwohl es, wie wir gleich sehen werden, in gewissem Sinne mehr transzendente Zahlen als algebraische gibt, ist es zunächst mal nicht so einfach, transzendente Zahlen hinzuschreiben.

Die Beweise in diesem Kapitel benutzen teilweise viele Hilfsmittel. Dafür ergeben sich sehr interessante Resultate.

14.1 Definitionen

> **Definition 14.1 (ganzalgebraisch)**
> Wir nennen eine Zahl $x \in \mathbb{C}$ **ganzalgebraisch,** wenn $\min_{\mathbb{Q}}(x) \in \mathbb{Z}[x]$ gilt.

© Springer-Verlag GmbH Deutschland, ein Teil von Springer Nature 2019
F. Modler und M. Kreh, *Tutorium Algebra,*
https://doi.org/10.1007/978-3-662-58690-7_14

Definition 14.2

- Sei $f : \mathbb{R} \to \mathbb{R}$ eine Funktion. Dann setzen wir für dieses Kapitel

$$I(t) := \int_0^t e^{t-u} f(u) \, du.$$

- Ist $f(x) = \sum_{j=0}^n a_j x^j$, so setzen wir

$$f^A(x) := \sum_{j=0}^n \left| a_j \right| x^j.$$

14.2　Sätze und Beweise

Satz 14.1

- *Sei $x \in \mathbb{Q}$ ganzalgebraisch. Dann ist $x \in \mathbb{Z}$.*
- *Zu jeder algebraischen Zahl $x \in \overline{\mathbb{Q}}$ gibt es eine natürliche Zahl $a \in \mathbb{N}$, sodass ax ganzalgebraisch ist.*

Satz 14.2　(Überabzählbarkeit der transzendenten Zahlen)

Es gibt nur abzählbar viele algebraische Zahlen und überabzählbar viele transzendente Zahlen.

▶ **Beweis**　Sei x eine algebraische Zahl vom Grad n. Dann ist x Nullstelle eines Polynoms vom Grad n mit rationalen Koeffizienten. Da $\mathbb{Q}$ abzählbar ist und das Polynom endliche viele Koeffizienten hat, gibt es nur abzählbar viele solche Polynome. Da jedes Polynom nur endlich viele Nullstellen hat, gibt es also für jedes $n \in \mathbb{N}$ nur abzählbar viele algebraische Zahlen vom Grad n. Sei $\overline{\mathbb{Q}}_n$ die Menge der algebraischen Zahlen vom Grad n. Dann gilt

$$\overline{\mathbb{Q}} = \dot{\bigcup_{n \in \mathbb{N}}} \overline{\mathbb{Q}}_n,$$

also ist $\overline{\mathbb{Q}}$ als abzählbare Vereinigung von abzählbaren Mengen wieder abzählbar. Da $\mathbb{R}$ überabzählbar ist, ist auch $\mathbb{C}$ überabzählbar. Wenn es aber nur abzählbar viele transzendente Zahlen gäbe, so wäre $\mathbb{C}$ als Vereinigung zweier abzählbarer Mengen wieder abzählbar, also muss es überabzählbar viele transzendente Zahlen geben.

q.e.d.

Satz 14.3 (Satz von Liouville)

Sei $\alpha \in \overline{\mathbb{Q}}$ eine algebraische Zahl vom Grad n. Dann gibt es ein $K > 0$, sodass für alle $p \in \mathbb{N}_0, q \in \mathbb{N}$ mit $\frac{p}{q} \neq \alpha$ gilt

$$\left| \alpha - \frac{p}{q} \right| \geq \frac{K}{q^n}.$$

▶ **Beweis** Sei $f_0 = x^n + b_{n-1}x^{n-1} \cdots + b_0 \in \mathbb{Q}[x]$ das Minimalpolynom von α. Durch Multiplikation mit dem Hauptnenner der b_j erreichen wir, dass $f = a_n x^n + \cdots + a_0$ Koeffizienten in $\mathbb{Z}$ hat. Es gilt natürlich immer noch $f(\alpha) = 0$. Sei nun $\frac{p}{q} \neq \alpha$ eine rationale Zahl mit $q \in \mathbb{N}$. Dann ist nach dem Mittelwertsatz

$$f\left(\frac{p}{q}\right) = f\left(\frac{p}{q}\right) - f(\alpha) = \left(\frac{p}{q} - \alpha\right) f'(\xi)$$

für ein ξ zwischen α und $\frac{p}{q}$. Es gilt

$$\left| f\left(\frac{p}{q}\right) \right| = \frac{\left| a_n p^n + a_{n-1}p^{n-1}q + \cdots + a_0 q^n \right|}{q^n} \geq \frac{1}{q^n},$$

denn der Zähler ist wegen $a_i, p \in \mathbb{Z}$ eine natürliche Zahl und wegen $f\left(\frac{p}{q}\right) \neq 0$ ungleich 0, also mindestens 1. Nun gibt es ein r mit $\left| \alpha - \frac{p}{q} \right| < r$. In dem Bereich $|\alpha - x| < r$ ist aber die Funktion $f'(x)$ beschränkt, also gilt $\left| f'(x) \right| < \frac{1}{K}$ für ein passendes K und damit

$$\left| \alpha - \frac{p}{q} \right| > K \left| f\left(\frac{p}{q}\right) \right| \geq \frac{K}{q^n}.$$

q.e.d.

Satz 14.4

Ist f ein Polynom vom Grad n, so gilt

$$I(t) = e^t \sum_{j=0}^{n} f^{(j)}(0) - \sum_{j=0}^{n} f^{(j)}(t)$$

und

$$|I(t)| \leq |t| \, e^{|t|} f^A(|t|).$$

▶ **Beweis** Für die erste Gleichung führen wir bei I mehrfach partielle Integration durch und erhalten

$$I(t) = e^t \sum_{j=0}^{\infty} f^{(j)}(0) - \sum_{j=0}^{\infty} f^{(j)}(t).$$

Da aber f ein Polynom vom Grad n ist, gilt $f^{(k)} = 0$ für $k > n$ und damit folgt die Behauptung.

Für die Ungleichung schätzen wir das Integral einfach ab und erhalten

$$|I(t)| \leq \left| \int_0^t \left| e^{t-u} f(u) \right| du \right| \leq |t| \max_{0 \leq u \leq t} \{ |e^{t-u}| \} \max\{ |f(u)| \} \leq |t| \, e^{|t|} f^A(|t|),$$

denn sowohl die Exponentialfunktion als auch f^A sind monoton steigend. Außerdem gilt natürlich $f \leq f^A$.   q.e.d.

Satz 14.5 (Satz von Lindemann-Weierstraß)

Seien $\alpha_1, \ldots, \alpha_n$ paarweise verschiedene algebraische Zahlen und $\beta_1, \ldots, \beta_n$ algebraische Zahlen ungleich 0. Dann gilt

$$\beta_1 e^{\alpha_1} + \cdots + \beta_n e^{\alpha_n} \neq 0.$$

▶ **Beweis** Wir wollen einen Widerspruchsbeweis führen, nehmen also an, dass der Satz falsch ist. Wir unterteilen den Beweis in mehrere Schritte.

- Sei o.B.d.A. $\alpha_1 = \max \alpha_i$. Wir setzen $F_1(u_1, \ldots, u_n, v_1, \ldots, v_n) = u_1 v_1 + \cdots + u_n v_n$ und

$$F_2(u_2, \ldots, u_n, v_1, \ldots, v_n) = \prod_{u_1} F_1(u_1, \ldots, u_n, v_1, \ldots, v_n),$$

wobei u_1 die Bahn der Zahl β_1 unter der Operation der Galoisgruppe des Minimalpolynoms von β_1 (siehe Satz 9.1) durchlaufe. Die Koeffizienten sind dann gerade
symmetrische Polynome in den β_i. Nach dem Hauptsatz über symmetrische Funktionen hat dann F_2 rationale Koeffizienten und der Koeffizient vor der höchsten
Potenz von v_1 ist $\prod \beta$, wobei auch hier das Produkt über die Bahn von β_1 geht.
Insbesondere ist der Koeffizient also ungleich 0, denn dies ist der konstante Term
eines Minimalpolynoms. Wäre er 0, so wäre das Polynom reduzibel und damit kein
Minimalpolynom. Da außerdem nach Annahme $F_1(\beta_1, \ldots, \beta_n, e^{\alpha_1}, \ldots, e^{\alpha_n}) =
0$ gilt, ist auch

$$F_2(\beta_2, \ldots, \beta_n, e^{\alpha_1}, \ldots, e^{\alpha_n}) = 0.$$

Da F_1 homogen ist, ist auch F_2 homogen in $v_1, \ldots, v_n$. Nun betrachten wir

$$F_3(u_3, \ldots, u_n, v_1, \ldots, v_n) = \prod_{u_2} F(u_2, \ldots, u_n, v_1, \ldots, v_n),$$

wobei das Produkt analog zu oben definiert ist. Es folgt dann (genau wie oben),
dass F_3 rationale Koeffizienten hat, der Koeffizient vor der höchsten Potenz von
v_1 ungleich 0 ist, F_3 homogen in $v_1, \ldots, v_n$ ist und

$$F_3(\beta_3, \ldots, \beta_n, e^{\alpha_1}, \ldots, e^{\alpha_n}) = 0$$

gilt. Wir führen dies induktiv weiter bis zum Polynom F_{n+1}. Auch dies ist wieder
ein rationales Polynom mit

$$F_{n+1}(e^{\alpha_1}, \ldots, e^{\alpha_n}) = 0,$$

wobei dies hier geht, weil das Polynom als Summanden Produkte von Expo-
nentialtermen enthält, die man wegen $e^x e^y = e^{x+y}$ zusammenfassen kann. Das
Polynom, das so herauskommt, hat allerdings eventuell andere Werte für n und
α_i als der Anfangsterm. Multiplizieren wir nun mit dem Hauptnenner der Koeffizienten durch, so erhalten wir ein Polynom mit ganzzahligen Koeffizienten. Wir
wollen noch zeigen, dass diese neuen Koeffizienten nicht alle gleich 0 sind. F_{n+1}
ist ein homogenes Polynom in $v_1, \ldots, v_n$ vom Grad N für ein passendes $N \in \mathbb{N}$.
Die Summanden in $F_{n+1}(e^{\alpha_1}, \ldots, e^{\alpha_n})$ sind nun alle von der Form

$$c e^{\sum_{j=1}^{n} a_j \alpha_j}$$

mit natürlichen Zahlen a_j, deren Summe N ist. Insbesondere gilt dann, dass der
Koeffizient vor der höchsten Potenz von v_1 (dies ist hier gerade $e^{N\alpha_1}$) ungleich 0
ist. Da nach Annahme α_1 die größte der Zahlen α_i ist, die α_i paarweise verschieden
sind, und $\sum_{j=1}^{n} a_j = N$ gilt, kann nur dann $\sum_{j=1}^{n} a_j \alpha_j = N \alpha_1$ sein, wenn $a_1 =
N$ und $a_j = 0$ für $j \neq 1$ ist. Dieser Term in $F_{n+1}(e^{\alpha_1}, \ldots, e^{\alpha_n})$ wird also nicht
durch einen anderen wieder zunichtegemacht, es gibt dort also Koeffizienten, die

ungleich 0 sind. Lassen wir nun alle Summanden weg, die gleich 0 sind, so haben wir also eine Gleichung der Form

$$\beta_1 e^{\alpha_1} + \cdots + \beta_n e^{\alpha_n} = 0,$$

wobei das n von dem n am Anfang verschieden sein kann, die α_i anders sein können und die β_i ganze Zahlen sind. Deshalb reicht es, den Satz für den Fall $\beta_i \in \mathbb{Z}$ zu beweisen.

- Sei f_i das Minimalpolynom von α_i und $f := \prod f_i$. Seien $\alpha_1, \ldots, \alpha_N$ die Nullstellen von f. Dann gilt für jedes $j \in 1, \ldots, n$, dass jedes α aus der Bahn von α_j auch Nullstelle von f ist, also in der Menge $\{\alpha_1, \ldots, \alpha_N\}$ liegt. Seien nun $\beta_{n+1} = \cdots = \beta_N = 0$ und

$$P = \prod (\beta_1 e^{\alpha_{k_1}} + \cdots + \beta_N e^{\alpha_{k_N}}),$$

wobei wir in dem Produkt die N-Tupel $(k_1, \ldots, k_N)$ über alle $N!$ Permutationen der Menge $\{1, \ldots, N\}$ laufen lassen.

   Es gilt $P = 0$, denn ein Faktor ist die Summe $\beta_1 e^{\alpha_1} + \cdots + \beta_n e^{\alpha_n}$. Schreiben wir P aus, so erhalten wir wieder eine Summe derselben Form (mit anderen β_i, α_i, n). Sei βe^{α} ein Term dieser neuen Summe. Dann gilt $\alpha = a_1 \alpha_1 + \cdots + a_N \alpha_N$ für gewisse natürliche Zahlen a_i, für die $a_i + \cdots + a_N = N!$ gilt. Da die β_i ganze Zahlen sind, ist auch $\beta \in \mathbb{Z}$. Außerdem enthält P auch alle Terme $\beta e^{\alpha'}$ mit $\alpha' = a_1 \alpha_{k_1} + \cdots + a_N \alpha_{k_N}$, wobei $k_1, \ldots, k_N$ eine beliebige Permutation der Menge $\{1, \ldots, N\}$ ist. Nach Konstruktion wird dann jedes Element in der Bahn von α eines dieser α' sein. Wir wollen nun noch zeigen, dass es in P mindestens einen Term gibt, der ungleich 0 ist. Dafür betrachten wir von den einzelnen Faktoren diejenigen, die ungleich 0 sind. Davon nehmen wir die Terme mit größtem Realteil und davon dann den, mit größtem Imaginärteil. Tun wir dies für jeden Faktor, so ist das Produkt dieser Zahlen ungleich 0 und aufgrund der Wahl ist dann der Exponent dieser Zahl so hoch, dass er nicht nochmal vorkommt, also kann diese Zahl nicht durch eine andere annulliert werden. Es gibt also in P einen Term ungleich 0 und wir dürfen damit von Anfang an annehmen, dass unsere Gleichung in der Form vorliegt, die auch P hat. Das heißt zunächst, dass alle β_i ganze Zahlen sind und außerdem, dass es Zahlen $n_0 = 0 < n_1 \ldots < n_r = n$ gibt, sodass für jedes $t \in \{0, \ldots, r - 1\}$ die Zahlen $\alpha_{n_t+1}, \ldots, \alpha_{n_{t+1}}$ genau eine Bahn bilden und dass $\beta_{n_t+1} = \cdots = \beta_{n_{t+1}}$ gilt.

- Nach diesen Vorüberlegungen werden wir für die so erreichte Form der Gleichung nun den Satz beweisen. Sei dafür b eine natürliche Zahl, sodass $b a_j$ für jedes j ganzalgebraisch ist. Sei p eine Primzahl. Für $i \in \{1, \ldots, n\}$ sei dann

$$f_i(x) := b^{np} \frac{(x - \alpha_1)^p \cdots (x - \alpha_n)^p}{x - \alpha_i}$$

und

$$J_i := \beta_1 I_i(\alpha_1) + \cdots + \beta_n I_i(\alpha_n).$$

Mit Satz 14.4 folgt

$$
\begin{aligned}
J_i &= \sum_{k=1}^{n} \beta_k I_i(\alpha_k) = \sum_{k=1}^{n} \beta_k \left(e^{\alpha_k} \sum_{j=0}^{m} f_i^{(j)}(0) - \sum_{j=0}^{m} f^{(j)}(\alpha_k) \right) \\
&= \sum_{j=0}^{m} f_i^{(j)}(0) \underbrace{\sum_{k=1}^{n} \beta_k e^{\alpha_k}}_{=0} - \sum_{k=1}^{n} \beta_k \sum_{j=0}^{m} f^{(j)}(\alpha_k) \\
&= - \sum_{j=0}^{m} \sum_{k=1}^{n} \beta_k f_i^{(j)}(\alpha_k)
\end{aligned}
$$

mit $m = np - 1$. Wir wollen nun die Ableitungen von f_i betrachten. Da die Nullstellen α_j von f_i alle mindestens Vielfachheit $p - 1$ haben, ist $f_i^{(j)}(\alpha_k) = 0$ für $j = 0, \ldots, p - 2$. Für $k \neq i$ ist auch $f_i^{(j)}(\alpha_k) = 0$, denn dann ist α_k sogar p-fache Nullstelle. Wir wollen nun $f_i^{(p-1)}(\alpha_i)$ bestimmen. Dafür müssen wir mehrfach die Produktregel anwenden. Der Term $(x - \alpha_i)$ kommt genau $(p - 1)$-mal vor. Betrachten wir in der Produktregel nun einen Summanden, der die j-te Ableitung dieses Terms enthält, und ist $j < p - 1$, so ergibt dieser Summand 0, wenn man α_i einsetzt. Es bleibt in der Produktregel also nur der Term übrig, bei dem der Term $(x - \alpha_i)^{p-1}$ genau $p - 1$ mal abgeleitet wird. Deshalb erhalten wir

$$
f_i^{(p-1)} = b^{np} ((x - \alpha_i)^{p-1})^{(p-1)} \prod_{\substack{k=1 \\ k \neq i}}^{n} (x - \alpha_k)^p
$$

und damit

$$
f_i^{(p-1)}(\alpha_i) = b^{np} (p - 1)! \prod_{\substack{k=1 \\ k \neq i}}^{n} (\alpha_i - \alpha_k)^p = (p - 1)! (F'(\alpha_i))^p
$$

mit $F(x) := \prod_{k=1}^{n} (bx - b\alpha_k)$. Wir sind nun mit der Bestimmung der Ableitungen fast fertig. Mit der Produktregel erhalten wir nämlich, dass $f_i^{(p)}$ immer das $p!$-fache einer ganzalgebraischen Zahl ist.

- Wir betrachten nun das Produkt $J := J_1 \cdots J_n$. Es gilt

$$
J = \prod_{i=1}^{n} J_i = - \prod_{i=1}^{n} \sum_{j=0}^{m} \sum_{k=1}^{n} \beta_k f_i^{(j)}(\alpha_k).
$$

Wir betrachten dieses Produkt näher.

Sei σ eine Permutation von $\{n_t + 1, \ldots, n_{t+1}\}$. Wir erweitern σ so auf die Menge $\{1, \ldots, n\}$, dass σ die restlichen Zahlen alle festlässt. Dann gilt

$$\prod_{i=1}^{n} \left(\sum_{j=0}^{m} \sum_{k=1}^{n} \beta_k f_{\sigma(i)}^{(j)}(\alpha_{\sigma(k)}) \right) = \prod_{i=1}^{n} \left(\sum_{j=0}^{m} \sum_{k=1}^{n} \beta_k f_i^{(j)}(\alpha_{\sigma(k)}) \right)$$

$$= \prod_{i=1}^{n} \left(\sum_{j=0}^{m} \sum_{l=1}^{n} \beta_{\sigma^{-1}(l)} f_i^{(j)}(\alpha_l) \right)$$

$$= \prod_{i=1}^{n} \left(\sum_{j=0}^{m} \sum_{l=1}^{n} \beta_l f_i^{(j)}(\alpha_l) \right),$$

wobei wir ausgenutzt haben, dass $\sigma(i)$ genauso wie i durch alle Zahlen von 1 bis n läuft und dass $\beta_{n_t+1} = \cdots = \beta_{n_{t+1}}$ gilt.

Das Produkt wird also von allen Permutationen der Menge $\{n_t + 1, \ldots, n_{t+1}\}$ festgehalten. Bezeichnen wir mit L den Zerfällungskörper des Minimalpolynoms f von α_{n_t+1}, so folgt also, dass das Produkt im Fixkörper $L^{\text{Gal}(f)}$ liegt. Nach dem Hauptsatz der Galoistheorie ist dies aber genau $\mathbb{Q}$, das Produkt ist also ein rationale Zahl.

Aus den Betrachtungen der Ableitungen, die wir oben durchgeführt haben, folgt aber auch, dass jeder Faktor das $p!$-fache einer ganzalgebraischen Zahl ist bis auf einen, der die Form $(p-1)!(F'(\alpha_i))^p$ hat. Es folgt, dass das ausgeschriebene Produkt die Form

$$J = T + p!S$$

hat, wobei

$$T = \prod_{i=1}^{n} ((p-1)!(F'(\alpha_i))^p)$$

gilt und S ganzalgebraisch ist. $F'(\alpha_i)^p$ ist symmetrisch in den α_i, nach dem Hauptsatz über symmetrische Funktionen also eine ganze Zahl. Also ist auch $T \in \mathbb{Z}$. Dann ist aber $S = \frac{J-T}{p!} \in \mathbb{Q}$. Da wir aber auch schon wissen, dass S ganzalgebraisch ist, folgt mir Satz 14.1, dass S sogar eine ganze Zahl ist.

Daraus folgt, dass auch J eine ganze Zahl ist, die durch $(p-1)!$ teilbar ist, also gilt

$$|J| = |J_1 \cdots J_n| \geq (p-1)!.$$

- Uns fehlt für einen Widerspruch noch eine obere Schranke für $|J|$. Dafür nutzen wir die obere Schranke für $|I(t)|$ und erhalten damit

$$|J| = |J_1 \cdots J_n| = \left| \prod_{i=1}^{n} \sum_{k=0}^{n} \beta_k I_i(\alpha_k) \right|$$

$$\leq \prod_{i=1}^{n} \left(\sum_{k=1}^{n} |\beta_k| \, |\alpha_k| \, e^{|\alpha_k|} f_i^A(|\alpha_k|) \right) \leq c_1 c_2^p$$

für Konstanten c_1, c_2. Nach der Stirlingschen Formel ist aber für genügend großes p

$$(p - 1)! > c_1 c_2^p$$

und dieser Widerspruch beweist den Satz von Lindemann-Weierstraß.   q.e.d.

14.3 Erklärungen zu den Definitionen

Erklärung

Zur Definition 14.1 **von ganzalgebraisch** Man könnte sich nun fragen, warum wir ausgerechnet in einem Kapitel, in dem es nicht um algebraische Zahlen geht, auch noch ganzalgebraische Zahlen definieren. Diese werden wir aber in einem Satz später brauchen. Ganzalgebraische Zahlen sind einfach die algebraischen Zahlen, dessen Minimalpolynom ganzzahlige und nicht nur rationale Koeffizienten hat.

Erklärung

Zur Definition 14.2 Diese Notationen werden wir im Satz von Lindemann-Weierstraß brauchen. Vor allem das Integral hat eine besonders wichtige Anwendung. Darauf werden wir aber im Satz von Lindemann-Weierstraß noch einmal eingehen.

14.4 Erklärungen zu den Sätzen und Beweisen

Erklärung

Zum Satz 14.1 Diesen Satz benötigen wir als Hilfsmittel für den Satz von Lindemann-Weierstraß. Den Beweis überlassen wir euch.

Erklärung

Zum Satz 14.2 **über die Überabzählbarkeit der transzendenten Zahlen** Für diejenigen von euch, die nicht wissen, was es mit Abzählbarkeit auf sich hat, haben wir auf der Webseite zu unserem Buch nochmal das, was wir hier brauchen, zusammengestellt.

Mit diesem recht einfachen, aber trickreichen Beweis haben wir nun zunächst einmal gezeigt, dass es überhaupt transzendente Zahlen gibt. Mehr noch, es gibt sogar mehr transzendente Zahlen als algebraische. Leider hilft uns dieser Satz nicht dabei, transzendente Zahlen zu finden.

Im Beweis nutzen wir, dass wir die Menge der abzählbaren Zahlen als disjunkte Vereinigung der Mengen $\overline{\mathbb{Q}}_n$ schreiben können. Dies bedeutet ja nichts anderes, als dass wir jeder algebraischen Zahl eindeutig einen Grad zuordnen können.

Erklärung

Zum Satz von Liouville (Satz 14.3) Mit diesem Satz können wir nun endlich auch transzendente Zahlen finden. Dafür müssen wir einfach nur eine Zahl finden, die sich auf bessere Weise approximieren lässt.

▶ **Beispiel 164** Sei

$$\alpha := \sum_{k=1}^{\infty} \frac{1}{10^{k!}} = 0,11000100...$$

Wir bezeichnen mit $\alpha_n = \frac{p}{10^{n!}} = \frac{p}{q}$ die n-te Partialsumme. Dann gilt

$$0 < \alpha - \frac{p}{q} = \sum_{k=1}^{\infty} \frac{1}{10^{(n+k)!}} < \frac{2}{10^{(n+1)!}}.$$

Sei nun $N \in \mathbb{N}$ beliebig und $n \geq N$. Dann ist

$$10^{(n+1)!} = (10^{n!})^{n+1} = q^{n+1} > q^{N+1},$$

also

$$\left| \alpha - \frac{p}{q} \right| < \frac{2}{q^{N+1}}.$$

Da N beliebig war, gilt dies für alle $N \in \mathbb{N}$. Nehmen wir nun an, α ist algebraisch vom Grad d. Dann gibt es ein festes K mit $\left| \alpha - \frac{p}{q} \right| \geq \frac{K}{q^d}$. Sei nun $c > \log_q(\frac{2}{K})$. Dann ist für $N := cd - 1$

$$\left| \alpha - \frac{p}{q} \right| < \frac{2}{q^{cd}} < \frac{2}{\frac{2}{K}q^d} = \frac{K}{q^d}$$

und dies ist ein Widerspruch, also muss α transzendent sein. ∎

Hiermit haben wir nun endlich auch explizit eine transzendente Zahl gefunden. Der Beweis des Satzes nutzt nur sehr elementare Aussagen wie den Mittelwertsatz.

Erklärung

Zum Satz 14.4 Hier haben wir im Beweis einige Kleinigkeiten nur angedeutet, die solltet ihr ausführen. Die Gleichung und Abschätzung werden wir im Satz von Lindemann-Weierstraß benutzen.

Erklärung

Zum Satz von Lindemann-Weierstraß (Satz 14.5) Dieser Satz ist nun das Hauptergebnis dieses Kapitels. Das erkennt man schon alleine an dem unglaublich langen Beweis ;-). Bevor wir nun ein paar Beispiele bringen wollen, um zu erkennen, was uns der Satz bringt, wenden wir uns zuerst dem Beweis zu.

Im ersten Schritt vereinfachen wir unsere Gleichung auf zwei verschiedene Arten. Zuerst wollen wir erreichen, dass alle Koeffizienten ganze Zahlen sind. Dafür betrachten wir für jeden Koeffizienten, was mit ihm passiert, wenn die Galoisgruppe seines Minimalpolynoms darauf operiert. Für alle Bilder dieser Operation haben wir einen Faktor im Produkt. Das Wichtige dabei ist, dass wir dadurch immer rationale Koeffizienten haben. Multiplizieren wir am Ende noch mit dem Hauptnenner, so erhalten wir einen ganzzahligen Ausdruck. Wenn also unsere ursprüngliche Gleichung 0 ist, so ist es auch diese ganzzahlige. Deshalb dürfen wir annehmen, dass die β_i ganze Zahlen sind. Etwas Ähnliches machen wir mit den α_i, nur dass wir hier nicht so etwas Schönes schaffen. Hier müssen wir uns damit zufrieden geben, dass so eine komische Bedingung gilt. Diese wollen wir einmal kurz illustrieren.

Dabei nehmen wir der Einfachheit halber an, dass $n = rm$ gilt mit ganzen Zahlen r und m, und wir zeigen, was diese Bedingung bedeutet, wenn $n_k = km$ ist. Das heißt einfach, die Zahlen $\alpha_1, \ldots, \alpha_m$ bilden eine Bahn, genauso wie die nächsten m der α_k und so weiter. Im Allgemeinen werden diese Bahnen dann aber nicht die gleiche Länge (hier m) haben. Außerdem ist schön, dass die Koeffizienten vor jedem α in einer Bahn dieselben sind. Das Ganze lässt sich wie folgt veranschaulichen:

$$\underbrace{\alpha_0, \ldots, \alpha_{n_1}}_{\in G(\alpha_0)}, \underbrace{\alpha_{n_1+1}, \ldots, \alpha_{n_2}}_{\in G(\alpha_{n_1+1})}, \underbrace{\alpha_{n_2+1}, \ldots, \alpha_{n_3}}_{\in G(\alpha_{n_2+1})}, \cdots, \underbrace{\alpha_{n_r-1}, \ldots, \alpha_n}_{\in G(\alpha_{n_r-1})}$$

$$\beta_0 = \cdots = \beta_{n-1}, \beta_{n_1+1} = \cdots = \beta_{n_2}, \beta_{n_2+1} = \cdots = \beta_{n_3}, \cdots, \beta_{n_r-1} = \cdots = \beta_n.$$

Jetzt fängt der „richtige" Beweis an. Dafür definieren wir ausgehend von dem Integral I eine Funktion J. Dies ist eine oft angewandte Vorgehensweise bei Transzendenzbeweisen. Man bildet eine gewisse Summe von Integralen und zeigt dann zuerst, dass dies eine ganze Zahl ist, die nach unten durch etwas beschränkt ist. Diese Schranke ist meist etwas schwer zu finden, man muss hierfür das richtige f definieren. Dann zeigt man mit einer einfachen Abschätzung, dass J auch nach oben beschränkt ist, und zeigt dann, dass dies ein Widerspruch ist.

Das „richtige" f konstruiert man hier genau so, dass fast alle Ableitungen ein ganzalgebraisches Vielfaches von $p!$ sind. Für das $p!$ hat man die ganzen

Produkte $(x - \alpha_k)^p$, um das ganzalgebraisch zu machen, braucht man das b^{np} am Anfang. Da so aber alle Ableitung fast dasselbe wären und man damit zu wenig Informationen erhält, muss man noch einmal durch einen Term $(x - \alpha_i)$ teilen.

Bei der Berechnung der J_i benutzen wir dann das, was wir widerlegen wollen, nämlich die Gleichung $\sum \beta_k e^{\alpha_k} = 0$.

Zuerst müssen wir die Ableitungen bestimmen. Dafür nutzen wir die allgemeine Produktformel

$$f' = \sum_{i=1}^{n} f_i' \prod_{\substack{k=1 \\ k \neq i}}^{n} f_k$$

für $f = \prod_{i=1}^{n} f_i$, die man mit vollständiger Induktion leicht aus der bekannten Produktregel folgern kann.

Leiten wir f_i dann mindestens p-mal ab, so haben wir nach der Produktregel bei der ersten Ableitung immer den Faktor p, bei der zweiten immer den Faktor $p - 1$ und so weiter. Insgesamt erhalten wir nach p Ableitungen also immer den Faktor $p \cdot (p - 1) \cdots 2 \cdot 1 = p!$. Dass der Rest ganzalgebraisch ist, folgt einfach daraus, dass $b\alpha_i$ ganzalgebraisch ist und wir die Potenz von b hoch genug gewählt haben, um alle vorkommenden Terme ganzalgebraisch zu machen.

Dann zerteilen wir J in eine Summe, von der wir nur noch den Teil S betrachten müssen.

Hier verwenden wir dann unsere Voraussetzungen an die α_i, um zu zeigen, dass dieser komplizierte Ausdruck symmetrisch in den α_i und deswegen rational ist. Bei der Berechnung nutzen wir, dass die zugehörigen β_i alle gleich sind. Da die betrachteten α außerdem genau eine Bahn bilden, sind sie nach Satz 9.9 Nullstellen eines Minimalpolynoms. Dadurch können wir dann schließen, dass das Produkt in $\mathbb{Q}$ liegt.

Da der Ausdruck aber auch ganzalgebraisch ist, ist er eine ganze Zahl. In diesem Schritt haben wir dadurch bereits die untere Abschätzung gewonnen.

Die obere folgt nun sehr leicht durch die einfache Abschätzung des Integrals aus Satz 14.4. Dabei benutzen wir einfach, dass sowohl die α_k, β_k als auch $e^{|\alpha_k|}$ natürlich durch ihr Maximum beschränkt sind und nicht von p abhängen. Nur das f hängt von p ab. Man erhält hier also als Erstes

$$|J| \leq \prod_{i=1}^{n} \sum_{k=1}^{n} c_3 c_4^p.$$

Dann ist aber die Summe hieraus wieder beschränkt durch das n-fache des Maximums der Summanden, damit ist dann $|J| \leq \prod_{i=1}^{n} c_5 c_6^p$ mit anderen Konstanten. Nehmen wir nun beim Produkt wieder die Maximalen, so erhalten wir das Ergebnis aus dem Satz.

Danach müssen wir nur noch die Stirlingsche Formel anwenden (die ihr zum Beispiel auf unserer Webseite erklärt bekommt) und erhalten damit

$$(p-1)! \geq e\left(\frac{p-1}{e}\right)^{p-1}.$$

Für sehr große p ist dann aber $p-1 > \sqrt[p-1]{c_1}(c_2 e)^{\frac{p}{p-1}}$, denn $\frac{p-1}{c_1}$ geht gegen 1 und $(c_2 e)^{\frac{p}{p-1}}$ geht gegen $c_2 e$. Für solche p ist dann aber

$$(p-1)^{p-1} > c_1(c_2 e)^p > c_1 c_2^p e^{2-p} \Rightarrow e\left(\frac{p-1}{e}\right)^{p-1} > c_1 c_2^p,$$

also $(p-1)! > c_1 c_2^p$ und damit ist der Beweis dann endlich fertig.

Wir hoffen dass euch dieser komplexe, aber auch schöne Beweis dadurch klar geworden ist.

▶ **Beispiel 165** Mit dem Satz können wir nun für sehr viele Zahlen sagen, dass sie transzendent sind.

- e ist transzendent, denn wäre e nicht transzendent, so wäre e Nullstelle eine Polynoms in $\mathbb{Q}$ und das wäre ein direkter Widerspruch zum Satz von Lindemann-Weierstraß.
- Für jedes algebraische $\alpha \neq 0$ ist e^α transzendent. Dies folgt genauso wie oben.
- π ist transzedent, denn wäre π algebraisch, so wäre auch πi algebraisch. Dann ist aber mit $\beta_1 = \beta_2 = 1, \alpha_1 = i\pi, \alpha_2 = 0$

$$1 \cdot e^{i\pi} + 1 \cdot e^0 = 0$$

  im Widerspruch zum Satz von Lindemann-Weierstraß, also ist $i\pi$ und damit auch π transzendent.
- Ist $\alpha > 0, \alpha \neq 1$ algebraisch, so ist $\ln \alpha$ transzendent, denn wäre $\ln \alpha$ algebraisch, so wäre

$$1 \cdot e^{\ln \alpha} - \alpha \cdot e^0 = 0.$$

- Für algebraisches $\alpha \neq 0$ sind $\sin \alpha$ und $\cos \alpha$ transzendent. Zunächst gilt ja $\sin^2 \alpha + \cos^2 \alpha = 1$, das heißt, wenn $\sin \alpha$ oder $\cos \alpha$ algebraisch ist, dann auch das andere. Entweder sind sie also beide algebraisch oder beide transzendent. Wären aber beide algebraisch, so wäre wegen $e^{i\alpha} = \cos \alpha + i \sin \alpha$ auch $e^{i\alpha}$ algebraisch, was nicht stimmt. ∎

Symbolverzeichnis

(a_i)	Das von den a_i erzeugte Ideal
$(G : U)$	Index von U in G
$[a, b]$	Kommutator von a und b
$[H, H]$	Kommutator von H
$[L : K]$	Grad von L über K
$\gcd(a, b)$	größter gemeinsamer Teiler von a und b
$\ker(f)$	Kern von f
$\mathrm{lcm}(a, b)$	kleinstes gemeinsames Vielfaches von a und b
$\langle A \rangle$	Erzeugnis von A
$\mathbb{F}_p$	endlicher Körper mit p Elementen
$\mathcal{K}, \mathcal{K}_{\mathbb{C}}$	konstruierbare Zahlen
$\mathrm{Aut}(L/K)$	K-Automorphismen von L
$\mathrm{char}(K)$	Charakteristik von K
$\mathrm{cont}(f)$	Inhalt von f
$\deg(f)$	Grad von f
$\deg_K(\alpha)$	Grad von α über K
$\mathrm{Gal}(f)$	Galoisgruppe von f
$\mathrm{Gal}(L/K)$	Galoisgruppe von L über K
$\mathrm{im}(f)$	Bild von f
$\mathrm{ord}(g)$	Ordnung von g
$\mathrm{Quot}(R)$	Quotientenkörper von R
$\min_K(\alpha)$	Minimalpolynom von α über K
μ_n, μ_n^*	Gruppe der Einheitswurzeln
$\overline{\mathbb{Q}}$	algebraische Zahlen
$\overline{a}$	Restklasse von a
$\overline{K}$	algebraischer Abschluss von K
$\Phi_n(x)$	Kreisteilungspolynom
$\varphi(n)$	eulersche φ-Funktion
ζ_n, ζ_n^k	Einheitswurzeln

© Springer-Verlag GmbH Deutschland, ein Teil von Springer Nature 2019
F. Modler und M. Kreh, *Tutorium Algebra,*
https://doi.org/10.1007/978-3-662-58690-7

$a \equiv b$	a ist kongruent zu b
$a \sim b$	a ist assoziiert zu b
a^{-1}	Das Inverse von a
A^{S_n}	symmetrische Polynome
A_n	alternierende Gruppe
C_i	zyklische Untergruppe der Diedergruppe
$D^n G$	iterierter Kommutator
D_f	Diskriminante von f
D_i	Diedergruppe
f'	formale Ableitung von f
F_k	k-te Fermatzahl
$g \sim h$	g ist konjugiert zu h
G/U	Faktorgruppe
G_x	Stabilisator von x
$I \lhd R$	I ist Ideal des Rings R
$K[\alpha_i]$, $K(\alpha_i)$	K adjungiert α_i
K_n	Kreisteilungskörper
L/K	Körpererweiterung
L^G	Fixkörper von L unter der Gruppe G
$N \lhd G$	N ist Normalteiler der Gruppe G
$N_G(X)$	Normalisator von X
R/I	Faktorring
$R[x]$	Polynomring
R^*	Einheiten des Rings R
s_k	elementarsymmetrisches Polynom
S_n	symmetrische Gruppe
V	Kleinsche Vierergruppe

Literatur

[Art98] M. Artin. *Algebra*. 1. Aufl. Birkhäuser Verlag, Mai 1998.

[Bak90] A. Baker. *Transcendental number theory*. 1. Aufl. Cambridge University Press, Sep. 1990.

[Bew07] J. Bewersdorff. *Algebra für Einsteiger: Von der Gleichungsauflösung zur Galois-Theorie*. 3. Aufl. Vieweg + Teubner Verlag, Juli 2007.

[Bje04] Jonas Bjermo. *The ring of entire functions*. Aug. 2004. https://www.researchgate.net/publication/250382037_The_ring_of_entire_functions.

[Bos09] S. Bosch. *Algebra*. 7. Aufl. Springer Verlag, März 2009.

[Bre] H. Brenner. *Körper- und Galoistheorie*. https://upload.wikimedia.org/wikiversity/de/0/0e/K%C3%B6rper-_und_Galoistheorie_%28Osnabr%C3%BCck_2011%29Vorlesung26.pdf (besucht am 17. 06. 2012).

[Bun02] P. Bundschuh. *Einführung in die Zahlentheorie*. 5. Aufl. Springer Verlag, Sep. 2002.

[DLW05] Eric Driver, Philip A. Leonard und Kenneth S. Williams. „Irreducible Quartic Polynomials with Factorizations modulo p". In: *The American Mathematical Monthly* 112.10 (2005), S. 876–890. ISSN: 00029890, 19300972. http://www.jstor.org/stable/30037628.

[Ebb92] H.-D. Ebbinghaus. *Zahlen*. 3. verbesserte Auflage. Springer Verlag, Juli 1992.

[Eng] Norbert Engbers. *Das regelmäßige Siebzehneck*. http://www.matheplanet.com/matheplanet/nuke/html/article.php?sid=867 (besucht am 28. 02. 2012).

[Hüt] Jesko Hüttenhain. *Localization Preserves Euclidean Domains*. Mathematics Stack Exchange. https://math.stackexchange.com/questions/1748012/localization-preserves-euclidean-domains.

[JS05] J. C. Jantzen und J. Schwermer. *Algebra*. 1. Aufl. Springer Verlag, Sep. 2005.

[KM09] C. Karpfinger und K. Meyberg. *Algebra*: Gruppen – Ringe – Körper. 2. Aufl. Spektrum Akademischer Verlag, Sep. 2009.

[Lan97] S. Lang. *Introduction to Linear Algebra (Undergraduate Texts in Mathematics)*. 2. Aufl. Springer Verlag, 1997.

[MK14] F. Modler und M. Kreh. *Tutorium Analysis 2 und Lineare Algebra 2*. 3. Aufl. Spektrum Akademischer Verlag, 2014.

[MK18a] F. Modler und M. Kreh. *Tutorium Analysis 1 und Lineare Algebra 1*. 4. Aufl. Spektrum Akademischer Verlag, 2018.

[MK18b] F. Modler und M. Kreh. *Tutorium Höhere Analysis*. 1. Aufl. Spektrum Akademischer Verlag, 2018.

[SF06] H. Scheid und A. Frommer. *Zahlentheorie*. 4. Aufl. Spektrum Akademischer Verlag, Okt. 2006.

© Springer-Verlag GmbH Deutschland, ein Teil von Springer Nature 2019
F. Modler und M. Kreh, *Tutorium Algebra*,
https://doi.org/10.1007/978-3-662-58690-7

[Ste06]   I. Stewart. *Galois Theory*. 3. Aufl. Taylor und Francis, Juli 2006.

[Toe09]   F. Toenniessen. *Das Geheimnis der transzendenten Zahlen: Eine etwas andere Einfüh-rung in die Mathematik*. 1. Aufl. Spektrum Akademischer Verlag, Dez. 2009.

[wik]   wikipedia.org. *Das regelmäßige Fünfeck*. https://de.wikipedia.org/wiki/F%C3%BCnfeck (besucht am 17. 06. 2012).

[Woh10]   M. Wohlgemuth. *Mathematisch für fortgeschrittene Anfänger*. 1. Aufl. Spektrum Aka-demischer Verlag, Nov. 2010.

Sachverzeichnis

© Springer-Verlag GmbH Deutschland, ein Teil von Springer Nature 2019
F. Modler und M. Kreh, *Tutorium Algebra,*
https://doi.org/10.1007/978-3-662-58690-7

Printed in the United States
By Bookmasters